GERSTENBERG VERLAG

50 Klassiker

# ERFINDUNGEN

*Vom Faustkeil zum Internet*

*dargestellt von Bernd SCHUH*

*unter Mitarbeit von Almuth Heuner*

6 Zwischen Zufall und Absicht

10 **Ur-Innovationen**
Aus Stock und Stein

14 **Feuer**
Emanzipation vom Zufall

18 **Keramik, Glas, Porzellan**
Erde im Feuer

24 **Ackerbau und Viehzucht**
Die Erfindung der Landwirtschaft

28 **Schleife, Schlitten, Rad**
Frühe Mobilität

32 **Pfeil und Bogen**
Tod auf Distanz

36 **Spinnen und Weben**
Vom Fell zum Faden, vom Flechten zum Webstuhl

40 **Kupfer, Bronze, Eisen**
Die feurigen Künste der Metallmacher

44 **Schiffe**
Meer, Mast, Macht

48 **Backen und Brauen**
Festes und flüssiges Brot

54 **Bewässerung und Kanalisation**
Die Beherrschung des Flüssigen

60 **Schrift und Papier**
Die Erfindung der Buchhaltung

66 **Der Bogen in der Baukunst**
Tragender Stil

70 **Medizintechnik**
Krücke, Krone, Kunstherz

76 **Wind- und Wassermühlen**
Getreide, Gebete, Gigawatt

82 **Schießpulver und Feuerwaffen**
Büchsen statt Glocken

86 **Buchdruck**
Allen Umsturzes Mutter

92 **Linse, Fernrohr, Mikroskop**
Geschliffen scharf

98 **Uhr**
Taktgeber der Moderne

104 **Rechenhilfen**
Vom Zählen zum Rechnen

110 **Dampfmaschine**
Sprit sparen durch Dampf ablassen

114 **Automaten und Roboter**
Maschinenmusik

120 **Telegraphie**
Internet mit Hindernissen

126 **Fahrrad**
Null-Emission auf zwei Rädern

130 **Eisenbahn**
Der Verkehr kommt zum Zuge

136 **Photographie**
Die Welt im Bild

142 **Glühlampe**
Mehr als ein Geistesblitz

146 **Beton**
Lust oder Frust

152 **Verbrennungsmotor**
Das Kraftpaket für individuelle Mobilität

156 **Telephon**
Ein Kind vieler Väter

162 **Strom**
Eine öffentliche Angelegenheit

166 **Schallplatte**
Konservenklang aus der Klangkonserve

170 **Kühltechnik**
Kälte ist Zivilisation

176 **Fluggeräte**
Vom Mythos zum Transportmittel

182 **Dieselmotor**
Wirkung durch Wissenschaft

188 **Röntgenstrahlen**
Eine steile Karriere

192 **Film und Kino**
Bewegte Bilder, bewusste Täuschung

198 **Magnetspeicher**
Im Rythmus des Stroms

202 **Kunststoff**
Vom Pappmaschee zum Polymer

206 **Kunstdünger**
Großchemie à la Haber-Bosch gegen Hunger

210 **Rundfunk**
Drahtlose Beiläufigkeit

214 **Fernsehen**
Fern Sehen

220 **Rakete und Weltraumfahrt**
Die Reise zum Mond

226 **Computer**
Blitzrechnen für den Blitzkrieg

232 **Atomenergie**
Im Kern gespalten

238 **Laser**
Lichtkopierer für Skalpell und Compact Disc

242 **Solarzelle**
Strom gleich Sand plus Sonne

248 **Internet**
Der globale Kiosk

254 **Mikroprozessor**
Die Dampfmaschine des 20. Jahrhunderts

260 **Gentechnik**
Stochern im Wortsalat

266 Der Nobelpreis

267 Personenregister

269 Sachregister

# Zwischen Zufall und Absicht

PATENT-URKUNDE
№ 67207
AUF GRUND DER ANGEHEFTETEN BESCHREIBUNG UND ZEICHNUNG IST DURCH BESCHLUSS DES KAISERLICHEN PATENTAMTES
an Rudolf Diesel, Ingenieur, in Berlin
EIN PATENT ERTHEILT WORDEN.
GEGENSTAND DES PATENTES IST:
Arbeitsverfahren und Ausführungsart für Verbrennungskraftmaschinen.
ANFANG DES PATENTES: 28. Februar 1892.
ZU URKUND DER ERTHEILUNG DES PATENTES IST DIESE AUSFERTIGUNG ERFOLGT.
Berlin, den 23. Februar 1893.
KAISERLICHES PATENTAMT.
Bureau-Vorsteher des Kaiserlichen Patentamtes.

■ Patenturkunde Rudolf Diesels von 1893

Was ist eine Erfindung? Heute ist dieser Begriff sehr präzise definiert, denn bei technischen Innovationen geht es stets um viel Geld, und so beschäftigen sich zunächst Patentanwälte und Richter damit. Die juristische Definition ist nicht einfach, sie gliedert sich in fünf erklärende Unterpunkte, aber es läuft im Wesentlichen auf eines hinaus: Erfindungen sind Handlungsanleitungen, die zeigen, wie man Naturkräfte einsetzt, um ein bestimmtes Ziel zu erreichen. Erstaunlicherweise lassen sich sogar die ältesten »Erfindungen«, die dieses Buch anführt, unter dieser Definition des modernen Patentrechts fassen. Die Nutzbarmachung des Feuers etwa wäre eine Handlungsanleitung, die besagt: Man nehme zwei Steine einer bestimmten Art, reibe sie aneinander, und halte sie an trockenes Reisig, dann wird dieses in Flammen aufgehen. Hier werden beherrschbare Naturkräfte – Reibung, Elektrizität, Entzündung durch Hitze – planmäßig und mit wiederholbarem Erfolg eingesetzt, um immer das gleiche Resultat zu erzielen.

Dass gut die Hälfte der hier vorgestellten 50 Erfindungen aus dem 19. und 20. Jahrhundert datieren und nur ein Viertel aus der Zeit vor Beginn unserer Zeitrechnung stammt, verdankt sich allerdings nicht dem Versuch, sich sklavisch an eine rechtsfeste Definition von Erfindung zu halten. Genauso abwegig wäre die Vermutung, etwa bis zum Beginn der Aufklärung sei der Homo sapiens weltweit erfinderisch unfruchtbar gewesen. Auch der Verweis auf ein »finsteres Mittelalter«, in dem die Produktion von Wissen und seine Nutzung brach zu liegen schienen, greift hier nicht, weil er zu sehr auf den europäischen Kulturkreis zielt. Manch eine Innovation wie das Schießpulver, der Buchdruck oder die Windmühle sind in jener Epoche jedoch in anderen Weltgegenden aufgekommen. Die rasante Zunahme bedeutender Innovationen in der Neuzeit lässt sich unter anderem auf die beginnende Säkularisierung und

■ Staubsaugermodell von 1906

den damit einhergehenden unbefangeneren Umgang mit Naturwissenschaften und Technik zurückführen, aber auch auf das rapide Wirtschafts- und Bevölkerungswachstum, die beide ihrerseits von technischen Innovationen vorangetrieben wurden.

■ Eröffnung der ersten deutschen Eisenbahn zwischen Nürnberg und Fürth am 7. Dezember 1835

Gelegentlich verbleiben die in diesem Buch dargestellten Erfindungen auch in einer Grauzone zwischen Erfindung und Entdeckung; im Unterschied zur Erfindung lässt sich die Entdeckung – um es einmal mehr in der Sprache der Juristen zu sagen – als »das Auffinden von etwas Vorhandenem« definieren, das vorher noch nicht bekannt war«. So ehren wir Conrad Röntgen für die zufällige Entdeckung der nach ihm benannten Strahlung und rücken diejenigen, die daraus Erfindungen im Sinne des Gesetzes gemacht haben, weit weniger ins Rampenlicht. Wichtig ist nur, dass dabei eine für die Menschheit und ihre Geschichte bedeutende Neuerung gelungen ist.

Was aber macht die Bedeutung einer Erfindung aus? Dass sie eine Schlüsselrolle in der Zivilisation spielt? Reifrock, Rasierapparat und Rollerskates sind unter diesem Gesichtspunkt sicher geringer zu bewerten als das Rad, das Röntgengerät oder der Rechner. Und doch: Zweifel am Stellenwert einer Innovation sind immer erlaubt. Wäre die Menschheit zum Beispiel ohne Glühlampe ausgekommen? Denkbar ist das durchaus; möglicherweise hätte sich ohne Glühlampe eine Technik entwickelt, die auf Gas statt auf Strom gesetzt und die Gaslampe perfektioniert hätte; oder eine, die zwar Strom zum Massengut gemacht, aber statt der Glühlampe die schon vorher bekannte Bogenlampe zum Gebrauchsgegenstand umfunktioniert hätte.

Auf die Spitze treiben lässt sich die Frage nach der Schlüsselrolle einer Erfindung beim Rad: Hätte sich der Prozess der Zivilisation ohne die »Erfindung« des Rades in Bewegung setzen können? Die Geschichte der altägyptischen Hochkulturen lässt eine solche Vermutung durchaus zu. Die Pyramidenbauer bewältigten ihre Höchstleistungen in Sachen Transport jedenfalls nur mit Kiel und Kufen, sprich Schiffen und Schlitten.

Doch das sind Themen für Science-Fiction-Romane; ein Sachbuch bewegt sich in der Welt der Fakten – oder? Gerade die Geschichte der Erfindungen und Erfinder ist voller Mythen. Jeder weiß, dass Gutenberg den Buchdruck, Watt die Dampfmaschine, Edison die Glühlampe erfunden hat. Und doch verfälschen derartige Verkürzungen den Sachverhalt. Alle drei haben mehr oder minder geringfügige technische Verbesserungen an bereits bestehenden oder bekannten Techniken bzw. Geräten ersonnen. Zu einem durchschlagenden Erfolg wurden die Neuerungen, wenn das gesellschaftliche Umfeld stimmte, wenn »die Zeit reif war«. So verlangte eine wachsende Industrie nach leistungsfähigen Kraftmaschinen; da kam Watts Konstruktion gerade recht, um in jeder Hinsicht, auch kommerziell, ein voller Erfolg zu werden.

Selten sind Erfindungen »Meilensteine« auf der Straße des Fortschritts, viel öfter ganze Streckenabschnitte mit dazugehöriger Landschaft. Und gelegentlich sogar Umwege, die das unwegsame Gelände der Geschichte erforderlich machte. Die Spuren der Erfinder verlieren sich meist im Dunkel der Vergangenheit oder in den Archiven der Patentämter. Das Viertaktprinzip beim Verbrennungsmotor ist ein schönes Beispiel. Häufig dem Motorentwickler Nikolaus Otto zugeschrieben, ist es gleichwohl schon 15 Jahre zuvor von einem französischen Eisenbahningenieur patentiert worden; nur interessierte der sich nicht für sein Patent und ließ es verfallen. Ähnlich die Situation bei Telephon, Stahlbeton und Raketentechnik. In diesen wie in anderen Fällen wird die Fährtensuche zusätzlich durch Chauvinismus vernebelt. Gern präsentieren verschiedene Nationen für bahnbrechende Errungenschaften ihre jeweils eigenen Schöpfer.

Zudem kommt es, wie bereits angedeutet, auch vor, dass der Erfinder einfach nur ein »Finder« ist, der im Niemandsland zwischen Zufall und Absicht, zwischen Entdeckung und Erfindung umherirrt. Conrad Röntgen mit dem unfreiwillig belichteten Film in der Schublade ist Kronzeuge für diese Art der Entdeckung. Bei seiner Forschung an Kathodenstrahlröhren – den Vorrichtungen, die einige Jahrzehnte später die »Mattscheibe« beim Fernsehen ermöglichten – wurden Strahlen freigesetzt, die bis dato noch nie jemand »gesehen« hatte und die Röntgen auch nur rein zufällig bemerkte, weil sie Photoplatten schwärzten, die er im Labor liegen hatte. Seine Entdeckerqualitäten bewies Röntgen nach diesem

■ Der Erfinder der Glühlampe Thomas Alva Edison

Zufallsfund: durch systematische Experimente erschloss er innerhalb weniger Tage Ursache und Eigenschaften der neuen Strahlung. Ähnlich zufällig entdeckte Otto Hahn die Kernspaltung. Und noch verblüffender ist das Beispiel Enrico Fermis, dem, noch vor Hahn und ohne dass er es bemerkte, die Kernspaltung gelang – und der für seine falsche Interpretation sogar einen Nobelpreis erhielt. Alle drei Forscher stießen im Zuge ihrer intensiven Beschäftigung mit einem Forschungsgegenstand – im Falle von Hahn und Fermi war es die Suche nach schweren künstlichen Elementen, den »Transuranen« – »zufällig« auf etwas Neues.

■ Orville Wright beim Flug im Doppeldecker, 1909

Noch stärker gerät der Begriff der Erfindung jenseits juristischer Normen ins Wanken, wenn man sich Folgendes vor Augen hält: Viele »Erfindungen« haben gar keinen Erfinder. Oder aber sehr viele, über Kontinente und Zeiten verstreut. Feuer, Keramik und Schießpulver sind nur ein paar Beispiele für diese Feststellung.

■ Einsatz von Laserschwertern in dem Film *Star Wars Episode II*

Sind am Ende der Erfinder und seine Erfindung selbst nicht mehr als eine bloße Erfindung? Nein, auch das ist nicht richtig. Carl von Linde etwa hat ganz eigenständig und zielstrebig erst die Bierbrauer und später die Hausfrauen beglückt, indem er Kältemaschinen entwickelte; und Rudolf Diesel darf als alleiniger Erfinder des nach ihm benannten Selbstzündermotors gelten. Beide setzten zielstrebig die damals noch junge Theorie der Thermodynamik in technische Praxis um – ganz gemäß einer Erfindung aus der Welt der Werbung: Alles ist möglich, sogar die Erfindung nach Plan.

# Ur-Innovationen

## *Aus Stock und Stein*

■ Dieser rund 600 000 Jahre alte Faustkeil wurde in Südafrika gefunden. Der gebänderte Eisenstein misst 23 × 11,5 cm.

Den Beschreibungen, wie Menschen die ersten Werkzeuge entwickelten, haftet häufig etwas Märchenhaftes an. Statt mit »Es war einmal« beginnen sie in der Art: »Vor etwa vier Millionen Jahren entdeckten unsere Vorfahren den aufrechten Gang.« Das ist zwar richtig und wichtig, denn dadurch bekam der Homo erectus die Hände frei – eine Voraussetzung für den Gebrauch von Werkzeug. Aber wie das genau vor sich ging, bleibt notgedrungen nebulös. Inzwischen ist sich die Fachwelt zwar nahezu einig, auf welchem Kontinent der Homo sapiens seinen Ursprung hat. Doch wie sollen Anthropologen eine genaue Vorstellung davon haben, auf welche Weise der Mensch zum Werkzeug kam?

Je nachdem, wie man Werkzeug definiert, ist die Frage überdies falsch gestellt, denn auch die uns verwandten Primaten bedienen sich natürlicher Hilfsmittel bei der Nahrungssuche und Nahrungsbearbeitung. So stochern Orang-Utans mit Stöcken in Erdlöchern, um daran Termiten herauszuziehen, und Schimpansen benutzen Steine, um Nüsse zu knacken. Was also macht ein Werkzeug zu einem Werkzeug – seine Auswahl, sein Gebrauch? Muss es bearbeitet sein, gekürzt, beschnitten, abgestumpft oder zugespitzt? Und dann wäre auch zu fragen, wie das Werkzeug von den Vorfahren der Menschheit auf diese überging.

Je größer unser Unwissen, desto bewundernswerter der Erfindungsreichtum von Wissenschaftlern, die versuchen, Sinn in die bruchstückhaften Funde aus der Vorzeit zu bringen. Paläontologen sind Historiker, zu deren »Geschichte« die Altsteinzeit gehört, ein Zeitraum, der vor zweieinhalb Millionen Jahren anfängt und mit beginnender Sesshaftigkeit der Menschen vor etwa zehntausend Jahren endet. Angesichts dieser Zeitspanne und der Dürftigkeit der Funde – wenige und weit über den Erdball verstreute Knochen, Steine, Stöcke – gleichen Rekonstruktionsversuche dem Ansinnen, die europäische Geschichte der letzten zweitausend Jahre anhand einer verschliffenen römischen Münze, der Planke eines Wikin-

■ Bei der Nahrungsbeschaffung bedient sich der Schmutzgeier eines Werkzeugs: Er nimmt einen Stein zu Hilfe, um damit ein dickwandiges Straußenei zu knacken. Immer wieder schleudert er den Stein auf das Ei, bis die Schale aufbricht.

■ So mag eine Siedlung in der frühen Steinzeit ausgesehen haben. Schulwandbild, Farbdruck nach einer Zeichnung von Arthur Kampf (1864–1950)

gerschiffs und eines zerbrochenen Plastiklöffels nachzuzeichnen.

Längst sind deshalb auch andere Wissenschaften an der Erforschung der ersten Schritte der Menschheit beteiligt: Ökologen, Verhaltensforscher, Molekularbiologen und neuerdings auch Sportwissenschaftler. So bauten Fachleute acht altsteinzeitliche Holzspeere nach, die man in Schöningen bei Helmstedt an einem der bedeutendsten archäologischen Fundorte des Homo erectus entdeckt hat. Ihre Messungen ergaben, dass die Urhölzer über erstaunliche Wurfeigenschaften verfügen, denen moderner Damenspeere vergleichbar.

Eine andere Wissenschaftlergruppe untersuchte Steine, die sich gehäuft in der Nähe von Wohnstätten der Frühmenschen fanden. Statt sie als zufällige Überbleibsel der lokalen Topographie abzutun, nahmen die Forscher ihr Gewicht genauer unter die Lupe und fanden dabei heraus, dass es auffallend oft zwischen 300 und 500 Gramm lag. Sportmechanische Messungen zeigen andererseits, dass Männer mit 480 Gramm schweren Wurfgeschossen (und Frauen mit 320 Gramm schweren) die besten Wurfergebnisse erzielen. Sollten also, so die neue, auf sportwissenschaftlichen Erkenntnissen fußende Spekulation, die Steinhaufen der Frühmenschen eine Art Waffensammlung gewesen sein, frühe Wurfgeschosse für Jagd und Verteidigung? Den Werkzeugmachern wären demnach die Steinewerfer vorausgegangen.

Dass beim Auftreffen der geworfenen Steine Bruchstücke entstanden, deren scharfe Ränder sich zum Schneiden und Schlitzen eigneten, ist sicher keine gewagte Spekulation. So kommen wir mühelos zum Faustkeil, der in seiner Urform vielleicht schon seit

MIT SPITZER FICHTE

Im Braunkohletagebau Schöningen bei Helmstedt stieß man 1994 auf einen altsteinzeitlichen Jagdlagerplatz, der auf 400 000 v. Chr. datiert und dem Urmenschen Homo erectus zugeschrieben wird. Neben Tausenden von Skelettresten von Großwild und Wildpferden fanden sich auch acht hölzerne Stangen. Die Stäbe sind aus der Basis kleiner Fichtenstämme herausgearbeitet worden und zwischen 1,80 m und 2,50 m lang. Der größte Durchmesser und Schwerpunkt dieser zugespitzten Hölzer liegt nahe der Spitze, was zu der Vermutung führte, dass es sich nicht um Stoßlanzen, sondern um Wurfspeere handelte.

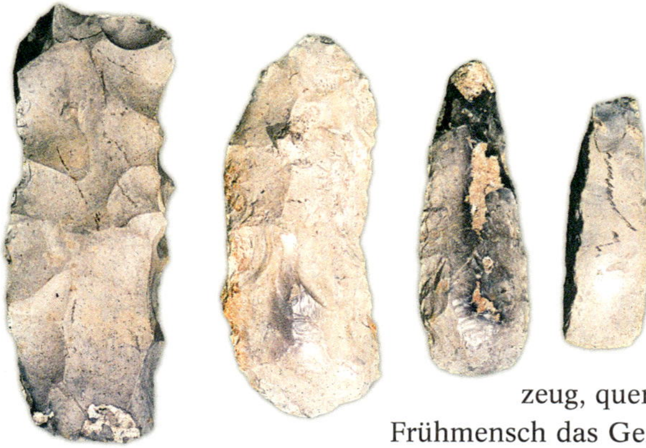

■ Vom Rohstein zum fertigen Steinbeil: An den auf Rügen gefundenen Steinen aus der Jungsteinzeit lassen sich die verschiedenen Bearbeitungsphasen erkennen.

zwei Millionen Jahren die Menschheit als helfendes Werkzeug begleitet. Die ältesten Funde zeigen, dass die Urmenschen schon vor mehr als einer Million Jahre in der Lage waren, Faustkeile mehr oder minder gekonnt aus Feuerstein zu hauen. Bewegte man den Faustkeil in Längsrichtung, wurde er zum Schneidewerkzeug, quer bewegt geriet er zum Schaber, drehte der Frühmensch das Gerät auf der Spitze, erhielt er einen Bohrer. Der Faustkeil als Urwerkzeug diente so zum Häuten, Schaben, Schneiden und auch zum Graben– ein Allzweckwerkzeug, das so erst den Fortgang der Kulturgeschichte ermöglichte. Sicher zu den essentiellen (und frühesten) Verwendungsarten des Faustkeils zählte sein Einsatz in der Großwildjagd, beim Häuten, Ausnehmen und Zerlegen. Erst viel später kamen Menschen auf die Idee, ihre Feuersteinklingen mit Schnüren oder Lederstreifen an Holzstielen zu befestigen – die Axt war geboren. Physikalisch gesprochen, ließ sich auf diese Weise der Hebelarm beim Einsatz des Keils und damit seine wirkende Kraft erheblich vergrößern.

Der Bedarf an Werkzeugen wuchs mit der kulturellen Entwicklung. Nach dem Übergang vom Nomadentum der Jäger zur Sesshaftigkeit der Bauern entstand die Notwendigkeit, Anbauflächen zu schaffen und zu pflegen. Das Beil wurde Rode-Instrument und Grabhilfe, ein früher Vorläufer des Pflugs.

Viel frühes Werkzeug wird nie entdeckt oder rekonstruiert werden – ganz einfach weil es aus Holz gefertigt war (wie die Termitenangeln der Affen) und nur allzu wenige Überreste (wie die Wurfspeere von Schöningen) dem Zahn der Zeit trotzen konnten.

■ Detail der sorgfältig bearbeiteten Spitze eines Schöninger Speers

### WERKZEUG ZUM ÜBERLEBEN

Bei der Einteilung der Vorfahren des Menschen kommt man im Gegensatz zu früher, wo teilweise bis zu 30 Vor- und Urmenschentypen durch die Paläanthropologie geisterten, mit drei Gattungen aus: dem frühen Vorläufer Ardipithecus, dem Vormenschen vom Typ Australopithecus und dem Urmenschen vom Typ Homo. Homo, so glauben viele Forscher, emanzipierte sich erstmals von seiner Umwelt durch den Gebrauch von Werkzeugen und wurde damit zum Homo habilis, dem »geschickten Menschen«. Aufgrund globaler Abkühlung vor 2,5 Millionen Jahren siedelten sich im Lebensraum unserer Vorfahren widerstandsfähigere Pflanzen mit härteren Fasern an. Während der Australopithecus darauf mit der Entwicklung kräftigerer Beißwerkzeuge »reagierte«, entwickelte der Homo habilis im Laufe der Zeit ein größeres Gehirn, größere Geschicklichkeit und Werkzeug.

# UR-INNOVATIONEN

## KULTURGESCHICHTE

**Entwicklung des Menschen:** Vor 5 bis 7 Millionen Jahren trennten sich die Entwicklungen von Mensch und Schimpanse. Die genaue Gliederung des menschlichen Stammbaums ist noch strittig; die Familie der Großen Menschenaffen (Schimpanse, Orang-Utan, Gorilla) und die Familie der Menschenartigen (Hominiden) werden jedoch zu den Hominoiden (Menschenähnlichen) zusammengefasst. Die Hominiden teilt man heute in drei Gattungen auf: Ardipithecus, Australopithecus und Homo. Der älteste Vertreter ist der Ardipithecus ramidus, möglicherweise unser direkter Vorfahr (das »missing link« zwischen Affe und Mensch), vielleicht auch nur eine nah verwandte Seitenlinie, die aber dem Bindeglied sehr ähnlich ist. Er lebte vor 4,4 Millionen Jahren und ging vermutlich schon überwiegend aufrecht; entdeckt wurde er 1994 in Äthiopien. Die älteste Art der Gattung Australopithecus lebte vor 4,1 bis 3,9 Millionen Jahren und wurde 1995 in Kenia entdeckt. Eine jüngere, Australopithecus afarensis, wurde in den 1970ern in Äthiopien und Tansania gefunden; sie lebte vor 3,6 bis 2,8 Millionen Jahren. Ihre prominenteste Vertreterin ist »Lucy«, eines der wenigen relativ vollständigen Skelette menschlicher Urahnen; sie wurde 1974/75 in Kenia entdeckt. Versteinerte Fußspuren, 3,6 Millionen Jahre alt und 1978 in Tansania gefunden, belegen den aufrechten Gang. Weitere Arten des Australopithecus wurden zwischen 1924 und 1980 in Südafrika, Tansania und Kenia bestimmt; sie werden heute in drei Gruppen zusammengefasst, der Stammgruppe (zu der auch Lucy gehört), den grazilen und den robusten Australopithecinen, die bis vor 1,3 Millionen Jahren existierten. Die Gattung Homo erscheint vor 2,4 Millionen Jahren mit dem Homo habilis und wurde erstmals 1960 in Tansania gefunden. Der Homo lebte hauptsächlich vegetarisch, jagte aber auch und sammelte Aas. Ihm werden die ersten gezielt hergestellten Werkzeuge zugeschrieben; vielleicht besaß er eine einfache Sprache. Mit seinen langen, starken Armen konnte er noch gut klettern, die Beine waren kurz und kräftig. Die ersten modernen Körperproportionen wies der Homo erectus vor 1,9 Millionen Jahren auf. Funde belegen, dass er als erster Hominide von Afrika aus bis nach Ostasien zog. In Europa lebte er bis vor etwa 400 000 Jahren; als ältester Beleg galt lange ein 1907 bei Heidelberg gefundener Unterkiefer; neuere Funde aus Spanien sind etwa 300 000 Jahre älter. Als Nomade lebte der Homo erectus von der Jagd, benutzte Feuer und feine Werkzeuge und wohnte in Höhlen und einfachen befestigten Lagern. Der archaische Homo sapiens trat vor etwa 600 000 Jahren auf. Zu dieser Art gehört auch der Neandertaler in Europa und Westasien, der neben hoher Werkzeugkultur schon komplexere Sozialstrukturen besaß und vor 50 000 bis 29 000 Jahren aufgrund riskanter und belastender Lebensweise ausstarb. Seine 1856 bei Düsseldorf gefundenen Knochenreste brachten die Wissenschaft auf die Spur von Frühmenschen überhaupt. Der moderne Homo sapiens, unser unmittelbarer Vorfahr, entwickelte sich vor 150 000 Jahren in Afrika und verbreitete sich schnell, wobei er sich möglicherweise mit bestehenden Populationen vermischte. Vor 40 000 Jahren besiedelte er Europa, Südostasien und Australien und gelangte vor 20 000 Jahren nach Alaska.

## AUF DEN PUNKT GEBRACHT

Je rarer die Fakten, desto beeindruckender der Erfindungsreichtum der Wissenschaft: Aus verstreuten Stöcken, Steinen, Knochen rekonstruiert sie eine erstaunliche Geschichte der Werkzeugfertigung und des Werkzeuggebrauchs – und damit die unerlässlichen Startbedingungen einer nicht minder erstaunlichen Kulturgeschichte der Menschheit.

## EMPFEHLUNGEN

**Lesenswert:**

Marcel Julian: *Auf den Spuren der Menschheit*, Bergisch Gladbach 1999

Friedemann Schrenk, Timothy G. Bromage: *Adams Eltern. Expeditionen in die Welt der Frühmenschen.* München 2002

**Besuchenswert:**

Museum Schloss Monrepos in Neuwied-Segendorf, Ausstellung der Eiszeitfunde aus Kärlich

Grabungsstelle am Lagerplatz des Homo erectus bei Bilzingsleben in Thüringen

Neanderthal-Museum in Mettmann bei Düsseldorf

**Anklickenswert:**

http://www.erbedermenschheit.de/home.htm

# Feuer

## *Emanzipation vom Zufall*

■ Feuer als Wärmequelle: In einem Kessel wird Wasser erhitzt.

Über die wohl bedeutendste Innovation in der Geschichte der Menschheit ist am wenigsten bekannt. Kein Patenteintrag gibt Auskunft, keine historische Quelle Gewissheit, wann die Beherrschung des Feuers zum ersten Mal gelang. Oder müsste man besser fragen, wie oft sie gelang, und wie oft sie wieder in Vergessenheit geriet?

Auch die Wissenschaft hat lediglich spekulative Szenarien zu bieten – Szenarien wie dieses: Versetzen wir uns zwei, drei Millionen Jahre zurück, nach Ostafrika, ins heutige Kenia vielleicht. Nicht allzu weit entfernt ragt der fast 5200 Meter hohe Mount Kenya auf, eine dünne Rauchsäule kräuselt sich über dem vulkanischen Gipfel. Sein Ausbruch liegt keine fünf Tage zurück; er hat die Landschaft mit flüssiger Lava überschüttet, die Vegetation niedergebrannt. Durch die mit Asche bedeckte Steppe streunen Raubkatzen auf der Suche nach Wild, das dem flammenden Inferno nicht entkommen ist. Auch einige affenähnliche Wesen durchstreifen die Aschewüste auf der Suche nach Essbarem. Sie gehen auf zwei Beinen, wittern in die rauchige Luft. Mit Stöcken stochern sie in verkohlten Pflanzenresten. Plötzlich fängt einer der Stöcke in der Glut Feuer. Aufgeregtes Geschrei ist die Folge. Die Gruppe stiebt auseinander, einige fliehen, andere schauen neugierig, aber aus sicherer Entfernung auf den Stockträger. Der folgt einem plötzlichen Impuls, hebt die Fackel in seiner Hand triumphierend hoch, genießt die Angst der anderen, seine Macht. Dann siegt auch bei ihm die Furcht, er schleudert das brennende Ding zu Boden und läuft mit den andern davon.

Feuer bedeutete Macht. Wer das Feuer beherrschte, war anderen überlegen, konnte Raubtiere vertreiben, Insekten abwehren, sich wärmen, bekömmlicheres und länger haltbares Fleisch essen, und er hatte eine künstliche Lichtquelle. Mit der Beherrschung des Feuers waren somit quasi die Grundlagen von Nahrungsmittelchemie und Metallurgie (Oxidation) sowie auch der Lebensmitteltechnologie (Konservieren) gelegt. Die Speisekarte der frühen Menschen

### DAS LACHEN DES DRACHEN

Nach einem Mythos der Amazonas-Indianer verfügte der Kaiman, das Flusskrokodil, eher als die anderen Lebewesen über das Feuer. Aber er wollte es nicht teilen und versteckte es in seinem Maul. Als die anderen Tiere dahinter kamen, versuchten sie, ihn durch eine List zum Öffnen des Mauls zu bewegen. Ausgerechnet das kleinste aller Tiere, der Kolibri, war erfolgreich: Durch derbe Späße brachte es den Kaiman zum Lachen, und mit dem Lachen spuckte er das Feuer aus. So kam die Kultur in die Welt.

wurde dadurch gewaltig bereichert, ihre weitere Verbreitung erheblich erleichtert. Im historischen Nachhinein liegt das auf der Hand, doch jeder einzelne dieser Vorteile war wahrscheinlich keine Erkenntnis eines Individuums, es waren mühsame Errungenschaften in der Entwicklungsgeschichte des Menschen, zwischen denen jeweils vielleicht Hunderttausende von Jahren lagen. Als erste Hinweise auf von frühen Hominiden genutzte Feuerstellen lassen sich einige kreisförmige Flecken aus gebranntem Lehm deuten, die zusammen mit Tierknochen und einfachen Werkzeugen aus Lavagestein in Chesowanja, Kenia, gefunden wurden. Ihr Alter wird auf 1,4 Millionen Jahre geschätzt. Die als Lagerfeuer gedeuteten Stellen könnten aber auch nur die Stümpfe niedergebrannter Bäume sein. Überzeugender sind Hinweise auf Feuerstellen, die Archäologen in einer urgeschichtlich besonders ergiebigen Höhle bei Swartkrans in Südafrika fanden. Dort häuften sich geschwärzte Tierknochen, die – das konnte man in Laborexperimenten nachweisen – Temperaturen zwischen 300 und 500 Grad ausgesetzt gewesen sein müssen: zu heiß für ein Buschfeuer, aber genau richtig für die Hitze in einer Feuerstelle. Die Funde sind etwa eine Million Jahre alt. Gegen die These, dass menschenähnliche Höhlenbewohner die Feuer schürten, sprechen die Knochenfunde in der Höhle. Sie stammen vom Australopithecus robustus, einem frühen Verwandten oder Vorfahren des Menschen, von dem aus anderen Funden bekannt ist, dass er nicht in Höhlen lebte, sondern höchstens als Beute von Raubtieren dorthin gelangte.

Dem Feuer zu begegnen war nicht schwierig für die Hominiden in jenen afrikanischen Landschaften, die man heute für die Wiege der Menschheit hält. Blitz und Donner, Buschfeuer, vulkanische Tätigkeit waren allgegenwärtig. Die Schwierigkeit bestand darin, das Feuer zu bewahren und zu zäh-

■ Das Feuer war für die Urmenschen die wohl wichtigste Entdeckung. Szene aus der Zeit der Neandertaler, 70 000–40 000 v. Chr.

men. Wer trug erstmals die Reste eines Feuers zurück zum Lager? Es ist nicht einmal sicher, ob es schon der Australopithecus war oder erst der spätere Homo erectus. Die wirklich zuverlässigen Fundstellen, die auf so etwas wie »Lagerfeuer« hindeuten, sind alle jünger als 500 000 Jahre. Irgendwann in der Zeit vor einer halben und zwei Millionen Jahren gelang es den frühen Vorläufern des Homo sapiens, das Furcht einflößende Element zu bezwingen und Kulturtechniken wie das Kochen, das Heizen, das Beleuchten zu entwickeln, ohne die Zivilisation nicht denkbar wäre. Das Feuer, so vermuteten schon die Evolutionstheoretiker Mitte des 19. Jahrhunderts, habe den Menschen von der Natur emanzipiert. Für Charles Darwin etwa sind Feuer und Sprache die größten menschlichen Entdeckungen und »älter als die Geschichte«. Für mehr teleologisch orientierte Sozialkritiker wie Friedrich Engels war das Feuer eher der Auftakt zur menschlichen Geschichte, ein Beispiel für die aktive Verwandlung von Naturvorgängen in Arbeitsmittel, und damit der Beginn der kulturellen Evolution, mit deren Hilfe sich der Mensch vom Zufall emanzipieren kann.

Unzweifelhaft hat der Gebrauch des Feuers nachhaltig die Entwicklung menschlicher Gesellschaften geprägt, vielleicht sogar eine Arbeitsteilung zwischen den Entfachern des Feuers und dessen Bewahrern eingeleitet, eine Gewaltenteilung sozusagen, die vielleicht in die frühe Ausbildung von Geschlechterrollen mündete und letztlich – wer weiß – in Patriarchat und Matriarchat. Aber das ist Spekulation. Wo die archäologischen Funde schweigen, kommen Mythos und Naturphilosophie zu Wort. In vielen Schöpfungsgeschichten spielt das Feuer eine Sonderrolle, sei es als schöpferisches Feuer am Weltenanfang, als zentraler »Herd« des Universums, um den die Himmelskörper kreisen, oder als Mittler zwischen Himmel und Erde. Doch auch die Mythen verraten nicht mehr als Furcht und Faszination. Oft drückt sich in ihnen jene ambivalente Haltung gegenüber den Feuergöttern oder Feuerträgern aus, die die Urmenschen beim Anblick des Feuers eingenommen haben mögen: eine Mischung aus Furcht und Begierde, Vorsicht und Besitzwillen.

■ Feuer als Waffe: Archimedes setzt bei der Belagerung von Syrakus mit einem Brennspiegel die feindlichen Schiffe in Brand. Farblithographie, um 1865, nach einer Zeichnung von Albert Chéreau

# FEUER

## TECHNOLOGIE

**Feuererzeugung:** Mehrere einfache Methoden werden auch heute noch von Naturvölkern benutzt. Beim Feuerbohren wird durch Reiben oder Bohren von Hartholz auf Weichholz heißer Abrieb erzeugt und mithilfe von Zunder und Sauerstoffzuführung zum Glimmen gebracht. Das Zusammenschlagen von Steinen oder Stein und Eisen erzeugt Funken, die ebenfalls Zunder zum Glimmen bringen. Auch das Zusammenpressen von Luft in einer Holzröhre (Feuerpumpe) erhitzt den Zunder in der Röhre so weit, dass er zu glimmen beginnt. (Eine Weiterentwicklung dieser Methode ist die Zündung im Dieselmotor.) In heutigen Feuerzeugen entzündet sich Gas durch einen Funken, erzeugt mittels Reiben eines Stahlrädchens an einem Zündstein; statt aus Feuerstein besteht dieser jetzt aus einer Cer-Eisen-Legierung. Die elektrische Funkenerzeugung erfolgt durch Materialien, die unter hohem Druck Hochspannung produzieren (Piezoeffekt); auch Blitzeinschlag ist eine Form elektrischer Feuererzeugung. Durch starke Lichtkonzentration, etwa von Sonnenstrahlen auf konkave Spiegel, wurde in der Antike ein als besonders heilig geltendes Feuer entfacht; noch heute wird die olympische Flamme so entzündet. Ferner können zahlreiche chemische Reaktionen unter bestimmten Umständen zu Bränden führen, etwa bei der Gärung von feuchtem Heu.

## KULTURGESCHICHTE

**Fundstellen:** In den Höhlen bei Zhoukoudian in der Nähe von Peking werden seit 1921 Überreste des »Pekingmenschen« aus der Altsteinzeit ausgegraben. Die untersten Schichten enthalten Knochen und Asche von Feuerstellen, die 500 000 Jahre alt sind. Seit 1987 gehört die Fundstätte zum UNESCO-Welterbe.
**Naturphilosophie:** Die griechischen Philosophen der Antike stellten zum Verständnis des Universums zahlreiche Theorien auf, denen der Gedanke zugrunde lag, dass alle Materie aus einem Grundstoff hervorgegangen ist. Um 500 v. Chr. war für Heraklit dieser Urstoff das Feuer. Etwa 150 Jahre danach entwickelte Aristoteles die Theorie von einem einzigen Grundstoff weiter zu der Hypothese der »vier Elemente« (Feuer, Erde, Wasser, Luft). Später hatte für die Stoiker das Feuer zugleich stoffliche und immaterielle Substanz als lebensspendender Gottesatem. Die Elementetheorie des Aristoteles bestimmte fast 2000 Jahre lang das gesamte wissenschaftliche Denken. Die mittelalterlichen Alchimisten hielten den Verbrennungsprozess für die Grundlage der Umwandlung von Materie. Noch 1703 glaubte Georg Ernst Stahl die »Essenz des Feuers« (Phlogiston) gefunden zu haben. Erst Ende des 18. Jh. widerlegte Antoine Lavoisier durch Experimente mit Wasser- und Sauerstoff die Phlogistontheorie und damit die Ansicht, dass Feuer ein eigenes Element sei.

## AUF DEN PUNKT GEBRACHT

Die Entwicklung der Menschheit verdankt ihm viel, dem Buschfeuer und dem Waldbrand; der heutige Alltag lässt dies kaum mehr erahnen. Energie hat das Feuer auch als Begriff ersetzt. Und doch steckt hinter dem Strom aus der Steckdose in der Regel ein gezähmtes Feuer, in Öl- und Kohlekraftwerken verbrennen die Wälder der Vergangenheit.

## EMPFEHLUNGEN

**Lesenswert:**
Hazel Rossotti: *Feuer. Vom zündenden Funken zum flammenden Inferno*, Heidelberg 1994

Ray Bradbury: *Fahrenheit 451*, Zürich 1981

Hans Christian Andersen: *Das Feuerzeug* (1835) und *Das Mädchen mit den Schwefelhölzern* (1846)

**Hörenswert:**
Georg Friedrich Händel: *Feuerwerksmusik*, 1749

**Sehenswert:**
*Am Anfang war das Feuer* (*La Guerre du feu*). Regie: Jean-Jacques Annaud; mit Everett McGill, Rae Dawn Chong. F/Kanada 1981

*Vom Winde verweht* (*Gone with the Wind*). Regie: Victor Fleming; mit Vivien Leigh, Clark Gable. USA 1939

*Fahrenheit 451*. Regie: François Truffaut; mit Oskar Werner, Julie Christie. GB/USA 1966

**Besuchenswert:**
Feuerzeugsammlung des Auer-von-Welsbach-Museums in Althofen, Österreich (Auer von Welsbach erfand die Cer-Eisen-Legierung für den Feuerzeug-Zündstein)

Zippo(-Feuerzeug)-Museum in Bradford, Pennsylvania, USA

# *Keramik, Glas, Porzellan*

## *Erde im Feuer*

Als die nomadisierenden Menschengruppen gegen Ende der letzten Eiszeit allmählich sesshaft wurden, stieg auch ihr Bedarf an festen Gefäßen, um Nahrungsmittel vor Witterung und vorzeitiger Alterung zu schützen. Die Jäger und Sammler hatten noch Behältnisse aus Tierhäuten oder Blättern und Rinde benutzt, und ihre Unterkünfte waren aus ähnlichen Materialien gefertigt. Ihre Nachfolger formten nun weiche Erde zu Ziegeln und Gefäßen und härteten sie im Feuer – die Anfänge der Bau- und Gefäßkeramik. Ein beeindruckendes Beispiel dieser neuen Technologie ist die Stadt Jericho im Jordangraben, die um etwa 8000 v. Chr. aus getrockneten Lehmziegeln errichtet wurde. Auch im Vorderen Orient finden sich, etwas später, Überreste von Stadtkulturen mit Häusern aus gebranntem Lehm.

Die Anfänge der Keramik darf man weit früher vermuten, denn bereits aus der Zeit um 20 000 v. Chr. stammen gebrannte Tonfiguren, die Menschen und Gottheiten darstellen – erste Versuche des Menschen, die ihn umgebende Wirklichkeit materiell zu »speichern«. In diesem Sinne kommt der frühen Figuralkunst eine ähnliche Bedeutung zu wie der Entwicklung der Schrift. Womöglich findet hier auch der uralte Mythos vom Menschen als einem aus Erde geformten Abbild der Götter seinen ersten Ausdruck.

■ Ein Töpfer an der Töpferscheibe. Das ägyptische Modell stammt aus dem Grab des Nikauinpu, Westfriedhof von Giseh. Altes Reich, 5. Dynastie, 2445–2414 v. Chr.

DIE GÖTTER SIND TÖPFER

Im alten Ägypten genoss die Töpferei kein hohes Ansehen. »Der Töpfer ist unter der Erde, auch wenn er noch lebt. Er wühlt im Dreck mehr als ein Schwein, um seine Töpfe zu brennen. Seine Kleider sind steif von Ton, sein Gürtel hängt in Fetzen. Die Luft, die er atmet, ist heiß von Feuer. Er stampft den Ton und wird selbst zerschlagen. Er besudelt den Hof eines jeden Hauses und zerstört seinen Boden« (Uwe Mämpel). Andererseits findet man auf Reliefs die Erschaffung des Menschen als göttlichen Schöpferakt an der Töpferscheibe idealisiert.

Wichtigste Voraussetzung für jede Keramikproduktion ist das Vorkommen von Tonmineralien und die Beherrschung des Feuers. Um Ton zu härten, braucht man eine gleichmäßige Hitze von etwa 800 Grad; dazu eignet sich am besten ein Schwelbrand. Nach ersten Versuchen im offenen Feuer muss bald die Idee aufgekommen sein, Brennstoff und Brenngut aufeinander zu schichten und das Ganze mit Erde und Sand gegen Zugluft zu schützen – das Prinzip des Meilerofens. Bereits im 5. Jahrtausend v. Chr. gingen Töpfer in Mesopotamien weiter und entwickelten den Zweikammerofen, in dem Feuer und Brenngut getrennt sind. In diesen Öfen lassen sich Wärmezufuhr und Rauchentwicklung besser kontrollieren.

■ Das Tontäfelchen aus dem 7./6. Jahrhundert v. Chr. zeigt einen Töpfer an der Töpferscheibe. Es wurde in der Nähe von Korinth in Penteskuphia gefunden.

Was beim Brennen wirklich passiert, können erst neuzeitliche Chemie und Materialphysik formulieren. Zunächst tritt (bis etwa 200 °C) das Restwasser aus, anschließend wird (zwischen 200 und 900 °C) auch das chemisch gebundene Wasser ausgetrieben. Im letzten Schritt des Brennprozesses verändert sich die Kristallstruktur der beteiligten Minerale, und die Oberflächen der Rohstoffe verschmelzen miteinander. Nichts davon darf zu schnell oder zu langsam vor sich gehen, doch ist das eine Erfahrung, für die moderne Wissenschaft nicht nötig war. Mit dem wachsenden Bedarf an Lager- und Transportgefäßen in den aufstrebenden Stadtkulturen, im Mesopotamien ebenso wie in Ägypten, entstand auch ein Rationalisierungsdruck, der sich in der Entwicklung der Töpferscheibe niederschlug. Eine schnell laufende Töpferscheibe war schon seit 3600 v. Chr. im Zweistromland in Gebrauch. Ab 3000 v. Chr. ist die Produktion von Massenware mit genormtem Fassungsvermögen verbürgt. Die Töpferscheibe ist, neben dem schnurgetriebenen Bohrer, das älteste mechanisierte Arbeitsgerät der Menschheit.

■ Eine frühminoische Töpferscheibe (2600–2300 v. Chr.) und ein mittelminoisches Miniaturgefäß (21.–19. Jahrhundert v. Chr.)

Die verbesserte Beherrschung des Feuers ist Grundlage einer weiteren Kunstfertigkeit, die der Mensch vor rund fünftausend Jahren entwickelte: das Glasmachen, um das sich einige Legenden ranken. Die bekannteste geht auf den römischen Gelehrten Plinius zurück. Er schrieb die Erfindung des Glases den Phöniziern zu und hatte dafür wohl zwei gute Gründe: einmal das beeindruckende

SCHMUCKVOLLE EINFACHHEIT
Die Keramik der Jungsteinzeit (um 5500–1600 v. Chr.) weist einfache Formen und teilweise Muster in Bandform sowie Abdrücke von Schnüren auf. Muster und Form geben jeweils Hinweise auf das Alter und auf die Herkunftsregion in Mitteleuropa: Die – älteste – Bandkeramik stammt aus dem Südosten, die spätere Schnurkeramik aus dem Osten und die noch spätere Glockenbecherkeramik aus dem Westen.

Know-how des vorderasiatischen Handelsvolks – immerhin belieferte es seit tausend Jahren den gesamten Mittelmeerraum mit kunstvollen Glasgegenständen – und zum anderen die günstigen Gegebenheiten ihrer Heimat. In den Wüstengebieten am Rande des östlichen Mittelmeers können trockene Salzseen entstehen, und Plinius stellte sich eine Karawane vor, die auf der Durchreise dort lagert, aus Salzblöcken einen Herd im kalkhaltigen Sand errichtet und ein Feuer entzündet. Nun waren alle Zutaten gegeben: Soda, Kalk, Sand und Feuer; was läge da näher als zu vermuten, dass die Handelsreisenden aus der Asche des Feuers bald farbige Rinnsale austreten sahen, die zu einem herrlichen glänzenden Material erstarrten – dem ersten menschengemachten Glas.

So schön die Geschichte ist, so wenig haltbar sind sowohl Szenario als auch Folgerung. Mit Sicherheit konnten schon vor 5400 Jahren die Ägypter zumindest Perlen aus Glas machen, also weitaus früher als die Phönizier, und das Planspiel mit dem Herdfeuer hat einen entscheidenden Haken: Dem Feuer fehlen einige Hundert Grad Temperatur, um die Glasschmelze zu erzeugen. Wahr dürfte an der Erzählung des Plinius sein, dass es sich beim Glas weniger um eine Erfindung als um eine Entdeckung handelte, auf die der Mensch eher zufällig stieß.

Seit Jahrmilliarden entsteht Glas auf natürliche Weise überall dort, wo passende Mineralien heiß genug werden und schnell genug abkühlen. Bei einem Ausbruch des hawaiianischen Vulkans Kilauea Anfang der 1970er Jahre trat dieses Phänomen besonders stark auf. Dort schießen kochende Lavasprudel empor, die beim Zerplatzen Tropfen der dünnflüssigen Gesteinsschmelze weit fortschleudern. In der Luft erstarren sie zu langen dünnen Glasfäden; für die Hawaiianer sind das seit alters her die

■ Glasbläser bei der Arbeit. Italienische Buchmalerei, um 1022/35. Im 15. Jahrhundert wurde Venedig zum Zentrum der europäischen Glasindustrie.

■ Die Illustration aus einem Bilderbuch des frühen 19. Jahrhunderts zeigt die Herstellung und das Brennen von Porzellan in China.

Haare der Vulkangöttin Pele. Obsidian, natürliches Vulkanglas, diente den Menschen der Jungsteinzeit bereits als Rohstoff für Werkzeuge. Das überaus scharfkantige Glas eignete sich noch besser zur Herstellung von Messern und Pfeilspitzen als Feuerstein. Für Physiker ist »das Haar der Pele« nichts weiter als eine unterkühlte Schmelze, also ein schnell erstarrtes Gestein, das keine Zeit fand, Kristalle auszubilden. Die chemische Zusammensetzung der Gesteinsschmelze ist zwar nicht unwichtig, lässt jedoch Raum für viele Varianten. Heute sind einige Tausend verschiedene Glasarten mit mehr als fünfzig verschiedenen chemischen Elementen bekannt.

Lange Zeit war Glas ein Luxusgut. Mühsam mussten Vasen und Schalen aus größeren Glasblöcken herausgemeißelt werden. Dennoch wurden schon um 1500 v. Chr. Schmuckgegenstände und Gefäße in größeren Mengen hergestellt. Erst im 1. Jahrhundert v. Chr. entwickelte sich die Kunst des Glasblasens, eine Technik zur Herstellung von Hohlkörpern, die im wesentlichen bis heute unverändert ist, außer dass in der modernen Großproduktion Maschinen die Rolle des Glasbläsers übernommen haben.

Zwar kannten schon die Römer Glasscheiben, etwa als Trennwände in den Umkleideräumen ihrer Thermen, aber of-

■ Ägyptischer Frauenkopf aus blauem Glas. Neues Reich, 18. Dynastie, 1365–1347 v. Chr.

■ Der Erfinder des europäischen Porzellans Johann Friedrich Böttger zeigt August dem Starken das Geheimnis der Porzellanherstellung im Jahr 1710. Wandgemälde von Paul Kießling (1836–1921)

fenbar ging die Glasmacherkunst mit dem Untergang des römischen Weltreichs für Europa zunächst verloren. Erst im 12. Jahrhundert lebte sie wieder auf und fand ihren Ausdruck in prächtigen Kathedralenfenstern. Im 19. Jahrhundert verlor das Glas endgültig seine sakrale Aura, als sich dank der Massenfertigung nun auch weniger Betuchte größere Glasfenster, Trinkgläser und Spiegel leisten konnten. Bis zum Gebrauchsgut unserer Tage, aus dem getrunken und auf das Pfand erhoben wird, weil es ein wertvoller und leicht recycelbarer Werkstoff ist, war es da nur noch ein kleiner Schritt.

Ein Hauch von Luxus umgibt noch immer einen keramischen Werkstoff, der erst spät in der Geschichte der Töpferei auftaucht: das Porzellan. Sein Ursprung wird im China des 7. Jahrhunderts vermutet, worauf auch der Name seines Hauptbestandteils Kaolin hinweist. »Kao-ling« hießen die Berge, aus denen die Chinesen der Tang-Dynastie das Tonmineral holten, mit dem sie die feine Keramik brannten, die extrem widerstandsfähig und wasserabweisend war. Für die Herstellung von Porzellan ist die genaue Mischung der Ausgangsbestandteile ebenso wichtig wie die exakte Kontrolle der Ofenhitze, die Temperaturen bis zu 1480 Grad erreichen muss. Die Herstellungsgeheimnisse, sozusagen das alchemistische Arkanum des Porzellans, wurden streng gehütet. Das neuzeitliche Europa war lange auf Importe aus dem Osten angewiesen, weil es trotz zahlreicher Versuche nicht gelang, eine vergleichbare Keramik zu erzeugen. Marco Polo, der zwanzig Jahre am Hof eines mongolischen Kaisers gelebt hatte, brachte das »Yao«, wie es in China hieß, Anfang des 14. Jahrhunderts nach Europa mit. Erst vierhundert Jahre später gelang es dem »Goldmacher« Johann Friedrich Böttger, einem in Sachsen wegen Betrugs inhaftierten Alchemisten, ein echtes hartes Porzellan herzustellen. Ein Jahr später, 1710, führte das zur Gründung der Meißener Porzellanmanufaktur, die lange Zeit eine Monopolstellung innehatte – wiederum, weil das »Arkanum« so sorgsam gehütet wurde.

# KERAMIK, GLAS, PORZELLAN

## TECHNOLOGIE

**Materialien:** Tonerde besteht aus Kaolinit, Illit und Montmorillonit (sorgen für Formbarkeit), Quarz, Feldspat, Glimmer und Kalk (beeinflussen das Brennverhalten) sowie Eisen- oder Titanverbindungen (Färbung). Zur Bearbeitung wird Ton mit Wasser geschmeidig gemacht; die Stücke müssen vor dem Brennen trocknen, damit sie nicht die Form verlieren. Bei Brenntemperaturen unter 1000 °C bleiben sie porös und können Wasser aufnehmen (Steingut, Fayence); eine Glasur macht sie wasserdicht. Über 1000 °C sintert, also verfestigt sich, die Tonmasse und wird dichter und wasserundurchlässig (Steinzeug, Porzellan). Porzellanerde besteht aus Kaolin, Feldspat und Quarz (heute oft durch Aluminiumoxid ersetzt). Je nach Mischung ergibt sich Weichporzellan, das einmal auf 1200–1300 °C erhitzt wird, oder Hartporzellan, das nach dem ersten Brand bei 1000 °C glasiert und bei 1380–1450 °C 24 Stunden lang fertig gebrannt wird. Glas ist ein überwiegend nichtkristallines, sprödes und amorphes Material, lässt Licht durchscheinen, auch Infrarotlicht, und isoliert elektrisch gut. Es besitzt keinen festen Schmelzpunkt und besteht vorwiegend aus Siliziumdioxid (Quarz, Quarzsand). Spezialglas aus reinem Quarz hat einen Schmelzpunkt über 1700 °C; Beimischungen von Soda (Natriumkarbonat), Pottasche (Kaliumkarbonat), Glaubersalz und anderem senken den Schmelzpunkt. Sand und Soda oder Pottasche ergeben bei 850 °C das wasserlösliche Wasserglas. Kleinere Mengen werden in Tiegeln erschmolzen, größere in kontinuierlich arbeitenden Schmelzwannen.

## KULTURGESCHICHTE

**Bezeichnungen**: Der Begriff Keramik stammt vom griechischen Wort »kéramos«, Töpferton. Terrakotta (italienisch für gebrannte Erde) bezeichnet bei niedriger Temperatur gebrannte, unglasierte Tonware, meist figürliche Plastik. Majolika ist eine weiß glasierte maurische Keramik, von den Italienern so genannt nach Mallorca, dem Haupthandelsplatz im Hochmittelalter. In Frankreich und Deutschland hergestellte Majolika mit weißer Zinnoxidglasur wurde nach den Werkstätten in Faenza als Fayence bezeichnet. Beim Porzellan war eine Meeresschnecke mit weißglänzender Schale (ital. porcellana) Namensgeberin. Das althochdeutsche Wort »glas« bezeichnete ursprünglich Bernstein.

**Geschichte:** Das älteste bisher gefundene Stück aus gebranntem Lehm ist die »Venus von Dolní Věstonice«; das um 23 000 v. Chr. geformte Figürchen ist im Moravké-Museum in Brünn zu besichtigen. Um ein Glasurrezept geht es im ältesten erhaltenen Geheimcode; die Tontafel wurde um 1500 v. Chr. bei Bagdad beschriftet. In der Glasherstellung wurde das älteste Verfahren neben dem Gießen, das Mundblasen, vermutlich ab dem 1. Jh. v. Chr. in Syrien eingesetzt. Die Glasmacherpfeife (1–1,5 m langes Eisenrohr mit Mundstück und Holzgriff) sorgte für einen revolutionären Aufschwung in der römischen Glasindustrie. Erstes durchsichtiges Glas findet sich im mesopotamischen Eschunna um 2000 v. Chr. und in Ägypten unter Tutanchamun im 14. Jh. v. Chr. Frühe Glasgefäße gibt es aus dem 16. Jh. v. Chr. in Mesopotamien, Ägypten und auf Kreta.

## AUF DEN PUNKT GEBRACHT

Die Töpferkunst hat sowohl rationale als auch mythisch-religiöse Anfangsgründe: Sie entstand aus dem wachsenden Bedarf an Gefäßen zur Lager- und Vorratshaltung, zugleich aber auch aus dem Bedürfnis, Kultgegenstände zu formen.

## EMPFEHLUNGEN

**Lesenswert:**
Leah Hager Cohen: *Glas, Bohnen, Papier. Dinge des Alltags und was sie uns lehren*, München 1998

Uwe Mämpel: *Keramik*, München 1985

**Hörenswert:**
Dennis James: *Glass Instruments Album*, Audio-CD 2002

Wiener Glasharmonika Duo

**Sehenswert:**
*Die blauen Schwerter*. Regie: Wolfgang Schleif; mit Hans Quest. DDR 1949

**Besuchenswert:**
Staatliche Porzellan-Manufaktur in Meißen, Museum mit Schauhalle und -werkstatt

Glasmuseum in Wertheim/ Bayern

# Ackerbau und Viehzucht

## Die Erfindung der Landwirtschaft

Sein Pech, dass das Urrind so schöne gebogene Hörner hatte. Die ließen im bereits hoch entwickelten Hirn des Steinzeitmenschen pralle Assoziationen entstehen, erinnerten ihn an die Mondsichel oder den aufwärts gebogenen Penis eines geilen Mannes. Damit war das Rind als kulttauglich ausgemacht, es wurde zum Opfertier für Fruchtbarkeitsriten und den Kult der Mondgöttin. Und da Opfertiere gezähmt und gehalten werden müssen, habe so die Domestikation von Haustieren begonnen. Das jedenfalls besagt *eine* Theorie von Anthropologen über den Ursprung der Landwirtschaft.

Weitaus gängiger ist die These, dass der Mensch lediglich zum Zwecke des verlässlichen und leichteren Nahrungserwerbs aufs Nutztier kam. Der Zwang zur Umstellung der Lebensform könnte ausgelöst worden sein durch Überbevölkerung, die mit einer Klimaverschlechterung einherging. Von Klimadaten aus den in Frage kommenden Zeiträumen wird diese These allerdings nur bedingt gestützt. Und gegen die gängige Erklärung spricht auch: Wildrinder sind große wilde Tiere, und niemand hätte ihren Nutzen als Nahrungs- oder Milchlieferanten voraussehen können, bevor sie gezähmt waren.

Eine bewusste Entscheidung waren die ersten Schritte der Menschheit in Richtung Sesshaftwerden und Landwirtschaft also sicher nicht. Außerdem hatte das Wildbeutertum der Nomaden unbestreitbar Vorteile: Sie waren weniger abhängig von Naturkatastrophen und Ernteausfällen, konnten auf wechselnde Umweltbedingungen flexibler reagieren. Das freilich konnten sie gar nicht wissen, so lange sie noch nicht das Experiment Landwirtschaft begonnen hatten.

Es wird also wohl eine Mischung aus Zufall und Experimentierfreude, aus Religion, Klimaeinflüssen und Überbevölkerung gewesen sein, die dem Entstehen einer neuen Kultur

■ Bauer hinter einem Pflug mit Ochsengespann. Das Terrakottamodell aus Theben (1. Hälfte 6. Jahrhundert v. Chr.) zeigt, dass die Landwirtschaft im Alten Ägypten ein wesentlicher Bestandteil des alltäglichen Lebens war.

■ Männer bei der Feldarbeit. Die Wandmalerei aus dem Grab des Menena verweist auf dessen Tätigkeit als Vorsteher der Ländereien und Feldvermesser unter Thutmosis IV. in Theben-West im 15. Jahrhundert v. Chr.

den Weg bereitete – und das ganz allmählich. Vor etwa zehn- bis zwölftausend Jahren, zu Beginn des erdgeschichtlichen Zeitalters namens Holozän, fingen die Menschen an, Nahrungsmittelvorräte anzulegen, beispielsweise indem sie Getreidekörner oder Beeren und Wildobst in Erdgruben aufbewahrten. Jäger und Sammler, die bis dato weiträumig über Land gezogen waren, mussten nicht mehr ständig den Ort wechseln, weil ihre Ressourcen knapp wurden; sie begannen Nahrungspflanzen anzubauen, statt sie zu sammeln, und Tiere zu halten, statt sie zu jagen. Das ereignete sich wahrscheinlich – auch hierüber herrscht keine Einigkeit in der Forschung – in verschiedenen Gegenden der Welt etwa zur gleichen Zeit. Domestizierte Nutzpflanzen wie Emmer und Einkorn sind jedenfalls vor neun- bis zehntausend Jahren in Vorderasien und dem Nahen Osten nachweisbar. Ziege, Schaf und Schwein, etwas später auch das Rind, hat man da wohl als Nutztiere schon gekannt. Mais, die einzige Getreideart des amerikanischen Kontinents, wurde ebenfalls schon vor mehr als sechstausend Jahren in Mittelamerika angebaut. Über längere Zeit hinweg entwickelte sich aus dem Anbau der Wildpflanzen das gezielte Auslesen und Züchten, die Domestikation der Wild- zu Kulturpflanzen.

Wer ernten will, muss säen, und so wird der Mensch schon bald dahinter gekommen sein, dass es zum wahllosen Verstreuen der Samen auf der Erde weitaus einträglichere Alternativen gab. Der Pflug wurde Schritt für Schritt aus einfachen Grabgeräten entwickelt, die es ermöglichten, eine Furche für die Aussaat zu ziehen. Das mag zunächst nur die Geweihstange einer Antilope gewesen sein, bald wurde daraus ein langer Holzhaken, ein Hakenstock, am Kopfende beschwert, damit er sich tiefer ins Erdreich fraß, und schließlich wurde der Stock von einem domestizierten Rind gezogen.

### KORN ALS MASS

Getreidekörner eigneten sich wegen ihrer Haltbarkeit sehr gut als frühe Zahlungsmittel. Bis ins 19. Jahrhundert hinein wurden in Deutschland Grundzins und Steuern teilweise in Getreide beglichen. Auch als Gewichtsnormen wurden Körner verwendet. Aus dieser Zeit stammt die Einheit Karat, die heute noch bei Edelmetallen und Diamanten gebräuchlich ist. Ein Karat, ursprünglich ein Samenkorn des Johannisbrotbaums, entsprach drei Gersten- oder vier Weizenkörnern.

■ Mit dem Ackerbau wurde auch die Vorratshaltung weiterentwickelt: Im Palast von Knossos lagerten Vorräte an Wein, Öl und Getreide in den ursprünglich 400 Pithoi (krugähnlichen Behältern) in den Magazinen des Westflügels. Die teilweise mit Stuck und Blei ausgekleideten Kammern der Magazine unter den Mittelgängen wurden auch als unterirdische Schatztruhen benutzt.

Auch dies war ein Prozess, der sich über Jahrhunderte, wenn nicht Jahrtausende hinzog, jedoch eine so tief greifende Wandlung in der Menschheitsgeschichte darstellt, dass dieser Übergang von nomadisierenden Wildbeutergruppen zu einer agrarisch organisierten Gesellschaft gemeinhin als »neolithische Revolution« bezeichnet wird, denn so primitiv oder gar geringfügig uns die Errungenschaften auch anmuten mögen, so umwälzend und weit reichend waren die Auswirkungen. Und Menschen, die nicht mehr von gejagtem Wild, Vögeln, Fischen oder von gesammelten Eiern, Insekten, Wurzeln und Blättern leben mussten, konnten sich auch sozial anders entfalten. So gehört zu den mittelbaren Folgen dieser Abkehr von der alten Lebensform der Wildbeuterei die Gründung der ersten größeren Siedlungen, ja sogar Städte – Jericho, Çatal Höyük, Çayönü, Ali Kosh im Westiran oder Tehuacán im steinzeitlichen Mexiko. Während das Leben in kleinen Gruppen wenig Raum für Spezialisierung und Arbeitsteilung bot, konnten sich nun in solchen landwirtschaftlich ausgerichteten Städten neue Formen der Arbeitsteilung und der handwerklichen Produktion bilden. Auf lange Sicht entstand daraus auch eine komplizierte soziale Hierarchie, die auch zu völlig neuen Konflikten führte und letztendlich, ab dem 4. Jahrtausend v. Chr., zu den blühenden Stadtstaaten und Hochkulturen im Vorderen Orient. So stellen die neusteinzeitliche Revolution, die Erfindung der Schlüsselmaschine Pflug und das »Einspannen« von Nutztieren in landwirtschaftliche Prozesse entscheidende Etappen in der Entwicklung menschlicher Lebensgrundlagen dar.

Als »Vorläufer von Fließband und Lochkarte« hat man in der anthropologischen Forschung den Melkschemel und die Kreuzhacke bezeichnet, um sie als Meilensteine der Menschheitsentwicklung zu kennzeichnen. Sie stehen für den Aufbruch aus der Kulturlosigkeit von Gemeinschaften, deren Energien bis dahin fast ausschließlich zum Überleben aufgebraucht wurden.

### KRIEG UM KORN

Getreide ist wichtiger als Geld. Um Kornkammern wurden mehr Kriege geführt als um Gold, der Getreidemarkt prägte die Weltpolitik. So waren Anbau und Nutzung von Getreide zum Beispiel für den Niedergang des römischen Weltreiches ausschlaggebend. Da sich Rom in seiner Blütezeit zunehmend auf die profitable Viehzucht auf riesigen Latifundien verlegte, wurde es von Getreideeinfuhren aus den Kornkammern Sizilien, Spanien und Nordafrika abhängig. Der Verlust dieser Provinzen führte deshalb zu einer entscheidenden Schwächung des Weltreichs.

# ACKERBAU UND VIEHZUCHT

## TECHNOLOGIE

Das älteste Gerät für Anbau und Ernte von Pflanzen ist der Grabstock (auch Pflanzstock), der heute noch von Naturvölkern benutzt wird und schon vor dem Sesshaftwerden des Menschen bekannt war (Wühlstock). Für die Feldarbeit besser geeignet war die Hacke, erst mit Holz- oder Knochenspitze, später mit Eisenblatt. In der Jungsteinzeit (Mesopotamien, um 2900 v. Chr.; Nordeuropa, um 2000 v. Chr.) kam der hölzerne Hakenpflug auf, der kreuzweise über das Feld geführt werden musste, um die Erde gut aufzulockern. Mit der Erfindung der Pflugschar, die die Erde tiefer aufriss und mit dem Streichblatt später auch wendete, konnten höhere Erträge erzielt werden. Die Egge, ein stacheliger Holzrahmen, zerkrümelte die Schollen. Mit der Sichel, einem halbmondförmigen Messer, wurden Getreide, Gras und Binsen abgeschnitten. Die Sense, im 3. Jh. v. Chr. von den Kelten entwickelt, erleichterte mit einem angebauten Korb die Ernte oder mit dem schwadenweisen Ablegen das Zusammenbinden der Halme. Pflug und Egge wurden zunächst von Menschen gezogen; als zahme Tiere zur Verfügung standen, spannte man Rinder, Kamele und Esel an, wie Funde in Mesopotamien von etwa 4000 v. Chr. beweisen. Bei Ochsengeschirren sorgt ein Joch für die Kraftübertragung. Für Pferde ist diese Konstruktion nicht geeignet; sie gehen in einem Sielengeschirr, das aus China um 1500 v. Chr. nach Ägypten kam, oder im Kummetgeschirr, das wie der Steigbügel um 400 v. Chr. ebenfalls in China erfunden wurde. Die ersten Hufeisen allerdings banden die Römer den Pferden unter die Füße. In der ersten Hälfte des 19. Jh. wurde mit der Agronomie die Landwirtschaft auf naturwissenschaftliche Basis gestellt; einer der Begründer war Justus von Liebig (s. S. 209). Die Motorisierung erfolgte in der Regel erst nach dem Zweiten Weltkrieg. Heute produzieren Ackerbau und Viehzucht auch nachwachsende Rohstoffe für Industrie (Rapsöl, Zellulose) und Energiewirtschaft (mit Dung betriebene Kleinkraftwerke).

## KULTURGESCHICHTE

**Nutztiere:** Hund seit 11 000 Jahren (zuerst Südwestasien und Nordamerika, vor 10 000 Jahren in Südeuropa); Schaf seit 10 000 Jahren (Mespotamien, vor 7500 Jahren nach Südeuropa); Ziege seit 9500 Jahren (Mesopotamien; vor 7500 Jahren nach Südeuropa); Rind seit 8500 Jahren (Südwestasien, Südeuropa); Schwein seit 6500 Jahren (Mespotamien, vor 5500 Jahren nach Ostasien); Kamel seit 5500 Jahren (Zentral- und Südwestasien) und Lama seit 4500 Jahren (Südamerika); Pferd seit 5000 Jahren (Eurasien) und Esel seit 5000 Jahren (Afrika); Huhn seit 4000 Jahren (Südostasien, über China und Indien nach Ägypten)

**Urahnen:** Der Hund stammt vom Wolf ab. Das erste zahme Schaf war der iranische Arkal, die älteste europäische Rasse das heute ausgestorbene Torfschaf. Europäische Hausrinder stammen vom Auerochsen ab, moderne Schweine vom Eurasischen Wildschwein. Das Prschewalskipferd ist Ahn der gezähmten Pferde. Das Bankivahuhn kommt aus Java.

## AUF DEN PUNKT GEBRACHT

Warum Landwirtschaft? Aus der Retrospektive lässt sich der Entwicklung ein Sinn unterstellen: Schlechteres Klima und leichterer Nahrungserwerb könnten die Nomaden zu Bauern gemacht haben. Vielleicht hatten sie aber auch einfach keine Lust mehr umherzuziehen.

## EMPFEHLUNGEN

**Lesenswert:**

Johann Adam Schlipf: *Handbuch der Landwirtschaft* (1898/1958), Waltrop–Leipzig 2002

Patricia und Don Brothwell: *Manna und Hirse. Kulturgeschichte der Ernährung*, Mainz 1984

Hansjörg Knister u. a.: *Korn. Kulturgeschichte des Getreides*, Salzburg 1999

**Sehenswert:**

*Wenn die Sonne wieder scheint (Der Flachsacker)*. Regie: Boleslaw Barlog; mit Paul Klinger, Paul Wegener. D 1943

**Besuchenswert:**

Archäologiemuseum »Laténium« in Hauterive/Neuchâtel, Schweiz

Landwirtschaftsmuseum in Rhede/Ems (muskelbetriebene Landwirtschaft zum Mitmachen)

Stadtmuseum Ingolstadt, Außenstelle Hundszell, Bauerngerätemuseum

# Schleife, Schlitten, Rad

## *Frühe Mobilität*

»Nehmen Sie uns das Rad – und wenig wird übrig bleiben«, schreibt der Physiker und Philosoph Ernst Mach 1883 in seinem Buch über die Mechanik. »Vom Spinnrad bis zur Spinnfabrik, von der Drehbank bis zum Walzwerke, vom Schiebkarren bis zum Eisenbahnzuge, alles ist weg.« Seine Liste könnte heute mühelos ergänzt werden um Auto und Elektromotor, ja praktisch um die gesamte industrielle Energieerzeugung, die letztendlich an rotierenden Turbinen und Generatoren hängt. Das »Stell-dir-vor,-es-gäbe-kein« ist ein beliebtes Gedankenspiel, um die Bedeutung von Erfindungen oder Entdeckungen vor Augen zu führen. Es funktioniert beim Rad ebenso wie beim Kunststoff, beim Hochofen wie beim Transistor. Aber es ist ein grobes Demonstrationsmittel, das eine eindimensionale Geschichtsauffassung transportiert, weil sie den Kontext ausblendet, in dem Innovationen entstehen, und versäumt nachzufragen, was stattdessen entstanden wäre.

Beim Rad – überflüssig zu bemerken, dass sich seine »Erfindung« historisch nur sehr ungenau und indirekt erschließen lässt – darf man annehmen, dass der Transportbedarf des Menschen seine Entwicklung anregte. Solange Menschen nicht sesshaft lebten, war dieser Bedarf eher gering. Doch musste zum Beispiel erlegte Wildbeute von den Jagdgründen zur Behausung geschafft werden, und so sich das nicht durch Zerlegen und Einzeltransport erledigen ließ, mussten technische Hilfsmittel her. Als eine der frühesten Formen vermuten Prähistoriker die »Schleife«, eine simple Konstruktion aus zwei Rundhölzern, die an einem Ende

■ Beim Bau der Pyramiden setzten die Ägypter Schlittenfahrzeuge ein. Die Schlitten wurden mit Granitblöcken beladen und mit bloßer Körperkraft über eine Rampenkonstruktion fortbewegt. Holzstich, um 1880

■ Ein zweirädriger elamitischer Kriegswagen in der Schlacht Assurbanipals gegen den König von Elam, 7. Jahrhundert v. Chr. Steinrelief vom Palast in Ninive

zusammengebunden wurden, sodass man sie dort anfassen und ziehen konnte. Zwischen die sich zum anderen Ende öffnenden Stangen wurde das Transportgut gebunden und über die Erde geschleift. Später spannte man Felle oder Tücher zwischen die Hölzer, in die gelegt wurde, was zu »schleifen« war – eine Verfeinerung dieser Transportart, die heute noch in ländlichen Gegenden der nicht industrialisierten Welt anzutreffen ist.

Erst mit dem Übergang von der jagenden zur sesshaften Gesellschaft kam größerer Transportbedarf auf. Baumaterial für Unterkünfte, Hütten, später dann Häuser und Kultstätten musste herangeschafft, Vorratslager mussten bestückt werden. Vermutlich mit diesem Übergang schlug die Stunde des Rades: Es wurde zum Kernstück neuartiger Transportmittel. Das Bedürfnis war da, nun war es eine Frage der Fähigkeiten: Zum Kulturschatz der Gruppe, die Rad und Wagen erfand, mussten das Bohren und das Zusammenfügen von Holzteilen gehören, ebenso eine Vorrichtung zur Zugkraftübertragung auf das Radgefährt, und eine andere als die menschliche Zugkraft hätte möglichst auch zur Verfügung stehen sollen. All dies war gegen Ende der Jungsteinzeit gegeben. Als Zugkraft diente das domestizierte Rind, und das Joch als Übertragungsmechanismus war schon von Schlitten und Schleife her bekannt.

Sehr wahrscheinlich wurde das Rad in mehreren Regionen und relativ zeitgleich erfunden. Holz- oder gar Metallreste und Wagenspuren sind erst aus dem frühen 3. Jahrtausend v. Chr. aus dem sumerischen Hochkulturkreis überliefert. Die Funde deuten auf Scheibenräder mit einer Lederummantelung hin, die mit Kupfernägeln befestigt war. In den nordwesteuropäischen Moorlandschaften, wo sich organisches Material im Boden besser erhalten konnte, gibt es ab dem späten 4. Jahrtausend Funde von Rad-

### TRANSPORT IN URMETROPOLE

Die Stadt Jericho bietet ein anschauliches Beispiel für den gewaltigen Transportbedarf, der schon am Ende der Jungsteinzeit geherrscht haben muss. Zwischen 9000 und 7000 v. Chr. lebten um die zweitausend Einwohner innerhalb eines Areals von etwa zweieinhalb Hektar in Häusern aus Stein und Trockenziegeln. Die Siedlungsfläche war von einer fünf bis sieben Meter hohen Steinmauer und einem acht Meter hohen Turm gesichert.

■ Eine Straße mit Wagenspuren in Pompeji. In der Mitte der Straße liegen Steine zum Überqueren der Spurrillen.

bruchstücken; zusammen mit den Überresten von ausgedehnten Bohlenwegen deuten sie auf ein bereits vor etwa 4000 Jahren gut entwickeltes Verkehrsnetz hin. Hinweise in Form von bildlichen Darstellungen auf Tonscherben und Bilderschrifttafeln finden sich im frühsumerischen Mesopotamien und stammen aus dem 4. Jahrtausend v. Chr. Die reichlich erwähnten »Götterwagen« und ihre prunkvolle Verzierung haben einige Ethnologen sogar zu der Theorie geführt, das Rad sei eine spielerische Erfindung von Priestern im Umfeld eines rein kultischen Transportbedarfs gewesen.

Tatsächlich lässt sich der Gebrauch von Räderwagen im alten Ägypten um 1400 v. Chr. nur als Streitwagen und zum Transport von Götterstatuen nachweisen; der enorme Transportbedarf dieser Kultur, der sich beim Bau ihrer gigantischen Kultstätten ergab, wurde von einem robusteren Transportmittel geleistet, dem Wagen auf Kufen nämlich, also dem Schlitten. Und das, obwohl Rad und Wagen offenbar bekannt und sogar weit entwickelt waren – in der Grabkammer Tutanchamuns fand man gut erhaltene elegante Streitwagen mit sechsspeichigen Rädern. Den überwiegenden Teil der Großtransporte übernahmen jedoch Schiffe, da der Nil sich als natürliche Haupttransportader des Landes anbot. Wie aber haben die Ägypter die Tonnenlasten – allein die im Innern der Cheopspyramide verbauten Granitblöcke wiegen bis zu 40 Tonnen – von den Steinbrüchen zum Nilufer transportiert? Die Archäologie hat die Antwort aus zahlreichen Darstellungen rekonstruiert: Man baute Rampen aus Erde und lud die Blöcke auf Schlitten. Die Strecke wurde mit Nilschlamm gleitfähig gemacht und während des Transports mit Wasser benetzt. Bei Bestattungen mussten häufig Schreine vom Ost- zum Westufer des Nils gebracht werden. Auch hier übernahmen Schlittenfahrzeuge den Landweg. In bildlichen Darstellungen haben die Sargschreine sogar häufig Kufen.

Das Beispiel der ägyptischen Hochkultur zeigt, wie wichtig die geographischen und kulturellen Grundbedingungen einer Gesellschaft auch für die »(Er-)Findung« geeigneter Transportmittel sind; die berühmten »Wenn-es-das-X-nicht-gäbe«-Szenarien greifen hier offensichtlich zu kurz.

### SCHEIBENLEGENDE

Entgegen der landläufigen Meinung, Räder seien aus der nahe liegenden Idee entstanden, rollende Baumstämme zu verkürzen, indem man sie in Scheiben schnitt, hat man in ganz Nordwesteuropa kein einziges Scheibenrad gefunden, das quer zur Holzfaser geschnitten war. Immer wurden die Scheiben oder auch Radteile aus der Spaltbohle geschnitten, also längs zum Stamm. Solche Räder sind wesentlich belastbarer und stabiler.

# SCHLEIFE, SCHLITTEN, RAD

## TECHNOLOGIE

**Physikalisches:** Bewegt sich ein Rad über einen Untergrund, ist theoretisch bei absoluter Ebenheit beider Flächen der Reibungswiderstand gleich null. Praktisch jedoch müssen stets Widerstände überwunden werden, die durch Unebenheiten der sich berührenden Flächen entstehen. Holperiger Boden verschleißt Gleit- und Fahrwerk; raue Kufen und krumme Räder hindern beim Vorankommen. Dazu wackelt die Ladung und fällt leicht herunter. Kufen gleiten am besten über einen dünnen Wasserfilm, etwa auf Schlamm oder Schnee. Reifen aus Lederriemen, später aus Metall schützten die ersten Räder; Straßen sorgen für weniger Verschleiß und mehr Tempo, je ebener und gleichmäßiger sie sind.
**Scheibe und Speiche:** Scheibenräder sind stabil und können große Lasten aushalten. Je nach Material sind sie jedoch schwer und nur für langsames Fahren geeignet. Die leichteren Speichenräder federn Stöße ab und brechen nicht so schnell. Je mehr Speichen, desto stabiler ist die Radkonstruktion in sich; werden sie schräg eingesetzt, erhöhen sich Elastizität und Stabilität. In China war das schon im 4. Jh. v. Chr. bekannt, in Europa erst ab dem 15. Jh. Moderne Autoräder sind Scheibenräder: leicht, aber belastbar dank heutiger Metalllegierungen.
**Nabe und Achse:** Die frühesten Räder hatten einfach ein Loch für die Achse. Später setzte man eine relativ schnell auswechselbare Buchse, den Vorläufer der Nabe, zwischen Rad und Achse, die am stärksten beanspruchte Stelle der Verbindung. Eine andere Methode, Pannen zu verringern, war die starre Verbindung von Rad und Achse; hier drehte sich die Achse in fest mit dem Wagen verbundenen Buchsen.

## KULTURGESCHICHTE

**Funde:** In den Königsgräbern von Ur in Mesopotamien aus dem 4. Jahrtausend v. Chr. entdeckte man Reste von Scheibenrädern und Wagen. Neben Moorfunden aus Nordwesteuropa belegt ein Fund vom Federsee, dass Scheibenräder um 3000 v. Chr. bereits in Gebrauch waren; das Federsee-Rad saß fest auf der Achse. Während Scheibenräder weiterhin an vierrädrigen Lastkarren Dienst taten, wurden die aufwendigeren Speichenräder zunächst nur für Prunkwagen von Göttern und Königen benutzt. Das Speichenrad entwickelte sich wahrscheinlich aus einem Strebenrad. Nachdem es in Mesopotamien um 2000 v. Chr. verwendet wurde, verbreitete sich das Speichenrad schnell nach Westen. Die zunächst vierrädrigen Wagen wurden von Pferden gezogen; das schnellere Zugtier ermöglichte auch die Entwicklung von zweirädrigen Wagen für Kampf und Jagd, Statussymbole für den Adel der Völker Nordsyriens und Kleinasiens. Ursprünglich hatte dieses Rad vier Speichen, bereits um 1650 v. Chr. baute man sechs ein, später acht und mehr.
**Mythos und Religion:** In vielen Religionen steht das Rad als Symbol für die Sonne oder deren Bahn und mithin für den menschlichen Lebenslauf. Bereits in der Jungsteinzeit diente das Rad als Sonnensymbol. Im Hinduismus fährt der Gott Surya in einem Wagen über den Himmel. Das Rad der Wiedergeburt ist ein zentrales Element des buddhistischen Glaubens. Das Christentum kennt das Kreuz im Rad als Symbol für Christus als Weltenherrscher. Im Alten Testament berichten die Propheten Hesekiel und Daniel über ihre Visionen von Rädern. In der Antike galt das Rad als Glückszeichen, als Attribut der Göttin Fortuna; noch im Mittelalter war es die Allegorie des wankelmütigen Glücks.

## AUF DEN PUNKT GEBRACHT

Zwingend war die Erfindung des Rades nicht. Eine Hochkultur wie die der Ägypter wäre auch ohne ausgekommen – stattdessen nutzte man Schlitten und Schiffe. *Den* Erfinder zu ehren ist überdies unmöglich – es gab viele, und keiner kennt sie.

**Lesenswert:**

Wilhelm Treue (Hg.): *Achse, Rad und Wagen*, Göttingen 1986

Peter Kemper (Hg.): *Am Anfang war das Rad. Eine kleine Geschichte der menschlichen Fortbewegung*, Frankfurt/M.–Leipzig 1997

**Besuchenswert:**

Federseemuseum in Bad Buchau, mit bronzezeitlichen Radfunden

Museum »Achse, Rad und Wagen« in Wiehl bei Gummersbach

Deutsches Straßenmuseum in Germersheim

# *Pfeil und Bogen*

## *Tod auf Distanz*

POTENTES GESCHOSS
Moderne Versuche mit historischen Nachbauten zeigen, dass Pfeile eine größere Durchschlagskraft besitzen als Schrotkugeln: Selbst Ritterrüstungen konnten ihnen nicht standhalten.

■ Männer und Frauen mit Lanze und Pfeil und Bogen auf etruskischen Campana-Platten aus dem 6. Jahrhundert v. Chr.

Am 19. September 1991 wurde die Urzeitforschung um eine Sensation reicher. An diesem Tag stießen nichts ahnende Bergtouristen in den Ötztaler Alpen auf einen mumifizierten Toten. Die Sensation war nicht, dass der männliche Tote kastriert war (das stellte sich erst später heraus), sondern sein Alter: Mehr als fünftausend Jahre hatte der Ötztal-Eunuche im Eis gelegen. Zu den um die Leiche verstreuten Ausrüstungsgegenständen gehörten auch ein Köcher mit vierzehn Pfeilen, von denen nur zwei gefiedert, also gebrauchsfertig waren, und ein Langholzbogen im Rohzustand. »Ötzi«, wie der rätselhafte Tote in den Bergen öffentlichkeitswirksam getauft wurde, war mit der Bogenherstellung offenbar nicht fertig geworden. Möglicherweise befand er sich auf der Flucht vor Verfolgern, die ebenfalls mit Pfeil und Bogen umgehen konnten; jedenfalls entdeckte man zehn Jahre nach dem Fund auf Röntgenbildern der Ötztalleiche eine Pfeilspitze im Brustkorb, deren Lage darauf schließen ließ, dass Ötzi ein Pfeil in den Rücken gedrungen war.

Der Fund im Ötztal gehört keineswegs zu den ältesten Zeugnissen für den Gebrauch von Pfeil und Bogen, wahrscheinlich aber zu den wissenschaftlich am besten untersuchten. Mit den modernen Methoden der Molekularbiologie wies man auf einem der Pfeile mikroskopische Spuren von Tierblut nach. Die Analyse offenbarte: Zumindest dieser Pfeil war einmal etwa dreißig Zentimeter tief in den Körper einer Gämse eingedrungen – Ötzi war also ein bedachtsamer Jäger gewesen, der seine Pfeile wieder verwendete.

Die ältesten gut erhaltenen Bögen wurden in Skandinavien gefunden; sie sind etwa achttausend Jahre alt und aus dem dort verfügbaren Eiben- und Ulmenholz gefertigt. Noch ältere Hinweise auf den Gebrauch von Pfeil und Bogen stellen Holzpfeile und Pfeilschäfte aus dem 9. Jahrtausend v. Chr. dar, die im Stellmoor bei Hamburg entdeckt wurden. In beiden Fällen sorgte wohl der feuchte Boden dafür, dass das Holz so lange erhalten blieb. Feuersteinspitzen aus der Zeit um 13 000 v. Chr. gehören zum Fundgut amerikanischer Prähistorie, und Höhlenmalereien in der Sahara belegen, dass der Umgang mit Pfeil und Bogen auch in diesen Gegenden schon Jahrtausende vor unserer Zeitrechnung gang und gäbe war.

Die über Raum und Zeit verstreuten Fundstücke machen Eines deutlich: Die (zusammen mit dem Wurfspieß) ersten Fernwaffen der Menschheit entwickelten sich in verschiedenen Gegenden der Erde unabhängig voneinander – und das möglicherweise schon in der Endphase der Altsteinzeit vor 30 000 bis 17 000 Jahren. Für einen derart frühen Ursprung sprechen in Frankreich gefundene Geschossspitzen, die mit ihrer schmalen Basis (der »stumpfen« Seite) gut in die Kerbe eines Pfeilschafts gepasst hätten. Sie könnten allerdings auch die Spitzen für Wurfspieße gewesen sein.

Die ältesten erhaltenen Bögen sind so genannte Stabbögen, die aus einem geraden Stück Holz gefertigt sind. Die Länge der gefundenen Bögen beträgt je nach Fundort zwischen 50 und 180 Zentimeter. Daraus lässt sich schließen, wo und wie sie verwendet wurden: Für die langen, schwer zu spannenden Bögen benötigt man Raum und Ruhe; die kürzeren eignen sich auch in unwegsamem Gelände, etwa im Wald, oder zum schnellen Einsatz, zum Beispiel von einem Reittier aus. Das Holz zum Bogenbau muss elastisch sein und sowohl starke Zugspannungen, die am »Rücken« des Bogens (das ist die vom Schützen abgewandte Seite) auftreten, wie auch großen Druck aushalten, der am »Bauch« des Bogens (der dem Schützen zugewandten Innenseite) entsteht. Die Elastizität des Materials garantiert das physikalische Grundprinzip der Waffe: die Speicherung mechanischer Energie (Muskelarbeit umgewandelt in elektrische Energie) und deren Freisetzung in kürzester Zeit. Wo kein Holz wuchs, das diesen Anforderungen entsprach, waren andere Einfälle gefragt. So taucht etwa ab dem 4. Jahrtausend v. Chr. in Mesopotamien,

■ Figur eines Schreitenden mit Pfeil und Bogen auf einer sudanesischen Stele aus dem 17. Jahrhundert v. Chr.

■ Die Felsmalerei aus dem 2. Jahrtausend v. Chr zeigt die Rückkehr eines erschöpften oder verwundeten Kriegers, dessen Stammesgenossen ihm zu Hilfe eilen.

■ Bogenschützen bei der Belagerung einer Stadt von Assurnasirpal II. Neuassyrisches Steinrelief, 9. Jahrhundert v. Chr.

Anatolien und Nordasien der so genannte Kompositbogen auf, ein Verbundwerkstück, wie wir heute sagen würden, in dem die Schwachstellen eines Materials durch Zuhilfenahme eines anderen ausgeglichen werden. Typische Kompositbögen bestehen zwar auch aus Holz, sind aber zusätzlich mit Horn beschlagen oder mit aufgeleimten Sehnen oder später mit Metall verstärkt.

Ob unsere Vorfahren aus der Altsteinzeit den Gebrauch von Pfeil und Bogen auf die Jagd beschränkten, wissen wir nicht. Sicher ist, dass diese Fernwaffe zum Kriegseinsatz kam, sobald es territoriale Auseinandersetzungen zwischen Völkern und Volksgruppen gab. Schon um 2500 v. Chr. sollen die Sumerer einer akkadischen Bogenschützeninfanterie zum Opfer gefallen sein; bei den expansiven Bestrebungen des alten Ägypterreiches spielten Bogenschützentruppen eine wichtige Rolle; und bei den Römern und Byzantinern brachten Bogenschützen nicht selten den Sieg gegen andrängende Hunnen, Goten oder Sarazenen. Auch im Mittelalter spielen Pfeil und Bogen – und die verwandte Armbrust, die übrigens erstmals um 300 v. Chr. in China erwähnt wird – in kriegerischen Auseinandersetzungen eine herausragende Rolle; die Bogenschützentradition in England ist die bekannteste zu dieser Zeit. Nicht ohne Grund ist hier der legendäre Robin Hood beheimatet, der angeblich jedesmal mit einem zweiten Pfeil, aufs selbe Ziel abgeschossen, den ersten spaltete. Die Schlagkraft von Bogenschützenabteilungen, beritten oder zu Fuß, beruhte dagegen auf dem Motto: Die Masse macht's.

Das langsame Ende von Pfeil und Bogen als Kriegswaffe begann mit der Erfindung der Muskete zu Beginn des 16. Jahrhunderts. Überlebt hat das Bogenschießen in der zivilisierten Welt heute nur noch als (olympischer) Freizeitsport.

### MYTHISCHE ALLZWECKWAFFE

Zahlreiche Mythen und Legenden ranken sich um Pfeil und Bogen, besonders reichhaltig in den Sagen des klassischen Altertums. Zu den Aufgaben des Herakles etwa gehört es, seinem Auftraggeber Eurystheus das Fell des nemeischen Löwen zu bringen. Der aber erweist sich als immun gegen des Helden Pfeile, sodass dieser ihn mit bloßen Händen töten muss. In der Schlacht um Troia erliegt Achill dem Pfeil des Gottes Apollo, der ihn in seine verwundbare »Achillesferse« trifft. Und sprichwörtlich sind Amors Liebespfeile. Wer allerdings hofft, mit Verweis auf den Liebesgott dem Bogen den Nimbus des Negativen nehmen zu können, irrt. Amors erster (goldener) Pfeil lässt zwar Apollo für die schöne Daphne entflammen, sein zweiter (bleierner) aber bewirkt just das Gegenteil: Er macht Daphne nachhaltig frigide, sodass sie ein Dasein als Lorbeerbaum dem Werben des Apollo und anderer Freier vorzieht.

# PFEIL UND BOGEN

## TECHNOLOGIE

**Bogentypen:** Das einfachste und auch älteste Modell ist der Stabbogen; er besteht aus einem abgeflachten Stab, der sich zu den Enden hin etwas verjüngt, und einer straff gespannten Sehne. Die Länge reicht von Kleinformen der afrikanischen Buschleute bis zu den drei Meter langen Bögen bolivianischer Indianer. Der englische Langbogen war meist aus Eibe gefertigt; ein moderner Langbogen (Bogensport) von etwa 170 cm Länge kann auch aus Kunststoff oder Glasfiber sein. Eine Sonderform stellt der etwa zwei Meter lange japanische Bogen aus Bambus dar, bei dem der Pfeil im unteren Drittel angelegt und abgeschossen wird. Kompositbögen aus mehreren unterschiedlichen Materialien sind meist so konstruiert, dass sich die Enden im entspannten Zustand zum Ziel hin biegen; man bezeichnet sie auch als Reflex- oder Recurvebogen. Sie erreichen hohe Schussweiten und große Durchschlagskraft. Der Compoundbogen wurde 1966 in den USA erfunden. Bei ihm ist die Sehne wie ein Flaschenzug aufgespannt, wodurch sich der Kraftaufwand zum Ziehen der Sehne um 30 bis 50 Prozent verringert.

**Maße und Zuggewichte:** Die zum Spannen des Bogens benötigte Kraft wird im modernen Bogensport in englischen Pfund (0,453 kg) angegeben. Bei Anfängern rechnet man mit 18 bis 28 Pfund Zuggewicht, geübte Frauen erreichen im Schnitt 30, Männer 45 Pfund. Man geht davon aus, dass die meisten Erwachsenen eine Pfeilauszugslänge von 28 Zoll (1 Zoll entspricht 2,54 cm) haben, je nach Armlänge. Bei kürzerer Zuglänge muss auch das Zuggewicht des Bogens verringert werden. Pfeile können bis auf etwa 300 Meter ins Ziel treffen und fliegen mit 100 bis 300 km/h. Ihre Durchschlagskraft hängt von der Art der Spitze und der Fluggeschwindigkeit ab, ist aber in der Regel beispielsweise grobem Schrot weit überlegen. Mit heutigen Sportbögen kann man Pfeile bis 150 Meter weit schießen, wobei sie etwa 130 km/h schnell werden; beim Scheibenschießen im Freien sind Distanzen von 30 bis 90 Meter üblich.

## KULTURGESCHICHTE

**Armbrust:** Wahrscheinlich unabhängig von der chinesischen Armbrust entwickelten die Griechen in der Antike ein ähnliches Gerät. In Europa wurde die Armbrust erst im 12. Jh. während der Kreuzzüge üblich, vor allem als leichte Kriegswaffe, obwohl das Laterankonzil von 1139 ihren Einsatz nur gegen Nichtchristen erlaubte. In Schussweite und Durchschlagskraft ist sie zwar dem Bogen überlegen (um 1500 erreichte man 300–400 m), kann aber nicht so schnell bedient werden. Nach Einführung von Feuerwaffen wurde sie noch bis ins 18. Jh. auf der Jagd benutzt, heute jedoch nur noch im Sportschießen.

**Verbot:** In Deutschland und zahlreichen europäischen Ländern ist das Jagen mit Pfeil und Bogen oder mit Armbrust verboten. In den USA und Kanada erfreut es sich jedoch großer Beliebtheit; dort wird meist der Compoundbogen benutzt.

## AUF DEN PUNKT GEBRACHT

Pfeil und Bogen sind eine sehr frühe Innovation, für die es kein Vorbild in der Natur gibt, und die erste Fernwaffe für Jäger, später Krieger, heute Sportschützen.

## EMPFEHLUNGEN

**Lesenswert:**

Katja Heim, Karlheinz Wendlandt: *Pfeil und Bogen. Bogenschießen als Sport und Hobby*, München 1993

Eugen Herrigel: *Zen in der Kunst des Bogenschießens* (1948), Bern 1983

Dick Francis: *Außenseiter*, Zürich 1993

Edgar Wallace: *Der grüne Bogenschütze*, München 1989

**Sehenswert:**

*Robin Hood*. Regie: Allan Dwan; mit Douglas Fairbanks. USA 1922

*Robin Hood – König der Diebe*. Regie: Kevin Reynolds; mit Kevin Costner, Christian Slater, Alan Rickman, Mary Elizabeth Mastrantonio. USA 1991

**Besuchenswert:**

Südtiroler Archäologiemuseum (mit »Ötzi«), Bozen/Italien

Gerberey Beckebrede, Kurse zur Herstellung von Pfeilen für mittelalterliche Langbögen (sowie von Pergament oder zum Gerben und Spinnen), Aschhorner Moor bei Stade, http://www.beckebrede.de

# Spinnen und Weben

## Vom Fell zum Faden, vom Flechten zum Webstuhl

»Sie flochten Blätter von Feigen zusammen und machten sie zu Schürzen.« So entstand laut Bibel die Urform aller Kleidung, der Lendenschurz. Nach der Vertreibung aus dem Paradies gehörte es zum schweren Los der ersten Menschen, sich um ihre Bekleidung zu sorgen. Jedenfalls hatten Adam und Eva nach mittelalterlichen Holzschnitten eine streng geschlechtsspezifische Arbeitsteilung: Während Adam schwitzend den Boden beackert, stillt Eva ihr Kind und dreht die Spindel. Da es außerhalb des Paradieses kaum kälter gewesen sein dürfte, hatten die ersten Menschen nach dem Kontakt mit der verführerischen Schlange wohl andere Gründe, sich zu bedecken. Naturvölker, die heute noch zumindest klimatisch in ähnlich paradiesischen Verhältnissen leben wie dereinst Adam und Eva, tragen selten mehr als eine Bedeckung – oder Hervorhebung – ihrer Geschlechtsmerkmale. Kleidung sei also aus Schamgefühl entstanden, ist eine legitime Folgerung.

Andererseits ist es plausibler, die Notwendigkeit von Kleidung auf klimatische Faktoren zurückzuführen als auf ein geheimnisvolles urmenschliches Schamgefühl. Man darf also davon ausgehen, dass der Neandertaler und vor ihm wahrscheinlich schon andere Hominiden die Felle gejagter Tiere zum Wärmen unter den Körper legten oder auch zum Schutz der Haut vor Ästen und Steinen um den Körper schlangen. Der Übergang zu textilen Kleidungsstücken erfolgte erst in der Zeit der neolithischen Revolution, also jener Epoche, in der sich der Übergang vom Jäger-und-Sammlertum zum Sesshaftwerden vollzog. Erst mit dem Anbau von Kulturpflanzen und der Tierhaltung wurde es möglich, Naturfasern und Tierhaar zu Textilien zu verarbeiten. Zu den frühesten Indizien aus dieser Zeit gehören Abdrücke eines Gewebes auf rund 9000 Jahre alten Lehmklumpen, die bei Jarmo im heutigen Irak gefunden wurden.

■ Adam und Eva nach dem Sündenfall. Während Adam das Feld bestellt, widmet sich Eva häuslichen Tätigkeiten: Sie dreht die Spindel. Buchillustration, 15. Jahrhundert

■ Die späthethitische Grabstele aus dem 8./7. Jahrhundert v. Chr. zeigt eine Frau mit Spindel und Kind.

Einige hundert Jahre jünger sind Gewebereste, die man in einer Höhle in Israel entdeckte. Ein fast komplett erhaltenes Hemd aus einer Bastfaser ist um 3000 v. Chr. in Ägypten hergestellt worden. Irgendwann in den Jahrtausenden nach dem Sesshaftwerden müssen Menschen also entdeckt haben, dass sich bestimmte Pflanzenfasern und Tierhaare zu langen Fäden verdrillen lassen und dass daraus lange Schnüre, Stricke, Bänder und größere Gewebe gefertigt werden können.

Das wichtigste Arbeitsgerät, das zu diesem Zweck entwickelt werden musste, war die Spindel. Mit einer frei drehenden Spindel lassen sich Faserstücke oder Tierhaare zu einem fortlaufenden Faden verzwirbeln. Die Jungsteinzeitler werden es kaum anders gemacht haben, als man es heute in Folkloremuseen vorgeführt bekommt: Die Spinnerin hält ein Faser- oder Haarbüschel in der linken Hand, zupft ein Stück heraus und klemmt diesen Anfang mit einer Art Ring (dem Wirtel) fest, der über die Spindel geschoben wird; dann versetzt sie die Spindel in Drehung und zupft, sobald die rechte Hand wieder frei ist, weiter die Fasern aus dem Büschel. Hin und wieder muss die Spindel neu angedreht werden, und wenn sie den Boden erreicht, muss der gesponnene Faden erst aufgewickelt werden. Die frei drehende Spindel gilt manchen Forschern als die bedeutendste Erfindung der Vorzeit, weil die Menschen der Jungsteinzeit für diese Art der Bewegung, die unbegrenzt in einer Richtung verlaufende Drehung, kein natürliches Vorbild kannten. Schließlich blieb ihnen die Einsicht in die Himmelsmechanik mit ihren kreisenden und rotierenden Körpern noch viele Jahrtausende verschlossen, und auch das Rad war wahrscheinlich noch nicht erfunden.

■ Dieses wahrscheinlich älteste erhaltene Kleidungsstück wurde im ägyptischen Tarkhan gefunden und stammt aus dem Alten Reich, 1. Dynastie, um 3100–2890 v. Chr.

FRÜHE FASER

Die älteste Faser liefernde Kulturpflanze ist der Flachs (Lein). Alle bekannten steinzeitlichen Gewebe bestehen aus dieser Pflanzenart. Da keine Hinweise auf Stoffreste aus den wild wachsenden Vorgängern des Flachses gefunden wurden, darf man annehmen, dass das Weben von Textilien erst im fortgeschrittenen Stadium der Sesshaftigkeit aufkam. Auch Baumbaste von Linde und Eiche wurden in der Jungsteinzeit zu Garnen versponnen; die Haare von Schaf und Ziege gehörten ebenfalls zu den frühen Rohstoffen der Textilherstellung.

■ Die Zunfttafel zeigt die Seidenweber in Venedig bei ihrer Arbeit. Gemälde aus dem 15. Jahrhundert

Weil ein aus mehreren Fäden zusammengedrehter Faden mehr Stabilität versprach, wurden die einfach gesponnenen Fäden bald nicht mehr unmittelbar verarbeitet. Schon im alten Ägypten wurden mindestens zwei Fäden, wiederum mithilfe einer Spindel, zu einem stärkeren verdrillt. Um daraus Stoff herzustellen, bedurfte es einer weiteren Innovation – des Webens. Möglicherweise kannten die Jungsteinzeitler diese Verbindungstechnik vom Zaunflechten: das Verkreuzen von Weidenzweigen oder Reisig zu einem senkrechten Muster. Die Rolle der senkrechten, im Boden verankerten Pflöcke, die den Zaun hielten, spielten bei der frühesten Form des Webstuhls die Kettfäden. Sie wurden an zwei waagerechten Holzstangen, die mit Pflöcken im Boden befestigt waren, befestigt und straff gespannt. Den Schussfaden zog die Weberin waagerecht durch die Kettfäden, nachdem sie mit einem dünnen Stock jeden zweiten Kettfaden leicht angehoben hatte. Für den Rückweg des Schussfadens wurde der Stock umgesteckt, sodass nun die jeweils anderen Kettfäden angehoben waren. Schon um 3000 v. Chr. war der Hochwebstuhl bekannt, bei dem die Kettfäden von einem Querbalken (dem Kettbaum) herabhingen und durch Gewichte gespannt wurden. Erhalten sind solche Geräte nicht; ihre Existenz lässt sich nur aus Abbildungen erschließen. Bilder flacher und senkrechter Webrahmen gibt es bereits auf Tonfragmenten aus dem 5. Jahrtausend v. Chr. Nur Spinnwirtel und Webgewichte, meist aus Ton, gehören zum Fundgut jungsteinzeitlicher Ausgrabungsplätze.

Bis zum Mittelalter gab es kaum nennenswerte Verbesserungen am Flachwebstuhl, der bereits um 1000 v. Chr. in Gebrauch war. Eine wirklich einschneidende Neuerung brachte erst der teilweise mechanisierte Webstuhl, den 1733 der Engländer John Kay mit dem so genannten fliegenden Weberschiffchen einführte. Diese Erfindung revolutionierte die Webtechnik und damit die Textilindustrie. 1785 folgte der voll mechanisierte Webstuhl und 1805 schließlich der Lochkarten gesteuerte Jacquardwebstuhl, ein Meilenstein in der Geschichte der Automaten.

■ Mechanischer Webstuhl

# SPINNEN UND WEBEN

## TECHNOLOGIE

**Spinnen:** Die älteste Technik der Garnherstellung ist das Rollen der Fasern zwischen den Händen. Gleichmäßigeres Garn erzielt man mit der Handspindel, die sich dreht und dabei den gesponnenen Faden aufnimmt und vom Gewicht des Wirtels in Schwung gehalten wird; die Rohfaser wird auf den Rocken, einen senkrechten Holzstab, gesteckt und von dort abgezogen. Das handbetriebene Spinnrad gibt es in Europa seit dem 13. Jh.; es stammt wahrscheinlich aus Indien. Ab 1460 erlaubt das Flügelspinnrad kontinuierliches Spinnen, bei dem nicht immer zum Aufwickeln unterbrochen werden muss. Die von dem Briten James Hargraves nach 1760 konstruierte Maschine »Spinning Jenny« besitzt 8–20 Spindeln, die noch per Hand angetrieben werden. Die erste brauchbare Spinnmaschine baut 1769 Richard Arkwright; sie vereint die Vorteile der bisherigen Modelle mit dem Antrieb durch Pferde oder Wasserräder. Moderne Spinnmaschinen basieren auf Arkwrights Prinzip: Eine Kardiermaschine richtet die Fasern aus und formt sie zu einem Endlosvlies, das heute meist mit Ringspinnmaschinen (seit 1830) verarbeitet wird.

**Weben:** Beim Schaftweben heben und senken zwei oder mehr Schäfte, durch die jeweils ein Teil der Kettfäden gefädelt ist, abwechselnd die Kettfäden und bilden somit das Webfach, durch das mit dem Weberschiffchen, auch Schützen genannt, der Schussfaden geführt wird. Die Anzahl der Schäfte, die ein Webstuhl aufnehmen kann, begrenzt die Möglichkeiten für Muster. Bei Flachwebstühlen verlaufen die Kettfäden horizontal. Auf Hochwebstühlen, deren Kettfäden vertikal sind und auf denen von unten nach oben gearbeitet wird, werden heute vor allem Gobelins und Teppiche hergestellt. Breitwebstühle produzieren bis zu 6 m breite Stoffbahnen; auch für Spezialgewebe gibt es Webmaschinen von 16 oder 26 m Breite. Die Technik der Jacquardmaschine erlaubt komplizierte Muster, etwa für Tischdecken, Krawatten und Damenoberbekleidung. Hier können die Kettfäden einzeln mittels Schnüren bewegt werden; Lochkarten steuern die Mechanik.

## KULTURGESCHICHTE

**Mythen:** Homer berichtet von Penelope, Odysseus' Frau, dass sie webend die Freier auf Distanz hielt, während sie auf die Heimkehr ihres Mannes wartete; überhaupt stellt der Dichter Frauen meistens am Webstuhl dar. In der nordischen Mythologie spannen die Schicksalsgöttinnen, die Nornen, den Gedankenfaden, aus dem das Schicksal des Menschen gewoben wurde.

**Alte Webstühle:** Der älteste Webstuhl (um 6000 v. Chr.) wurde in Çatal Höyük gefunden. Ägyptische Grabmalereien zeigen um 1425 v. Chr. Hochwebstühle; horizontales Weben wird bereits um 2000 v. Chr. dargestellt. Der senkrechte Gewichtswebstuhl, bei dem Tongewichte die Kettfäden straff halten und auf dem von oben nach unten gearbeitet wird, war auch in Griechenland seit etwa 3000 v. Chr. bekannt, verbreitete sich von dort in Europa und wurde bis ins Mittelalter benutzt.

**Arbeitsbedingungen:** Beim schlesischen Weberaufstand 1844 stürmten Hausweber Fabriken und zerstörten Maschinen, weil sie die Vernichtung ihrer Lebensgrundlage durch Automatisierung befürchteten. Damit sah sich die bürgerliche Oberschicht erstmals der Möglichkeit einer proletarischen Revolution gegenüber.

## AUF DEN PUNKT GEBRACHT

Kleidung ist durchs Klima entstanden, sagen die einen – aus Schamgefühl, sagen die andern. Sicher ist, dass Menschen erst sesshaft werden mussten, um dank Nutztieren und -pflanzen über die Rohstoffe zum Flechten und Weben zu verfügen. Die Ergebnisse – gewirkte Stoffe – lassen sich als die ersten Werkstoffe der Menschheit verstehen.

## EMPFEHLUNGEN

**Lesenswert:**

Almut Bohnsack: *Spinnen und Weben*, Reinbek 1981

Gerhart Hauptmann: *Die Weber*, Schauspiel (1892), Frankfurt/M. 1997

Heinrich Heine: *Die schlesischen Weber*, Gedicht, 1844

**Besuchenswert:**

Deutsches Museum München, ständige Ausstellung Textiltechnik

Museumsdorf Düppel im Stadtmuseum Berlin, Leben im 13. Jahrhundert

# Kupfer, Bronze, Eisen
## *Die feurigen Künste der Metallmacher*

SPÄTES GOLD
In den Hochkulturen der Neuen Welt spielten Metalle erst spät und dann kaum eine Rolle – außer dem Gold, das in den peruanischen Anden leicht verfügbar war. Legendär sind die Goldschätze, die die europäischen Eroberer im 16. Jahrhundert nach Hause brachten.

»Eisen holt man aus der Erde, Gestein wird zu Kupfer geschmolzen«, weiß das Alte Testament im Buch Hiob (Hiob 28, 2) zu berichten und ergänzt: »Es setzt der Mensch dem Finstern eine Grenze; er forscht hinein bis in das Letzte, ins düstere dunkle Gestein.« Offenbar hatten Bergbau und Metallurgie schon große Fortschritte gemacht, als diese Zeilen geschrieben wurden. Doch lange, bevor überhaupt die Schrift erfunden wurde, waren steinzeitliche Werkzeugmacher auf farbig glitzerndes, mitunter grünlich schimmerndes Gestein mit braunen Flecken gestoßen und hatten vergeblich versucht, es wie Stein zu bearbeiten. Beim Hämmern splitterte es nicht, sondern verformte sich, und unter dem Grün kam ein rötlich brauner Glanz zum Vorschein – die Steinzeitmenschen hatten gediegenes Kupfer entdeckt und damit den ersten Schritt in ein neues Zeitalter getan. So oder ähnlich wird es sich vor vielleicht 12 000 Jahren zugetragen haben, zum Beispiel in den steinigen Flusstälern des nordirakischen Hochlands, denn Archäologen haben bei Shanidar im heutigen Irak einen kupfernen Anhänger gefunden, der aus der Zeit um 9500 v. Chr. stammt. Dass diese frühesten Pioniere des Metallzeitalters auch schon Techniken der Metallschmelze im Lagerfeuer ausprobierten, dürfte dagegen eine Legende sein. Weder reicht dafür die Temperatur dieser Feuerstellen, noch ist die Zugluft geeignet; zum Erschmelzen von Kupfer aus Malachit etwa braucht man reduzierende, also sauerstoffarme Luft. Die Kunst, Metalle aus Gesteinen zu trennen, dürfte vielmehr erst im Töpferofen entdeckt worden sein, der selbst nicht viel älter als siebentausend Jahre ist. Möglicherweise waren es sogar Töpfer, die erste Versuche mit der neuartigen Schmelze machten, ihren Ofen umbauten und metallurgische Techniken entwickelten – wahrscheinlich im Verein mit Schmieden, die ihre Kenntnisse der Metallbearbeitung einbrachten.

■ Zwei Kämpfer. Die sumerische Kupferplastik (um 2700–2600 v. Chr.) stammt aus Chafadschi im heutigen Irak.

In den Anfängen des Metallzeitalters jedoch blieben die Errungenschaften auf die Schmiedekunst be-

schränkt. Man hämmerte Kupfer zu Schmuckstücken oder formte es, mit Unterstützung des Feuers, zu einfachen Werkzeugen wie Angelhaken und später Gefäßen. Früheste Zeugnisse dieser Fertigkeiten in Form kupferner Artefakte finden sich um 6000 v. Chr. im gesamten Vorderen Orient. Da nicht alle Fundstellen in der Nähe von Kupfervorkommen liegen, könnte schon damals ein reger Austausch von Waren und Materialien geherrscht haben. Möglicherweise waren es die Gebirge im Norden Persiens, aus denen Metall ins Zweistromland und den Vorderen Orient kam.

Vor allem in den Hochkulturen Mesopotamiens und Ägyptens blühte ab dem 4. Jahrtausend v. Chr. die neue metallurgische Technik auf. Mit Sicherheit setzten schon die Sumerer vor 3000 v. Chr. Holzkohle und Blasebalg ein, um in größerem Maßstab Metall zu schmelzen. In Ägypten war der Malachit, ein kupferhaltiges Gestein, schon lange als Schmuck beliebt; wahrscheinlich gelang es bald, dieses Gestein mithilfe von Holzkohle zu Kupfer zu »reduzieren«. Bald wurden weitere Metalle gefunden und genutzt: Zinn, Blei, Quecksilber und Eisen. Auch Gold und Silber erlangten eine gewisse Bedeutung, vornehmlich als Schmuckmetalle und zur Verdeutlichung gesellschaftlicher Hierarchien.

Einen ersten »Quantensprung« in der Entwicklung lieferte die Entdeckung, dass eine bestimmte Mischung von Kupfer und Zinn ein besonders hartes und widerstandsfähiges Material ergab – die Bronze. Im Gegensatz zum weichen Kupfer erlaubte Bronze die Herstellung von Werkzeugen und Waffen, die denen aus Stein überlegen waren. Den entscheidenden zweiten Schritt von der Bronzezeit in die Eisenzeit, taten als Erste die Schmiedevölker im kaukasischen Hochland um 1400 v. Chr., als sie begannen, die großen Hämatitvorkommen (Eisenerzlager) ihrer Heimat zu erschlie-

■ Metallene Panzer waren zwar schwer und schränkten die Beweglichkeit ein, doch sie boten Schutz vor den Lanzen und Schwertern der Feinde. Halbharnisch des Markgrafen Johann von Brandenburg-Küstrin (1513–1571)

■ Kampfszene auf einem rechteckigen Gürtelblech aus Bronze. Die Tafel wurde in Slowenien gefunden und auf die Hallstattperiode, 5. Jahrhundert v. Chr., datiert.

■ *Die Schmiede des Vulkan.* Gemälde von Diego Velásquez (1599–1660), Öl auf Leinwand, 223 × 290 cm. Madrid, Museo del Prado

ßen und mit dem Holz ihrer Wälder zu verhütten. Eisen ist Bronze in Härte und Schneidefähigkeit deutlich überlegen. Das lange Nebeneinander von Werkzeugen und Gebrauchsgütern aus Stein, Ton und Kupfer mündete schließlich in einen von Metallen, vor allem Eisen, dominierten Entwicklungsweg.

Wer Sinn für die Sinnhaftigkeit geschichtlichen Fortschritts hat, sieht einen Zusammenhang zwischen dem Aufblühen der Metalltechnologien und den Anfängen organisierter Landwirtschaft in den aufstrebenden Hochkulturen Mesopotamiens und Ägyptens – wie zuvor zwischen dem Aufkommen der Töpferkunst und dem Übergang vom Nomadendasein zur Sesshaftigkeit. Erst die zuverlässig wiederkehrenden Bewässerungsverhältnisse in den fruchtbaren Flusstälern von Euphrat und Tigris oder Nil setzten Kräfte für Tätigkeiten außerhalb der Landwirtschaft frei. Vereinfacht gesagt: Bewässerungswirtschaft statt Regenlandbau schafft kreativen Überfluss. Spezialisierte Berufsstände entstanden, etwa Handwerker in der Verhüttung und Bearbeitung oder Experten für das Auffinden der Erze und den Bergbau. Die Produkte des neuen Spezialistentums beförderten den gesellschaftlichen Wandel hin zu noch mehr Arbeitsteilung und Hierarchisierung.

Jedoch musste die Menschheit nicht zwangsläufig auf die Metalle und die Methoden zu ihrer Bearbeitung stoßen; in anderen Weltgegenden kamen Hochkulturen ohne Kupfer und Eisen aus. Dennoch gilt: Wo es Metalle gab, hätte sich ohne jenen kreativen Überschuss dieses neue Tätigkeitsfeld nicht eröffnen können, das uns am Ende seines Weges auch Eisenbahn und Öltanker, Elektrizität und Wolkenkratzer, Jumbojet und Jagdbomber beschert hat.

### BERÜHMTE SCHMIEDE

Zu den bekanntesten mythischen Schmieden gehört der griechische Feuergott Hephaistos. Er fertigte Waffen und Prunkstücke für die Götter, darunter den Wagen für den Sonnengott Helios, den Bogen der Artemis, die Liebespfeile des Eros und, last but not least, auch das kunstvolle Netz, in dem er seine untreue Ehefrau Aphrodite und ihren Liebhaber Ares in flagranti einfing und zum Gespött des Götterhimmels machte. Im nordischen Sagengut findet sich der Schmied Wieland, der Schwerter bis dato unbekannter Schärfe schmiedete, indem er das Metall zerspante, Gänsen unters Futter mischte und das aus deren Kot gewonnene Metall erneut schmolz und schmiedete. Sein Verfahren wurde in neuzeitlichen Labors nachgestellt und funktioniert tatsächlich; es entspricht der Härtung von Eisen durch Stickstoff.

# KUPFER, BRONZE, EISEN

## TECHNOLOGIE

**Einteilung:** Mehr als zwei Drittel der natürlich vorkommenden chemischen Elemente werden als Metalle bezeichnet. Sie alle leiten Wärme und bei Zimmertemperatur auch Strom sehr gut und sind leicht formbar. Eingeteilt werden sie nach ihrer Reaktionsfähigkeit mit Sauerstoff (Oxidbildung) in unedle (Alkalimetalle, Magnesium), halbedle (Kupfer) und edle Metalle (Gold, Silber, Platin) und nach ihrer Dichte in Leicht- und Schwermetalle (von Lithium bis Iridium, dem dichtesten). In der Technik unterscheidet man Eisen nebst seinen Legierungen und Nichteisenmetalle. Technisch wichtige Metalle sind Eisen, Aluminium, Magnesium, Blei, Zinn, Zink, Kupfer, Silber, Gold, Platin, Chrom, Molybdän, Wolfram, Tantal, Titan und Uran. Nur Kupfer und Edelmetalle treten in der Natur gediegen, das heißt in reiner Form auf.

**Verhüttung**: Die meisten Metalle kommen als Minerale (Oxide, Sulfide) in Erzen und Salzen vor. Bei der Aufbereitung wird das Erz angereichert, das heißt, man löst die nicht metallhaltigen Komponenten aus dem zerkleinerten Erz mithilfe von Magneten, Säuren und Laugen oder nach spezifischer Dichte heraus. Durch Erhitzen werden chemische Verbindungen in andere umgewandelt, die leichter zu verarbeiten sind. Danach werden die Metalle aus den Verbindungen gelöst, voneinander getrennt (Reduktion und Konzentration), und anschließend fein gereinigt (Raffination). Dazu gibt es drei Verfahren: die hydrometallurgische Metallgewinnung, bei der eine reaktive Flüssigkeit das Metall aus dem Erz herauswäscht, das pyrometallurgische Verfahren sowie die Schmelzflusselektrolyse. Meist wird das pyrometallurgische Verfahren eingesetzt, bei dem den Metalloxiden Sauerstoff erst entzogen (Reduktionsschmelzen) und dann selektiv wieder zugeführt wird, um unerwünschte Beimengungen zu entfernen (Konverterfrischen). Bei Edelmetallen werden unedle Metalle mit Säuren herausgelöst (Scheiden).

## KULTURGESCHICHTE

**Stahl:** Eisen und Eisenlegierungen mit nicht mehr als 2 Prozent Kohlenstoff heißen Stahl – der heute wichtigste technische Werkstoff. Er ist warm und kalt mechanisch leicht formbar und je nach Legierung und Wärmebehandlung vielseitig einsetzbar; rostfrei wird er mit mindestens 12 Prozent Chromanteil. Stahl ist seit etwa 3500 Jahren bekannt, aber erst ab dem 18./19. Jh. industriell bedeutsam. Stahl ist ein Symbol für Härte: Der russische Revolutionär Jossif W. Dschugaschwili nannte sich daher Stalin, »der Stählerne«. Der Stahlhelm für Soldaten wurde 1915 eingeführt, zuerst im britischen und französischen Heer.

**Blei:** Bereits die alten Römer verwendeten Blei für Wasserrohre und lagerten Wein in Bleigefäßen, weil er dadurch süßer wurde. Auch das Löten mit Blei-Zinn-Legierungen war bekannt. Blei verleiht Farben und Glasuren Haltbarkeit und Brillanz. Dank des niedrigen Schmelzpunkts von 327,5 °C eignet es sich gut zum Gießen von großen Mengen Kleinteilen wie Drucklettern und Gewehrkugeln.

**Gold:** Der alte Traum der Alchimisten wurde erst 1935 von dem italienischen Physiker Enrico Fermi erfüllt; er beschoss Platin mit Neutronen und wandelte es so zu Gold um. Gold bildet auch heute noch einen Teil nationaler Währungsreserven; die Deutsche Bundesbank etwa verwaltet knapp 3000 t (die überwiegend in New York gelagert sind).

### AUF DEN PUNKT GEBRACHT

Das eher zufällige Auffinden von Kupfer bei der Steinbearbeitung machte die Entdecker zu den letzten ihres Zeitalters, der Steinzeit. Kultgegenstände, Werkzeuge und Waffen aus Metallen bedeuteten Überlegenheit.

**Lesenswert:**

Franz Sales Meyer: *Handwerk der Schmiedekunst* (1888), Waltrop 1998

Lucien F. Trueb: *Die chemischen Elemente. Ein Streifzug durch das Periodensystem*, Stuttgart–Leipzig 1996

**Hörenswert:**

Kurt Kramer: *Eine Reise durch Glockeneuropa. Glockengeläute in Tonaufnahmen*, Audio-CD 1997

**Sehenswert:**

*Goldfinger*. Regie: Guy Hamilton; mit Sean Connery, Gert Fröbe. GB 1964

**Besuchenswert:**

Rheinisches Industriemuseum, Oberhausen

Klingenmuseum, Solingen

# Schiffe

## *Meer, Mast, Macht*

ANTIKER SCHWERTRANSPORT

Die ägyptischen Segelschiffe waren noch nicht seetauglich. Erst um 1200 v. Chr. kam im Mittelmeerraum ein neuer Schiffstyp auf, das stark rundliche Kielschiff. Es hatte einen starren Schiffskörper aus langen Balken mit verstärkenden Querbalken und einem kräftigen Rückgrat, dem Kiel. Die Phönizier führten die relativ kleinen und nur von vier Männern besetzten Transportschiffe als Handelsschiffe ein. Diese Rundschifflaster waren mehr als tausend Jahre lang, bis zum Ende des römischen Reiches, in Gebrauch.

Was haben Felszeichnungen und Steinwerkzeuge in Australien mit der Entwicklung der Seefahrt zu tun? Sehr viel, falls man, wie heutzutage die Mehrzahl der Urzeitexperten, davon ausgeht, dass die Wiege des modernen Menschen in Afrika steht, von wo sich der Homo vor rund 200 000 Jahren allmählich über den Rest der Welt verbreitet haben soll. Sollten die etwa 100 000 Jahre alten australischen Artefakte tatsächlich von Kindeskindern der afrikanischen Urmutter stammen, würde das bedeuten, dass sich unsere Ahnen bereits in dieser grauen Vorzeit über die Meere wagten. Wie und womit, ist selbstredend nicht überliefert. Wahrscheinlich ist nur, dass auf Baumstämmen oder einfachen Holzflößen treibende und mit den Händen paddelnde Vorzeitskipper dafür kein glaubwürdiges Szenario abgeben.

Die Seefahrer des Nordens benutzten schon im 7. Jahrtausend v. Chr. Einbäume, die mit Feuer und Beilen aus dem ganzen Stamm geschlagen wurden, wie ein Fund in den Niederlanden belegt. Auf einigen dieser Boote fand man sogar Feuerstellen – vermutlich handelte es sich um Vorformen des »Hausboots«. Tonmodelle und bildliche Darstellungen aus dem 5. Jahrtausend v. Chr. zeigen einbaumartige Schiffe und solche, die aus mehreren Teilen zusammengebunden waren. Da die Keramiken aus einer Kultur stammen, die sich von Südosteuropa her verbreitete, befuhren diese Boote wahrscheinlich schon das Schwarze Meer. Wie sie angetrieben wurden, ist ungewiss, vermutlich durch Muskelkraft mit Stechpaddeln.

Wann die Innovationskraft der Menschheit den nächsten Schritt tat, indem sie der Muskelkraft effektivere Antriebsarten zur Seite stellte, ist nicht genau bekannt. Die Hochkulturen der Antike kannten bereits Mast und Segel. Mit dem Segel wird die Kraft des Windes eingefangen. Schon ab etwa 4000 v. Chr. befuhren hölzerne Segelschiffe den Nil.

■ Modell einer Totenbarke aus dem Grab des Tutanchamun in Theben West. Neues Reich, 18. Dynastie, 1337 v. Chr.

Der Mast dieser Boote, der so genannte Bockmast, bestand aus zwei Baumstämmen, die wie ein umgekehrtes V ziemlich weit vorn im Boot verankert waren. An ihnen konnte ein rechteckiges Segel angebracht werden, in das von hinten der Wind blies. Mit einer solchen Takelage konnten die antiken Skipper also nur vor dem Wind segeln. Wind und Muskelkraft ergänzten sich weiterhin, bei Flaute oder widrigem Wetter hieß es: »Alle Mann an die Ruder!« Gesteuert wurde mit am Heck befestigten Ruderblättern. Die weitere Entwicklung der Segelschiffe ging schleppend voran. Zunächst wich der Bockmast einer Mastsäule in der Schiffsmitte, mit einem drehbaren Segel konnte man dann auch seitliche Winde nutzen. Sehr viel später erst kam die Idee auf, das Segel in Längsrichtung des Schiffes zu setzen, sodass die Seefahrer vom Rückenwind unabhängig wurden. Höhepunkt dieser technischen Weiterentwicklung war der Dreimastsegler, der im 15. Jahrhundert aufkam. Mit seiner Hilfe exportierten die Westeuropäer schließlich ihre Kultur in die ganze Welt. Andere Kontinente wurden besiedelt und missioniert, die hochseetüchtigen Klipper ermöglichten einen regen Güterverkehr zwischen »neuer« und »alter« Welt. Dieser Ära verdankt das Schiff seine Einstufung als wichtigstes Transportmittel der Menschheit.

■ Bei der Seeschlacht von Salamis im September 480 v. Chr. besiegen die Griechen unter Themistokles die von Xerxes befehligte Flotte. Aquarell von Peter Connolly

An den Klippern des kolonialistischen Europas ist deutlich zu sehen, warum die Schifffahrt zu den Schlüsselerfindungen der Menschheit gehört. Schon als die frühen Hochkulturen in Mesopotamien und

■ Der Husumer Einsitzer ist eines der frühesten Beispiele für Schiffbau aus der Zeit um 9000 v. Chr. Rekonstruktion aus dem Jahre 1981

■ Buchmalerei aus den *Makamen* des Abu Muhammed al-Kasim Hariri (1054–1121)

Ägypten von Eindringlingen mit Bronzewaffen bedrängt wurden, entwickelte sich die Seefahrt zum entscheidenden Faktor für die Verteidigung ihrer Kultur, denn nur mithilfe des Überseehandels konnten die wertvollen Rohstoffe zum eigenen Waffen- und Werkzeugbau herangeschafft werden – Zinn aus England, Irland, Spanien und Portugal, Kupfer von der »Kupfer«-Insel Zypern. In den Jahrhunderten vor der Zeitenwende erblühte der gesamte Mittelmeerraum dank des Austauschs von Gütern aller Art. Die vielfältigen Handelsbeziehungen zwischen den Völkern führten unter anderem dazu, dass griechische Städte an der kleinasiatischen Küste schon im 8. Jahrhundert v. Chr. das Münzgeld einführten. Natürlich herrschte nicht nur Harmonie. Auch in den Kriegen zwischen rivalisierenden Küstenvölkern entschieden Schiffe mit über den Ausgang der Feindseligkeiten. Legendäre Seeschlachten wie die von Mylae im 3. Jahrhundert v. Chr. sicherten den Siegern – in diesem Fall den Römern, die hier die Karthager schlugen – die Herrschaft über Wasser und Wirtschaft.

Nach der Entdeckung der Neuen Welt folgten auf Ausbeutung und Überseehandel bald auch Auswanderungswellen, die nur mithilfe der Seefahrt zu bewältigen waren. Geleitet von Freiheitsgedanken oder verführt von der Gier nach Gold und Land, strömten Siedler nach Amerika, Neuseeland und Südafrika. Um die riesigen, größtenteils unbesiedelten Landstriche zu erschließen, waren mehr Menschen nötig, als es Siedler gab. Ein reger Sklavenhandel entstand, in dessen Verlauf mehr als zehn Millionen Afrikaner über den Atlantik verschleppt wurden.

Auch heute, wo die Welt durch Flieger, Funk und Internet zum »globalen Dorf« geworden ist, lassen sich Öltanker und Eisbrecher, Luxusliner und Frachtkähne nicht wegdenken. Als Verkehrsmittel spiegelt das Schiff die allgemeine Technikentwicklung wider: Die Windkraft (das Segel) wich dem Dampf, die Dampfmaschine wiederum dem Diesel- und Atomantrieb. Als Hilfsantrieb kam das Segel zwar für Tanker in den 1980er Jahren nochmals zu Ehren, hat sich aber nicht breitenwirksam durchsetzen können.

FRÜHE BOOTE

Die frühesten Belege für Schiffbau stammen vom Ende der Altsteinzeit, sind also etwa 11 000 Jahre alt. Dazu gehört ein bei Husum gefundener Einsitzer, dessen Rahmen aus Rentiergeweih geschnitzt und der mit Seehundhäuten bespannt war; er geht auf das 9. Jahrtausend v. Chr. zurück. Ein vier Meter langes Kanu aus Kiefernholz, das in den Niederlanden gefunden wurde, wird ins 7. Jahrtausend v. Chr. datiert. Neben Einbäumen und Booten aus fellbezogenen Holzrahmen könnte es damals auch Konstruktionen aus Korbgeflecht, mit Pech abgedichtet, gegeben haben, wie sie heute noch im Irak gebaut werden.

# SCHIFFE

## TECHNOLOGIE

**Segeln:** Segelschiffe unterscheiden sich nach Bauart des Rumpfs, Anzahl der Masten und Form und Anordnung der Segel. Eingeteilt werden sie in Rahsegler, bei denen die Oberkante der Segel quer zum Rumpf angebracht ist, und Schratsegler, deren Segelvorderkanten mittschiffs stehen; beide Segelarten können verstellt werden. Der Wind wird am besten ausgenutzt, wenn die Segel den Winkel aus Windrichtung und Kielrichtung etwa halbieren

**Unter Dampf:** Ab Mitte des 18. Jh. stand die Dampfmaschine als Antrieb zur Verfügung, jedoch gab es erst Ende des 18. Jh. mit dem Schaufelrad auch eine brauchbare Kraftumsetzung. Der Seitenraddampfer Steamboat nahm 1807 auf dem Hudson River zwischen New York und Albany den Betrieb auf; Konstrukteur Robert Fulton löste damit einen Boom aus. 1819 überquerte der Dreimaster Savannah zumindest teilweise per Dampfantrieb den Atlantik, und ab 1838 gab es einen regelmäßigen Passagierdampferverkehr auf dieser Route. Während das Seiten- oder Heckrad in ruhigen Binnengewässern ideal war, führte es auf hoher See zu Problemen: Es tauchte nicht gleichmäßig ein, außerdem war der Kohlevorrat zu schwer und oft zu teuer, Holzschiffe erwiesen sich als ungeeignet für den Dampfbetrieb, und es kam zu Explosionen. Abhilfe versprach der 1836 in England patentierte Schiffspropeller; er basiert auf der wasserfördernden Archimedischen Schraube: 3 bis 7 »Schrauben«-Abschnitte rund um eine Welle bewegen das Schiff vor- oder rückwärts. Fulton probierte bereits 1800 sein U-Boot Nautilus mit einem handbetriebenen Propeller aus. 1865 stand mit preiswertem Eisen in geeigneter Qualität auch das passende Material für Schiffe mit Dampfmaschine und Propeller ausreichend zur Verfügung. Bereits 1843 halbierte die Great Britain als erstes Schiff ganz aus Eisen per Dampf und Schraube die damals übliche Zeit der Atlantiküberquerung auf knappe 15 Tage (was die schnellen Großsegler, die Klipper, auch erreichten).

**Diesel, Gas, Atom:** Seit 1910 werden die meisten Motorschiffe von einer Dieselmaschine angetrieben, die mit niedriger Kolbengeschwindigkeit Wirkungsgrade von mehr als 50 Prozent erreicht, die höchsten bei Wärmekraftmotoren. Das erste von einer Gasturbine angetriebene Handelsschiff startete 1966. Atomantrieb für Schiffe gibt es seit 1954 mit dem U-Boot Nautilus (USA); 1959 folgten der Eisbrecher Lenin (UdSSR) und das Handelsschiff Savannah (USA). Das deutsche Forschungsfrachtschiff Otto Hahn fuhr von 1964 bis 1979 mit Atomkraft.

**Navigieren:** Für die Bestimmung von Standort und Kurs auf hoher See diente die Beobachtung von Sonne und Sternen; dazu waren astronomische Tabellen und genaue Uhren erforderlich sowie Astrolabium und Sextant, mit denen der Stand der Gestirne gemessen wurde. Heute übernehmen Funk und Satelliten diese Aufgaben. Der Magnetkompass war in Europa ab dem 13. Jh. bekannt; der erste brauchbare Kreiselkompass, der sich nach der Erdrotation richtet, wurde 1908 erfunden.

**Lesenswert:**

Felix Graf von Luckner: *Seeteufels Weltfahrt*, Hamburg 1998

Dava Sobel: *Längengrad*, Berlin 1996

**Hörenswert:**

Albert Lortzing: *Zar und Zimmermann*, Oper, uraufgeführt 1837

Hans Albers: *Unvergängliche Lieder. Seine größten Erfolge*, Audio-CD 1987

**Sehenswert:**

*Steamboat Bill, jr.* Regie: Charles Reisner, Buster Keaton; mit Buster Keaton. USA 1928

*Moby Dick*. Regie: John Huston; mit Gregory Peck. GB 1956

*Das Boot*. Regie: Wolfgang Petersen; mit Jürgen Prochnow, Herbert Grönemeyer. 4-tlg. TV-Film, BRD 1981

**Besuchenswert:**

Deutsches Schifffahrtsmuseum, Bremerhaven

Römisches Schifffahrtsmuseum, Mainz

Viermast-Stahlbark Passat, 1911, stationäres Schulschiff in Travemünde

Windjammerparade zur Kieler Woche

## AUF DEN PUNKT GEBRACHT

Was wahrscheinlich mit Einbäumen und Holzflößen begann, wuchs sich im 15. Jahrhundert zu einem die Welt umspannenden Verkehrssystem aus. Ohne Schiffe kein Handel, keine kulturelle Vermischung, letztlich keine Moderne.

# *Backen und Brauen*

## *Festes und flüssiges Brot*

Als Archäologen vor dreißig Jahren nahe dem Schweizer Ort Montmirail vier schwarze Scherben aus der Erde holten, die sich zu einem tellerähnlichen Gebilde zusammenfügen ließen, ahnte niemand, dass man das bis dato älteste Brötchen der Welt gefunden hatte. Es war aus Weizen gebacken und durch die Beigabe von Sauerteig aufgefrischt. Letzteres ließ sich anhand von Poren und Bläschen nachweisen, wie sie bei der Gärung entstehen. An der tellerartigen Wölbung war wohl, so die Rekonstruktion, ungleichmäßige Erhitzung schuld. Die Verkohlung setzte erst vor tausend Jahren ein, das Backwerk selbst ist wesentlich älter: Es stammt aus der Zeit um 3700 v. Chr. Weshalb diese zwei Millimeter dicke Brotscheibe die 4700 Jahre vor der Verkohlung überlebte, ist ein Rätsel. Bis zu diesem Fund hatte ein verkohltes Brötchen aus dem Jahr 3500 v. Chr. den Altersrekord gehalten. Auch dieses frühe Backwerk stammt aus der Schweiz – ein offenbar Guinnessbuch verdächtiges Land, was archaische Brotreste angeht.

▪ Frau am Maischbottich bei der Herstellung von Bier. Ägyptische Plastik aus gebranntem Ton. Altes Reich, 5. Dynastie, 2450–2290 v. Chr.

Als Wiege der Backkunst darf sich die Schweiz deshalb allerdings noch nicht fühlen. Sehr wahrscheinlich ist diese Fertigkeit noch wesentlich älter als die verkrumpelten Fundstücke. Da schon vor etwa zwölftausend Jahren, als die Menschheit begann, sesshaft zu werden, die Bevölkerung Vorderasiens in der Gegend des heutigen Irak nachweisbar Getreide anbaute, ist anzunehmen, dass auch die Verarbeitung des Getreides zu Brei und Fladen nicht weitere achttausend Jahre auf sich warten ließ. Per Genanalyse lässt sich belegen, dass die vorderasiatischen Wildformen von Emmer, Gerste und Einkorn die Vorfahren heutiger Getreide-

SINNBILD BROT

Brot ist nicht nur Nahrungsmittel, auch Symbol und Kultobjekt. Jesus Christus werden die Worte zugesprochen: »Esset, ich bin das Brot«, ein Satz, der noch heute in der Liturgie des Abendmahls lebendig ist. Geboren wurde Jesus in einem Ort, den man modern mit »Brothausen« übersetzen könnte (Bethlehem), und wer heute eine neue Wohnung bezieht, bekommt Brot und Salz geschenkt – das Brot als Sinnbild für Leben und Gemeinschaft.

sorten sind. In frühester Zeit wurde Mehl mit Körnern und Wasser zu Klumpen geformt und unter heißer Asche angebacken. Später goss man den Breiteig in Herdmulden, dann folgte das Backen von Fladenbroten in Backöfen.

Die Entwicklung des Backens ging Hand in Hand mit dem technischen Fortschritt in Form von Mahlvorrichtungen und Öfen. Zu Mehl wurden die Körner zunächst mit einem Reibmahlstein verarbeitet, einem flachen oder leicht gewölbten Unterstein, auf dem ein Oberstein hin und her gestoßen wurde. Archäologische Nachweise für diese Technik stammen von den Fundorten der schwarzen Schweizer Brote, sie war mithin vor mindestens fünftausend Jahren schon in Gebrauch. Mörser und Stößel als Verfeinerung des Reibsteinprinzips kamen erst in der Zeit der Römer auf, und diesen wird auch das klassische Mahlprinzip mit zwei radförmigen flachen Mühlsteinen zugeschrieben, von denen der bewegliche obere auf dem fest stehenden unteren gedreht wird.

Heiße Steine zum Backen von Fladen wurden erst um 2500 v. Chr. von überwölbten Öfen verdrängt. In ihnen kam die Hitze allseits an den Teig, auch weniger flache Brote wurden gar. Die Römer waren es auch, die die kuppelförmigen Lehmziegelöfen aus dem Nahen Osten weiter entwickelten: Das klassische Backhäuschen unserer Dörfer erinnert heute noch an diese Ofenform.

■ Oberfläche des Brotes von Montmirail (um 3700 v. Chr.), dem wohl ältesten erhaltenen Brötchen der Welt

■ Gruppe von Bäckern. Die ägyptische Holzplastik ist eine Grabbeigabe aus dem Mittleren Reich, 19. Jahrhundert v. Chr.

■ Siebe für die Bierbrauerei aus legiertem Kupfer. Späte Bronzezeit, 1300–1150 v. Chr.

In den Hochkulturen des Zweistromlands und am Nil gehörte das Backen bereits im 3. Jahrtausend v. Chr. zu den geachteten Handwerkskünsten. Die Ägypter wurden im Altertum sogar als »Brotesser« betitelt. Ihre Fertigkeit kam vermutlich über Israel zu den Römern und damit nach Europa. Da die Ägypter, weniger abergläubisch als andere Völker, auch verdorbene Speisen mehr mit Neugier als mit Abscheu betrachteten, ist anzunehmen, dass die »Erfindung« des Sauerteigs ebenfalls auf ihr Konto geht. Es mag ein vergessenes Stück Fladenteig gewesen sein, das allmählich in Gärung überging, weil das Gemisch aus Nilwasser und Mehl Nährstoffe enthielt, die von Hefepilzsporen und säurebildenden Bakterien aus der Luft vergoren wurden. Alkohol und Kohlensäure konnten nicht entweichen und bildeten Blasen im Teig. Gebacken war das Brot dann porig aufgelockert und ließ sich besser kauen – eine echte Neuerung, die sich reproduzieren ließ, indem man Sauerteigreste frischen Brotteigen zumischte.

Ein ganz ähnlicher Zufall dürfte die Geburtsstunde des Biers eingeleitet haben, denn es ist derselbe chemische Prozess – die Vergärung von Getreidebrei durch Hefepilze und Bakterien –, dem sich letztlich das Lieblingsgetränk der Deutschen verdankt. Allerdings waren es nicht die Germanen, die sich als die ersten Bierbrauer der Geschichte hervortaten, sondern die Sumerer im Zweistromland und nach ihnen die Babylonier und Ägypter. Der Beweis dafür findet sich im Pariser Louvre: Das »Monument bleu«, eine sumerische Bildtafel, die das Enthülsen der Getreidekörner, die Verarbeitung des Getreidemalzes zu Broten, das Aufweichen in Wasser und den Gärungsprozess zeigt. Bierforscher vermuten, dass das frühe sumerische Bier ein Emmerbier gewesen ist, da in Mesopotamien hauptsächlich diese alte Weizenart angebaut wurde. Der Bilderschrift ist auch zu entnehmen, dass das Gebräu vermutlich als Opfertrank diente. Auch will die ältere Bierforschung folgern, dass das Bier süß war, weil es – sic! – viel von Frauen getrunken wurde. Nun muss

■ Schon im Alten Ägypten wurde Bier hergestellt, wie dieses Holzmodell belegt. Grabbeigabe aus dem Mittleren Reich, 2040–1785 v. Chr.

### BABYLONISCHES REINHEITSGEBOT

Das deutsche Reinheitsgebot der Bierbrauer von 1516 wird gern als »ältestes Lebensmittelgesetz der Welt« bezeichnet. Der babylonische König Hammurabi (1728–1686 v. Chr.) würde sicherlich widersprechen. Er gilt als Verfasser eines Gesetzbuches, das auch Bestimmungen über Bierherstellung und -verzehr enthält. So heißt es zum Beispiel in einem der rund 300 Paragraphen seines Kodex: »Ein Bierweib, das 60 Sila (etwa 0,5 l) gewöhnliches Bier auf Kredit gegeben hat, soll bei der Ernte 50 Sila Korn wiederbekommen.« Ebenso wie der Preis war auch der Würzgehalt des Biers genau festgelegt.

man den Spekulanten in Sachen antikes Bier nicht in Allem folgen, aber angesichts der Ähnlichkeit der Entstehungsprozesse sowie der Zutaten von Sauerteig und Sauerbier ist das Zusammengehen der beiden Handwerkskünste nicht weiter verwunderlich. So mancher Bäcker hat noch im 19. Jahrhundert auch das Brauhandwerk gelernt und umgekehrt. Einige Etymologen sehen sogar Ähnlichkeiten im Wortstamm von »Bier«, »Brauen« und »Brot«.

Tiefer als die etymologische geht die chemietechnische Verwandschaft der beiden Handwerkskünste. Als Methoden zur Konservierung von Getreidebrei gehören sie zu den wichtigsten Kulturtechniken überhaupt. Als »flüssiges Brot« ist das Bier seit dem frühen Mittelalter bekannt, als es zu den weltlichen Freuden des Mönchtums wurde. Kolumban, ein irischer Missionar, der im 7. Jahrhundert am Bodensee ein kleines Kloster gründete, nahm sogar Vorschriften zum Biertrinken in seine Ordensregel auf: »Das Essen soll einfach sein, es darf ebenso wenig zur vollen Sättigung führen wie der Trunk zum Rausch. Essen und Trinken soll das Leben erhalten, ohne ihm zu schaden.« Zur Lebenserhaltung diente das Biertrinken den Brüdern durchaus, machte es doch tage- oder sogar wochenlanges Fasten nicht nur psychisch erträglich, sondern – wegen der hohen Kalorienzufuhr – physisch überhaupt

■ Nürnberger Biermesser. Zeichnung, 1596

■ Bierbrauer in der Maischhalle, um 1890

möglich. Die »Maß« unserer Tage, Besuchern des Münchner Oktoberfestes ein fester Begriff, geht auf die klösterliche Tradition des Bierbrauens und -trinkens zurück: Es war das, was dem einzelnen Mönch »zugemessen« wurde. Mit etwa fünf Maß pro Tag durften die deutschen Klosterbrüder rechnen, wobei die Einheit »Maß« von Kloster zu Kloster zwischen einem und zwei Liter variierte.

Einige Innovationen des Bierbrauens, wie der Zusatz von Hopfen als Würzmittel, stammt aus der klösterlichen Brautradition. Die Bedeutung klösterlicher Bierherstellung illustriert der Plan des Klosters St. Gallen aus dem Jahr 820, der gleich drei Brauereien vorsieht: eine für die Mönche, eine zweite für die Pilger und eine dritte für Gäste. Bald begannen die Mönche auch, Bier nicht nur für den Eigenbedarf und für Besucher zu brauen, sondern auch für den gewerblichen Vertrieb in Klosterschänken. Sie machten den bürgerlichen und fürstlichen Brauereien so ernsthaft Konkurrenz, dass im 15. Jahrhundert einige Landesfürsten den öffentlichen Verkauf von Klosterbier untersagten.

■ Der Transport von Bierfässern. Radierung, 1805

Eine überregionale Brauindustrie konnte sich erst im Verlauf der industriellen Revolution herausbilden, denn wegen der leichten Verderblichkeit des Produkts waren zwei weitere Innovationen unbedingt erforderlich: ein schnelles Transportmittel und eine überzeugende Kühltechnik. Ersteres kam mit der Dampfeisenbahn auf, Letzteres erst gegen Ende des 19. Jahrhunderts mit den Lindeschen Kühlmaschinen.

# BACKEN UND BRAUEN

## TECHNOLOGIE

**Zutaten:** Nach dem Reinheitsgebot darf Bier nur aus Gerstenmalz, Wasser, Hopfen und Hefe bestehen, in Ausnahmen auch Weizenmalz, Zucker und Zuckercouleur. Ausländische Biere werden auch mit ungemälztem Reis oder Mais hergestellt.
**Bierbrauen:** Die Herstellung erfolgt in drei Schritten. Für die Malzbereitung wird Gerste eingeweicht und zum Keimen gebracht (Grünmalz), wodurch sich die Stärke löst. Nach etwa drei Tagen wird das Grünmalz über einen Tag lang getrocknet und gedarrt, für dunkles Malz auch vorsichtig geröstet. Dabei bilden sich Farb- und Geschmacksstoffe, die den besonderen Charakter eines Biers ausmachen. Zur Würzebereitung mischt man das zerkleinerte Malz mit dem Brauwasser zu einer Maische und erhitzt diese stufenweise bis etwa 75 °C, wobei sich die Stärke zu Zucker abbaut. Wasserqualität, Art der Maischebereitung und Dauer und Tempo der Erhitzung sind je nach Biersorte unterschiedlich. Nach dem Filtern wird die flüssige Würze mit Hopfen gekocht, wodurch sie sterilisiert und bitter wird. Hefe löst schließlich die Gärung aus; obergärige Hefen steigen nach oben, untergärige setzen sich ab. Nach 6 bis 8 Tagen sind etwa 75 Prozent der Zucker vergoren; bei kühler Lagerung wird 4 bis 12 Wochen nachgegoren, wobei sich Kohlendioxid bildet. In modernen Brauereien können die Zeiten auf 2 bis 4 Wochen verkürzt werden.

## KULTURGESCHICHTE

**Brot-Riten:** In allen Ackerbaugesellschaften war Getreide heilig und spielte eine große Rolle bei Festriten. Gebildbrote, auch in Tierform, dienten als Opfergaben, mit Brot und Salz wurden Gastfreundschaft, neue Häuser und Ehen gesegnet. Zu Ostern, dem höchsten christlichen Feiertag, wurden Brot, Eier und andere Nahrungsmittel in der Messe geweiht (ähnlich beim Erntedank im Herbst). Die Juden erinnern mit Mazze, ungesäuertem Brot, an den Auszug aus Ägypten. Seit dem 14. Jh. wird zu Ostern in Europa Hefegebäck aus feinem Weizenmehl und Eiern, oft in Lammform, hergestellt, und als ab Ende des 18. Jh. Zucker (aus Rüben) für alle erschwinglich wurde, süßte man auch die Osterbrote, außerdem verfeinerte man sie wie Weihnachtsgebäck mit Früchten, Nüssen und Gewürzen. Um 1400 entstand die Zunft der Lebkuchenbäcker; Lebkuchen bekamen die Kinder von ihren Paten zu allen Festtagen geschenkt, während es Spekulatius, so benannt nach einem Beinamen des Sankt Nikolaus, nur in der Weihnachtszeit gab.
**Frühstück:** Bis ins Mittelalter stand morgens hauptsächlich Getreidebrei, auch Biersuppe, auf dem Tisch; bis heute hat sich in Osteuropa Getreidegrütze als Frühmahlzeit erhalten. Erst ab dem 12./13. Jh. gilt Brot in Europa als eines der wichtigsten Grundnahrungsmittel und als Symbol für Nahrung überhaupt.
**Verspieltes:** Der Earl of Sandwich, ein leidenschaftlicher Spieler, erfand Mitte des 18. Jh. eine Mahlzeit, für die er seine Karten nicht zur Seite legen musste: ein mit Fleisch belegtes, zusammengeklapptes Brot. Russisch Brot ist ein süßes Gebäck in Buchstabenform; angeblich stammt es aus Russland, erhielt jedoch 1844 in Wien seine heutige Form.

## AUF DEN PUNKT GEBRACHT

Vielfältig sind die Verbindungen von Bier und Brot. Etymologisch gemeinsame Wurzeln werden vermutet, chemisch ähneln sich die Prozesse, bei denen Bier und Sauerteig entstehen, und last but not least galt den Mönchen des Mittelalters das Bier wegen seiner Nährkraft als »flüssiges Brot«.

## EMPFEHLUNGEN

**Lesenswert:**

Heinrich Eduard Jacob: *Sechstausend Jahre Brot*, Frankfurt/M. 1956

Max Währen: *Gesammelte Aufsätze zu Brot- und Gebäckkunde und -geschichte 1940–1999*, Ulm 2000

Michael Jackson: *Das grosse Buch vom Bier*, Bern 1983

Wolfgang Schivelbusch: *Das Paradies, der Geschmack und die Vernunft*, Frankfurt/M. 2002

Judi Hendricks: *Das Brot des Lebens*, Roman, München 2003

**Besuchenswert:**

Museum der Brotkultur, Ulm

Klosterschänke im Kloster Engelberg bei Großheubach

**Anklickenswert:**

http://www.brot.ch

http://www.butterbrot.de

http://www.hobbybrauer.de

# Bewässerung und Kanalisation

## *Die Beherrschung des Flüssigen*

■ Bei diesem persischen Schöpfwerk wird das Wasser mit Krügen zur Bewässerung hochgeholt. Nach einem Aquarell von David Roberts (1796–1864)

Wasser ist naturgegeben. Als Regen fällt es vom Himmel, füllt Flüsse, Seen und das Meer. Aus Quellen und Wasseradern quillt es, kommt und geht mit den Jahreszeiten. Der Mensch der Urzeit war ihm ausgeliefert als Teil der Natur, mag es vielleicht sogar als göttliches Element gescheut, ihm magische Fähigkeiten zugeschrieben haben; die Menschen sahen ihr Spiegelbild im Wasser, entdeckten seine heilsame und reinigende Wirkung bei diversen Leiden. Zum Trinken suchten sie Wasserquellen auf wie wilde Tiere, vor Regen suchten sie Schutz in Höhlen und später in Zelten und Hütten.

Wann die Menschen den aktiven Part im Umgang mit dem Rohstoff Wasser übernahmen, kann niemand genau sagen. Es ist auch keine einzelne technische Neuerung, die den Übergang markiert. Die Beherrschung des Wassers erfolgte in verschiedenen Lebensbereichen und in vielen kleinen Schritten. Den Anfang könnte bereits vor zwölftausend Jahren die Vorratshaltung in Tongefäßen gemacht haben; das Speichern von Wasser zum späteren Gebrauch war ein erster Schritt auf dem Weg zur Zähmung des flüssigen Elements. Als die Menschen Siedlungen errichteten und sich durch Landwirtschaft von den ursprünglichen Gegebenheiten ihrer Umwelt unabhängiger machten, wurde auch die Beherrschung des Wasser immer wichtiger. An-

### DER WERT DES WASSERS

»So ein Mann seinen Deich dicht zu halten versäumt und nicht notfalls verstärkt, und der Deich bricht, sodass das Wasser Ackerland fortschwemmt, soll der Mann, in dessen Deich der Bruch entstand, das Korn ersetzen, das vernichtet wurde.« Der Auszug aus dem umfangreichen Gesetzbuch des babylonischen Herrschers Hammurabi aus der Zeit um 1700 v. Chr. macht deutlich, welchen Stellenwert und auch hohen technischen Stand die Bewässerungswirtschaft schon vor fast viertausend Jahren hatte.

fangs ließen sich am Ufer großer Flüsse oder in Mündungsgebieten vielleicht noch die natürlichen Überschwemmungen nutzen, um Felder zu bewässern, doch sobald die Siedlungen größer wurden, musste die Versorgung mit Nahrungsmitteln planbarer werden. Umgekehrt bildeten sich auch komplexere Gesellschaftsformen mit zunehmender Beherrschung des Wassers aus, da diese die koordinierte Zusammenarbeit vieler Menschen verlangte. Nicht von ungefähr entstanden deshalb einige der ersten Hochkulturen an großen Wasserläufen. Je nach Standort entwickelten sich dabei unterschiedliche Bewässerungstechniken.

Im fruchtbaren Niltal etwa, das ab Mitte August zweieinhalb Monate lang unter Hochwasser stand, perfektionierten die ägyptischen Wasserbautechniker die Beckenbewässerung. Entlang den Ufern wurden große Felder durch Kanäle miteinander und mit dem Strom verbunden. Zur Überschwemmungszeit ließ man das Wasser des Stroms durch Brechdeiche auf die Felder fließen und dort so lange stehen, bis sich der fruchtbare Schlamm abgesetzt hatte. Wegen des relativ starken Gefälles des Nils floss das Wasser bei Rückgang des Hochwassers durch die Kanäle wieder ab. Diese Technik war sicher schon vor fünftausend Jahren bekannt, Darstellungen aus dieser Zeit zeigen ägyptische Herrscher beim zeremoniellen Ausstechen von Bewässerungsgräben. Die Bewohner des Zweistromlandes, der Überschwemmungsebene von Euphrat und Tigris, mussten mit einer anderen Ausgangssituation fertig werden. Beide Ströme fließen langsam und neigen zur Mäanderbildung. Auch ist gut möglich, dass sich bei Hochwasser quasi natürliche Entwässerungskanäle vom Euphrat mit seinem höheren Wasserstand in den Tigris ausbildeten und so den Anstoß für erste Versuche mit künstlicher Bewässerung gaben. Genau das jedenfalls nutzten die sumerischen Techniker, indem sie das Wasser des Euphrats in ein Kanalsystem speisten und es über Land leiteten, um es im Tigris abfließen zu lassen. Obwohl keine Bauwerke aus dieser Zeit erhalten sind, vermutet man, dass dieses Kanalsystem viele kleine Staudämme und Schleusen besaß, damit es zuverlässig übers Jahr reguliert werden konnte.

Eine völlig andere Bewässerungstechnik bildete sich unabhängig voneinander in Syrien und Palästina, in

■ Waschbecken auf einem Wandrelief aus dem ägyptischen Tempel Kom Ombo, vermutlich aus ptolemäischer und römischer Zeit

■ Der Pont du Gard. Das Aquädukt mit 275 m Spannweite und 49 m Höhe ließ der römische Feldherr Agrippa (um 63–12 v. Chr.) errichten. Im obersten Bogengeschoss verlief eine Wasserleitung, die die nahegelegene Stadt Nîmes mit Wasser versorgte.

Indien, China und Kolumbien heraus: die Terrassenbewässerung. In natürlich bergigem Gelände wurden stufenförmig Terrassen angelegt und durch Kanäle miteinander verbunden. Das Wasser – das im günstigen Fall aus einer Quelle, einem Brunnen oder aufgefangenem Regen stammt, im ungünstigen Fall auf die oberste Terrassenstufe gefördert werden muss – fließt durch die Kanäle von Terrasse zu Terrasse nach unten ab.

Alle antiken Hochkulturen – in Ägypten, Mesopotamien, China,

ANRÜCHIGE STEUERN

»Pecunia non olet« – Geld stinkt nicht, soll Kaiser Vespasian auf die Kritik entgegnet haben, dass er zur Sanierung der römischen Staatsfinanzen nun auch Steuern auf öffentliche Bedürfnisanstalten und Wäschereien (die mit Tier-Urin reinigten) erhebe. Als der Weltstadtregent seinen Ausspruch tat, war Roms größte öffentliche Toilette in der Nähe des Lebensmittelmarktes schon seit fast 400 Jahren mit einer Wasserspülung versorgt; zuvor hatten das örtliche Quellen erledigt. Die Kanalisation in antiken Metropolen beruhte auf einer ausgereiften Technologie: Um 500 v. Chr. hatte der Bau der Cloaca Maxima begonnen.

Peru oder Indien – verfügten nicht nur über ausgeklügelte Systeme der Bewässerung, sondern auch der Kanalisation. So hatten die Sumerer um 2300 v. Chr. in Fara ausgemauerte und mit Bitumen abgedichtete Brunnen; in Tell Asmar kannte man Bäder mit Ziegelfußboden, unterirdische Kanäle und Lochplatten zur Be- und Entlüftung. Dreihundert Jahre später blühte die Metropole Ur auf. Sie stand auf einer drei Meter dicken Lehmschicht. Zur Entsorgung grub man durch diese Schicht Brunnen; durch Öffnungen unterhalb des Lehms konnte das Abwasser versickern.

Bereits vor der eigentlichen Hochkulturzeit war die Wasserbeherrschung im Nildelta weit entwickelt. Die Altägypter lebten in fensterlosen Lehmhütten mit Einstiegsluken im Dach. Sie schufen die Urform der Hausentwässerung, indem sie Ablaufrinnen für Regenwasser legten. Als der Steinbau aufkam, errichteten die Maurer Wasserbecken aus Kalkstein, Basalt und Alabaster. Als Zu- und Abflussrohre verwendete man Zylinder aus getrocknetem Nilschlamm. Die Vermischung von Ton- und Steinbau spiegelte sich auch in der Sprache wider: Das altägyptische Wort für Maurer bedeutete auch Töpfer. Dass die Körperhygiene zumindest in der wohlhabenden Oberschicht eine große Rolle spielte, darf man aus zahlreichen Texten und archäologischen Funden schließen. So werden siebartige Geräte heute als frühe Duschköpfe gedeutet, durch die Wasser auf die Badenden rieselte. Selbst in Grabanlagen findet man vor der eigentlichen Grabkammer Waschräume, damit der Verstorbene sauber vor die Götter treten konnte. Der Bedarf dieser Kultur an Wasser muss bereits enorm gewesen sein. Allerdings stand durch den Nil auch reichlich davon zur Verfügung. Seine Fluten in die gewünschten Bahnen zu lenken, erforderte schon damals großtechnische Höchstleistungen. Tatsächlich schreibt der – nicht immer ganz zuverlässige – griechische Geschichtsschreiber Herodot den ersten Staudamm der Menschheitsgeschichte dem Pharao Menes zu, der so angeblich den Nil umgeleitet hat, um im ausgetrockneten Nilarm die Stadt Memphis zu errichten; das muss um etwa 3000 v. Chr. gewesen sein. Archäologisch ge-

■ Im alten Rom waren Gemeinschaftstoiletten üblich, sogar mit Marmorsitzen und Armlehnen; eine Dauerspülung in ausbetonierten Rinnen sorgte für Sauberkeit. Hier eine öffentliche Latrine am Rand des Forums Largo di Torre Argentina in Rom

■ Bewässerung von Terrassenfeldern der Inka-Kultur. Holzschnitt, um 1560/99

sicherte Belege für Dammbauten im alten Ägypten sind nur dreihundert Jahre jünger.

Besonders bemerkenswert sind auch die wassertechnischen Errungenschaften der Harappakultur im Industal. Wie in Mesopotamien und am Nil hatte sich am unteren Indus im 3. Jahrtausend v. Chr. eine Hochkultur gebildet, von der wir allerdings mangels schriftlicher Zeugnisse (die wenigen Funde der Indusschrift sind noch nicht entziffert) viel weniger wissen als etwa von den Ägyptern. Umso beeindruckender erscheinen die Reste der großen Metropole Mohenjo Daro dieser Kultur im heutigen Pakistan. In dieser Stadt, die vermutlich um 2500 v. Chr. in voller Blüte stand, verfügte fast jedes Haus über eine eigene Zisterne (nahezu sechshundert wurden in den Ruinen gezählt), die Sanitärräume befanden sich meist nahe der Straße und wurden über Fallschächte in einen Kanal entleert. Ziegelverkleidete und mit Bruchsteinen abgedeckte Abwasserkanäle durchzogen die ganze Stadt. Ähnlich wie die Ägypter regelten die Indusbewohner die Wasserzufuhr durch Dämme und Schleusen.

Bei allen frühen Techniken der Wasserwirtschaft ist weniger die Idee, Wasser umzulenken oder durch Dämme aufzuhalten, als bemerkenswerte Innovation zu feiern, als vielmehr der Umfang, in dem diese Techniken bereits in einem so frühen Stadium der Geschichte angewendet wurden. Sie entstammen – anders als etwa innovative Errungenschaften der Neuzeit – ganz ursprünglichen Bedürfnissen des Menschen und offenbaren in ihrer Umsetzung einen zutiefst sozialen Charakter.

# BEWÄSSERUNG UND KANALISATION

## TECHNOLOGIE

**Heben:** Räderschöpfwerke hoben im alten Ägypten und in Mesopotamien das Flusswasser auf ein höheres Niveau, sodass es über die Felder abfließen und sie bewässern konnte. Angetrieben wurden sie durch Göpel, horizontal liegende Räder, die von Tieren gezogen wurden. Daneben gab es bereits im 3. Jh. v. Chr. die kontinuierlich arbeitende Wasserschnecke, die sich innerhalb eines Rohres dreht; Archimedes beschrieb sie als Erster, daher heißt sie auch Archimedische Schraube. Um 260 v. Chr. trieben auch schon ober- und unterschlächtige Wasserräder (s. S. 81) die Hebewerke an; in Europa kamen sie erst im Mittelalter wieder auf. Ab dem 17. Jh. übernahmen meist Pumpen die Förderung, besonders im Bergbau. Zur stoßweise arbeitenden Kolbenpumpe trat um 1690 die stetig arbeitende Kreiselpumpe, die mit einem rotierenden Laufrad Wasser ansaugt und dessen Geschwindigkeitsenergie in Druckenergie umwandelt (auch für öffentliches Leitungsnetz, Feuerwehr).

**Sammeln:** Als älteste Talsperre gilt ein um 2500 v. Chr. errichteter Damm in Ägypten, der vor Hochwasser schützen sollte. Heute dienen Talsperren vor allem der Energieerzeugung, der Bewässerung, als Trinkwasserspeicher, der Wasserstandsregelung und der Freizeit und Erholung. Das größte Stauprojekt der Welt ist der Drei-Schluchten-Damm in China, der 2009 fertig sein soll.

**Kraft:** Im 12./13. Jh. war das Wasserrad (s. S. 81) die wichtigste Energiemaschine in Europa. Anfang des 19. Jh. wurde daraus die Turbine entwickelt, die heute hauptsächlich für die Stromerzeugung in Wasserkraftwerken genutzt wird. Während etwa Norwegen fast 100 Prozent des Strombedarfs aus Wasserkraft deckt, sind es in Deutschland weniger als 4 Prozent, obwohl mehr als zwei Drittel der Wasserkraftressourcen ausgeschöpft werden. In Pumpspeicherwerken wird Energie in Schwachlastzeiten (nachts) »zwischengelagert«, indem Wasser in ein höher gelegenes Becken gepumpt wird; bei Bedarf fließt es zurück und treibt dabei einen Generator an.

## KULTURGESCHICHTE

**Leitungen:** Bevor die Römer ab 300 v. Chr. Italien, Frankreich und Spanien mit ihren Aquädukten überzogen, die frisches Bergquellwasser über weite Entfernungen in die Städte leiteten, gab es bereits um 2350 v. Chr. in Mesopotamien Leitungen aus Tonrohren. Jerusalem besaß mit der Siloah um 700 v. Chr. eine Wasserversorgung aus gemauerten Tunneln (sogar mit Kläranlagen); erste Druckwasserleitungen finden sich im antiken Griechenland. In Europa wurden erst im 14. Jh. wieder städtische Leitungssysteme gebaut. Die großen modernen Kanalisationsnetze für Abwasser entstanden mit der Industrialisierung, in Hamburg ab 1842, in London ab 1859.

**Konflikte:** Müssen sich mehrere Staaten in wasserarmen Gebieten einen Fluss teilen, birgt dies großes Konfliktpotential. Im arabisch-israelischen Konflikt ging es immer auch um die Nutzung des Jordans; Pakistan und Indien streiten sich um den Indus; Staudämme des Euphrat in der Türkei und in Syrien bedrohen die Wasserversorgung im Irak.

## AUF DEN PUNKT GEBRACHT

Dem Frühmenschen begegnet das Wasser als Naturgewalt, Heilmittel und Nahrung. Seine Nutzbarmachung ermöglicht Bevölkerungswachstum und fördert die kulturelle und soziale Entwicklung.

## EMPFEHLUNGEN

**Lesenswert:**

Udo Pfriemer, Friedemann Bedürftig: *Dass zum Zwecke Wasser fließe. Eine Sanitärchronik*, Berlin 2001

Fritz Schönemann: *Vom Schöpfrad zur Kreiselpumpe. Geschichte der Pumpen und ihrer Antriebe*, Düsseldorf 1987

Françoise de Bonneville: *Das Buch vom Bad*, München 2002

**Sehenswert:**

*Wasser für Canitoga*. Regie: Herbert Selpin; mit Hans Albers, Charlotte Susa. D 1939

*Der dritte Mann*. Regie: Carol Reed; mit Joseph Cotten, Orson Welles. GB 1949

*Der Staudamm*. Regie: Yves Allégret; mit Gérard Philipe. F/I 1955

**Besuchenswert:**

Rurtalsperre in der Eifel und Rappbodetalsperre im Harz

Der Pont du Gard nahe Nîmes, Südfrankreich

# Schrift und Papier

## *Die Erfindung der Buchhaltung*

Steuerbescheide wurden vor fünftausend Jahren auf Tontäfelchen geliefert, zumindest im Zweistromland zwischen Euphrat und Tigris, wo zu dieser Zeit die sumerische Hochkultur aufblühte. Brachte der Bote der Verwaltung zum Beispiel eine Tafel mit den Zeichen für Rind und Hafer, wusste der sumerische Bauer, was er dem Tempel oder König schuldig war. Der älteste handfeste Beleg hierfür ist ein Kalksteintäfelchen aus der Zeit um 3300 v. Chr., in das Zahlzeichen sowie die Umrisse eines Dreschhammers eingeritzt sind.

Scherben von Ton- und Kalksteintäfelchen sind Zeugnisse einer Bilderschrift, die vor vermutlich sechstausend Jahren bei den Sumerern entstand. Am Anfang standen vereinfachte Abbildungen alltäglicher Dinge: Kühe, Schafe, Ackerbaugeräte, Ess- und Trinkgefäße oder auch menschliche Gliedmaßen wie Hand und Fuß. Fremd ist uns die Aussagekraft solcher Bilder keineswegs, schließlich ist auch unser Alltag von eingängigen Piktogrammen geregelt – vom spielenden Kind auf dem Verkehrsschild bis zum Totenkopf mit gekreuzten Knochen auf der Giftflasche. Die sumerische Bilderschrift verwendete ihre Symbole flexibel, um auch komplizierte Zusammenhänge zu verdeutlichen. So stand etwa das Schamdreieck für eine Frau und das Dreieck mit drei Hügeln für Sklavin, denn Sklaven entstammten meist den Gebirgsvölkern.

■ Ägyptische Kalksteinstatue des Schreibers Heti (um 2500 v. Chr.) mit einer Papyrusrolle auf dem Schoß. Der Beruf des Schreibers war im Alten Ägypten hoch angesehen und bildete die Ausgangsposition für jede Beamtenkarriere.

Als Ursprung jeder Schrift darf man den Wunsch vermuten, Informationen zu bewahren, die Besitz anzeigten. So lassen sich Siegelabdrücke auf den Verschlüssen von Gefäßen und Krügen deuten und auch viele der vereinfachenden Symbole für Himmelskörper, die man auf Töpferwaren aus dem 5. Jahrtausend v. Chr. findet. Zählstriche, die man eingeritzt auf 8500 Jahre alten Knochen entdeckte, sprechen ebenfalls für die These, dass die Schrift dem Bedürfnis nach einer Art Buchhaltung entspringt.

Das mag Spekulation sein – Fakt ist, dass 95 Prozent der über 300 000 erhaltenen sumerischen Tontafeln rein wirtschaftlicher Natur sind: Buchungslisten, Inhaltsverzeichnisse, Geschäftsbriefe, Warenein- und -ausgangslisten. Und wer die These vom Primat wirtschaftlicher Bedürfnisse bei der Erfindung der Schrift noch untermauern will, kann sogar die steinzeitlichen Höhlenmalereien als Urtypen früher Bilderschriften ansehen, die möglicherweise nicht ästhetischen oder rituellen Motiven entsprangen, sondern schlicht Wunschlisten an die Götter darstellten, also frühe »Bestelllisten« oder »Lieferscheine« für Jagdbeute.

■ Kalksteintafel mit sumerischer Bilderschrift, die Personennamen darstellt. Der Name eines Landbesitzers wird durch eine Hand symbolisiert. Ende 4. Jahrtausend v. Chr.

In jedem Fall liegt der Entwicklung von Schrift ein starkes menschliches Bedürfnis zugrunde, denn Zeichensysteme als Mittel der Bewahrung von Gedächtnisinhalten sind gleich mehrere Male in zeitlich und räumlich weit voneinander entfernten Weltgegenden, von Zentralamerika bis China, »erfunden« worden.

Die Sumerer gingen schon etwa 2800 v. Chr. von der Bild- zur Schriftsprache über. Fortan standen dieselben Bilder für einzelne Silben, eine Neuerung, für die sich die sumerische Sprache mit vielen einsilbigen Wörtern besonders eignete. Mit der neuen Silbenschrift konnte man nun Eigennamen wie »Kuraka« schreiben; der Name ist zusammengesetzt aus den Symbolen für Gebirge (kur), Wasser (a) und Mund (ka). Um das neue Wort von seiner etwaigen bildschriftlichen Bedeutung (Gebirge-Wasser-Mund) zu unterscheiden, wurden verschiedene Sonderzeichen vorangestellt. Auch das Schriftbild veränderte sich, wahrscheinlich bedingt durch die Verwendung eines dreieckig gespitzten Schilfrohrstücks als Griffel. Kreise und Kurven mussten geraden Strichen weichen, von denen schließlich nur vier Grundtypen als Ur-Elemente der Schrift überlebten: Die Keilschrift war entstanden. Zunächst nur für Wirtschaftsberichte eingesetzt, fand sie nach 2500 v. Chr. auch für Königsberichte und ab etwa 2000 v. Chr. für literarische Texte

### MARKIGE KEILSCHRIFT

Die Texte der sumerischen Tontafeln sind meist erfrischend klar und einfach – auch wenn sie von der Grausamkeit assyrischer Könige künden: »Ich schlachtete die Feinde, und mit ihrem Blut färbte ich die Berge so rot wie Wolle. Ich schlug ihren Kriegern die Köpfe ab und schichtete sie als Turm vor ihrer Stadt auf. Ich verbrannte ihre jungen Männer und Mädchen im Feuer der Scheiterhaufen.«

Verwendung. Danach setzte sie sich als internationale Verkehrsschrift durch und wurde von den Babyloniern, Hethitern, Assyrern und Elamiten für ihre eigenen Sprachen übernommen.

Geschrieben haben die Völker Vorderasiens auf Täfelchen aus Ton, einem billigen Material, das man aus dem weichen Lehm eines Bewässerungskanals entnahm, trocknen ließ und zu Handteller großen flachen Kuchen formte. Nur wirtschaftlich bedeutsame Dokumente wie Verträge wurden nach dem Beschreiben gebrannt, um sie fälschungssicher zu machen. Dem Umstand, dass gebrannter Ton ein extrem haltbarer Schriftträger ist, verdanken wir einen Großteil der Kenntnisse über diese vergangenen Hochkulturen, nicht unbedingt zur Freude der Betroffenen: Praktisch das gesamte neuzeitliche Wissen über die Hethiter geht auf einen vernichtenden Brand ihrer Hauptstadt Hattusa zurück, durch den die Tontafeln im Stadtarchiv gehärtet und für die Nachwelt bewahrt wurden.

Etwa parallel zur Schriftentstehung im Zweistromland entwickelte sich in der ägyptischen Hochkultur eine eigene Bilderschrift, die später von griechischen Geschichtsschreibern Hieroglyphen genannt wurde, was so viel bedeutet wie »heilige Kerben« und sich darauf bezieht, dass viele ägyptische Bildertexte in Tempelwände, Stelen und Obelisken eingemeißelt waren. Der bei den Ägyptern übliche Beschreibstoff – so der Fachausdruck für das, worauf geschrieben wird – ist zwar wegen seiner größeren Vergänglichkeit nicht in dem Umfang erhalten wie die sumerischen Tontafeln, fand jedoch in Europa große Verbreitung: der Papyrus. Das Wort ist dem koptischen »papurro« verwandt, was »dem König gehörend« bedeutet, und drückt wahrscheinlich ein wirtschaftliches Monopol des Königs an der Papyrusherstellung aus. Die vor allem im flachen Uferwasser des Nils wachsende Papyrusstaude hatte seit jeher große wirtschaftliche Bedeutung als Rohstoff für Kleider, Matten und Boote. Die Schreibblätter wurden aus quer übereinander

■ Der Stein von Rosette (196 v. Chr.). Eingraviert ist ein Priesterdekret über die Wahl des Königs Ptolemäus V. Epiphanes in hieroglyphischer und demotischer Schrift mit griechischer Übersetzung. Mithilfe des Steins von Rosette gelang es Jean François Champollion 1822, die Hieroglyphen zu entziffern.

gelegten Streifen aus dem Mark der Pflanze buchstäblich zusammengeklopft. Der beim Schlagen austretende Saft der frischen Stängel wirkte als Klebstoff, und nach dem Glätten ergaben viele zusammengeklebte Blätter eine lange Bahn, die man mit Pinsel und Tinte beschreiben und zur bequemen Aufbewahrung rollen konnte. Papyrusrollen kamen schon im 6. Jahrhundert v. Chr. nach Griechenland und Rom und blieben dort bis ins 1. Jahrhundert n. Chr. der Hauptschriftträger, um dann allmählich von Pergament und schließlich arabischem Papier abgelöst zu werden.

Da auch die Ägypter selbst mit der Hieroglyphenschrift Schwierigkeiten hatten, entstanden mit der Zeit vereinfachte Varianten für den Verwaltungsgebrauch: das Hieratische und schließlich das Demotische. Eine stark vereinfachte Hieroglyphenschrift ist vermutlich auch die Keimzelle für die erste wirkliche Lautschrift, die auf einem sehr begrenzten Zeichensatz beruht. Sie entstand in Vorderasien, dem heutigen Syrien und Palästina, wo Ägypter in den Türkisminen arbeiteten; etwa um 1500 v. Chr. übernahmen die Phönizier diesen Zeichensatz und entwickelten ihn in den folgenden Jahrhunderten weiter.

■ Ägyptische Schreiber messen und registrieren die Ernte. Wandmalerei aus dem Grab des Mennah, Schreiber unter Pharao Thutmosis IV., 18. Dynastie

TRAUMJOB

Schreiber im alten Ägypten war ein begehrter Beruf. Selbst als einfacher Marktschreiber machte man sich nicht die Hände schmutzig und hatte immer ein gutes Auskommen. Begehrt waren natürlich Posten bei Hof. Die Ausbildung begann schon mit fünf Jahren, und ein guter Schreiber musste 700 Zeichen beherrschen. Die Schreibrichtung war nicht festgelegt, sie konnte von links nach rechts, von oben nach unten oder umgekehrt verlaufen; der Leser konnte sie an der Blickrichtung der gemalten Tiere erkennen.

■ Bildnis des Paquius Proculus (oder Terentius Nero) und seiner Frau mit Buchrolle und Schreibgerät. Fresko aus Pompeji

In der phönizischen Schrift sind alle Wörter in Laute zerlegt und mithilfe von 22 Zeichen verschriftlicht. Um sich die Zeichen leichter merken zu können, gaben die Phönizier ihnen Namen und legten eine Reihenfolge fest. Nach den ersten beiden Zeichen »aleph« (für »Rind«) und »beth« (für »Haus«) erhielt die ganze Reihe ihren Namen – »Aleph-Beth«. Dieses erste Alphabet ist die Urform aller Buchstabenschriften.

Auch in China, das als Wiege der Papierherstellung gilt, entstand bereits um 2500 v. Chr. eine reichhaltige Bilderschrift. Ähnlich wie die ägyptischen Hieroglyphen entwickelte sich die chinesische Schrift nicht zu einer Lautschrift weiter. Noch heute ist sie in Gebrauch, und wer sie gut beherrschen will, muss etwa siebentausend verschiedene Zeichen in ihrer Bedeutung kennen, wer sich auch mit wissenschaftlicher Literatur beschäftigen will, sogar zehntausend Symbole. Wenn die Schrift, wie Voltaire gesagt hat, »das Gemälde der Stimme« ist, dann verfügt die chinesische über eine besonders reichhaltige Farbpalette.

# SCHRIFT UND PAPIER

## TECHNOLOGIE

**Material:** Zum Beschreiben diente im Altertum neben Ton vor allem Papyrus, der wohl um 3500 v. Chr. in Ägypten erfunden wurde. Pergament, ungegerbte und getrocknete Tierhäute, wurde seit der Spätantike und ab dem 4./5. Jh. in Europa benutzt. Im 15. Jh. trat Papier an dessen Stelle; es war im 1. Jh. in China erfunden worden, wahrscheinlich als Nebenprodukt der Seidenherstellung, und besteht aus gewässerten und getrockneten Gewebe- und Pflanzenfasern. Davor schrieb man auch auf Leinen und Wachstafeln, in Indonesien und Mittelamerika auf den Bast von Maulbeer- oder Feigenbäumen. Das »Reispapier« besteht aus dem Mark von Tetrapanax-Pflanzen. Tinte bestand um 2600 v. Chr. in China und Ägypten meist aus Ruß in Gummi- oder Leimlösung. Seit dem 3. Jh. v. Chr. gibt es Eisengallustinte aus Galläpfeln und Eisensalzen; sie wird auch heute noch verwendet, weil sie dokumentenecht ist. Seit dem 19. Jh. besteht gängige Tinte aus synthetischen Farben in wässriger Lösung. Als Stifte dienten Binsen und Holzgriffel, für Tinte Rohrfedern aus Schilf, Pinsel (in China), Gänsekiele und seit 1780 Stahlfedern. Graphitstifte gibt es seit dem Spätmittelalter; der heutige »Bleistift« kam zuerst um 1500 aus England und wurde 1790 in seiner modernen Form (Mine aus gemahlenem Ton und Graphit, gepresst und bei 1000–1200 °C gebrannt) in Paris und Wien patentiert. Füllfederhalter und Kugelschreiber sind Erfindungen des 20. Jh.

## KULTURGESCHICHTE

**Keilschrift:** Nach 3000 Jahren Gebrauch entstand der letzte bekannte Keilschrifttext kurz nach der Zeitenwende. 1802 entzifferte der Göttinger Lehrer Georg Friedrich Grotefend (1775–1853) aufgrund einer Wette zehn Keilschriftzeichen anhand altpersischer Königsnamen. Die endgültige Entzifferung gelang 1846 dem britischen Assyriologen Henry Rawlinson mithilfe einer dreisprachigen Inschrift.

**Hieroglyphen:** Der »Stein von Rosette«, 196 v. Chr. mit einer Inschrift in Hieroglyphen, in Demotisch und Griechisch versehen, ermöglichte 1822 dem Franzosen Jean François Champollion (1790–1832) die Entzifferung der Hieroglyphen. Der Wissenschaftler hatte Sprachen und Geschichte des Orients in Grénoble und Paris studiert und erkannte an den Pharaonennamen Ptolemäus und Kleopatra, dass die Hieroglyphen nicht nur ein »Bildlexikon« darstellten, sondern gleichzeitig auch eine Lautschrift (ohne Vokalzeichen). Die Kenntnis des mehr als 4000 Jahre alten Systems war im 4./5. Jh. ausgestorben.

**Kreta:** Zu Beginn des 2. Jahrtausends v. Chr. gab es eine Wort-Silben-Schrift mit dezimalen Zahlzeichen. Die ältere Version, Linear-A, entstand um 1750 v. Chr. (auf Zypern bis etwa 100 v. Chr. benutzt) und wurde auf Ton geschrieben. Die minoische Sprache der Linear-A ist unbekannt, weswegen etwa der »Diskus von Phaistos« bis heute nicht entziffert ist. Ab 1450 v. Chr. herrschten mykenische Fürsten in Knossos, es wurde ein altgriechischer Dialekt gesprochen und in Linear-B geschrieben, diese Schrift breitete sich auch auf dem griechischen Festland aus und wurde 1953 von dem Engländer Michael Ventris entziffert.

**Phönizien:** Ihre endgültige Form fand die phönizische Schrift im 9. Jh. v. Chr.; von ihr wurden später das griechische und das lateinische Alphabet abgeleitet. Eng verwandt mit ihr sind auch die hebräische und die arabische Schrift.

## AUF DEN PUNKT GEBRACHT

Die meisten der ältesten Schriftstücke dienen der Buchhaltung. So ist als Ursprung jeder Schrift der Wunsch zu vermuten, Besitz anzeigende Informationen zu bewahren.

## EMPFEHLUNGEN

**Lesenswert:**

Johannes Friedrich: *Geschichte der Schrift*, Heidelberg 1966

Donald Jackson: *Alphabet. Die Geschichte vom Schreiben*, Frankfurt/M. 1981

Ignace J. Gelb: *Von der Keilschrift zum Alphabet*, Stuttgart 1958

Lesley und Roy Adkins: *Der Code der Pharaonen*, Bergisch Gladbach 2002

Eric LeCollen: *Tinte, Feder und Papier*, Hildesheim 1999

**Sehenswert:**

*Arabeske (Arabesque)*. Regie: Stanley Donen; mit Gregory Peck, Sophia Loren. USA 1966

**Besuchenswert:**

Deutsches Buch- und Schriftmuseum, Leipzig, Papierhistorische Sammlungen

# *Der Bogen in der Baukunst*

## *Tragender Stil*

Wie so viele Kirchen und Kathedralen sollte auch Santa Maria del Fiore in Florenz etwas Besonderes werden. Seit mehr als siebzig Jahren war der Bau schon im Gange, als 1367 die Domherren beschlossen, das Bauwerk durch eine gigantische Kuppel zu krönen, die obendrein noch eine Laterne, einen kleinen Aufsatz, mit Kreuz tragen sollte. Der Plan blieb mehrere Jahrzehnte lang völlig utopisch. Kuppeln über dem Schnittpunkt von Langhaus und Querschiff waren dem Kirchenbau jener Zeit zwar vertraut, aber Architektur und Bauwesen verfügten nicht über die Mittel, um einen 91 Meter hohen Kuppelbau mit einer Spannweite von 44 Metern zu realisieren. Erst 1418 lobte der verantwortliche Bauträger, die Tuchmacherzunft der Stadt Florenz, einen Architektenwettbewerb aus. Die Ausschreibung gewannen der geniale Architekt Filippo Brunelleschi und sein nicht minder begabter Kollege Lorenzo Ghiberti mit einem Gemeinschaftsentwurf. 1436 wurde der Dom schließlich fertig. Im Verlauf der sechzehnjährigen Kuppelbauzeit zogen die Preisträger alle Register ihres Könnens; Brunelleschi entwarf spezielle Hebekräne und andere Baumaschinen, deren Entwürfe er streng geheim hielt, man führte organisatorische Neuerungen ein – wie den Bau einer Küche in luftiger Höhe, damit die Arbeiter weniger Zeit verlören mit Hinauf- und Hinabsteigen zur Mittagspause – und ersann architektonische

■ Frühes Beispiel eleganter und stabiler Bögen aus der Zeit der Etrusker: der Ponte del Diavolo bei Bieda

Tricks wie die Ausführung der Kuppel in Zweischalenbauweise. Und doch hatte man mit diesem Mammutunternehmen am Ende nicht mehr geschafft, als an die Baukünste der römischen Antike anzuknüpfen. Schon das Pantheon in Rom, zwischen 118 und 128 errichtet, wies eine Kuppel mit einer Spannweite von knapp 44 Metern auf.

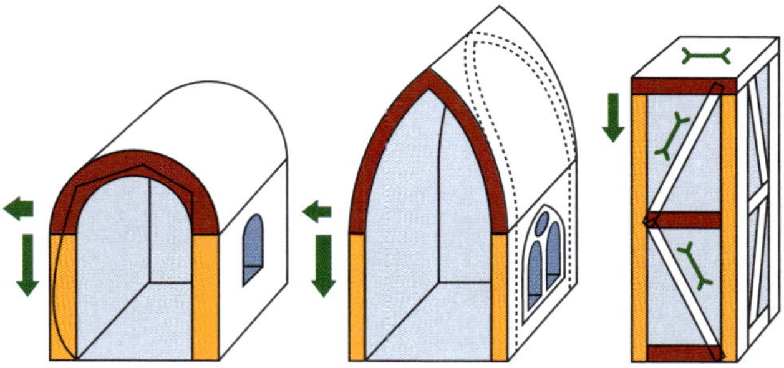


■ Die Graphik zeigt, in welche Richtungen die Kräfte bei den verschiedenen Bogenformen wirken.

Die Römer waren Meister im Gewölbebau. Bei römischen Thermen und Basiliken, Grabmälern oder Brückenbauten war der Überbau größerer Flächen durch Wölbung und Kuppel nichts Besonderes. Vermutlich hatten die Römer von den Etruskern gelernt, die schon um 500 v. Chr. gewölbte Stadttore und Brücken bauten, allerdings noch ohne Mörtel und Zement. Zu den frühen Konstruktionselementen, die zum Errichten von Gebäuden erfunden wurden, zählen Stützpfosten und Querbalken. Darauf beschränkt, bleiben Durchgänge und Fenster notgedrungen schmal, da der Querbalken über der Öffnung, der Sturz, wenn nicht unter der eigenen Last, so doch spätestens unter der des darüber liegenden Mauerwerks zusammenbricht. Große Dächer brauchen zahlreiche Stützen, um zu halten. Das Ergebnis ist eine Architektur mit wenig Licht und Raum.

Einen Ausweg aus dem Dilemma enger, dunkler Räume weist erst ein neues Konstruktionselement, der Bogen. Die bogenförmige Überbauung einer Öffnung muss nicht aus einem Stück sein, sie kann auch aus keilförmig gehauenen Steinen oder Ziegeln bestehen, die aufgrund ihrer Form nicht nach unten wegrutschen können. Die Gewichtslast wird auf die einzelnen Elemente verteilt und seitlich abgeführt, der Bogen trägt sich quasi selbst. Ähnliches lässt sich auch mit quaderförmigen Ziegeln erreichen, die, mit Mörtel oder Zement verklebt, in eine halbrunde Form gebracht werden. Der Preis für die höhere Tragfähigkeit sind seitliche Schubkräfte, die die Enden des Bogens auf seine Stützen ausüben, und ein größerer Aufwand in der Kon-

**BAUTRICK ALS NAMENSPATRON**

Da die Römer den Baustoff Beton schon kannten, waren viele ihrer Gebäude zweischalig ausgelegt: Zwischen zwei Ziegelmauern füllten die Römer ihr »caementum«, den heutigen Zement. Auf diese Weise errichteten sie auch Betonkuppelbauten. In einigen Bauwerken wurden, um die Gewichtslast der Kuppel zu reduzieren, an weniger dem Druck ausgesetzten Stellen hohle Tonkrüge in das Gussmauerwerk eingefügt. Diesem Bautrick verdankt sogar ein Römerbau seinen Namen: Das ursprüngliche Grabmal der Kaiserin Helene heißt »Pignattara« (pignatta ist italienisch für Kochtopf).

■ Eine Weiterentwicklung des Bogens ist die Kuppel: Expo-Pavillon der USA mit geodätischer Kuppel von 1967. Der von Richard B. Fuller entworfene Bau steht auf der Ile-Sainte-Helène im kanadischen Montreal.

struktion. Beim Bau eines Bogens muss man die Steine so lange stützen, bis der letzte Stein die letzte Lücke füllt. Als Gerüst können Steinmauern oder Erdhaufen dienen, die man später entfernt, oder leichtere Holzverstrebungen.

Diese im Prinzip ebenso einfache wie in der Ausführung anspruchvolle Bautechnik kannten bereits die Bewohner des Zweistromlandes vor mehr als viertausend Jahren. Vermutlich wurzelt ihre Kenntnis in der Reetbauweise, die sich in den sumpfigen Gebieten zunächst anbot. Die Eckpfosten von Häusern wurden aus langen biegsamen Schilfrohrbüscheln gebildet. Band man die oberen Enden zusammen, entstand ein natürlicher Bogen; viele solche Bögen bildeten ein Tonnengewölbe, das das Dach tragen konnte. Später haben die Sumerer versucht, diese Konstruktionstechnik auf ihre Gebäude aus Lehmziegeln zu übertragen; jedenfalls sind unterirdische Gewölbe, Kuppeln über Kanälen oder Grabkammern an verschiedenen Fundorten dieser Kultur bekannt. Auch die Ägypter wussten von diesem Konstruktionsprinzip, obwohl sie es nicht für ihre Repräsentativbauten verwendeten: Den größten bekannten Bogen aus vorchristlicher Zeit mit einer Spannweite von vier Metern bauten sie um 1400 v. Chr. in einem Getreidespeicher in Theben.

Eine Abart des halbkreisförmigen Bogens war ebenfalls in Mesopotamien bekannt: der Spitzbogen. Er tauchte später in der islamischen Architektur der Araber wieder auf, wo er hauptsächlich als Stilelement hervortritt. Im 8. Jahrhundert kam der Spitzbogen mit den Mauren nach Europa, wo er zur Zeit der Gotik (ab etwa 1100) als Stilmittel sehr beliebt war.

Seine Hochzeit hatte der Kuppel- und Gewölbebau in der Renaissance. Mit dem Aufkommen moderner Baustoffe wie Stahl und Spannbeton in der Neuzeit erlebte er eine neue Blüte. Heute arbeitet man zwar mit vorgefertigten Bauteilen, das tragende Prinzip jedoch ist unverändert. Zu den berühmtesten Kuppelbauten von heute gehören die ausgefallenen Konstruktionen des Architekten Richard Buckminster Fuller. Im Unterschied zu den Kuppelbauten des Mittelalters, die häufig als Ausdruck weltlicher oder kirchlicher Pracht und Macht dienten, wurden Fullers Gebäude zu Symbolen der Aussteigerkultur der 1960er Jahre.

BOGENARITHMETIK

Vom einfachen Bogen ist es nur ein kleiner Schritt zum Tonnengewölbe, das man sich als ein aus vielen Bogen zusammengesetztes Gewölbe vorstellen kann. Das Zusammentreffen zweier Tonnengewölbe wiederum ergibt ein Kreuzgratgewölbe, ein Konstruktionsmerkmal vieler Kirchenbauten, die ja häufig in Kreuzform, bestehend aus einem Langschiff und einem Querhaus, angelegt sind.

# DER BOGEN IN DER BAUKUNST

## TECHNOLOGIE

**Bogen:** Der Bogen aus Keilsteinen beginnt an den Auflagepunkten, auch Kämpfer genannt, den höchsten Punkt bildet der Schlussstein im Scheitel. Der Bogen trägt sich selbst und hält auch weiteren Druck aus, etwa von darüberliegendem Mauerwerk. Die Römer verwendeten den Rundbogen in Fenstern, Türen, Monumentalbauten (Triumphbogen) und Wasserleitungen (Aquädukt, unterirdische Kanäle). Der mittelalterliche romanische Stil ist ebenfalls geprägt von Rundbögen. Der Spitzbogen, der auch den Arabern bekannt war, ist das typische Element des gotischen Stils ab dem 13. Jh., mit zahlreichen dekorativen Abwandlungen.
**Gewölbe:** Aus dem Bogen entstand das Gewölbe zum Überspannen eines Raumes. Zwei ineinander geschobene Tonnengewölbe bilden das Kreuzgratgewölbe, das vor allem die Architektur von Kirchen und Klöster prägte. Das an den Graten durch Rippen verstärkte Kreuzrippengewölbe ist ein Stilelement der Gotik. Im Barock findet man vielfach ineinander verschachtelte Stichkappengewölbe: ein Tonnengewölbe mit mehreren rechtwinklig eingeschobenen kleinen Tonnenabschnitten, meist mit Fenstern. Falsches Gewölbe besteht aus stufenförmig vorkragenden Steinen und ist bereits in mykenischen Gräbern aus dem 14. Jh. v. Chr. vorhanden. Bis zur Erfindung des Stahlbetons 1855 bildet das Gewölbe die einzige Möglichkeit, Räume massiv zu überspannen.

## KULTURGESCHICHTE

**Kuppeln:** Ein sphärisches Gewölbe über kreisförmigen, quadratischen, auch vieleckigen Räumen heißt Kuppel (lat. cupula, kleine Tonne); bereits die alten Griechen und die Etrusker kannten es. Einen ersten Höhepunkt des Kuppelbaus stellt das Pantheon in Rom dar. Der Goldschmied und Bildhauer Filippo Brunelleschi (1377–1446) errichtete die Kuppel des Doms zu Florenz ohne Gerüst; die Steine wurden in Schichten gelegt und dabei leicht nach innen geneigt, sodass jede Schicht, wie ein horizontaler Bogen, sich selbst trug, wenn sie fertig war. Die zweischalig gemauerte Kuppel brauchte weniger Material und hatte weniger Gewicht, doch vor allem bot sie nicht nur von innen, sondern auch von außen einen beeindruckenden Anblick. Diese Neuerung in der Baukunst leitete die Renaissance ein. Beim Bau von Neu-Sankt-Peter in Rom bestimmte der Bildhauer Michelangelo (1475–1564) als Bauleiter ab 1546 die straffe und monumentale Gestaltung, besonders des Grundrisses, der Kuppel mit 119 m Höhe und der Fassade, die sich dem Barock näherte. Ganz diesem Stil verhaftet war der Architekt Francesco Borromini (1599–1667), als er 1638–1641 in Rom die Kirche San Carlo alle Quattro Fontane mit einer ovalen Kuppel baute. Der zweitgrößte Kirchenbau der Welt nach Sankt Peter ist St. Paul's in London, errichtet ab 1675 von dem Architekten Christopher Wren (1632–1723). Einer der ersten Kuppelbauten, die durch den Baustoff Eisen geprägt sind, ist der Lesesaal der Bibliothèque Nationale in Paris von 1862–1868, gebaut von dem Architekten Henri Labrouste (1801–1875). Die atemberaubenden Möglichkeiten, die Stahlbeton im Kuppelbau bietet, veranschaulicht das Schalendach des Opernhauses von Sydney, nach den Plänen von Jørn Utzon und den statischen Berechnungen von Ove Arup errichtet und 1973 eingeweiht.

## AUF DEN PUNKT GEBRACHT

Wahrscheinlich aus zusammengebundenen Schilfrohrbündeln entstand der erste Torbogen. Sein Nachbau aus Lehmziegeln bestach durch Tragfähigkeit. Theoretisch verstanden wurde diese Bauform erst viel später; der Bogen – ein Sieg der Praxis.

## EMPFEHLUNGEN

**Lesenswert:**

Franz Hart: *Kunst und Technik der Wölbung*, München 1965

Norbert Nußbaum, Sabine Lepsky: *Gewölbe. Eine Geschichte seiner Form und Konstruktion*, München 1999

Erwin Heinle, Jörg Schleich: *Kuppeln aller Zeiten, aller Kulturen*, Stuttgart 1996

**Sehenswert:**

*Der Bauch des Architekten (Belly of an Architect)*. Regie: Peter Greenaway; mit Brian Dennehy, Lambert Wilson, Chloe Webb. GB 1987

**Besuchenswert:**

Alle unter »Kulturgeschichte« genannte Kuppelbauten sowie der Reichstag in Berlin

Westfälisches Museum für Archäologie, Herne

# Medizintechnik

## Krücke, Krone, Kunstherz

Das älteste medizinische Instrument zur Behandlung von Kranken und Verletzten ist – das Wort. Heiler, Priester, Medizinmänner oder auch nur nahe Angehörige, sie alle bedienten sich tröstender Worte und suggestiver Gesänge, und das vermutlich schon in grauer Vorzeit. Aber davon wissen wir nichts, und überdies sind Sprechen und Singen nur in einem sehr weit gefassten Begriff von Technik unterzubringen. Handfester schon ist das Abdecken von Wunden mit Blättern oder das Auflegen von Kräutern, worin man einen Vorläufer des Wundverbandes sehen darf. Auch diese »Technik« reicht vermutlich in die Steinzeit zurück, ebenso wie die Anfänge der Chirurgie, der »Handarbeit«, wie der griechische Ursprung des Wortes verrät. Man darf vermuten, dass die heute primitiv anmutenden Werkzeuge der Frühmenschen wie Faustkeil und Feuersteinmesser nicht nur Wunden schlugen, sondern auch zu ihrer Behandlung verwendet wurden – frühe Chirurgie eben. Unterstützende Hilfsmittel zum Entfernen von Fremdkörpern oder Insekten und zum Öffnen von Abszessen fand der Frühmensch in der Natur: Fischgräten oder Dornen von Sträuchern sind Instrumente, wie sie die »Chirurgen« der wenigen noch verbliebenen Naturvölker sozusagen gestern noch benutzten. Um gebrochene Gliedmaßen ruhig zu stellen, boten sich Äste und Zweige an, als Vorläufer moderner orthopädischer Schienen.

Gesicherte Überlieferungen über den Gebrauch von Instrumenten zu – modern ausgedrückt – medizinischen Zwecken stammen jedoch erst aus der Bronze- und der Eisenzeit. Mit der Fertigung von Werkzeugen aus Metall und dem Aufkommen der Waffentechnik wandeln sich auch die Instrumente zur Wund- und Knochenbruchbehandlung. Die technische Entwicklung im allgemeinen und die medizinische insbesondere gehen seitdem Hand in Hand, was nicht verwunderlich ist, schließlich lassen sich die Hebelgesetze für den Transport von Lasten ebensogut

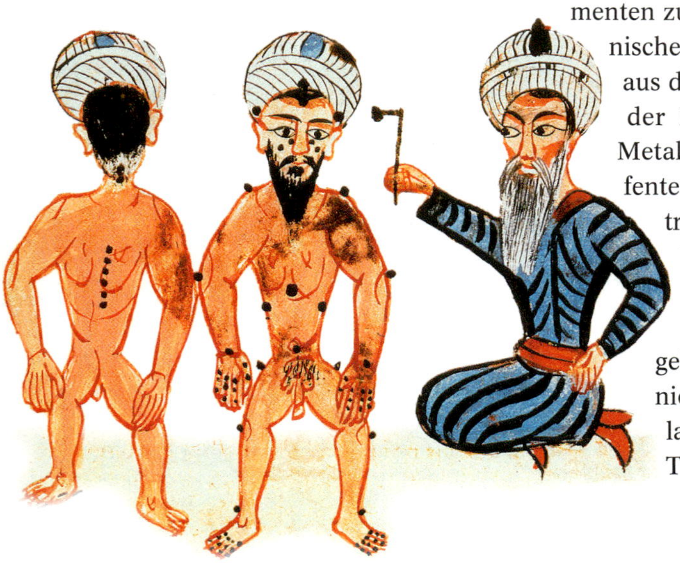

■ Frühe Darstellung der Kauterisation (Ausbrennen, Verätzen) lepröser Hautveränderungen. Buchmalerei aus dem 15. Jahrhundert zur türkischen Übersetzung der *Kaiserlichen Chirurgie*, Persien, 12. Jahrhundert

nutzen wie fürs Zähneziehen.

■ Der heilende Amphiaraos. Aus der Inschrift des attischen Marmorreliefs geht hervor, dass ein Mann namens Archinos es anfertigen ließ, um dem Heilgott Amphiaraos für seine Genesung zu danken. Erste Hälfte des 4. Jahrhunderts v. Chr.

Eines der bekanntesten Kunstwerke der klassischen Antike ist eine in Rottönen bemalte Schale aus der Zeit um 500 v. Chr. In der gängigen Deutung zeigt sie eine Szene aus dem trojanischen Krieg: Achill versorgt eine Armwunde seines Gefährten Patroklos. Diese Sosias-Schale ist die erste historische Darstellung eines Oberarmverbandes. Ihre Entstehung fällt in die Zeit, als Hippokrates von Kos, der Schöpfer des nach ihm benannten ärztlichen Eides, die Heilkunde zur Wissenschaft adelte und von Aberglauben und Magie befreite. Man kann davon ausgehen, dass gewisse medizinische Techniken wie das Verbinden oder das Schienen von Brüchen seit dem 1. Jahrtausend v. Chr. bekannt sind. Auch die Geschichte der Hilfsmittel bei Behinderungen beginnt schon in dieser Zeit. Auf einer ägyptischen Stele aus dem 2. Jahrhundert v. Chr. ist ein Mann mit verkrüppeltem Fuß abgebildet, der einen langen Stock als Krücke gebraucht.

Auch eine andere Technik, die wir heute zur Prothetik zählen, war damals bereits in Anfängen entwickelt: der Zahnersatz. Die Erfindung von Plombe und falschen Zähnen lässt sich nicht genau

### GEWICHTSVERLUST

Die erste Waage zu medizinischen Zwecken konstruierte der Medizinprofessor Santorio Santorio aus Padua zu Beginn des 17. Jahrhunderts. Er setzte sich selbst tagelang auf einen an einem Waagbalken befestigten Stuhl und ließ sein Gewicht und das seiner Ausscheidungen bestimmen, mit dem Ergebnis, dass ein unerklärliches Defizit blieb: Sein Gewichtsverlust erwies sich als größer als das Gewicht von Urin und Fäzes – Santorio hatte die Transpiration quantifiziert, die er als Perspiratio insensibilis (unmerkbare Ausdünstung) bezeichnete.

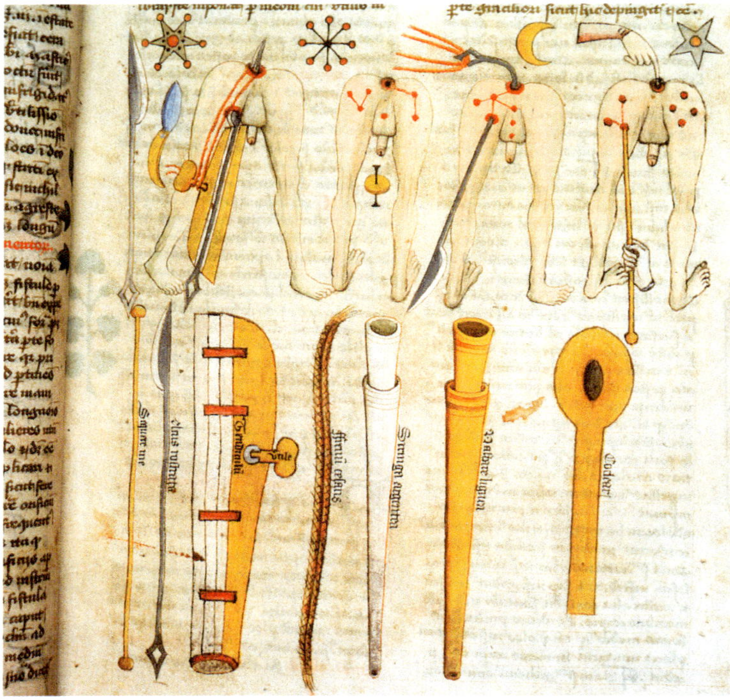

■ Sehr plastisch zeigt diese frühe Buchillustration, wie und mit welchen chirurgischen Instrumenten bei der Behandlung von Mastdarmfisteln vorgegangen werden muss. Aus einem Sammelband mit medizinischen Abhandlungen

datieren, in rudimentärer Form ist Zahnersatz bereits aus frühen Hochkulturen überliefert. Die ersten Zahnärzte praktizierten vermutlich zur Zeit des Alten Reiches in Ägypten, also vor fünftausend Jahren. Möglicherweise wurden damals schon echte Zähne von Tieren und Menschen oder aus Tierknochen geschnitzte Nachbildungen mit Drahtklammern am noch vorhandenen Gebiss befestigt, um Lücken aufzufüllen. Mit Sicherheit kannten die Römer und Etrusker mit Goldbändern verankerte Zahnprothesen. Bis zur ersten Goldkrone vergingen dann aber doch fast zweitausend Jahre; sie wurde 1746 von dem französischen Dentis-

PROTHESENMENSCH

Ein alter Traum der Medizintechnik ist das künstliche Herz. Der Russe Wladimir Demikow implantierte erstmals 1937 drei Hunden ein Kunstherz. Sie überlebten damit mehrere Stunden. Das erste komplett künstliche Herz erhielt ein Patient im Jahr 2001. Anspruch und Fragwürdigkeit dieser Technik illustriert folgendes Zitat eines Kunstherztransplanteurs: »Ohne den Eingriff hätte der Patient noch dreißig Tage überlebt. Wir hoffen, seine Lebenserwartung mit dem Kunstherz nun auf sechzig Tage zu verlängern.«

ten Claude Mouton eingesetzt. Künstliche Zähne aus Porzellan (statt natürlicher von Leichen) begannen ihren Siegeszug gegen Ende des 18. Jahrhunderts, vornehmlich in Amerika. Oft waren es Goldschmiede, die sich um Entwicklung und Produktion von Ersatzmaterialien verdient machten. Als Füllmaterial für die mit dem Bohrer abgetragenen kariösen Stellen wurden bevorzugt Gold, Zinn und Blei verwendet; vom Blei, lateinisch plumbum, hat die Plombe auch ihren Namen. Die heute viel geschmähte Amalgamfüllung verdanken wir dem Pariser Arzt Louis Regnart. Schon damals polarisierte das Material die Fachwelt, aber nicht wegen seiner potenziellen Giftigkeit, sondern wegen seiner Konkurrenz zum Gold. Im so genannten Amalgamkrieg um 1840 stritt man sich, welches Material das haltbarere sei.

■ Darstellung ärztlichen Bestecks auf einem Wandrelief in dem ägyptischen Tempel Kom Ombo, vermutlich aus ptolemäischer und römischer Zeit

Das sprichwörtliche »Mutti, Mutti, er hat gar nicht gebohrt« hätte ebenfalls nicht vor Ende des 18. Jahrhunderts als Werbespruch funktioniert, weil sich erst damals die Zahnärztezunft mit selbst gebastelten Hand- und Tretbohrern über die kariösen Katastrophen ihrer Kundschaft herzumachen begann. Erst 1871 ließ sich der amerikanische Zahnarzt James B. Morrison eine Tretbohrmaschine patentieren. Kurz danach kamen elektrische Geräte auf und eroberten rasch die Praxen, ebenso der Behandlungsstuhl mit verstellbaren Kopf-, Rücken- und Fußstützen.

Schon etwas älter ist der Versuch, Menschen bei Störungen der Sinnesorgane zu helfen. Hilfsmittel zur Korrektur von Sehschwächen, so genannte Lesesteine, also aus Glas geschliffene Lupen, und »Beryllen«, aus Beryll geschliffene Augengläser, sind seit dem 13. Jahrhundert bekannt. Wann jemand erstmals auf den Trichter kam, Schwerhörigen mit einem Hörrohr zu helfen, ist nicht zu ermitteln. Beschrieben hat das wie ein Schalltrichter funktionierende Gerät der Jesuitenforscher Athanasius Kircher. Sein Werk *Neue Hall- und Thonkunst* erschien im Jahr 1648. Die naheliegende Vergrößerung der Ohrmuschel, die Hörbehinderte durch Anlegen der hohlen Hand erreichen, ist die natürliche Vorstufe des Hörrohrs. Elektrische Hörhilfen mussten auf die Erfindung des Mikrophons warten und kamen erst Anfang des 20. Jahrhunderts auf. Die neueste medizinisch-technische Entwick-

■ Chirurgische Instrumente auf einem Holzschnitt von 1542 aus Herculanus' *Comentaria*

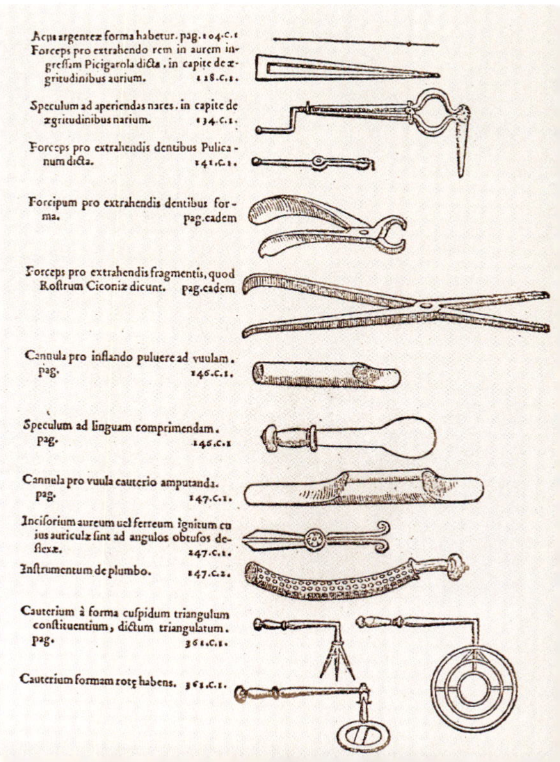

lung zur Behebung von Gehörlosigkeit ist das Cochlear-Implantat, ein Satz feiner Elektroden, die in die Hörschnecke einoperiert werden und dort die inneren Haarzellen und damit die Enden des Hörnervs elektrisch reizen. Ihre Impulse stammen von einem außen am Körper getragenen Mikrophon. Gehörlosen kann auf diese Weise ein begrenztes Verstehen von Sprache ermöglicht werden, und das seit Anfang der 1970er Jahre.

Auch die medizinische Diagnostik, also das Vermessen des Menschen im weitesten Sinne, zählt zu den neueren Errungenschaften der Menschheit. Obwohl Hohl- und Gewichtsmaße schon in allen antiken Hochkulturen bekannt waren und der Mensch selbst als Eichgröße für die frühesten Maßeinheiten (Elle, Fuß) Pate stand, hat es eine Weile gedauert, bis sie zur Vermessung für medizinische Zwecke herangezogen wurden. Die Pulsfrequenz haben altgriechische Mediziner wohl schon um 300 v. Chr. mithilfe von Wasseruhren bestimmt und als Parameter für den Gesundheitszustand genutzt. Dagegen finden sich, in größerem Umfang, medizinische Angaben zur Körpergröße erst im 18. Jahrhundert – und zwar im Zusammenhang mit der Anwerbung von Soldaten, sodass man auch hier wieder (wie schon beim Feuersteinmesser oder den zu chirurgischen Werkzeugen umgewandelten Tötungsinstrumenten des Metallzeitalters) auf die Verschränkung von Medizin- und Waffentechnik stößt. Darüber hinaus kennzeichnet eine gewisse Janusköpfigkeit von Heilen und Verletzen, von Leben und Tod, viele technische Hilfsmittel der Medizin, auch der heutigen – man denke etwa an die Strahlen- und Chemotherapie gegen Krebserkrankungen sowie an die Nebenwirkungen moderner Pharmazeutika.

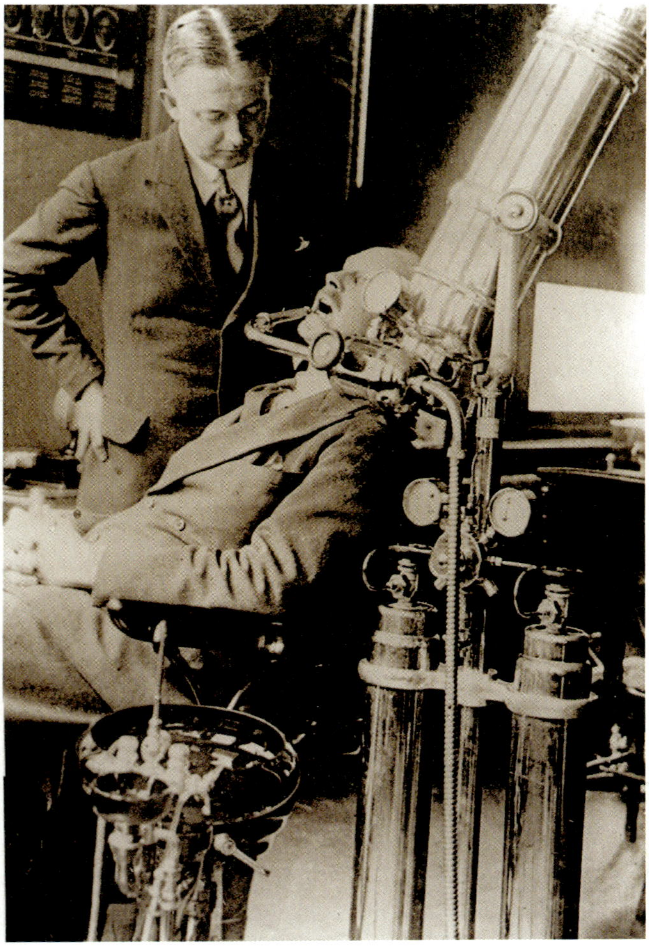

■ Schmerzloses Zähneziehen sollte dieser neuartige Apparat ermöglichen, der von Dr. Fabret erfunden wurde und hier um 1920 von Dr. Guebel, dem chirurgischen Chef der Pariser Zahnarztschule, vorgeführt wird.

# MEDIZINTECHNIK

## TECHNOLOGIE

**Ultraschall:** Seit den 1940ern wird Ultraschall zur Untersuchung des Körperinneren verwendet. Schwingungen werden an verschiedenen Grenzflächen unterschiedlich stark reflektiert. So können mit der Sonographie ohne Strahlenbelastung und ohne Kontrastmittel Gewebe und innere Organe sichtbar gemacht werden, indem ein piezoelektrischer Sender auf die Haut gesetzt wird, der gebündelte Impulse abschickt und dazwischen das Echo empfängt, das in elektrische Signale umgesetzt wird und auf einem Bildschirm dreidimensionale Bilder und sogar Bewegungen wiedergibt. Sonographie wird zur Untersuchung von Bauchraum, Herz, Blutgefäßen und in der Schwangerschaft eingesetzt.

**CT:** Die Computer-Tomographie ist ein Röntgenverfahren, das Querschnittsbilder aus dem Körper liefert. Sie wurde 1972 von Allan M. Cormack und Godfrey N. Hounsfeld entwickelt, die dafür 1979 den Nobelpreis erhielten. Ein schmaler Röntgenstrahl wird fächerförmig auf eine Stelle am Körper gerichtet; gegenüber der Röntgenröhre trifft der durch Haut, Fett, Muskeln, Organe oder Knochen unterschiedlich abgeschwächte Strahl auf Sensoren. Dann drehen Röhre und Sensoren ein Stück weiter und der Vorgang wird wiederholt. Aus mehreren Aufnahmen derselben Schicht errechnet ein Computer ein detailliertes Bild, das durch Kontrastmittel noch verbessert werden kann. Auch dreidimensionale Bilder sind möglich, etwa von Kopf, Herz, Skelett oder auf der Suche nach Tumoren im ganzen Körper.

**MRT:** Die Magnet-Resonanz- oder Kernspin-Tomographie arbeitet mit Magnetfeldern und Radiowellen, die die Wasserstoffatomkerne im Körper in Schwingungen versetzen. Die Physiker Felix Bloch und Edward Mills Purcell wurden für ihre Entdeckung des Prinzips – die sie 1946 unabhängig voneinander gemacht hatten – 1952 mit dem Nobelpreis geehrt. Seit 1984 ist das Verfahren praktisch verfügbar; es liefert sehr differenzierte und genaue Darstellungen, ist aber für die Untersuchung von Knochen und Lunge nicht geeignet.

## KULTURGESCHICHTE

**Sektion:** Der menschliche Körper, besonders der tote, galt in der griechischen Antike als heilig; nur Tiere oder Leichen von Verbrechern durften seziert werden. Erste praktische Anatomieerfahrungen sammelten im 3. Jh. v. Chr. ägyptische Forscher. Die Erkenntnisse des römischen Arztes Galen im 2. Jh. n. Chr. prägten fast tausend Jahre lang die europäische Medizin; Galen forschte an Tieren und Gladiatoren. Im 13. Jh. fanden Sektionen öffentlich statt und wurden auch schon Teil der medizinischen Ausbildung. Ab dem 15. Jahrhundert wuchs auch das Interesse der Malerei an einer realistischen Darstellung des Menschen, was zur Entstehung des Werkes *De humani corporis fabrica* (1543) des Anatomen Andreas Vesalius mit seinen genauen Zeichnungen beigetragen haben dürfte. Vesalius, der in Padua lehrte, korrigierte Galen nach eigenen Sektionen am Menschen, die er in einem 1594 erbauten anatomischen Theater (das erste entstand 1588 in Basel) öffentlich vornahm und so die moderne Anatomie begründete. Heutige »Anatomie-Leichen« sind freiwillige Körperspenden.

## AUF DEN PUNKT GEBRACHT

Blätter auf Wunden und Stöcke zum Stützen, so beginnt die Medizintechnik in grauer Vorzeit. Mit dem medizinischen Verständnis steigen auch die Ansprüche an die Medizintechnik – bis hin zur Fertigung künstlicher Organe. Die Maschine Mensch – in Zukunft ein Ersatzteillager?

## EMPFEHLUNGEN

**Lesenswert:**

Heinz Goerke: *Medizin und Technik. 3000 Jahre ärztliche Hilfsmittel für Diagnostik und Therapie*, München 1988

Pierre Montlaur: *Imhotep. Arzt der Pharaonen*, Reinbek 1988

Noah Gordon: *Der Medicus*, Roman, München 1987

**Sehenswert:**

*Anatomie*. Regie: Stefan Ruzowitzky; mit Benno Fürmann, Franka Potente. D 2000

**Besuchenswert:**

Anatomisches Museum in Basel

Medizinhistorisches Museum der Charité, Berlin

Deutsches Hygienemuseum, Dresden

Teatro Anatomico, historischer Seziersaal der Universität Padua

# Wind- und Wassermühlen

## *Getreide, Gebete, Gigawatt*

■ Arabisches Astrolabium von Ahmad Ibn Chalaf aus dem 9. Jahrhundert

Es könnte im Jahr 80 v. Chr. gewesen sein, als das reich beladene römische Handelsschiff vor der Südküste Griechenlands kreuzte und versuchte, die zerklüftete Küste der Insel Antikythera zu umsegeln. Wir wissen nicht, ob ein heftiger Sturm oder ein Piratenangriff der Auslöser für das gewagte Manöver war – jedenfalls ging es schief. Das Schiff küsste die Klippen, und die wertvolle Fracht kam niemals an. Als Taucher etwa zweitausend Jahre später auf den versunkenen Frachter stießen, bargen sie unter anderem einen komplizierten Apparat aus Bronze. Die »Uhr von Antikythera«, ein mechanisches Instrument mit mehr als vierzig Zahnrädern, bereitete Archäologen und Technikern jahrzehntelang Kopfzerbrechen. Als »antiker Computer«, ja sogar als Navigationsinstrument Außerirdischer wurde der Fund zeitweilig gedeutet. Heute weiß man: Es war eine astronomische Uhr, später Astrolabium genannt, deren Zeigerstellungen die Positionen von Sonne, Mond und Planeten angaben. Der Mechanismus arbeitete mit einer Präzision, die erst im 18. Jahrhundert wieder erreicht wurde.

Das zweitausend Jahre alte Gerät belegt: Techniken zur Übertragung von Kräften mittels Zahnrädern und Wellen waren in der Antike bereits weit entwickelt. Schon im 4. Jahrhundert v. Chr. findet man bei Aristoteles die Beschreibung eines Zahnradgetriebes, etwa hundert Jahre später erwähnt auch der Erfinder Archimedes eine Vorrichtung, die man heute als Schneckengetriebe bezeichnet. Der antike Ingenieur Heron von Alexandria schließlich kannte bereits alle wichtigen Zahnradgetriebe, er beschrieb sie in seinem Werk *Mechanika* en detail. Zu den beeindruckenden Konstruktionen, die der im 1. Jahrhundert n. Chr. lebende Heron als Bauanleitung hinterlassen hat, gehört auch eine pneumatische Orgel, also ein Windradantrieb für den Blasebalg von Orgelpfeifen. Ein sehr einfaches Getriebe

■ Wassermühle mit Mühlrad und Reusen im Mühlbach. Englische Buchmalerei um 1340, aus dem Luttrell-Psalter, der für Sir Geoffrey Luttrell of Irnham geschrieben wurde

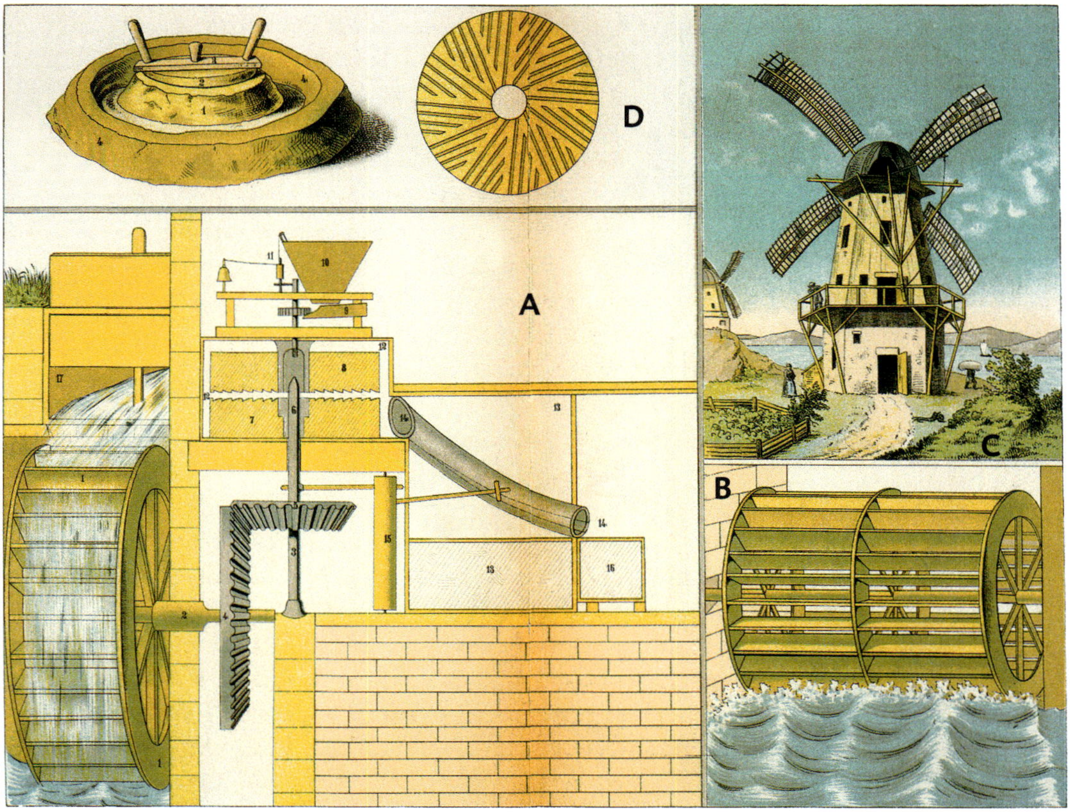


sorgt für die Umsetzung der durch den Wind erzeugten Drehbewegung in die geradlinige einer Pumpenstange.

Diese eher spielerische Nutzung der Windkraft lässt ahnen, dass so ganz neu die Verwendung von Windschaufelrädern damals nicht mehr gewesen sein kann. Schließlich ließ das Rad schon seit Tausenden von Jahren die Zivilisation voranrollen, und als Maschinenelement waren Rad und Achse in der Töpferei sogar noch länger bekannt als im Transportwesen. Fast ebenso lange nutzten Segelschiffe die Kraft des Windes. Somit standen die wichtigsten Zutaten für die Nutzung der Windkraft – Rad und Segel – zur Verfügung. Tatsächlich schätzen chinesische Archäologen das Alter der ersten »Windkraftanlagen« in ihrem Land auf sechstausend Jahre. Ihre Belege sind allerdings eher dürftig. Gewiss ist dagegen, dass buddhistische Mönche auf die Idee kamen, ihre Gebetsmühlen per Windkraft zu betreiben; das kann dann aber nicht vor dem 6. Jahrhundert v. Chr. gewesen sein, weil erst um diese Zeit der Buddhismus in Indien begründet wurde. Zu den besser verbürgten Fakten aus der Frühgeschichte der Windenergienutzung

■ Die Darstellung aus einem Physikbuch des späten 19. Jahrhunderts erklärt die Technik einer Wassermühle.
A: Modell eines Mühlenwerkes
B: Unterschlächtiges Wasserrad
C: Windmühle
D: Mahlfläche eines Mühlsteins

gehören Reste von Türmen, die vor etwa dreitausend Jahren im Nildelta standen und die man als Windmühlentürme deuten kann. Mit historischen Fragezeichen wiederum zu versehen sind Vermutungen, dass die frühesten Windmühlen etwa 1000 v. Chr. von den Seefahrern der Ägäischen Inseln betrieben wurden; die heute noch auf Mykonos anzutreffenden Mühlen mit ihren Dreieckssegeln als Flügel würden als Nachfolger dieser antiken Mühlen natürlich gut in dieses Bild passen.

Die glaubwürdigsten Berichte über Windmühlen stammen aus dem nachchristlichen Persien. Hier sollen sie im 7. Jahrhundert erfunden worden sein, möglicherweise angeregt durch Chinareisende, die von den Wind getriebenen Gebetsmühlen dort berichteten. Die Landschaft zwischen Iran und Afghanistan, ein »Land aus Wind und Sand«, wie es zeitgenössische Geographen beschreiben, ist für die Windenergienutzung ideal. Salzseen und Sand wechseln sich ab, vereinzelt gibt es Palmen und niemals Schnee; das Land ist flach, und es wehen fast immer starke Winde. Dieser Standortvorteil macht es zusätzlich plausibel, dass sich die Technik der Windmühlen zuerst in Persien entwickelte und sich von dort aus, möglicherweise über Arabien, schließlich ins mittelalterliche Europa verbreitete, wo Getreidemühlen auf Windkraftbasis aber erst im 12. Jahrhundert aufkamen. Gegen die vorderasiatische Herkunft spricht, dass man es mit zwei völlig unterschiedlichen Mühlentypen zu tun hat. Mit beiden wurde Getreide gemahlen, aber die persische Mühle hatte eine senkrechte Achse und einen *über* den Windrädern liegenden Mühlstein, während im mittelalterlichen Europa die Windmühle mit waagerechter Achse und *darunter* liegendem Mühlstein vorherrschte. Auch verwandten die Perser keine Getriebe und keine Übersetzung, was bei zu starkem Wind dazu führen konnte, dass sich das Mühlrad zu schnell drehte und das Mehl durch die Reibungshitze verkokelte. Die persische Variante hatte den Vorteil, dass sie Wind aus jeder Richtung nutzen konnte, was die Europäer dadurch wett machten, dass sie das gesamte Mühlengehäuse drehbar (auf einem Bock, daher heißt dieser Mühlentyp Bockwindmühle) anbrachten und die Windmühlenflügel damit dem Wind nachführen konnten.

Besonders in den flachen und windreichen Niederlanden fanden Windmühlen rasch Ver-

■ Don Quijote kämpft gegen die Windmühlen. Szene aus dem gleichnamigen Film mit John Lithgow in der Hauptrolle

breitung. Da die Holländer ihr Land auch damals schon gegen die See verteidigen mussten, wurden hier Windmühlen erstmals zu etwas anderem benutzt als zum Getreidemahlen, nämlich zum Wasserschöpfen. Dazu waren weitere technische Neuerungen nötig, die wiederum die Bauart der herkömmlichen Getreidemühlen beeinflussten. Die lange Kette von Verbesserungen des ursprünglichen Prinzips setzt sich bis heute fort. Die jüngste Entwicklung dieser uralten Technik gipfelt in hundert Meter hohen Stahltürmen mit gigantischen Propellern, die die Energie des Windes direkt in die universelle energetische Münze der Moderne verwandeln: in elektrischen Strom.

■ Umrisszeichnung einer Wassermühle aus dem *Hortus deliciarum* (1170) der Äbtissin Herrad von Landsperg

Noch etwas älter als die Nutzung der Windkraft ist die der Wasserkraft. Schöpfräder zur Bewässerung sind schon im 3. Jahrtausend v. Chr. im Orient bekannt. Ob diese allerdings noch mit Men-

WELTWUNDER WASSERSPIELE

Um Wasser aus einem Fluss oder einer anderen natürlichen Quelle in ein Kanalsystem zu verteilen, muss es zunächst hochgepumpt werden. Im 16. und 17. Jahrhundert gab es beachtliche Fortschritte in der Konstruktion Wasserrad getriebener Pumpanlagen, die ganze Städte mit Wasser versorgten. Berühmt-berüchtigt ist die Anlage zur Versorgung der Gärten von Versailles. Der Sonnenkönig wollte ständig Wasserspiele aus 1400 Fontänen vor Augen haben. Das Wasser wurde von vierzehn großen Wasserrädern mit 12 Metern Durchmesser aus der fünf Kilometer entfernten Seine in einen 163 Meter hoch gelegenen künstlichen See gepumpt und floss von dort nach Versailles ab. Die gigantische Anlage, entworfen und gebaut von dem Techniker Rennequin Sualem, soll 500 Kilowatt Leistung geschafft haben, erwies sich aber als so unzuverlässig und reparaturbedürftig, dass Ludwig XIV. zusätzlich den Lauf der Eure ändern ließ, um genug Wasser für seine Gärten zu haben.

schen- oder mit Ochsenkraft betrieben wurden oder bereits die Wasserkraft selbst den Antrieb übernahm, wissen wir nicht. Erste verlässliche Berichte über die Nutzung der Wasserkraft in der Antike lieferte der römische Ingenieur Vitruv, der um 25 v. Chr. für Kaiser Augustus Geschütze und Wurfmaschinen baute. Er beschreibt Wasserschöpfmaschinen, die durch die Strömung selbst angetrieben werden, und er erwähnt auch, dass auf dieselbe Weise, mithilfe einer Zahnradübersetzung, Mahlwerke betrieben werden. Mit Sicherheit also war die Wassermühle in der Antike bekannt, und sie verbreitete sich aus dem römischen Reich langsam über Europa. Um 800 waren Wassermühlen in Frankreich schon so zahlreich, dass Karl der Große es lohnend fand, sie zu besteuern.

■ Die Dampfkugel (Äolipile) des griechischen Physikers Heron von Alexandria (1. Jh. n. Chr.). Holzschnitt aus dem 19. Jahrhundert. Diese erste Dampfturbine der Welt nutzt den Rückstoß des Dampfes – ein Prinzip, das auch heute noch bei den modernen Raketen zum Einsatz kommt.

Gegenüber den Windmühlen hat der Antrieb durch die Wasserkraft einen entscheidenden Vorteil: Er erfolgt stetig, ohne Unterbrechung. Darüber hinaus waren Wassermühlen technisch weniger aufwendig. Deshalb eigneten sie sich später auch als Kraftmaschinen für andere Zwecke: in Sägewerken, Hammerschmieden oder Papierfabriken. Das Wasserrad lieferte damit – bevor es von der Dampfmaschine abgelöst wurde – den entscheidenden Antrieb für die fortschreitende Industrialisierung. Verwundern mag nur, dass die revolutionärste aller mechanischen Erfindungen – so bezeichnet Technikphilosoph Lewis Mumford die Wassermühle – nicht schon früher und schneller als arbeitssparende Einrichtung begriffen wurde und sich stärker ausbreitete.

# WIND- UND WASSERMÜHLEN

## TECHNOLOGIE

**Zahnrad:** Zahnräder übertragen Drehbewegungen und -momente zwischen den Wellen, auf denen sie befestigt sind. Nach der Form des Grundkörpers und der Zähne unterscheidet man Stirnräder, die innen oder außen gerade, schräg oder schraubenförmig verzahnt sind, Kegelräder mit gerader, schräger oder spiraliger Verzahnung und Schneckenräder, in deren Schaft eine Schraube eingeschnitten ist. Zahnradgetriebe arbeiten kontinuierlich und schlupffrei mit gutem Wirkungsgrad in einem großen Drehzahlbereich, sind belastbar und erfordern wenig Wartung. Sie werden unterschieden nach der Lage der Wellen: Stirnradgetriebe bei parallelen Wellen und Kegelradgetriebe bei sich rechtwinklig kreuzenden Wellen; dazu Getriebe mit versetzten Kegeln, wenn die Wellen sich in geringem Abstand kreuzen, und bei größeren Abständen Schraubstirnradgetriebe für kleine Drehmomente und Schneckengetriebe für große. Zahnstangen findet man bei Bergbahnen und in der Lenkung.
**Wasserrad:** Die älteste Wasserkraftmaschine ist ein meist senkrecht stehendes Rad, das außen mit Zellen oder Schaufeln besetzt ist. Man unterscheidet unterschlächtige (Zulauf von unten), die die Strömungsenergie des Wassers umwandeln, und oberschlächtige Räder (Zulauf direkt hinter dem höchsten Punkt, in Europa ab 14. Jh.), die durch das Gewicht des Wassers bewegt werden. Die einfach zu konstruierenden Maschinen erreichen Wirkungsgrade bis zu 75 Prozent, sind aber groß und können nur niedrige Drehzahlen übertragen. Trotzdem trieben sie ab dem 9. Jh. Mahl- und Schöpfwerke an; nach Erfindung der Nockenwelle im 10./11. Jh., die Dreh- in Hin- und Herbewegung umsetzt, wurden auch Hammer- und Sägewerke und zahlreiche andere Arbeitsmaschinen vom Wasserrad in Schwung gebracht.
**Windrad:** Moderne Windkraftwerke wandeln die Strömungsenergie des Windes in elektrische Energie um. Die häufigste Bauart ist ein dreiflügeliger Rotor an horizontaler Welle, die den Generator antreibt; es gibt auch Vertikalmaschinen wie den Darrieus- und den H-Rotor für Starkwindgebiete. Aus physikalischen Gründen können jedoch nur höchstens 59,3 Prozent der Windenergie genutzt werden. Strom aus Windenergie hatte 2002 einen Anteil von fast 5 Prozent des in Deutschland verbrauchten Stroms.

## KULTURGESCHICHTE

**Heron von Alexandria:** Der Physiker und Mathematiker lebte in Ägypten sehr wahrscheinlich im 1. Jh. n. Chr. und lehrte in Alexandria. Seine mindestens dreizehn auf Griechisch geschriebenen Bücher über angewandte Geometrie und Mechanik sind zumeist in arabischer Sprache überliefert. In seinem Werk *Mechanika* beschreibt er, wie schon vor ihm Archimedes in einem verloren gegangenen Buch, die Wirkungsweise der einfachen Maschinen, die Arbeit mit möglichst geringem Kraftaufwand verrichten – Hebel, feste und lose Rolle und geneigte Ebene – und die bei Brechstange und Zange, Keil und Schraube, Flaschenzug, Kran und anderen Hebemaschinen eingesetzt werden. Das von ihm entdeckte Prinzip des Heronsballs wird heute noch in Spritzflaschen und Zerstäubern genutzt. In dem 1896 wiederentdeckten Werk *Metrika* versammelte er Formeln und Rechenverfahren der praktischen Mathematik. Daneben beschäftigte er sich mit Messinstrumenten (Wasseruhren, Dioptren) und gilt als Erfinder einer frühen Dampfmaschine, der Äolipile. Außerdem entwarf er ein mechanisches Theater mit automatisch sich öffnenden Tempeltüren, die ebenfalls durch Dampf bewegt wurden.

## EMPFEHLUNGEN

**Lesenswert:**
Wilhelm Wölfel: *Das Wasserrad. Eine historische Betrachtung*, Berlin 1987

Johannes Mager: *Mühlenflügel und Wasserrad*, Leipzig 1990

**Besuchenswert:**
Mühlenmuseum in Aurich

Historische Wasserschleife Biehl in Asbacherhütte

Jade-Windpark bei Wilhelmshaven

## AUF DEN PUNKT GEBRACHT

Rad plus Segel gleich Windrad: Dieser einfachen Gleichung gehorcht die Entstehung einer Kraftmaschine, die über Jahrhunderte, zusammen mit der Wassermühle, Zivilisation und Fortschritt bestimmte.

# Schießpulver und Feuerwaffen

## Büchsen statt Glocken

Ist er nun beim Experimentieren in die Luft geflogen, der deutsche Franziskanermönch Konstantin Anklitzen, der sich wegen seines Hangs zur Schwarzen Magie den Namen Berthold der Schwarze gab, oder ist er vom Prager König Wenzel zum Tode verurteilt und gehenkt worden? Dass so verschiedene Varianten über Tod und Leben des angeblichen Schießpulvererfinders in Umlauf sind, lässt schon ahnen: Der Mann ist als historische Figur schlecht dokumentiert. In dem Freiburger Kloster, dessen Mönch er gewesen sein soll, hat ein Brand alle Dokumente vernichtet. Und so halten ihn denn die Historiker heute schlicht für eine Legendengestalt – auch wenn auf dem Freiburger Marktplatz ein Denkmal seinen Namen trägt und praktisch jeder Lexikoneintrag über Schießpulver ihn als dessen Erfinder aufführt.

■ Die Geschichte von der Erfindung des Schwarzpulvers durch den Mönch Berthold Schwarz um 1350 war lange Zeit in allen Geschichtsbüchern nachzulesen. Heute weiß man: Das Pulver wurde schon viel früher erfunden, und nicht einmal die Existenz des Mönchs ist gesichert.

Doch selbst wenn der Schwarze Berthold gelebt und mit Salpeter, Schwefel und Holzkohle experimentiert haben sollte – als Erfinder oder »Vater des Schießpulvers« würde er völlig zu Unrecht bezeichnet: Um 1350, als er die explosive Wirkung dieser Mischung in geschlossenen Gefäßen erstmals erkannt haben soll, war das Schwarzpulver (das übrigens nicht nach ihm benannt ist, sondern wegen seines Aussehens diesen Namen trägt) längst nichts Neues mehr. Nicht nur gab es um diese Zeit bereits Pulverfabriken in Straßburg, Spandau und Liegnitz. 1247 hatte bereits der Franziskaner Roger Bacon die Sprengkraft einer Mischung von vierzig Teilen Salpeter mit je dreißig Teilen Holzkohle und Schwefel beschrieben. Auch in den Schriften des Gelehrten Albertus Magnus (1193–1280) finden sich einschlägige Rezepturen. Und lange vor Bacon und Albertus waren ähnliche Rezepte in China in Gebrauch. Dort nutzte man bereits um 850 die explosive Mischung zur Herstellung von Feuerwerkskörpern und Brandsätzen. Etwa zweihundert Jahre später versetzten chinesische Krieger ihre Feinde in Angst und Schrecken, indem sie das »Schießpulver« als Treibmittel in ausgehöhlte und auf einer Seite verschlossene Bambusstöcken füllten – erste primitive Raketen, wenn man so will, die freilich kaum mehr als Verwirrung in den gegnerischen Reihen hervorgerufen haben dürften.

■ Büchsenmeister mit einem Handfeuerrohr. Illustration aus dem Büchsenmeisterbuch von Konrad Kyeser von 1405

Den nächsten Schritt, die Verwendung der Sprengkraft zum Abschuss nicht des Rohrs selbst, sondern einer im Rohr befindlichen Kugel, machten vermutlich die Araber, die den Salpeter auch als »chinesischen Schnee« bezeichneten. Sie bereiteten so den Weg für die aus Sicht der Kriegstechnik sicher wichtigste Erfindung des späten Mittelalters: die Kanone. Diese kommt allerdings erst im 14. Jahrhundert im europäischen Mittelmeerraum auf; um 1326 werden erstmals »cannones de metallo« in florentinischen Schriftstücken erwähnt. Das lateinische »canna« für Rohr lebt heute in der deutschen Kanone und der englischen »canon« fort. Die ersten Büchsen und Kanonen wurden aus massiven Stücken geschmiedet und ihre Läufe aufgebohrt. In der zweiten Hälfte des 14. Jahrhunderts begann man, sie aus Bronze zu gießen; dabei kamen den Kanonenmachern die Erfahrungen im Glockenguss zugute.

Mit den neuartigen Fernwaffen, die allmählich Pfeil und Bogen ablösten, änderte sich die Kriegstechnik in Europa dramatisch. Festungsanlagen waren nun vor dem Einreißen nicht mehr sicher; während Steingeschosse beim Aufprall auf die massiven Schutzwälle meist zerplatzt waren, rissen Eisenkugeln, aus Donnerbüchsen geschossen, schmerzliche Lücken ins Mauerwerk. Als

■ Der englische Naturforscher Roger Bacon beschrieb 1247 die Sprengkraft eines explosiven Pulvers.

### VERNICHTENDER BRANDSATZ

Sehr wirkungsvolle Brandsätze müssen auch schon im 7. Jahrhundert die byzantinischen Kaiser gehabt haben. Eine als »Griechisches Feuer« bezeichnete Mischung hatte großen Anteil im Kampf mit der arabischen Flotte bei der Belagerung von Konstantinopel ab 674. Die Zusammensetzung des Griechischen Feuers ist nicht genau bekannt. Als brennbare Bestandteile werden Schwefel, Pech, Petroleum und aufgelöstes Nitrat erwähnt, aber es ist sehr wahrscheinlich, dass die Rezeptur auch Salpeter enthielt, sodass man es hier mit einer Frühform des »Schießpulvers« zu tun hat.

RAUCH UND RUSS

Schießpulver ist nicht gleich Schießpulver. Verschiedene Rezepte geistern durch die alte Literatur. Roger Bacons Mischungsvorschrift (30 Teile Schwefel und ebensoviel Holzkohle auf 40 Teile Salpeter) führt zu extremer Rauch- und Rußentwicklung. Die Innenrohre der Kanonen späterer Anwender waren jedenfalls nach jedem Schuss mit schwarzem Ruß bedeckt und mussten vor dem nächsten gesäubert werden. Als ideal gilt ein Mischungsverhältnis von 10 zu 15 zu 75.

eigenständige Waffengattung entstand im 16. Jahrhundert die Artillerie. Daraufhin mussten Festungen, ja ganze Städte anders angelegt werden. Auch bei der Kolonialisierung fremder Länder in dieser Zeit spielten Schusswaffen und Schiffsgeschütze eine herausragende Rolle. Mithilfe des Schießpulvers wurde Europa – zumindest zeitweilig – zum Beherrscher der ganzen Welt.

Mit zunehmender Verwendung von Schießpulver für Kriegszwecke geriet die Beschaffung von Salpeter zum Problem. Natürliche Vorkommen gab es in Indien und Spanien, Salpeter war wegen des aufwendigen Transports entsprechend teuer. Allerdings konnte man den begehrten Stoff auch aus Mist und Gülle gewinnen; eine Tatsache, die Landwirten von den weißen Krusten an Scheunenwänden wohl bekannt ist. Angesichts wachsender Verknappung des Salpeters gingen mehr und mehr Staaten zur Eigenproduktion über; die Anlage von Misthaufen wurde in Preußen und Frankreich zur Bauernpflicht, und Napoleon soll sogar ausdrücklich Order erlassen haben, regelmäßig darauf zu urinieren.

■ Folgen der Verwechslung von Schießwolle mit gewöhnlicher Baumwolle. Karikatur aus: *Illustrierte Zeitung*, Leipzig, 28. November 1846

Nicht nur im Krieg krachte das Schießpulver, auch zu friedlichen Zwecken ließ man es in die Luft gehen. Sein Einsatz im Bergbau zum Streckenvortrieb wird erstmals 1627 in Tirol verzeichnet. Erstaunlich lange beherrschte das schwarze Pulver als Sprengmittel die zivile wie die militärische Technik. Erst im 19. Jahrhundert wurden neue »zündende« Entdeckungen gemacht; die Schießbaumwolle (Nitrozellulose) durch Christian Friedrich Schönbein 1845 und Rudolf Christian Böttger 1846 und im selben Jahr das Nitroglyzerin durch den Turiner Arzt Ascenio Sobrero, dessen Gesicht zeit seines Lebens von der Unkontrollierbarkeit dieses neuen Sprengstoffs zeugte. Erst Alfred Nobel gelang es, das Teufelszeug zu stabilisieren und zum Modesprengstoff des ausgehenden 19. Jahrhunderts zu machen: zu Dynamit.

# SCHIESSPULVER UND FEUERWAFFEN

## TECHNOLOGIE

**Schießpulver:** Bis in die zweite Hälfte des 19. Jh. wurde das stark körnige Schwarzpulver verwendet. 1886 wurde in mehreren Ländern gleichzeitig das Schießpulver erfunden, das weniger Rauch entwickelt. Je nach Verwendung variieren die Anteile von Salpeter (Kaliumnitrat, 64–80 %), Holzkohle (Kohlenstoff, 5–25 %) und Schwefel (5–30 %): Mehr Salpeter führt zu heftigerer Verbrennung, mehr Kohlenstoff verzögert die Verbrennung, mehr Schwefel macht das Gemisch empfindlicher für die Zündung, doch es verbrennt langsamer und weniger heftig. Auch die Qualität der Holzkohle ist wichtig; die am besten geeignete aus Faulbaum ist kaum noch erhältlich und wird heute meist durch solche aus Buche und Erle ersetzt, die aber ebenfalls nicht zu stark verkohlt sein darf. Modernes Schießpulver bezeichnet man nach der Zusammensetzung als ein- bis dreibasig; zu Nitrozellulose kommen Salpetersäureester (wie Nitroglyzerin) oder Nitroguanidin, ferner Lösungsmittel und Stabilisatoren. Dazu beeinflussen Größe und Form der Körner und ihre Dichte die ballistischen Eigenschaften; weniger verdichtetes Pulver ist leichter zündbar, stärker verdichtetes explodiert heftiger. Schießpulver wird heute außer bei Feuerwaffen für den Abschuss kleiner Raketen und vor allem für Feuerwerk eingesetzt. Ein Kilogramm Pulver kann beim Explodieren 250 bis 2500 Liter Gas erzeugen.

## KULTURGESCHICHTE

**Handfeuerwaffen:** Vom 14. bis zur Mitte des 19. Jh. gab es nur Vorderlader. Aus kleineren Geschützen entstanden die ersten, noch unförmigen »Faustrohre«, die Anfang des 15. Jh. zur Arkebuse (Hakenbüchse; später in leichterer Version für Reiter als Vorläufer des Karabiners) und zu der handlicheren Muskete (fast 2 m lang) weiterentwickelt wurden. Um diese Zeit erleichterte bereits das Luntenschloss die Zündung, und die einhändig zu bedienende Pistole kam auf. Die Zündung wurde Anfang des 17. Jh. mit dem Steinschloss (daher »Flinte«) weiter verbessert, und weil es nun so einfach zu bedienen war, wurde das Gewehr zur Standardwaffe von Soldaten. Um 1840 trat mit dem Zündnadelgewehr der erste Hinterlader auf, mit neuartiger Munition (Patronen, die von hinten in den gezogenen Lauf geschoben wurden) und der zuverlässigeren Perkussionszündung. Der Erfolg der damit bewaffneten preußischen Armee beschleunigte die Verbreitung des Modells. Während des amerikanischen Sezessionskriegs wurde um 1880 das Mehrlade- oder Repetiergewehr entwickelt. Aus ersten Vorläufern um 1600 entstand der Revolver; ab 1836 gab es Vorderladerrevolver mit feststehendem Lauf (von Samuel Colt), Hinterladerrevolver ab 1850 (von Horace Smith und Daniel Baird Wesson, 1857). Anfang des 20. Jh. setzte sich die Selbstladepistole gegenüber dem Revolver durch (eines der ersten Modelle war die Luger). Bis zum 17. Jh. wurden alle Handwaffen (neben Feuerwaffen auch Lanzen, Schwerter oder Dolche) als Gewehr bezeichnet. Heute dürfen Handfeuerwaffen außer beim Militär oder einigen Berufen nur für Jagd oder Sport geführt werden; in jedem Fall ist eine besondere Erlaubnis gesetzlich vorgeschrieben.

## AUF DEN PUNKT GEBRACHT

Ein scheinbar harmloses Gemisch aus Salpeter, Holzkohle und Schwefel wurde zumindest zeitweise zum Mittel der Weltbeherrschung. Musketen- und Kanonenkugeln flogen, wenn das schwarze Pulver explodierte. Der wissenschaftliche Fortschritt hat es obsolet gemacht, die Moderne kennt weit bessere Sprengstoffe.

## EMPFEHLUNGEN

**Lesenswert:**

Herbert W. Roesky, Klaus Möckel: *Chemische Kabinettstücke*, Weinheim 1996

Kenne Fant: *Alfred Nobel*, Frankfurt/M. 1997

Heinz W. Prinzler: *Pyrobolia. Von griechischem Feuer, Schießpulver und Salpeter*, Leipzig 1981

Karl May: *Winnetou*. Roman, Zürich 1989

**Sehenswert:**

*Lohn der Angst (Le salaire de la peur)*. Regie: Henri-Georges Clouzot; mit Yves Montand, Charles Vanel. F/I 1952

*El Dorado*. Regie: Howard Hawks; mit John Wayne, Robert Mitchum. USA 1966

**Besuchenswert:**

Waffenmuseum in Suhl

Karl-May-Museum in Radebeul, mit Winnetous Silberbüchse sowie Bärentöter und Henrystutzen von Old Shatterhand

# Buchdruck

## *Allen Umsturzes Mutter*

»Denn was man schwarz auf weiß besitzt, kann man getrost nach Hause tragen.« Das Goethe-Zitat ist längst zur abgenutzten Werbemetapher verkommen, nicht nur für Bücher, für Medien im allgemeinen, ja für »Wissen« schlechthin. Allzu leicht wird darüber vergessen, dass es etwas sehr Bedeutsames in der Entwicklungsgeschichte menschlicher Überlieferungen zum Ausdruck bringt, nämlich das Primat der Schriftlichkeit, die mittlerweile das gesamte gesellschaftliche Leben beherrscht, gegenüber der mündlichen Überlieferung. Wissen ist eine Frage der Fakten oder der glaubwürdigen Wiedergabe, und die gilt allemal mehr, wenn sie in gedruckter Form vorliegt, also in der Zeitung steht oder gar in einem wissenschaftlichen Lehrbuch, als wenn es sich um Hörensagen, Gerüchte oder mündliche Zeugnisse handelt.

■ Johannes Gutenberg (1397–1468), Kupferstich von 1632

Die Schriftlichkeit, die bis ins Mittelalter den Gralshütern der Gelehrsamkeit in Klöstern und an den Höfen vorbehalten war, gewinnt mit der Erfindung und Verbreitung des Buchdrucks in Europa im 16. Jahrhundert entscheidend an Raum. Erst durch die Technisierung in Form des gedruckten und vervielfältigten Buchs wird das Schriftliche das autorisierte Medium zum Wissenstransport und damit auch Grundlage der modernen »Wissensgesellschaft«.

»Bis Gutenberg war die Baukunst die allgemeine Weltschrift, die umfassende Chronik der Menschheit«, meint Victor Hugo in seinem Roman *Der Glöckner von Notre-Dame*. Hugo hält die Erfindung der Buchdruckkunst sogar für »das größte Ereignis der Geschichte,

SCHWARZE KUNST

Gutenbergs Druckfarbenrezept blieb nicht lange geheim. Schnell wurde es abgewandelt und erweitert. Laut der Rechnung einer Druckerei aus den 1470er Jahren gehörten dazu: Leinöl, Terpentin, Harzpech, Schwefelkies, Zinnober, Harz, verschiedene Firnisse, Galläpfel, Vitriol und Schellack.

allen Umsturzes Mutter, Erneuerung menschlicher Ausdrucksmittel von Grund auf«. Auch wem derlei Enthusiasmus zu hochgegriffen erscheint, muss zugeben, dass das massenhaft gedruckte Wort für die Verbreitung neuen, eventuell revolutionären Gedankenguts unerlässlich war. Der Reformator Martin Luther sei unser Zeuge. Als er 1517 seine Thesen an die Tür der Wittenberger Schlosskirche hämmerte, war Gutenberg noch keine fünfzig Jahre tot, und bereits in der ersten Hälfte des 16. Jahrhunderts entfällt ein Drittel der gesamten deutschsprachigen Buchproduktion auf Luthers Bibelübersetzung und seine Schriften. Schon Gutenberg selbst hat nicht unwesentlich zur Verbreitung der Bibel in ihrer »unreformierten« lateinischen Form beigetragen. Sein erstes Druckwerk, zwischen 1452 und 1455 herausgegeben, war eine prachtvolle Bibel, die zwar immer noch ein kleines Vermögen kostete, aber schon erschwinglicher war und damit weitere Bevölkerungskreise erreichte als die bis dahin verfügbaren handschriftlichen Kopien aus den Klosterbibliotheken.

Aber was war eigentlich neu an Gutenbergs Erfindung? »Alles und nichts« ist eine paradoxe Antwort, doch beides lässt sich begründen. Nichts war neu an seiner Erfindung, weil es den Buchdruck mit hölzernen und steinernen Druckplatten, ja sogar mit beweglichen Lettern schon Jahrhunderte vor dem Mainzer Goldschmiedemeister gegeben hatte, und zwar in China. Fairerweise müsste man sogar zurückgehen ins Jahr 221 v. Chr., wo der Erbauer der Großen Chinesischen Mauer eine Verordnung zur Vereinheitlichung von Maßen und Gewichten erließ; der Erlass wurde am Stück mithilfe zusammengebundener Stempel aus gebranntem Ton (die man schon seit zweitausend Jahren kannte) in weichen Ton gedrückt, also gewissermaßen gedruckt.

Im 6. Jahrhundert n. Chr. tauchten dann in China die ersten gedruckten Blätter auf; das so genannte Diamantensutra aus dem Jahr 868 gilt als das älteste erhaltene gedruckte Buch. Es wurde in der Bibliothek von Dunhuang gefunden, wo es mit vielen anderen Büchern tausend Jahre überdauerte, weil die Mönche ihre Schätze einmauerten, bevor ihr Kloster von feindlichen Barbarenhorden eingenommen wurde.

■ Der Beginn des Lukasevangeliums aus einem Exemplar der Gutenberg-Bibel mit handgemalten Initialen und Verzierungen

■ Diskos von Phaistos. In die berühmte Tonscheibe (ca. 17. Jh. v. Chr.) sind Hieroglyphen eingestempelt.

■ Blick in eine Buchdruckerei. Kupferstich von Matthäus Merian d. Ä., 1632

Die verhinderte Plünderung vollendete erst der Archäologe Sir Aurel Stein Anfang des 20. Jahrhunderts, als er die verborgene Bibliothek entdeckte und ihre Schätze nach London ins British Museum entführte.

Als offizieller Erfinder des Setzens mit beweglichen Lettern gilt der chinesische Schmied Bi Sheng, der 1045 erstmals aus Ton gebrannte Typen mit Zement auf einer Eisenplatte befestigte. Kurz darauf tauchten auch aus Zinn gegossene Metalltypen auf. Selbst Farbdrucke und farbige Geldscheine gab es in jener Zeit. Mit beweglichen Schriftzeichen aus Holz arbeitete im 13. Jahrhundert ein chinesischer Agronom namens Wang Dschen. Ihm gelang es mit dieser Technik, ein Buch aus 60 000 Schriftzeichen zu setzen und davon binnen eines Monats einhundert Exemplare herzustellen. Trotzdem entwickelte sich die Buchdruckkunst in China nie weiter und erreichte keine massenhafte Ver-

■ Bewegliche Bleilettern aus der zweiten Hälfte des 20. Jahrhunderts. Der Bleisatz war bis in die 1970er Jahre gebräuchlich.

wendung – hauptsächlich, weil die chinesische Schriftsprache nicht auf einem begrenzten Zeichenschatz beruhte und die Herstellung der Lettern nicht rationalisiert werden, der Hauptvorteil der Setztechnik mit beweglichen Lettern also nicht zum Tragen kommen konnte.

Vorstufen dieser Drucktechnik gab es in Europa und dem Vorderen Orient auch schon vor Gutenberg. So war der Stempeldruck für Buchtitel bereits verbreitet, den Druck mit Holztafeln gab es für Karten und Heiligenbilder.

Was also war so neu an Gutenbergs Erfindung, dass sie in kurzer Zeit so durchschlagenden Erfolg hatte? Alles war neu, denn seine Erfindung ist eigentlich ein ganzes Bündel von Erfindungen, deren Summe und Zusammenspiel die Verbreitung von Schriftlichem rationell, leicht reproduzierbar und zugleich qualitativ hochwertig machte. Im Zentrum ihrer Entwicklung, die Gutenberg in Straßburg begann, steht die Erfindung einer Gießeinrichtung für die beweglichen Lettern. Sie ermöglichte es, beliebig viele identische Abgüsse zu machen. Das eigentliche Können, bei dem Gutenberg seine Ausbildung als Goldschmied zugute kam, bestand im Anfertigen der »Urbuchstaben« aus einem harten Metall. Der Rest – das Anfertigen einer Negativform (Matrize) in Kupfer und das Ausgießen mit einem flüssigem Metall – konnte man, übertragen gesprochen, dem Fließband überlassen. Ebenso wichtig für den Erfolg, also einen sauberen Druck, war die Güte der gegossenen Lettern; waren sie zu weich, verwischten die Ränder, waren sie zu hart, konnten sie das Papier beschädigen. Das »richtige« Letternmetall fand Gutenberg in langen Versuchsreihen: eine Mischung aus Zinn, Blei, Antimon und Wismut. Auch die Druckerfarbe entwickelte der vielseitige Goldschmied neu, da die gängige zu dünnflüssig war und durchschlug. Mit seiner neuen Mischung, einer Komposition aus Leinölfirnis und Ruß, war nun auch beidseitiger Druck möglich. Für den gleichmäßigen Auftrag der Druckerfarbe auf die Druckplatte ersann Gutenberg ebenfalls eine neue Technik: den Druckerballen, einen mit Ross-

■ Reich verzierte Textseite aus dem Werk *Naturalis historia* des römischen Schriftstellers Plinius d. Ä. (23/24–79 n. Chr.). In der Bordüre das Medici-Wappen. Ausgabe von 1472 aus dem Besitz Lorenzo des Prächtigen

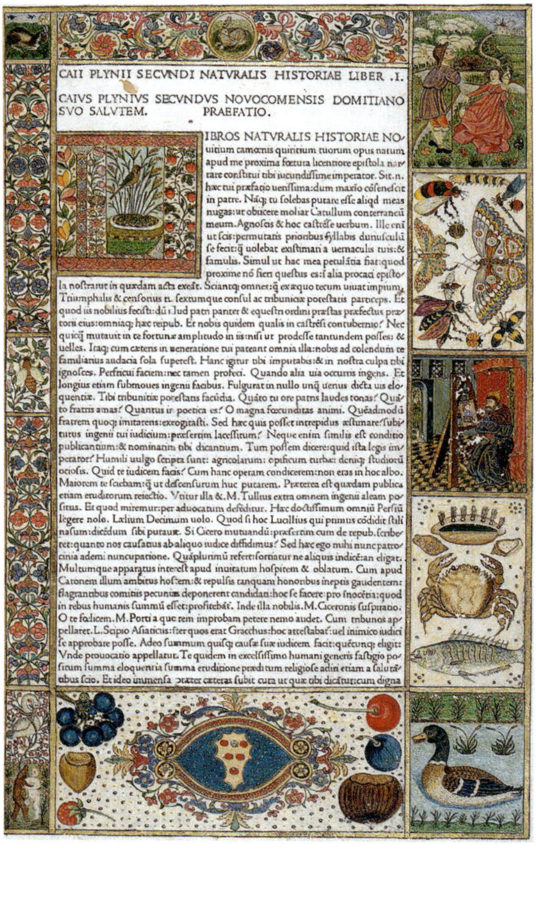

CAII PLYNII SECVNDI NATVRALIS HISTORIAE LIBER .I.

CAIVS PLYNIVS SECVNDVS NOVOCOMENSIS DOMITIANO SVO SALVTEM. PRAEFATIO.

IBROS NATVRALIS HISTORIAE NO-

Huitiesme iournée du

Gulfart feit marche auec la femme de Gasparin de coucher auec elle moyennant une somme d'argent quelle voulut toucher premierement : laquelle il emprunccta de son mary mesmes, & la bailla depuis à la femme, comme s'il rendoit ce que luy auoit presté le mary : Auquel apres son retour de Gennes il deit en la presence de ladicte femme comme il luy auoit rendu icelle somme pour la bailler à son mary, ce qu'elle confessa estre uray.

Nouuelle premiere.

PVis qu'il à pleu à Dieu mes (amoureuses dames) que ie donne commencement à ceste iournée par vne mienne nouuelle, i'en suis tres cõtente: Et par ainsi ayãtz beaucop parlé des tromperies que les femmes ont faict aux hommes, ie vous en veulx cõpter vne que vng hõme feit à vne femme. (non pas que ie le veille blasmer par icelle de ce qu'il feit : ou dire que la tromperie ne fust biẽ employée à la femme: ains ie vous la conteray pour louer l'homme & blasmer la femme, & aussi pour monstrer que les hommes sçauent aussi bien tromper ceulx qui les croyent comme ilz sont trompez de ceulx ou celles qu'ilz croyent : Combien que à parler plus proprement, on ne deura appeller tromperie ce que ie veulx dire: Mais chose bien meritée, parce que la femme doit estre honneste & garder son honneur comme sa propre vie, ny ne se doit condescendre de le contaminer pour quelque occasiõ que ce soit: Et si toutesfois pour cause de nostre fragilite cecy ne nous peult tousiours aduenir comme il en seroit besoing. Ie suis d'opinion, que cel-

Dixiesme iournée du

Vng cheualier Florentin seruit le roy d'Espaigne duquel luy sembla estre mal recompensé : Au moyen dequoy le roy luy monstra par experience certaine que ce n'estoit sa faulte, ains le malheur du cheualier : luy faisant apres de grans dons.

Nouuelle premiere.

IE doiz reputer à vne tresgrande grace (mes cheres dames) que le roy m'ait donné le premier lieu, à parler d'une si grande chose comme est la magnificence : laquelle (tout ainsi comme le soleil est la beaulté, ornement clarté & lumiere de tout le ciel) ainsi est elle de toute vertu. I'en diray doncques vne petite nouuelle, fort plaisante à mon aduis laquelle ne pourra estre sinon vtile & proffitable à ramenteuoir.

Vous deuez doncques sçauoir que entre les autres vertueulx cheualiers qui ayent esté long temps a, en nostre cité, messire Roger de figionan à esté l'ung d'iceulx, & paraduenture le plus hõme de bien. Lequel estant riche, & ayãt le cueur bon, & voyant que à bien considerer la qualité de la facon de viure, & des coustumes de nostre Toscane, luy qui y demouroit, ny pourroit gueres, ou point faire de demõstracion de sa prouesse, delibera de vouloir estre quelque tẽps au seruice de

■ Mit Holzschnitten illustrierte Doppelseite aus Giovanni Boccaccios *Decamerone* (1348). Französische Ausgabe von 1545

haar gefüllten und Hundeleder überzogenen Tampon. Die letzte Innovation, die Gutenberg erfolgreich einführte, war eine Druckerpresse, mit deren Hilfe ein gleichmäßiger Druck zustande kam. Wichtigstes Element der neuen Vorrichtung war der Drucktiegel, eine Metallplatte, die das eingelegte Papier gleichmäßig gegen den Satz drückte. Man vermutet, dass für diese Druckerpresse die Weinpresse Pate gestanden hat.

Obwohl Gutenberg seine Technik geheimzuhalten versuchte, setzten sich seine Errungenschaften schnell durch. Schon dreißig Jahre nach seinem Tod, um 1500, zählte Europa in 250 Städten an die tausend Druckereien, die mehr als 35 000 Druckwerke mit einer Gesamtauflage von zehn Millionen produziert hatten. Und das war, wie wir heute wissen, nur der fulminante Anfang einer geradezu explosiven Entwicklung.

### INNOVATION MIT FOLGEN

Gutenberg war auch Künstler und Ästhet. Seine Bibel gilt als Glanzstück von erlesener Schönheit. Von ihr wurden 185 Exemplare gedruckt, davon 150 auf Papier, der Rest auf Pergament. Allein für die Pergamentbände wurden laut Vorplanung die Häute von 8000 Kälbern benötigt. Durch den Boom des Buchdrucks nach Gutenberg stieg der Papierbedarf steil an, und auch die Spezialisierung in der Papierherstellung nahm zu. Hatten sich als Schreibpapier bislang Papiere mit hohem Leimgehalt bewährt, mussten für den Druck von Kupferstichen Papiere mit wenig Leim hergestellt werden, für Radierungen sogar völlig ungeleimtes Papier. Druckpapier durfte weder zu dunkel noch zu weiß sein, nicht zu rau, aber auch nicht zu glatt, nicht zu dünn und nicht zu stark.

# BUCHDRUCK

## TECHNOLOGIE

**Guss:** Die Handgießmaschine von Gutenberg bestand aus zwei Hälften, zwischen die der Typenstempel (Patrize) gespannt wurde; es wurde nicht mehr für jeden Buchstaben eine eigene Gussform benötigt. Wismut (fachsprachlich: Bismut) und Antimon senken den Schmelzpunkt der Legierung; außerdem dehnen sie sich beim Erstarren aus, was sehr präzise Abgüsse ermöglicht.
**Druck:** Gutenberg arbeitete mit dem Hochdruckverfahren, bei dem wie beim Holzschnitt die erhabenen Teile die Farbe aufnehmen und an das Papier abgeben. Beim Tiefdruck wird die Farbe in die Vertiefungen der Druckplatte gefüllt; das Verfahren entwickelte sich aus Graviermethoden, wie etwa für Radierungen, und wurde vor allem für Abbildungen eingesetzt. Die 1797 von Alois Senefelder erfundene Lithographie verwendet flache Druckplatten, deren druckende Stellen die fetthaltige Farbe aufnehmen, während die nichtdruckenden Fett abstoßend sind. Für den Offsetdruck wurde dies weiterentwickelt: Hier wird die Farbe von der Druckplatte auf ein Gummituch übertragen und von dort auf das Papier. Schnelleres Drucken erlaubten die ab 1810 entwickelten Pressen, die nicht mehr »Fläche gegen Fläche«, sondern »Walze gegen Fläche« arbeiteten; seit der Einführung des Endlospapiers Mitte des 19. Jh. arbeiten Rotationsmaschinen nach dem Prinzip »Walze gegen Walze«.

**Satz:** Der Setzer sammelte die Typen zeilenweise im Winkelhaken, band die fertige Seite mit der Kolumnenschnur zusammen und legte sie auf das Satzschiff in der Druckerpresse. Geübte Setzer schafften 2000 Zeichen pro Stunde. Den Durchbruch im maschinellen Satz brachten Zeilensetzmaschinen, die statt der Typen die Matrizen zusammenfügten; beim 1884 vorgestellten Modell Linotype wurde der Text über Tastatur (30000 Zeichen pro Stunde) in die lochbandgesteuerte Maschine eingegeben. Bei der ähnlichen Monotype steuert die Setztastatur eine Gießmaschine, die einzelne Buchstaben gießt und zusammenfügt.

## KULTURGESCHICHTE

**Titel:** Handschriften hatten oft keinen Titel; auf dem ersten Blatt wurde der Textanfang besonders gestaltet, Buch- und Kapitelanfänge kennzeichnete man mit »incipit« (lat., »hier beginnt«; »explicit«: »hier endet«). Erst mit gedruckten Büchern bildeten sich Titelseite, Seitenzahlen und Inhaltsverzeichnis heraus; so waren die bedruckten Papierstapel in der Werkstatt leichter auseinanderzuhalten.
**Fachliteratur:** Gedruckte Handbücher für Drucker und Setzer entstanden in England ab 1683, in Deutschland erst ab 1740; allerdings erschien hier das erste Buch zum Thema bereits 1608: *Orthotypographia* von Hieronymus Hornschuch, eine Anleitung für Korrektoren und Autoren.
**Taschenbuch:** Vom 14. bis 16. Jh. wurden vor allem religiöse Texte als Beutelbuch mitgeführt, das mit seinem verlängerten Einband an den Gürtel gebunden wurde. Ab 1750 entstanden kleinformatige gebundene Bücher, die neben literarischen Texten oft Kalendarien oder Reisebeschreibungen enthielten und bei gebildeten Bürgern beliebt waren. Moderne Taschenbücher erschienen ab 1935 zuerst in England; sie wurden auf Rotationspressen gedruckt und mit geleimten Pappumschlägen versehen.

## AUF DEN PUNKT GEBRACHT

Buchdruck mit Druckplatten, sogar das Setzen beweglicher Lettern gab es schon lange, bevor Gutenberg auf den Plan trat, doch ihm gebührt das Verdienst, die Drucktechnik rationalisiert und ihre Produkte leicht reproduzierbar und qualitativ hochwertig gemacht zu haben.

## EMPFEHLUNGEN

**Lesenswert:**

Uwe Baufeldt et al.: *Informationen drucken und übertragen*, Itzehoe 1998

Helmut Presser: *Das Buch zum Buch*, Hannover 1978

Arturo Pérez-Reverte: *Der Club Dumas*. Roman, München 1997

**Besuchenswert:**

Gutenberg-Museum in Mainz

Stadtmuseum, mit Ausstellung zu Alois Senefelder, und Klingspor-Museum für Schrift- und Buchkunst des 20. Jh., beide in Offenbach

**Anklickenswert:**

http://www.gutenberg.de

# *Linse, Fernrohr, Mikroskop*

## *Geschliffen scharf*

■ Antoni van Leeuwenhoek (1632–1723)

Im Zirkus Maximus tobt die Menge, als der letzte Gladiator sich verzweifelt ins Schwert stürzt, um den wütenden Löwen zu entgehen. Wer zur Herrscherloge blickt, wird von einem grünen Lichtblitz geblendet, denn Kaiser Nero dreht seinen geschliffenen Smaragd vorm Auge, um den Todeskampf des Hünen in der Arena besser sehen zu können … So ähnlich könnte es sich gelegentlich abgespielt haben im nachchristlichen Rom. Höchst fraglich ist dagegen, ob der Kaiser seine Kurzsichtigkeit mit dem geschliffenen Schmuckstein tatsächlich korrigieren konnte; eher dürfte er ihm als Sonnenschutz gedient haben oder einfach nur als »cooles« Accessoire. Dass die Römer geschliffene Linsen zur Korrektur von Augenfehlern einsetzten, ist weder belegbar noch wahrscheinlich, einfach deshalb, weil die Literatur der Antike zwar voll ist von Klagen über Sehschwächen, aber so gut wie keine Hinweise auf deren Behebung enthält.

»Beliebig kleine und undeutliche Buchstaben erblickt man durch eine mit Wasser gefüllte Glaskugel größer und klarer. Äpfel sehen schöner aus, wenn sie im Wasser schwimmen«, berichtet der Philosoph Seneca der Jüngere in seinen *Questiones naturales* kurz nach der Zeitenwende. Man darf spekulieren, dass der alterssichtige Literat versuchte, sich mit derlei Hilfsmitteln das Lesen und Leben zu erleichtern. Allerdings schrieben die Römer den Vergrößerungseffekt

■ Der griechische Astronom Hipparch von Nikaia (um 190 v. Chr. – um 125 v. Chr.) beobachtet das Planetensystem auf der Sternwarte von Alexandria.

dem Wasser und nicht den gekrümmten Glasflächen zu, obwohl sie bereits Bergkristalle zu Sammellinsen schliffen und erste Ansätze einer optischen Theorie vorhanden waren.

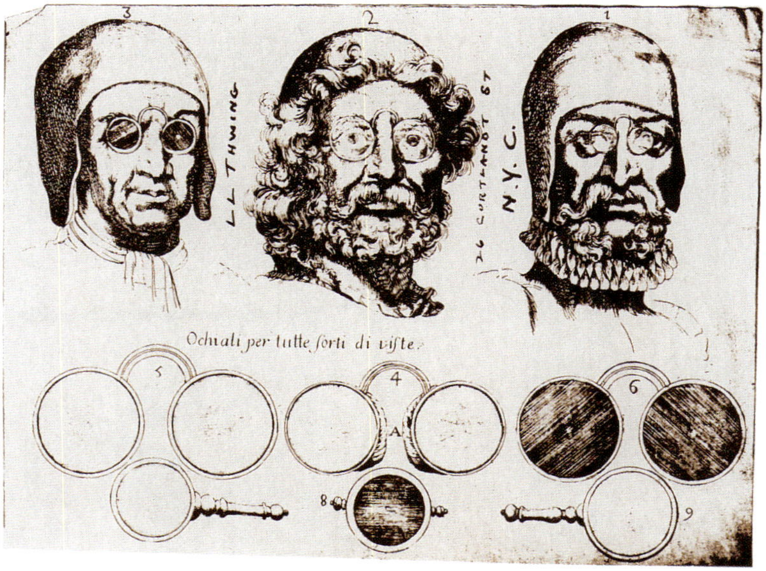


■ Für die unterschiedlichen Augenprobleme wurden schon früh verschiedene Brillenmodelle entwickelt. Italienischer Kupferstich, 16. Jahrhundert

Dass ein geeignet geschliffener Kristall wie ein Vergrößerungsglas wirkt, war wahrscheinlich schon vor fast dreitausend Jahren bekannt. Die älteste erhaltene »Lupe« besteht aus Bergkristall, wurde in Ninive am Tigris gefunden und stammt aus der Zeit um 700 v. Chr. Ob das Wissen um die Wirkung solcher Steine tatsächlich schon vorhanden war und nur wieder verloren ging, ist ungewiss. Der griechische Denker Euklid jedenfalls erwähnt im 4. Jahrhundert v. Chr. in seinen Untersuchungen über Optik das Vergrößerungsglas nicht. Der letzte Beitrag des Altertums zu Theorie und Praxis der Lichtbrechung stammt von dem griechischen Astronomen Ptolemäus, der vor allem durch das nach ihm benannte geozentrische Weltbild bekannt ist, dem zufolge sich alle Himmelskörper um die Erde drehen. Ptolemäus vermaß auch Lichtstrahlen, untersuchte, wie stark Wasser und Glas das Licht brechen, und ermittelte Einfalls- und Brechungswinkel. Allerdings schaffte er es nicht, das korrekte Brechungsgesetz zu formulieren. Das blieb, mehr als 1400 Jahre später, dem Leidener Physikprofessor Willebrord Snel (Snellius) vorbehalten.

Vielleicht darf man aus dem vorhandenen, aber letztlich erfolglosen Bemühen der Antike schließen, dass – anders als heute, wo jede noch so kleine körperliche Unpässlichkeit zur Erschließung (oder Schaffung) neuer Absatzmärkte für passende Prothesen führt – die menschlichen Sehschwächen allein nicht ausreichten, um optische Kenntnisse und Geräte weiterzuentwickeln.

Das bruchstückhafte Wissen der Antike wurde in Europa zeitweilig vergessen. Von arabischen Gelehrten bewahrt, tauchte es erst im frühen Mittelalter wieder auf. Achthundert Jahre nach Ptolemäus erschien das nächste große Werk über die Optik, aus der Feder des arabischen Astronomen und Mediziners Abu Ali al-

### OCHSENAUGE SEI WACHSAM

Der Jesuitenpater Christoph Scheiner, der sich mit Galilei darum stritt, wer als Erster die Sonnenflecken entdeckt hatte, hielt das Auge für die Grundlage der Optik. Durch Experimente an Ochsenaugen, später auch an menschlichen Augen, gewann er wichtige Erkenntnisse über Aufbau und Funktion des Sehapparates.

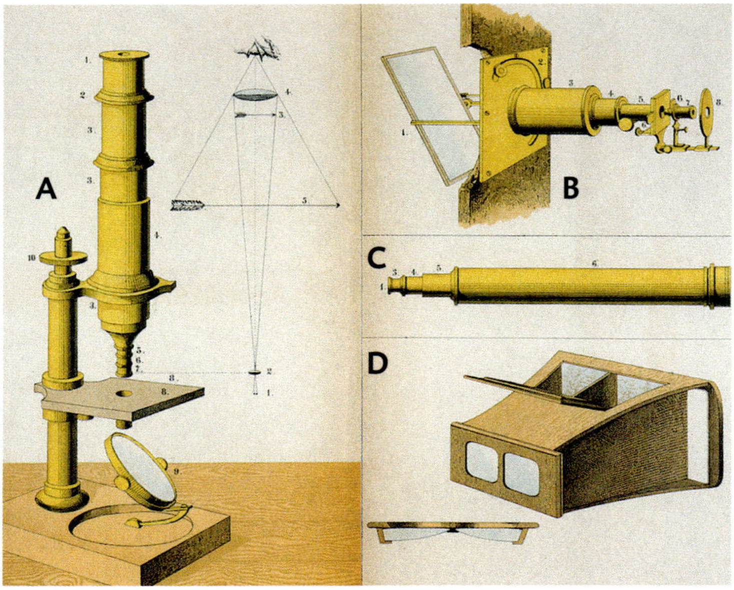


■ Darstellung von Mikroskopen aus einem Schulbuch des späten 19. Jahrhunderts.
A: Mikroskop
B: Sonnenmikroskop
C: Astronomisches Fernrohr
D: Stereoskop

Hassan Ibn al-Haitham, kurz Alhazen genannt. Darin wird erstmals formuliert, was Seneca so grandios übersehen hatte: dass mit gläsernen Kugeln Gegenstände vergrößert werden können. Die Ersten, die aus dieser Erkenntnis praktische Konsequenzen zogen, waren handwerklich geschickte Mönche in England und Deutschland, die im 13. Jahrhundert Alhazens Werk übersetzt zu Gesicht bekamen. Sie fertigten Halbkugeln aus durchsichtigen Kristallen und nutzten sie als »Lesesteine« zum Vergrößern von Buchstaben. Da ungefärbtes Glas rar war, griffen sie zu Bergkristall und Beryll, der später zu »Brylle« verballhornt wurde. Nur die privilegierten Glasmacher in Venedig verfügten über wirklich klares Glas und konnten wohl schon Ende des 13. Jahrhunderts Sammellinsen als Sehhilfe für Alterssichtige herstellen.

Abbildungen von Lesebrillen sind allerdings erst aus der Mitte des 14. Jahrhunderts überliefert, sie stammen aus den italienischen Stadtstaaten. Mit der Korrektur der Sehschwäche durch

## ROLLSCHUHFAHREN À LA SNELLIUS

Der Effekt der Lichtbrechung wird mechanisch erfahrbar, indem man auf Rollschuhen zum Beispiel von Asphalt auf Rasen wechselt. Erreicht man die Rasenfläche in schrägem Winkel, wird der Schuh, der zuerst auf Rasen stößt, abgebremst, was zu einer Drehung führt, bis auch der zweite Schuh auf Rasen gerät; nun bewegt sich der Rollschuhfahrer wieder geradeaus, allerdings verlangsamt, da die Rollgeschwindigkeit auf Rasen wesentlich geringer ist als auf Asphalt. Das Ausmaß der »Abknickung« (Brechung) hängt vom Verhältnis der beiden Rollgeschwindigkeiten ab. Ähnlich ergeht es einer Lichtwellenfront, die von einem Medium, zum Beispiel Luft, in ein optisch dichteres Medium, zum Beispiel Glas, wechselt.

diese frühen »Beryllen« scheint es aber nicht weit her gewesen zu sein, denn noch lange hielten sich Redensarten wie »jemandem eine Brille verkaufen« oder »jemanden brillen« als Umschreibung für Betrug und Ehebruch.

Kulturhistorisch spektakulärer als der Nutzen der Linsenschleifkunst für die Volksgesundheit ist die Verwendung von geschliffenem Glas in wissenschaftlichen Instrumenten. Ihre Entwicklung begann auf dem Papier schon um 1250, als Roger Bacon, Theologe und Naturforscher und einer jener in der Optik gebildeten Mönche, erstmals die Wunschvorstellung eines Fernrohrs beschwor: »Wir können durchsichtigen Körpern eine solche Gestalt geben und sie in solcher Weise in Bezug auf unser Gesicht und die gesehenen Objekte anordnen, dass wir ein Ding nahe und in der Ferne sehen können. So können wir auch die Sonne, den Mond und die Sterne zu uns herabsteigen lassen.«

Bacons Vision wurde erst 350 Jahre später in den Niederlanden von spielenden Kindern verwirklicht, die in der Werkstatt ihres Vaters, des Brillenmachers Jan Lippershey, mit Linsen herumprobierten und dabei zufällig den örtlichen Kirchturm ins Visier nahmen. Der Vergrößerungseffekt war so beeindruckend, dass Lippershey die eigentlich für Brillen gedachten Linsen zum ersten Fernrohr der Geschichte zusammenbaute. Danach verbreitete sich die Kunde schnell über Europa bis nach Venedig, wo sich 1609 gerade Galileo Galilei, der eigentlich in Padua Physik und Philosophie lehrte, aufhielt. In Windeseile baute er aus Brillengläsern eigene Fernrohre und beeindruckte damit nicht nur die Stadtväter von Venedig, sondern ein Jahr später die ganze Welt, indem er die Ringe des Saturns, die Monde des Jupiters und die Sonnenflecken entdeckte und nebenbei noch die ketzerische These des Nikolaus Kopernikus bestätigte, dass nicht die Erde, sondern die Sonne im Mittelpunkt der Welt stehe.

Andere erschlossen mit ähnlichen Mitteln die Welt des Nahen und Kleinsten. Hans Jan-

■ Älteste bekannte Darstellung einer Person mit Brille. Das Fresko von Tomaso da Modena (1325/26–um 1379) im Kapitelsaal von San Nicolo in Treviso zeigt den Kardinal Hugo von Provence, der mit der damals völlig neuen Sehhilfe beim Lesen seine Alterssichtigkeit korrigiert.

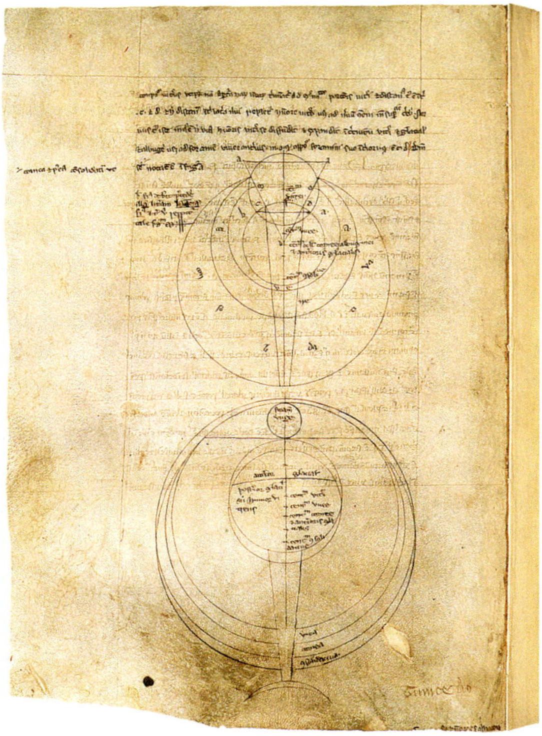

■ Diagramm zur Optik von dem englischen Theologen und Naturforscher Roger Bacon (1214–1294). Der Mönch war ein Visionär auf dem Gebiet der Optik.

sen und sein Sohn Zacharias aus Middelburg, Brillenmacher wie Lippershey, setzten 1590 eine Sammel- und eine Zerstreuungslinse zum ersten Mikroskop zusammen. Freilich litten die frühen zweilinsigen Mikroskope noch, wie die Fernrohre auch, unter minderwertigem Glas, mangelhafter Schleiftechnik und vor allem fehlender Theorie; niemand wusste die optimale Anordnung der Linsen zu berechnen. Dennoch gelangen schon achtzig Jahre später einem Tuchhändler aus Delft bahnbrechende Einblicke in den Mikrokosmos. Antoni van Leeuwenhoek war nebenbei ein exzellenter Linsenschleifer und interessierter Naturforscher. Mit erstaunlich einfachen Mikroskopen, die praktisch nur aus einer winzigen Sammellinse bestanden, erreichte er 266fache Vergrößerungen und konnte damit erstmals in die Welt der Einzeller vordringen. Er entdeckte Bakterien, beschrieb rote Blutkörperchen und Spermien und löste mit dem Mikroskop eine ähnliche Revolution im Weltbild aus wie Galilei mit dem Fernrohr.

### SPÄTE ERKENNTNIS

Bis ins 11. Jahrhundert herrschte im christlichen Abendland die optische Theorie Platons vor, nach der das Auge einen Sehstrahl aussendet und dessen Rückspiegelung an undurchsichtigen Körpern wieder wahrnimmt – eine Art Körperradar, das uns heute ziemlich abstrus anmutet. Wirklich brauchbare optische Theorien entstanden erst im 17. und 18. Jahrhundert mit Überlegungen von Descartes, Fermat und Newton. Erst mit der Möglichkeit, die Lichtbrechung theoretisch zu berechnen, und der handwerklichen Kunst, diese Berechnungen umzusetzen, eröffneten sich Möglichkeiten, wissenschaftliche Instrumente oder Sehhilfen gezielt zu konstruieren.

# LINSE, FERNROHR, MIKROSKOP

## TECHNOLOGIE

**Linsen:** Linsen bestehen meist aus Glas oder Kunststoff und verändern den Winkel einfallender Lichtstrahlen. Die Konvex- oder Sammellinse, die in der Mitte (auf ihrer optischen Achse) dicker ist als an ihrem Rand, bündelt Strahlen in einem Punkt außerhalb der Linse und erzeugt dort ein Abbild. Die Konkav- oder Zerstreuungslinse ist an ihrer optischen Achse dünner als am Rand und »knickt« sozusagen die einfallenden Strahlen nach außen; sie wird meist zur Korrektur von Abbildungsfehlern benutzt.

**Herstellung:** Der Linsenrohling wird aus einem Glasblock geschnitten und zunächst grob in Form geschliffen. Dann erhält die Linse ihre endgültige Form: Konvexe Oberflächen werden mit einem konkaven Schleifwerkzeug erzeugt, konkave mit einem konvexen, die Linse wird poliert und der Rand so bearbeitet, dass geometrischer und optischer Mittelpunkt zusammenfallen. Das Schleifen erfolgte zunächst mit der Hand, bis Ende des 17. Jh. Maschinen zur Verfügung standen, wie sie erstmals von Cherubin d'Orléans 1671 beschrieben wurden. Während Jahrhunderte lang das Schleifen der Linsen allein auf »trial and error« basierte, lieferte der Mathematiker und Physiker Ernst Abbe ab 1866 die wissenschaftlichen Grundlagen zur Berechnung von Linsen und Linsensystemen, Brennweite, Strahlenverlauf und Abbildungsfehlern. Sichtbares Licht ermöglicht etwa eine 1500fache Vergrößerung.

## KULTURGESCHICHTE

**Theorie:** René Descartes, ein nach Holland emigirierter französischer Jesuit und Naturwissenschaftler, formulierte 1637 eine optische Theorie, unter anderem mit den Brechungsgesetzen, und setzte damit Alhazens Werk (um 1000) fort. Unabhängig von Descartes hatte Snellius um 1620 die gesetzmäßigen Zusammenhänge zwischen den Richtungen des einfallenden und des gebrochenen Strahls erkannt. Pierre de Fermat, ein Mathematiker in Toulouse, befasste sich mit geometrischen Problemen und fand Mitte des 17. Jh. heraus, dass Licht immer den schnellsten und nicht den geometrisch kürzesten Weg wählt; aus dem Fermatschen Prinzip folgen Brechungs- und Reflexionsgesetz. Der englische Naturwissenschaftler Isaac Newton entwickelte Theorien über die Natur des Lichts (aus Teilchen) und veröffentlichte 1704 Beschreibungen seiner Experimente, in denen er unter anderem die Zusammensetzung des Lichts aus Spektralfarben nachwies. Christiaan Huygens, niederländischer Forscher und Uhrenbauer (s. S. 103), stellte 1678 die Theorie auf, dass Licht aus Wellen besteht, was Brechung und Reflexion nach dem Huygensschen Prinzip erklärt. (Erst 1927 erkannte Niels Bohr, dass Licht sowohl aus Teilchen als auch Wellen besteht.)

**Mikroskop:** Robert Koch machte das Mikroskop sozusagen zum Wappenzeichen der Forscher; er erforschte Milzbrand und Malaria, entdeckte 1882 den Erreger der Tuberkulose, 1883 den der Cholera und begründete somit die Bakteriologie. Seine Arbeit wäre ohne ein brauchbares Mikroskop nicht möglich gewesen: Nachdem die ersten Modelle bereits stabiler, genauer und leichter zu bedienen waren, behob 1774 Benjamin Martin die Farbfehler, die durch unterschiedliche Brechung verschiedenfarbiger Lichtanteile entstehen, indem er ein achromatisches Linsensystem einsetzte; zur selben Zeit konstruierte John Cuff einen beweglichen Tubus, damit der Abstand zum Objekt genau eingestellt werden konnte.

## AUF DEN PUNKT GEBRACHT

Die älteste erhaltene Linse ist 2700 Jahre alt. Doch erst die Gelehrsamkeit mittelalterlicher Mönche, die beim Abschreiben ihre Augen strapazierten, ließ Linsen und Sehhilfen zu technischer Massenware werden. Mikroskop und Fernrohr folgten bald.

## EMPFEHLUNGEN

**Lesenswert:**

Frank Rossi: *Brillen. Vom Leseglas zum modischen Accessoire,* München 1989

Richard Panek: *Das Auge Gottes. Das Teleskop und die lange Entdeckung der Unendlichkeit,* Stuttgart 2001

Manfred Vasold: *Robert Koch,* Heidelberg 2002

**Besuchenswert:**

Optisches Museum im Ausstellungszentrum der Firma Zeiss in Oberkochen

Archenhold-Sternwarte, Berlin, mit dem längsten Linsenfernrohr der Erde

**Anklickenswert:**

http://www.mikroskope-online.de (virtuelles Museum)

# Uhr
## *Taktgeber der Moderne*

Mit den Hühnern schlafen gehen und mit der Sonne aufstehen – verstaubte Redensarten wie diese sind im Sprachschatz des modernen Großstädters allenfalls noch für den Urlaub auf dem Bauernhof in Gebrauch. Sie stammen aus Zeiten, als Erlebnis und Erfahrung anstelle von Minute und Sekunde den Tages- oder auch Lebensablauf bestimmten. Homer rechnete nach Morgenröten, Cäsar nach Nachtwachen, der mittelalterliche Christenmensch nach Vaterunsern und der (zeitlichen) Entfernung zum nächsten Fest oder gar zum Jüngsten Gericht.

Die zyklische Wiederkehr der Himmelskörper, das Auf- und Untergehen von Sonne und Mond, das Kommen und Gehen der Gezeiten oder der Jahreszeitenzyklus dienten den Völkern der Antike als Zeitmaße. Erste Sonnenuhren tauchen schon vor fünftausend Jahren bei den Ägyptern auf. Die Römer teilten Tag und Nacht bereits in gleich viele Stunden; das machte die Tagstunden im Sommer länger als die Nachtstunden, im Winter war es umgekehrt.

Im Mittelalter bestimmte die Kirche den Lebensrhythmus. Bedarf für eine zuverlässige Tageseinteilung bestand vor allem in den Klöstern. Das Leben der Mönche sollte möglichst unabhängig

■ Römische Taschensonnenuhr, 2. Jahrhundert n. Chr.

FRÜHE KLAGE

Dass Zeitmesser das Zeitgefühl und den Lebensrhythmus verändern, ist keine Erkenntnis, die erst mit der mechanischen Uhr aufkam. So klagte schon der römische Dichter Plautus, als auf dem Forum Romanum eine Sonnenuhr errichtet wurde: »Dass die Götter doch den verdammen möchten, der zuerst die Stunden erfand und die Sonnenuhr konstruierte, die mir Armem nun stückweise den Tag verkürzt. Früher war der Bauch meine Uhr, unter allen die beste und richtigste. Überall mahnte diese zum Essen, außer wo nichts zu essen war. Jetzt aber wird auch das, was da ist, nicht gegessen, wenn es der Sonnenuhr nicht gefällt.«

■ Wasseruhr auf dem Gelände des Amphiareion (Heiligtum des Amphiaraos) im griechischen Oropos. Durch gleichmäßigen Wasserzufluss stieg ein Schwimmer mit Zeigestab im Schacht nach oben und zeigte auf einer Skala an der Wand die Uhrzeit an.

von den wechselnden Jahreszeiten und von Tag und Nacht als gleichmäßige Abfolge von »ora et labora«, von Beten und Arbeiten, geregelt sein. Deshalb wurde die Stunde (hora) geschlagen, und Glockengeläut bestimmte auch den Tagesablauf in Stadt und Land. Aber nach welchen Zeitmessern konnten sich die Mönche richten? Da waren einmal die Sonnenuhren, die es schon in der Antike in transportablen Ausführungen gab. Christoph Kolumbus soll übrigens bei seiner Irrfahrt nach Amerika mehr als einhundert Sonnenuhren mitgeführt und nur eine zurück gebracht haben. Dann gab es die in Wissenschaft und Seefahrt verwandten Astrolabien, denen die Bewegung der Gestirne als Zeitmaß diente. Und schließlich stand die ebenfalls seit der Antike bekannte Wasser-

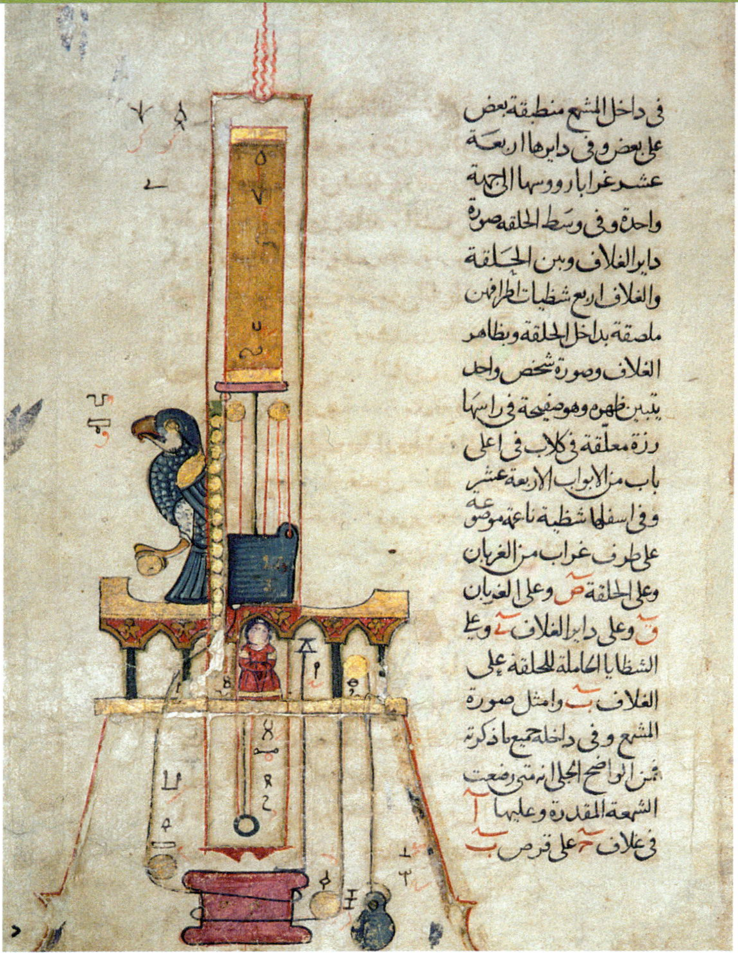

■ Uhr mit Figurenwerk: Im Innern befindet sich eine Kerze mit Gewichten, die beim Abbrennen herunterfallen und einen Mechanismus auslösen; stündlich erscheint dadurch eine andere Figur. Miniatur aus dem Automatenbuch des Al-Dschasiri, Ende 12. Jahrhundert

uhr zur Verfügung. Sie maß das Verfließen der Zeit nach dem Wasserstand in einem Gefäß mit gleichmäßigem Zulauf. Dies war jedoch ungenau und in nördlichen Breiten nur eingeschränkt möglich – bei Frost gefror das Wasser. Deswegen, so bezeugt es eine Quelle aus dem 8. Jahrhundert, verwendeten die englischen Klosterbrüder in Winternächten eine Kerze als Uhr. Vom Funktionsprinzip her der Wasseruhr verwandt ist die Sanduhr, heute gelegentlich noch als Haushaltshilfe beim Eierkochen oder bei der kindlichen Zahnpflege anzutreffen. Aus dem arabischen Raum kam sie erst im 14. Jahrhundert nach Europa. Geeignet war sie nur für die Messung kurzer Zeitspannen, typischerweise eine halbe Stunde. Ihr Haupteinsatzgebiet blieb die Seefahrt. Die nautische Zeitangabe in »Glasen« hat im Gebrauch von Sanduhren ihren Ursprung; beispielweise bedeutete »acht Glasen«, dass achtmal das Glas ausgelaufen war, was in der Regel einer Zeitdauer von vier Stunden entsprach.

Erst mit der Erfindung der mechanischen Räderuhr kam die Einteilung des Tages in 24 gleich lange Zeitabschnitte auf. Der unbekannte geniale Erfinder dürfte gegen Ende des 13. Jahrhunderts gelebt haben, vermutlich in einem Kloster und sehr wahrscheinlich in einem der norditalienischen Stadtstaaten, denn aus diesen stammen die meisten frühen Hinweise auf mechanische Uhren.

In großen Städten wie Venedig oder Mailand blühte der Handel. Mit ihm entstand eine neue Denkart. Für Spekulationsgeschäfte, die es damals schon gab, oder zur Planung von Messebesuchen, wie sie im 14. Jahrhundert gang und gäbe waren, wurde Zeit, genauer gesagt, eine detaillierte Zeitplanung immer wichtiger. Auch die – modern formuliert – Logistik des Handels, also die Transportplanung, gewann zunehmend an Bedeutung. Der mechanische Takt verdrängte den natürlichen Rhythmus auch in der Welt des Handwerks; das Abrechnen von Arbeitszeiten, das Kalkulieren von Arbeitskosten kam auf. Zeit wurde buchstäblich Geld, und diese Entwicklung ist eng mit der zunehmenden Verbreitung der mechanischen Räderuhr verzahnt. Doch was nützt die vermessene Zeit, wenn sie nicht öffentlich wird? Das 14. und 15. Jahrhundert erlebten einen Boom in der Verbreitung von Turmuhren an Kirchen und Magistratsgebäuden. In den Städten schlug jetzt die neue Zeit für jedermann, das Stadtvolk löste sich endgültig vom überkommenen Rhythmus der Natur.

■ Klepsydra, Wasseruhr, für den Gerichtshof von Athen zur Begrenzung der Redezeit. Bei Beginn einer Rede wurde der Stöpsel im Boden des 6,4 Liter fassenden Behälters entfernt. Die Entleerung dauerte 6 Minuten. Um 400 v. Chr.

■ Astrolabium aus dem Besitz Galileo Galileis

Technisch gesehen, funktionieren mechanische Uhren im Prinzip auch heute noch wie vor sechshundert Jahren. Es handelt sich um ein Räderwerk, in dem große Zahnräder kleinere in Bewegung versetzen. So kann eine langsame Drehung in eine schnelle übersetzt werden. Als Antriebskraft diente bei den frühen Uhren bis ins 15. Jahrhundert hinein die Schwerkraft, umgesetzt von Gewichten. Danach kam die Federkraft als Antriebsquelle hinzu. Ein dünnes Messingblech – heute ein Band aus gehärtetem Stahl –, aufgewickelt in einem Gehäuse, setzt und hält dabei die Räder in Bewegung. Am Beispiel der Feder als Energiequelle wird das Hauptproblem der mechanischen Uhr besonders deutlich: der gleichmäßige Gang. Eine stark gespannte Feder lie-

■ Astronom bei der Himmelsbeobachtung mit Astrolabium, Zodiakus und Sanduhr. Indische Buchminiatur aus dem frühen 17. Jahrhundert

fert mehr Kraft als eine fast abgelaufene; ohne zusätzlichen Hemmmechanismus liefe die frisch aufgezogene Uhr schneller. Dieses Problem löste Ende des 14. Jahrhunderts die »Schnecke«, eine Art Übersetzungsmechanismus. Feder und Schnecke führten zu einem Miniaturisierungsschub in der neuen Kunst der Uhrmacherei, deren erste Zünfte sich Anfang des 16. Jahrhunderts etablierten. Dass der geniale Uhrmacher Peter Henlein aus Nürnberg um 1510 die erste tragbare Sack- oder Taschenuhr gebaut habe, ist eine zählebige Legende, die noch 1942 auf einer Reichspostbriefmarke verewigt wurde.

Tatsächlich war die Technik von Federzug und Schnecke bereits um 1430 ausgereift, und tragbare Uhren galten schon Ende des 15. Jahrhunderts als Renner in Italien, wo sie wahrscheinlich auch entwickelt wurden. Nach der »Veröffentlichung« der Zeit entstand mit den tragbaren und immer kleiner werdenden Uhren eine Personalisierung und Privatisierung der Zeit. Zimmeruhren mit Minuten und sogar schon Sekundenanzeigen und viertelstündlichem Glockenschlag eroberten im 18. Jahrhundert den privaten Bereich: Nun schlug das Diktat der getakteten Zeit auch in der guten Stube. Nicht wenige Technikphilosophen sehen in der Erfindung und Entwicklung der mechanischen Zeitmessung die Ursache für die Dynamik im wirtschaftlichen und technischen Aufschwung Europas. Taktgeber für die Maschinen in der stürmisch ablaufenden Industrialisierung, ist die Uhr selbst eine Maschine, sogar eine, deren Erfindung man für bedeutsamer halten darf als die Entwicklung der Dampfmaschine – bildet sie doch als Taktgeber im Götzen des Computerzeitalters, dem schnellen Rechner, ein Herzstück der Informationstechnologie.

■ Signierte und datierte Taschenuhr von Peter Henlein. Der Nürnberger Schlosser und Feinmechaniker stellte ab 1510 dosenförmige Taschenuhren her.

# UHR

## TECHNOLOGIE

**Schnecke:** Die Antriebsfeder wird in einem Gehäuse, dem Federhaus, aufgerollt, an dem außen eine Darmsaite oder feine Kette befestigt ist. Diese ist am größten Umfang der Schnecke befestigt und wickelt sich, wenn die Schnecke gedreht wird (Aufziehen der Uhr), nach und nach um das sich nach oben verjüngende »Schneckenhaus«: So ist die Feder gespannt. Entspannt sie sich nun langsam, dreht sich das Federhaus und die Saite windet sich wieder darum auf. Der verschieden große Durchmesser der Schnecke gleicht die unterschiedliche Spannung der Feder so aus, dass das Drehmoment des Schneckenrades stets etwa den gleichen Wert hat.
**Quarzuhr:** Ab 1840 wurden elektrisch angetriebene und gesteuerte Uhren entwickelt. Noch genauer und zuverlässiger ist die Zeitmessung mit einem Quarz, der piezoelektrisch zum Schwingen angeregt wird (erste Modelle 1929); Quarzuhren weichen nur um Hundertmillionstel Sekunden pro Monat ab. Nach 1950 gestattete die Mikroelektronik den Bau handlicher Quarzuhren, seit 1970 sind sie allgemein verfügbar.
**Atomuhr:** In Deutschland bestimmt seit 1986 offiziell das Cäsiumstrahl-Zeitnormal CS2 der Physikalisch-Technischen Bundesanstalt in Braunschweig die Zeit. Diese Uhr, die auch alle Funkuhren steuert, weicht in fünf Millionen Jahren nur um eine Sekunde ab; ihre Genauigkeit bestimmt sie durch den Abgleich mit den Schwingungen besonders angeregter Cäsiumatome. Noch präziser gehen die weiterentwickelten Modelle CS3 und CS4 und die mit Laserstrahlen arbeitende Cäsiumfontäne.

## KULTURGESCHICHTE

**Turmuhren:** Seit Mitte des 14. Jh., ausgehend von den norditalienischen Stadtstaaten, bestimmte die Uhr das städtische Leben: Arbeits- und Öffnungszeiten richteten sich nach den Schlägen von Kirchturm- und Rathausuhren, die Tag und Nacht die Stunde angaben. Selbstregierte Städte bauten sich ab dem 13. Jh. Markthallen und Rathäuser und hoben deren Bedeutung mit einem Turm hervor, und eine dort angebrachte Uhr mit mechanischem Schlagwerk galt schnell als Prestigeobjekt. Die älteste nachweisbare öffentliche Uhr, die 24 Stunden schlug, wurde 1336 in Mailand errichtet.
**Uhrmacher:** Peter Henlein (um 1480–1542) aus Nürnberg war zwar nicht der Erfinder der Taschenuhr, aber sicher ein geschickter Meister, der viel zu ihrer Verbreitung beitrug. Bereits der italienische Architekt Filippo Brunelleschi arbeitete um 1400 am Federantrieb. Christiaan Huygens (s. S. 97) wurde 1657 ein Patent auf die Pendeluhr erteilt; außerdem benutzte er erstmals eine Spiralfeder zur Kontrolle der Unruhschwingungen. Der englische Uhrmacher John Harrison (1693–1776) gewann einen Wettbewerb für eine Schiffsuhr zur genauen Bestimmung des Längengrades. Dominique François Arago, ein französischer Physiker, baute 1821 die Stoppuhr. Der Schweizer Uhrmacher Adrien Philippe erfand 1842 den Kronenaufzug für Taschenuhren. Antoine Redier aus Frankreich konstruierte 1847 den mechanischen Wecker, wie er heute noch in Gebrauch ist. Moderne Armbanduhren gibt es seit etwa 1900.

**Lesenswert:**
Richard Mühe, Helmut Kahlert: *Deutsches Uhrenmuseum Furtwangen: Die Geschichte der Uhr*, München 1983

Gerhard Dohrn-van Rossum: *Die Geschichte der Stunde. Uhren und moderne Zeitordnungen*, München 1992

**Sehenswert:**
*Ausgerechnet Wolkenkratzer (Safety Last)*. Regie: Fred Newmeyer, Sam Taylor; mit Harold Lloyd, Mildred Davis. USA 1923

*Moderne Zeiten (Modern Times)*. Regie: Charles Chaplin; mit Charles Chaplin, Paulette Goddard. USA 1936

**Besuchenswert:**
Deutsches Uhrenmuseum in Furtwangen

Uhrenmuseum in Wuppertal

Pfälzisches Turmuhrenmuseum in Rockenhausen

St.-Marien-Kirche in Rostock, astronomische Uhr mit mechanischen Figuren von 1472

## AUF DEN PUNKT GEBRACHT

Erst mit der Erfindung der mechanischen Räderuhr kam die Einteilung des Tages in 24 gleich lange Zeitabschnitte auf. Und mit ihm eine neue merkantile Denkweise.

# Rechenhilfen

## Vom Zählen zum Rechnen

■ Traditioneller chinesischer Abakus aus Holz

Wann die Menschen begonnen haben, Mengen durch Abzählen zu erfassen, Größen in Zahlen auszudrücken, kurz: zu zählen – das lässt sich heute kaum mehr feststellen. Möglicherweise vollzog sich dieser Schritt schon in den vorgeschichtlichen Jäger- und Sammlergesellschaften. Die Schwierigkeiten dieser Entwicklung lassen sich erahnen, wenn man den Abstraktionsprozess bei einem heranwachsenden Kind verfolgt: Drei Äpfel sind für ein Kleinkind etwas anderes als drei Birnen oder drei Bäume. Auch archaische Stammesgemeinschaften beziehen heute noch Zahlworte auf das Gezählte. So verwenden zum Beispiel manche afrikanische Völker andere Begriffe für »sechs Kühe« als für »sechs Menschen«. Sprachliche Reste dieser archaischen Zählweise verblassen auch in den zivilisierten Gesellschaften nur langsam; vor nicht allzu langer Zeit maß man Stoffe nach Ellen, Höhen nach Fuß, Tiefen nach Klafter. Noch heute teilen wir eine Armee nach Zug, Kompanie und bis vor kurzem auch Schwadron ein – Wörter, die ursprünglich einen echten Zahlwert hatten.

*Wie* gezählt wird, ist die zweite wichtige Frage. Zunächst nahm man Finger und Zehen zur Hilfe, schrieb die Ergebnisse in den Sand, kerbte Schulden in Knochen und Holz oder ritzte Bilanzen in Stein und Ton. In den Hochkultu-

### FRÜHE NULL

Die Zahlensysteme der frühen Hochkulturen bauten auf ganz unterschiedlichen Grundzahlen auf. So benutzte der babylonische Kulturkreis die Zahl sechzig als Einheit – heute noch lebt diese Wahl in der Einteilung des Kreises in 360 Grad oder der Einteilung der Zeit in Stunden, Minuten und Sekunden fort. In den Hochkulturen Mittelamerikas dagegen, bei den Mayas und Olmeken, war die zwanzig als Grundzahl gebräuchlich. Die Mayas kannten ein Stellensystem, das allerdings senkrecht notiert wurde, und das Prinzip der Leerstelle, also die Null. Die Genauigkeit ihres Kalenders, der sich auf die Umläufe des Morgen- und Abendsterns Venus bezog, fand erst in der Neuzeit wieder ihresgleichen.

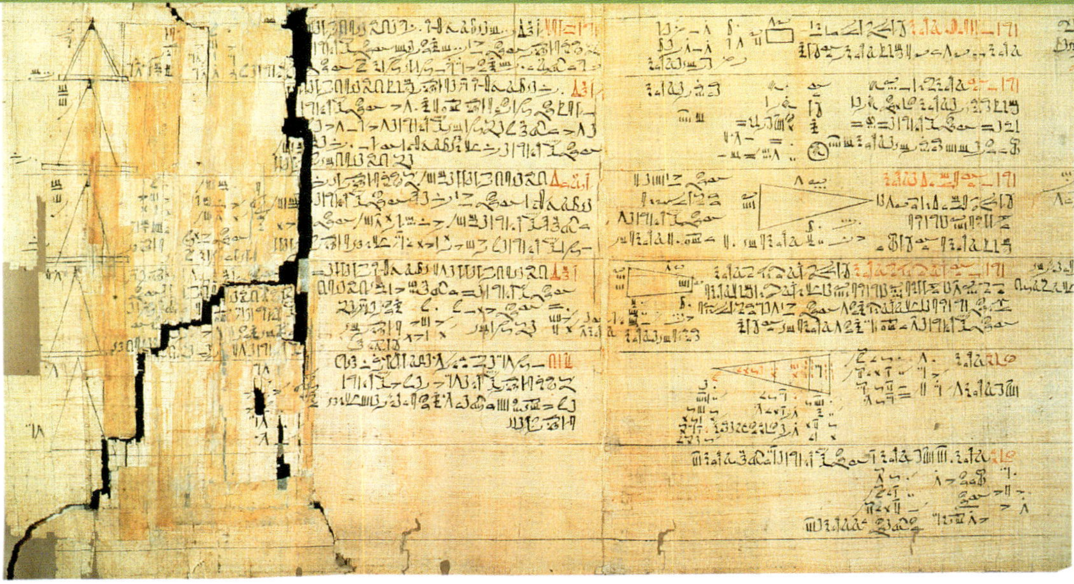

ren, die sich vor sechstausend Jahren herausbildeten, entwickelten sich schon mehr oder minder komplizierte Zählsysteme. Fortschritte im Handel, im Verkehr, in der Himmelsbeobachtung und der Verwaltung großer Reiche zwangen zur Einführung systematischer Methoden der Größen- und Mengenbestimmung. Unbekannt war damals noch das uns heute vertraute Dezimalsystem, dessen Grundzahl zehn ist.

Lange Zeit mühten sich Sumerer und Ägypter, Inder und Araber, Griechen und Römer mit höchst komplizierten Zahlzeichen und umständlichen Rechnungen. Vermutlich machte erst im 5. Jahrhundert n. Chr., möglicherweise aber schon im 2. Jahrhundert v. Chr., ein findiger Inder diesen Mühen ein Ende: Er erfand die Stellenwertschreibung für Zahlen im Dezimalsystem. Den Wert einer Ziffer bestimmt seitdem die Position, die sie innerhalb einer Zahl einnimmt. Der epochale Charakter dieses Schritts kommt in einer Bemerkung des großen französischen Mathematikers Pierre Simon Laplace vor knapp zweihundert Jahren zum Ausdruck: »… ein tiefer und wichtiger Gedanke, der uns jetzt so einfach erscheint, dass wir seine wahre Bedeutung nicht beachten; allein durch seine echte Einfachheit, durch die große Leichtigkeit, die er allen Rechnungen verliehen hat, nimmt unsere Arithmetik den ersten Rang unter den nützlichen Erfindungen ein.« Die Erfindung der Null – indisch »sunya« für Leere oder Leerstelle – machte ab dem 7. Jahrhundert endlich das einfache Rechnen mit großen Zahlen möglich.

■ Der Papyrus Rhind stammt aus der 15. Dynastie, um 1550 v. Chr.) Das nach seinem ersten Besitzer A. H. Rhind benannte Dokument ist mit hieratischer Schrift beschrieben und enthält 87 mathematische Textaufgaben sowie Brüche-Tafeln. Es ist die Kopie eines Papyrus aus der 12. Dynastie, Herrschaft Amenemhets II.

■ Zwei Kaufleute bei einer Abrechnung. Holzschnitt, 1516

MIRIFICI

Logarithmorum
*Canonis deſcriptio,*

Ejuſque uſus, in utraque
*Trigonometria; ut etiam in*
omni Logiſtica Mathematica,
*Ampliſsimi, Facillimi, &*
*expeditiſsimi explicatio.*

Authore ac Inventore,
IOANNE NEPERO,
Barone Merchiſtonii,
*&c. Scoto.*

*EDINBURGI,*
Ex officinâ ANDREÆ HART
*Bibliopôlæ*, CIↃ. DC. XIV.

■ Titelseite der Erstausgabe von John Napiers Werk *Die wunderbare Beschreibung der logarithmischen Regeln* von 1614. Der schottische Mathematiker schuf die Basis für das Rechnen mit Logarithmen.

Nach Erleichterungen beim Rechnen suchten die verschiedenen Kulturen schon seit Tausenden von Jahren, und das mit beachtlichem Erfolg – davon zeugen zahlreiche mechanische Hilfsmittel für den Umgang mit Zahlen. Vielleicht war es ein babylonischer Händler, der vor fünftausend Jahren erstmals bemerkte, dass das Rechnen mit Ziffern auf einem Sand bestreuten Brett schneller ging als mit Fingern oder Zehen. Aus diesem »Staubbrett« entwickelte sich ein Rechenbrett mit Rillen, in denen runde Scheiben hin- und hergeschoben wurden; die Scheiben stellten Zahlen dar: Die Urform des Abakus war geboren. Seine heute bekannte Form mit auf Stäben laufenden Kugeln wird dem Einfallsreichtum der Chinesen zugeschrieben, entstand aber wahrscheinlich unabhängig davon auch im Mittelmeerraum.

Der Abakus benutzte im Grunde schon ein Stellenwertsystem, und die Null lieferte nun die Möglichkeit, die leere Kolonne des Abakus schriftlich festzuhalten. Dank ihrer Hilfe konnte man auf teilweise grotesk komplizierte Zahlzeichen – man denke nur an die römischen Ziffern – zum Notieren von Ergebnissen verzichten.

Ernsthafte Konkurrenz bekam diese Rechenhilfe erst im aufgeklärten Europa des 17. Jahrhunderts. Die findigen Köpfe jener Zeit waren von der Aufgabe fasziniert, mechanische Rechenhilfsmittel zu konstruieren. Eins dieser Hilfsmittel ist der bis vor wenigen Jahrzehnten gebräuchliche Rechenschieber. Ihm liegt das Rechnen mit Logarithmen zugrunde, für das der schottische Gelehrte John Napier 1614 mit seinem Buch *Die wunderbare Beschreibung der logarithmischen Regeln* und den dazu gehörigen »Rechenstä-

HAUPTFACH FEILSCHEN

Mit dem wachsenden Warenhandel am Ende des Mittelalters wurden auch Arithmetik und Rechenkünste immer wichtiger. Die italienischen Stadtstaaten, allen voran Florenz, trugen dem durch Unterricht in »Abakus« und »Algorithmus« Rechnung. Allein in Florenz wurden in sechs Schulen jährlich mehr als tausend Kinder – bei einer Einwohnerzahl von einhunderttausend! – in den Rechenkünsten unterrichtet.

ben« den Grundstock legte. Wer in den 1960ern zur Schule ging, hat die Bedienung des Rechenschiebers noch gelernt. Die zwei gegeneinander verschiebbaren Stäbe, die das Ausführen von Multiplikationen schnell und sicher ermöglichen, blieben aber nach dem Schulbankdrücken doch meist vergessen in Schubladen liegen. Nur für Techniker und Ingenieure stellte der Rechenschieber ein wirklich alltägliches Hilfsmittel dar – bis er vom Taschenrechner und einer geradezu modischen Unbedarftheit im Kopfrechnen verdrängt wurde.

Konkurrenz bekam der Rechenschieber aber schon frühzeitig von anderen mechanischen Hilfen. Insbesondere stupide und umfangreiche Additionen schrien förmlich nach Automatisierung. Es war nicht zufällig der Sohn eines Steuereintreibers in der französischen Provinz, der 1642 mit der Konstruktion einer Rechenmaschine begann. Müde, seinem Vater bei der öden Addierarbeit zu assistieren, baute der geniale Franzose Blaise Pascal ein kompliziertes Räderwerk, das die Arbeit für ihn erledigte. Ohne falsche Bescheidenheit nannte er seine Addiermaschine »Pascaline«. Ihr Benutzer stellte die Zahlen, die er addieren wollte, ziffernweise an einer Reihe von Eingaberädern ein, die die jeweilige Stelle im Dezimalsystem darstellten. Als Pascal neununddreißigjährig starb, hatte er nicht nur über fünfzig Ausführungen seiner Pascaline gebaut, sondern sich auch einen bleibenden Namen als Mathematiker und Physiker gemacht. Allerdings war er nicht der Erste, dem die Konstruktion einer Addiermaschine gelang. Der Tübinger Professor Wilhelm Schickard war ihm neunzehn Jahre zuvorgekommen; jedoch blieb von seinem Apparat lediglich eine urkundliche Erwähnung übrig, die Maschine selbst ging in den Wirren des Dreißigjährigen Krieges verloren.

■ Der französische Mathematiker und Physiker Blaise Pascal mit seiner 1642 erfundenen Addiermaschine. Kupferstich, 1735

Pascals und Schickards Addiermaschinen hatten einen entscheidenden Mangel: Sie waren nur zum Addieren wirklich gut geeignet. Andere Rechenoperationen verlangten wiederholtes

■ Gottfried Wilhelm Leibniz, Porträt von unbekannter Hand

Ausführen von Additionen und waren umständlich und zeitraubend.

Dieser Mangel ließ ein anderes Genie jener Zeit nicht ruhen: den Gelehrtensohn Gottfried Wilhelm Leibniz. Er verbesserte die Pascaline durch ein bewegliches Teil, eine gestufte Rolle und eine Kurbel, die das Ausführen vielfacher Additionen erheblich beschleunigten. 1673 stellte Leibniz seine Rechenmaschine der französischen Akademie der Wissenschaften und der Royal Society in London vor. Ein Exemplar gelangte über den Zaren von Russland auch nach China. Damit kehrte, wenn man so will, die Urform der mechanischen Rechenhilfen, der Abakus, in der Verkleidung des Leibnizschen Rechenautomaten zurück ins Ursprungsland.

Durchsetzen konnte sich das hochgelobte Räderwerk allerdings nicht. Zu schnell entwickelten sich die Mathematik und auch die Bedürfnisse von Forschern und Experten nach automatisierten Rechnungen, etwa im Bereich der Differenzial- und Integralrechnung. Isaac Newton formulierte die Himmelsmechanik in dieser neuen mathematischen Sprache. Die langwierigen Berechnungen der Astronomen wurden durch sie zwar vereinfacht, aber es taten sich auch ungeahnte weitere Betätigungsfelder auf, zu deren Bewältigung die automatische Abwicklung der Grundrechenarten mit den Maschinen von Pascal und Leibniz nicht ausreichten. Erst zu Beginn des 19. Jahrhunderts gelangen substanzielle Verbesserungen, die bereits die ersten Schritte auf dem Weg zum modernen Computer unternahmen und Vorläufer programmierbarer Rechenautomaten ermöglichten.

■ Die von Leibniz um 1673 erfundene Rechenmaschine für Multiplikatoren. Kupferstich, 1727

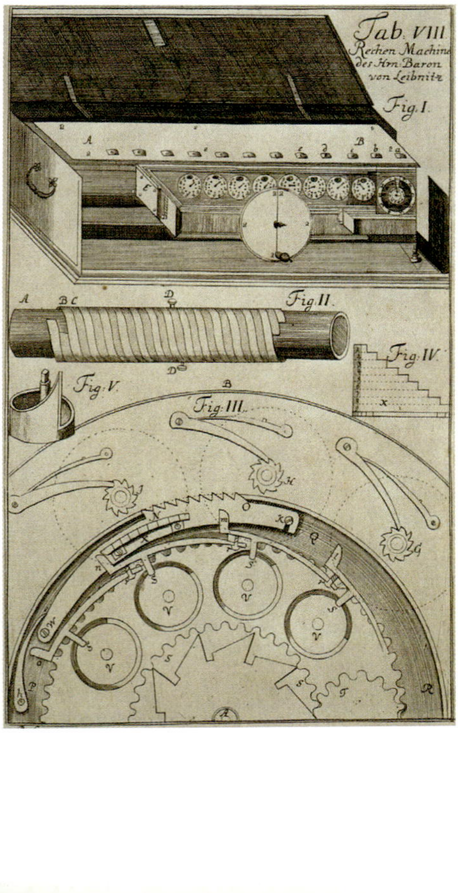

# RECHENHILFEN

## TECHNOLOGIE

**Arbeitsprinzip:** In mechanischen Rechenmaschinen werden Addition und Subtraktion mehrstelliger Zahlen von Zahnrädern ausgeführt, die durch Übersetzungsgetriebe verbunden sind. Die Einstellung erfolgt per Hand, der Antrieb durch Kurbel. Einige Modelle haben einen automatischen Zehnerübertrag (ähnlich wie bei heutigen Kilometerzählern im Auto). Automatische Multiplikation und Division ermöglicht eine Staffelwalze, ein Zylinder mit unterschiedlich hohen achsparallelen Zahnreihen. Eine andere Möglichkeit zur Ausführung der Multiplikation ist das Sprossenrad mit versenk- oder ausklappbaren Zähnen. Vierspeziesgeräte können alle vier Grundrechenarten ausführen.

## KULTURGESCHICHTE

**Konstrukteure und Modelle:** Im 15. Jh. zeichnet Leonardo da Vinci eine Art Rechenmaschine, deren Funktionsweise jedoch unklar bleibt. Um 1600 entwickelt der schottische Lord John Napier Rechenstäbe, die Multiplikation und Division erleichtern, indem sie in mehrfache Addition oder Subtraktion überführt werden. Die erste mechanische Rechenmaschine des Tübinger Theologen und Hebräisch-Professors Wilhelm Schickard von 1623 addiert und subtrahiert und benutzt die Napierschen Stäbe für Multiplikation und Division. Blaise Pascals Addiermaschine von 1641 entsteht unabhängig davon. Eine nichtdezimale Addiermaschine wird Ende der 1660er Jahre von dem Engländer Samuel Morland gebaut. 1673 ermöglicht die Leibnizsche Rechenmaschine erstmals alle vier Grundrechenarten. Der Vierspeziesapparat des Mathematikprofessors Giovanni Poleni aus Padua arbeitet mit einem Sprossenrad; von ihm existieren nur Nachbauten anhand der Beschreibung von 1709. Die erste serienmäßig produzierte Rechenmaschine, das Arithmomètre (nach Leibniz), entwickelt um 1818 der Versicherungsunternehmer Charles Xavier Thomas aus Colmar; der Apparat wird bis 1920 gebaut und weltweit etwa 1500 Mal verkauft. 1878 lässt sich der schwedische Ingenieur Willgodt T. Odhner eine Vierspeziesmaschine mit Sprossenrad patentieren; das kompakte und preiswerte Gerät ist sehr erfolgreich. Der Comptometer des amerikanischen Mechanikers Dorr E. Felt von 1887 ist heute noch die schnellste mechanische Addiermaschine. Otto Büttner, Mechaniker aus Dresden, kombiniert 1888 Staffelwalze und Sprossenrad zu einem Vierspeziesgerät. Anfang des 20. Jh. baut der deutsche Ingenieur Christel Hamann Geräte mit den neuen Arbeitsprinzipien Proportionalhebel und Schaltklinke, die für eine Motorisierung geeignet sind. Die 1948 von dem Österreicher Curt Herzstark entwickelte Curta, wegen ihrer Form auch »Pfeffermühle« genannt, ist bis Anfang der 1970er gefragt. Aus den USA kommt 1952 der Friden-Automat zum Wurzelziehen. Mit der Alpina entsteht 1961 in Deutschland eine der letzten mechanischen Rechenmaschinen.

**Schule:** Das älteste europäische Lehrbuch für das Rechnen mit arabischen Ziffern (1202) berücksichtigt auch kaufmännische Zwecke. Die von Norditalien aus immer weitere Kreise ziehende Form der Buchhaltung im 15./16. Jh. führte zum Entstehen von Rechenschulen, in denen Meister wie Adam Ries den Umgang mit dem Abakus und schriftliches Rechnen lehrten.

## AUF DEN PUNKT GEBRACHT

Ohne Zahlen und Zählen kein Handel und Wandel. Mit dem Rechnen kommen die Rechenhilfen, und diese wandeln sich mit der Weltsicht. Die Welt als Uhrwerk ist der geeignete Lebensraum für mechanische Rechenmaschinen.

## EMPFEHLUNGEN

**Lesenswert:**

Martin Reese: *Neue Blicke auf alte Maschinen. Zur Geschichte mechanischer Rechenmaschinen*, Hamburg 2002

Hans Magnus Enzensberger: *Der Zahlenteufel*, München 1997

**Besuchenswert:**

Arithmeum in Bonn, zahlreiche Nachbauten von Rechenmaschinen aus dem 17.–19. Jh.

Mathematikum in Gießen, mathematisches Museum zum Anfassen

Niedersächsische Landesbibliothek in Hannover, Original der Leibnizschen Rechenmaschine

Mathematisch-physikalischer Salon im Zwinger, Dresden

# Dampfmaschine
## *Sprit sparen durch Dampf ablassen*

■ James Watt (1736–1819), der Erfinder der ersten direkt wirkenden Niederdruck-Dampfmaschine (1765). Kupferstich

Es ist ein zarter, fast kränklich aussehender Mann, der an einem Sonntagmorgen im Mai des Jahres 1765 im Grüngürtel von Glasgow spazieren geht. Er wirkt vergeistigt, ist in Gedanken versunken – ein Gelehrtentyp. Doch tatsächlich hat er ganz Praktisches im Sinn: Der Feinmechaniker James Watt überlegt, wie man die herkömmlichen Feuermaschinen noch weiter verbessern kann, um Heizkohle zu sparen. Und plötzlich hat er eine Idee.

Glaubt man den Eintragungen in oberflächlichen Lexika und dem Kult, der in so manchem Museum um den Erfinder James Watt getrieben wird, dann markiert jener Maispaziergang eine Wende in der Menschheitsgeschichte. James Watt, so Legende Nummer eins, habe die Dampfmaschine erfunden, und die Dampfmaschine, so Legende Nummer zwei, habe die industrielle Revolution eingeleitet und die Welt verändert. Nach einhelliger Meinung einiger weniger enthusiastischer Technikhistoriker jedoch tat James Watt lediglich das Nächstliegende, um ein im Prinzip gelöstes Problem zu weiterem Erfolg zu führen.

Das Problem bestand im Auffinden einer ergiebigen Kraftquelle, die mehr Leistung erbringen konnte als Pferdemuskeln, Wasserräder oder Windmühlen. Eine Lösung bot die Dampfmaschine. Wird Wasser erhitzt, entsteht Dampf. Der Dampf dehnt sich aus, und wenn dies in einem geschlossenen Gefäß mit Deckel geschieht, kann man seine Ausdehnungskraft nutzen, den Deckel zu heben. Die Spannkraft des Dampfes war schon in der Antike bekannt. Damals wurde sie im Theater zum Antrieb früher Automaten gebraucht. Im 15. Jahrhundert skizzierte Leonardo da Vinci sogar eine Dampfkanone. Doch technisch blieb Dampf als Antriebskraft bis ins späte 17. Jahrhundert ungenutzt. Erst dann verband man die Dampfkraft mit dem Prinzip von Kolben und Zylinder. Ist der vom Dampf bewegte Deckel ein Kolben, also mit einem Gestänge verbunden, und findet man einen Weg, den Kolben wieder in das Gefäß zurückzutreiben, dann hat man eine Antriebsmaschine, die die expansive Kraft des Dampfes umsetzt.

GENIEBLITZ

*Es kam mir der Gedanke, dass Dampf, ein elastischer Körper, sich in einen luftleeren Raum hineinstürzen würde und dass, wenn man den Zylinder mit einem luftleeren Raum verbände, er dort hineinströmen müsste, wo man ihn kondensieren könne, ohne den Zylinder abzukühlen.*

James Watt

James Watts intensive Beschäftigung mit dem Dampf begann im Winter 1763. Von der Universität Glasgow, auf deren Gelände er

eine kleine Werkstatt betrieb, hatte er den Auftrag bekommen, das Modell einer Newcomenschen »Feuermaschine« zu reparieren. Die Newcomen-Maschinen gab es seit 1712, sie trieben Bergwerkspumpen an, die Schächte entwässerten; der Aufschwung im Bergbau um 1700 hatte zu einer großen Nachfrage nach starken Maschinen geführt. Die Newcomenschen Maschinen waren in Kohle- und Erzgruben also bereits fünfzig Jahre in Gebrauch, bevor Watt erstmals über ihre Funktionsweise sinnierte. In der von Thomas Newcomen konstruierten Maschine wurde der Dampf im Zylinder durch Einspritzen von kaltem Wasser abgekühlt. Dadurch kondensierte der Dampf erneut zu Wasser, es entstand ein Unterdruck im Zylinder, und dieser zog den Kolben wieder nach unten. Störender Nebeneffekt dieser Methode war der ungeheure Verbrauch an Heizkohle, der dadurch zustande kam, dass man den Zylinder mit abkühlte und somit nach jedem Arbeitszyklus neu aufheizen musste. Watts Idee an jenem Sonntagvormittag bestand darin, nicht kaltes Wasser in den heißen Zylinder zu spritzen, sondern den Dampf austreten und in einem zweiten Gefäß abkühlen zu lassen. Dadurch würde der Zylinder heiß bleiben und Aufheizenergie eingespart. Somit wäre – folgt man der glorifizierenden Erfindergeschichtsschreibung – eine Methode des »Spritsparens« der Auslöser der industriellen Revolution. Man könnte das als lässliche Übertreibung abtun, wäre es nicht gänzlich falsch. Im Elsass etwa, wo es keine Kohle gab, aber reichlich Wasser, wurden nicht die »Feuermaschinen« weiter entwickelt, sondern die von Karl Anton Henschel in Kassel erfundene Wasserturbine, und die Industrialisierung schritt ohne die Dampfmaschine voran. Die Dampfmaschine stellt quasi die englische Lösung des Energieproblems dar, das mit der enormen Ausweitung der Metallindustrie und der Textilmanufakturen aufkam.

Bis die Wattsche Dampfmaschine zum Motor der industriellen Entwicklung wurde, vergingen allerdings noch gut dreißig Jahre. Zunächst musste der Tüftler Watt seine Idee ausarbeiten, einen

■ Utopische Darstellung von 1842 zum Einsatz des Dampfantriebs im Jahre 1942 mit Dampfwagen und Dampfpferden im Wiener Prater. Radierung nach Johann Christian Schöller (1782–1851)

■ Von James Watt entwickelte Dampfmaschine mit Planetengetriebe, die von 1788 bis 1858 in Betrieb war

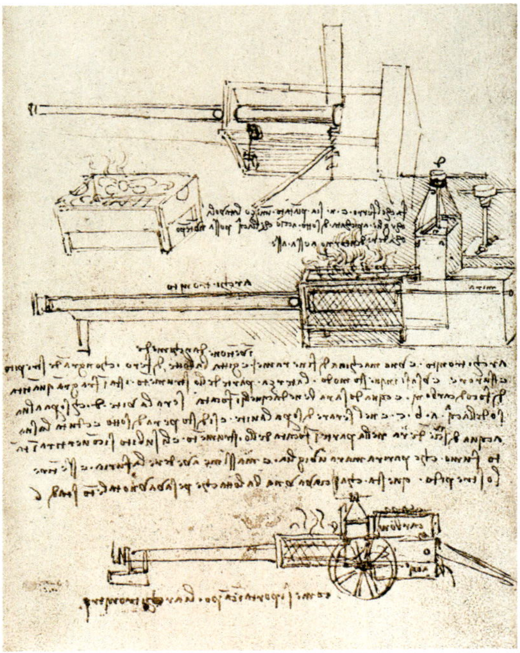

■ Skizze einer Dampfkanone (1488–1497) von Leonardo da Vinci mit Aufzeichnungen in der für ihn typischen Spiegelschrift

Prototypen bauen und Geld auftreiben, um überhaupt den Patentantrag bezahlen zu können, der am 5. Januar 1769 als englisches Patent Nummer 913 erteilt wurde, und zwar auf »die Verminderung des Verbrauchs von Dampf, folglich auch an Brennstoff in Feuermaschinen«. Weitere Schwierigkeiten lagen darin, dass die Fertigung der Dampfmaschinen einen bislang unbekannten Grad an Präzision in der noch jungen Sparte Maschinenbau verlangte. Außerdem waren Watts unternehmerische Qualitäten wenig ausgeprägt. Erst mit der Hilfe des mächtigen Industriellen Matthew Boulton, den er auf einer Reise kennen gelernt hatte, gelang es ihm, die ursprüngliche Idee in ein florierendes Unternehmen zu verwandeln. Boulton war weitsichtig genug, das Wattsche Patent bis zur Jahrhundertwende verlängern zu lassen. Die Firma lebte davon, Lizenzen für den Bau von Dampfmaschinen mit Kondensator und einen dazu gehörigen Wartungsvertrag zu verkaufen. Knallhart gingen Boulton & Watt gegen unlizenzierte Nachbauten vor.

Da im Jahr 1800 das ursprüngliche Patent ablief, erarbeitete Watt weitere technische Verbesserungen. Fast alle Patente rund um die Dampfmaschine gehen auf ihn zurück. Selbst den drehenden Kolben – den Wankelmotor gewissermaßen – hat Watt schon erfunden und ebenso die Hochdruck-Dampfmaschine, durch die erst die Dampflokomotive und damit ein neues Transportuniversum entstehen konnte. Der Erfinder, der trotz seiner lebenslang kränklichen Konstitution ein hohes Alter erreichte, starb reich, geachtet und berühmt, seine Dampfmaschine war auch im Ausland ein Begriff. Nur zur historischen Großtat wurde sie erst viel später stilisiert. Im Jahr 1818, ein Jahr vor Watts Tod, hatte Thomas Martin seine *Enzyklopädie der Mechanischen Wissenschaften* herausgegeben. Die Dampfmaschine wurde darin nicht erwähnt.

### HISTORISCHE PERSPEKTIVE

Friedrich Engels hat bereits vor mehr als hundert Jahren Watts Beitrag zur Entwicklung der Dampfkraft in die richtige historische Perspektive gerückt: »Die Dampfmaschine war die erste wirklich internationale Erfindung. Der Franzose Papin erfand sie, und zwar in Deutschland. Der Deutsche Leibniz gab ihm die Hauptidee dabei: die Anwendung von Zylinder und Kolben. Die Engländer Savery und Newcomen erfanden bald darauf ähnliche Maschinen; ihr Landsmann Watt endlich brachte sie, durch Einführung des getrennten Kondensators, im Prinzip auf den heutigen Standpunkt.«

# DAMPFMASCHINE

## TECHNOLOGIE

**Druck:** Als atmosphärisch werden Dampfmaschinen bezeichnet, wenn sie den Dampf bei normalem Umgebungsluftdruck erzeugen und kondensieren. Niederdruck-Dampfmaschinen arbeiten mit einem Druck von unter 10 bar (1 bar entspricht etwa dem normalen Atmosphärendruck, heute in Pascal gemessen), die effektiveren Hochdruckmaschinen darüber.

**Verbesserungen:** Die Effizienz seiner Maschine konnte James Watt weiter steigern, indem er den Dampf abwechselnd auf beide Seiten des Kolbens drücken ließ. Außerdem wurde die Dampfzufuhr gesperrt, bevor der Kolben seinen »Höchststand« erreicht hatte; den Rest des Wegs wurde er von dem Dampf getrieben, der bereits im Zylinder war: Dampf will sich immer ausdehnen. Watt baute ferner ein Schwungrad an, das den unruhigen Lauf des hin- und hergehenden Kolbens ausglich, und kontrollierte die Dampfzufuhr über einen automatischen Zentrifugalregulator. Für die Umsetzung in eine gleichmäßige Drehbewegung, wie sie in Mühlen und anderen Werkstätten gebraucht wurde, fand Watt mehrere Lösungen, unter anderem das Planetengetriebe; Kurbel und Pleuelstange konnte er aus Patentgründen erst ab 1794 nutzen.

**Dampfturbine:** Nach dem Prinzip der Äolipile von Heron (s. S. 81) sollte auch der automatische Bratenwender arbeiten, den Leonardo da Vinci 1480 vorschlug: Aufsteigende Wärme wurde als Antrieb genutzt. Giovanni Branca dachte 1629 daran, ein Pochwerk mit Dampf und Schaufelrad zu betreiben; er konnte dies nicht umsetzen, erkannte jedoch bereits, dass Dampfturbinen hohe Drehzahlen erreichen. Erst mit besseren Materialien und Fertigungstechniken konnte die Maschine verwirklicht werden, die eine gleichmäßige Drehbewegung direkt und mit wenig Reibungsverlust erzeugt. Der schwedische Techniker Carl Gustav de Laval baute 1883 eine Turbine, in der mehrere Düsen Dampf auf ein Laufrad bliesen, das 30 000 Umdrehungen in der Minute erreichte. Verbessert wurde die Konstruktion 1884 durch Charles A. Parsons, einen britischen Ingenieur, der mit mehreren Laufrädern den Dampf intensiver nutzte. Gedacht war die Turbine zur Elektrizitätserzeugung, mit geeigneter Übersetzung (ins Langsame) trieb sie jedoch auch bald Schiffe und Lokomotiven und benötigte dazu nur ein Drittel der Dampfmenge, die die Dampfmaschine brauchte.

## KULTURGESCHICHTE

**Dampfkochtopf:** Der französische Arzt und Naturforscher Denis Papin (1647–um 1714) erfand 1679/80 den Dampfkochtopf mit Sicherheitsventil. 1690 folgte eine einfache atmosphärische Versuchsdampfmaschine, die Wasser im Zylinder verdampfte und kondensierte, 1698 eine direkt wirkende Dampfpumpe, bei der Arbeitszylinder und Dampfkessel getrennt waren und die er 1706 verbesserte. Mit seiner Maschine wurden Wasserräder betrieben.

**Unter Tage:** Thomas Newcomen (1663–1729), Schmied in England, baute ab 1712 atmosphärische Dampfmaschinen, besonders zur Wasserförderung in Bergwerken. Der Kolben seiner »Feuermaschine« wurde über eine Schwinge durch das Gewicht des Pumpgestänges und unterstützt vom Dampfdruck nach oben gezogen; seine eigentliche Arbeit leistete er, wenn der Dampf abkühlte und der Luftdruck ihn nach unten presste. Die Maschine ersetzte bald schon mehr als 50 Pferde pro Pumpwerk.

## AUF DEN PUNKT GEBRACHT

Die Dampfmaschine gilt als Motor der industriellen Revolution und James Watt als ihr genialer Erfinder. Beides bedarf der Korrektur: Watt erfand lediglich eine die Effizienz steigernde Verbesserung, und die industrielle Revolution hatte viele Motoren.

**Lesenswert:**

Conrad Matschoss: *Geschichte der Dampfmaschine* (1901), Hildesheim 1983

Otfried Wagenbreth: *Die Geschichte der Dampfmaschine*, Münster 2002

Hans L. Sittauer: *James Watt.* Biographie, Leipzig 1989

**Sehenswert:**

*Die Feuerzangenbowle*. Regie: Helmut Weiss, Heinz Rühmann; mit Heinz Rühmann. D 1944

**Besuchenswert:**

Mansfeld-Museum in Hettstedt-Burgörner bei Eisleben, Nachbau der ersten deutschen Dampfmaschine nach Wattschem Prinzip

# Automaten und Roboter

## Maschinenmusik

Es mag ein schöner Sommertag gewesen sein, Ende der zwanziger Jahre des 18. Jahrhunderts. Ein junger Mann wandert durch den Tuileriengarten in Paris, seine Bewegungen sind zackig, fast automatenhaft. Eine lebensgroße Statue fesselt seinen Blick: das steinerne Abbild eines Flötenspielers. Ist es die Lebendigkeit des Ausdrucks, die Dynamik im Faltenwurf des Rocks, ist es die gekonnte Haltung der langen Querflöte, die dem Flaneur das Fehlen der passenden Töne schmerzlich bewusst machen? Wenn es möglich ist, künstliche Vögel singen zu lassen, so fragt sich der Student der Naturwissenschaften, warum sollte es dann nicht auch möglich sein, einen künstlichen Menschen Flöte spielen zu lassen?

Dieses Schlüsselerlebnis, wenn wir der historischen Legendenbildung einmal mehr Glauben schenken, führt zu der Konstruktion des ersten künstlichen Menschen, eines Musikautomaten in Menschengestalt. Sein Schöpfer, der angehende Ingenieur Jacques de Vaucanson, stellt seine Arbeit im Jahr 1738 der französischen Akademie der Wissenschaften vor. Anders als die Spieluhren dieser Zeit enthält der Androide von Vaucanson nicht einfach ein Pfeifenwerk, sondern er spielt Flöte wie ein lebendiger Mensch. Durch seine Lippen strömt ein Luftzug, und seine Finger betätigen die Klappen der Flöte. Die in allen Gelenken beweglichen Finger des Flötenspielers werden über eine Stiftwalze gesteuert, die Lippen können geöffnet, geschlossen, vor- und zurückgezogen werden. Sogar die Zungenstellung wird durch ein zusätzliches Ventil im Hals der Puppe simuliert.

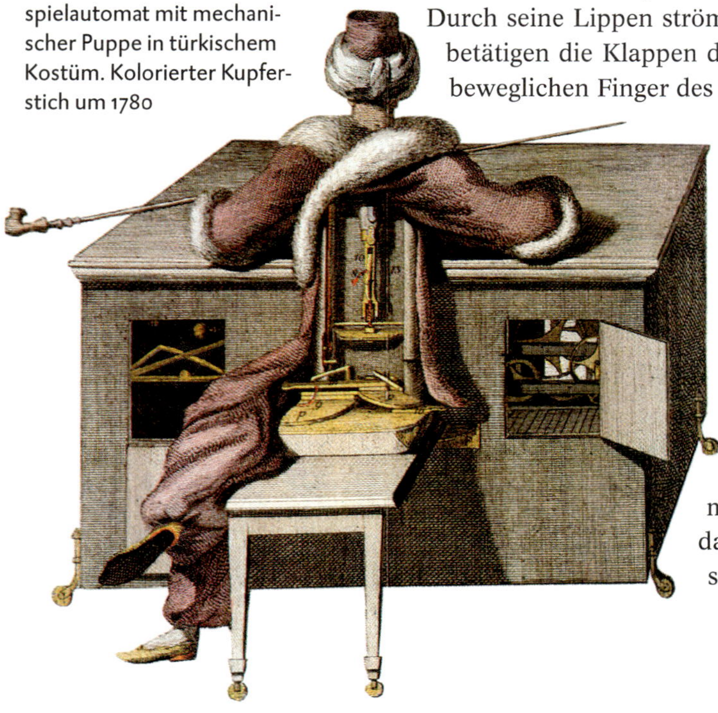

■ *Der falsche Türke.* Schachspielautomat mit mechanischer Puppe in türkischem Kostüm. Kolorierter Kupferstich um 1780

Der leibhaftige Flötenmann ist nicht das Einzige, was Vaucanson zu bieten hat. Zusätzlich offeriert er Konstruktionspläne für eine »künstlich gemachte Ente, die von sich selbst das Essen und Trinken hineinschluckt, verdauet und wieder wie einen ordentlichen Koth von sich gibt; nicht weniger die Flügel ober/unter sich und zur Seite schlägt/schwadert/Und all dasjenige verrichtet, was eine lebendige Ente thun kann«.

Flötenmensch und Ente trafen den Nerv der Zeit. Wirtschaftlich bewegte sich Europa an der Schwelle der Industrialisierung. Automaten begannen, vor allem im Textilgewerbe, menschlicher Hände Arbeit zu verdrängen. Der Zeitgeist wurde geprägt von Ideen, die Philosophen und Naturforscher wie René Descartes und Isaac Newton entwickelt und bekannt gemacht hatten. Newtons Forschung in der theoretischen Himmelsmechanik erklärte die Schöpfung zum gigantischen Uhrwerk, das der Mathematik der Mechanik unterworfen sei. Descartes sah den Körper des Menschen als zwar wundervolle, aber letztlich mechanische Maschine.

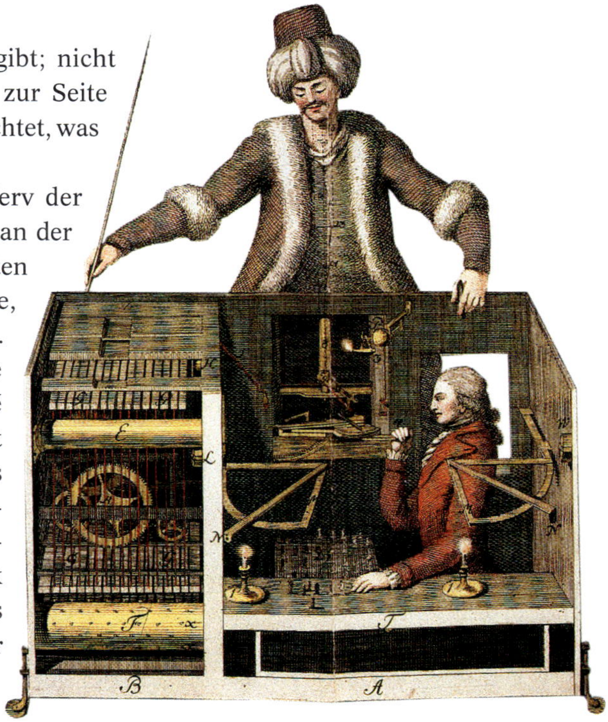

■ Die Innenansicht des Schachspielautomaten offenbart das Geheimnis des »falschen Türken«: Die Bewegungen der Puppe werden von einem Schachspieler im Innern des Kastens gesteuert.

Möglicherweise inspiriert durch Vaucansons künstliche Geschöpfe, veröffentlichte 1748 der Arzt und Philosoph Julien Offray de La Mettrie sein Buch *Der Mensch eine Maschine*. Darin wagte er sich an das letzte Tabu der Materialisten: die Seele des Menschen. Sie und alle menschlichen Empfindungen und Denkprozesse erklärte er kurzerhand ebenfalls für »maschinenmäßig«. Die Maschine Mensch unterscheide sich nur im Grad der Kompliziertheit von niederen Geschöpfen oder von menschengemachten

### DURCH FAULHEIT ZUM ERFOLG

Charles Babbages unverwirklichter Plan für einen programmierbaren Rechenautomaten trug neunzehn Jahre nach seinem Tod Früchte: Der Amerikaner Herman Hollerith stellte 1890 eine Tabelliermaschine für Statistiken vor, die auf Lochkartenbasis arbeitete und wesentliche Prinzipien der Analytischen Maschine enthielt. Als Angestellter der Volkszählungsbehörde in Washington war Hollerith der mühsamen Kleinarbeit überdrüssig, mit der die Ergebnisse der Volkszählung von 1880 siebeneinhalb Jahre lang auswertet wurden. Gerade rechtzeitig vor der nächsten Volkszählung im Jahr 1890 stellte er seine Tabelliermaschine fertig, die dann auch die neue Datenerhebung innerhalb von zweieinhalb Jahren einschließlich der gesamten statistischen Auswertung bewältigte. Hollerith gründete ein erfolgreiches Unternehmen zum Vertrieb seines Automaten an Eisenbahngesellschaften und Behörden. Aus dieser Firma wurde 1924 die International Business Machines Corporation, kurz IBM.

Uhrwerken. La Mettrie aber war seiner Zeit zu weit voraus. Das zunächst anonym veröffentlichte Buch *L'Homme Machine* verursachte einen Skandal, in Frankreich und später in Holland konnte der Autor nicht bleiben. Umso bereitwilliger gewährte ihm der kleinwüchsige Friedrich der Große in Preußen Asyl.

Mitte des 18. Jahrhunderts war mehr als ein Viertel aller Beschäftigten in der Wollverarbeitung und den Hallen der Seidenmanufakturen tätig. Das Textilgewerbe war *der* industrielle Wirtschaftszweig. Auch Vaucanson wendete seine mechanische Begabung den praktischen Anwendungen der Technik zu und wurde 1741 zum Inspekteur der französischen Seidenmanufakturen ernannt. In Lyon, einer Hochburg des Gewerbes, hatte bereits 1728 der französische Seidenweber Jean Baptiste Falcon einen Webstuhl automatisiert. Die Grundidee bestand darin, die Bewegung der Steuerungsnadeln für die Kettfäden durch gelochte Musterkarten zu regulieren. In Falcons automatischem Webstuhl rollte ein Band gelochter Karten an den Nadeln vorbei, und nur diejenigen Nadeln konnten die Karten durchdringen, die für das jeweilige Webmuster benötigt wurden. Das Prinzip der Lochkarte war geboren.

■ Differenz-Rechenmaschine von Charles Babbage, dem Urvater moderner Rechenanlagen. Die 1822–1842 gebaute Maschine blieb allerdings unvollendet.

Vaucanson arbeitete an der Weiterentwicklung der Lyoneser Maschinen. Eines seiner Meisterstücke war ein vollautomatischer Webstuhl, der sogar die Anfertigung gemusterter Stoffe erlaubte – der erste seiner Art. Dieses Produkt Vaucansonscher Erfindergabe wurde allerdings erst nach seinem Tod genutzt. Zunächst wanderte das gute Stück in eine Museumssammlung in Paris, wo es zu Beginn des 19. Jahrhunderts ein gewisser Joseph-Marie Jacquard besichtigte. Nach dieser Vorlage konstruierte er 1804 eine verbesserte Version, die nun auch ein wirtschaftlicher Erfolg wurde. Jacquard gilt seitdem als Erfinder des vollautomatischen Webstuhls und seine Zeit als Geburtsstunde der Fabrikautomation.

Wie stark der Zeitgeist von der Automatenidee durchdrungen war, zeigen auch die »Automatophone«, komplizierte mechanische Musikinstrumente, die selbst große Komponisten wie Haydn, Beethoven oder Mozart wegen der Vollkommenheit der Wiedergabetechnik faszinier-

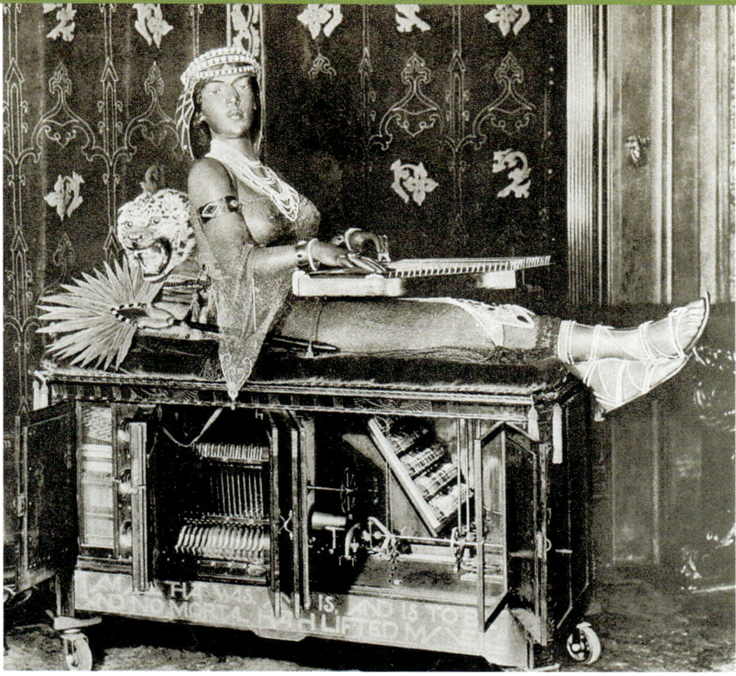


■ Musikautomat mit der Zither spielenden Göttin Isis von C. E. Nixon. 2. Hälfte des 19. Jahrhunderts

ten. Stücke wie Mozarts Phantasie in f-moll, geschrieben für »eine Walze in einer Uhr«, bildeten keine Ausnahme in jener Zeit. Auch Beethoven und Haydn komponierten für automatische Orgelwerke und andere Automatophone. Zu einer Zeit, als Musik noch nicht aufgezeichnet werden konnte, hatten solche Automaten auch schlicht die Funktion, lebendige Musiker zu ersetzen. Sie als Vorläufer von CD-Player und Walkman, als liebenswerte Relikte einer vergangenen Epoche der Unterhaltungsmusik anzusehen ist also keineswegs unstimmig.

Auch in der Wissenschaft schlug die Stunde der Automaten. Um etwa das komplizierte Muster des Sternenhimmels zu ergründen, stützten sich die Physiker auf schwierige neue mathematische Operationen, und automatische Rechenhilfen waren hoch willkommen. Lochkarten nicht nur zur Steuerung von Webstühlen, sondern auch zum Betrieb eines Rechenautomaten zu benutzen – diesen Einfall hatte ein renommierter englischer Wissenschaftler namens Charles Babbage. Er bekleidete den durch Isaac Newton berühmten Lehrstuhl für Mathematik in Cambridge und war überdies ein etwas exzentrischer Genauigkeitsfanatiker, dem nichts mehr verhasst war als die »unzumutbare Plackerei und ermüdende Monotonie mathematischer Routinearbeiten, die zu den niedersten Beschäftigungen des menschlichen Verstandes« zähle. Die Royal Society bewilligte ihm Mittel für die Konstruktion einer Maschine, die wissenschaftliche Tabellen berechnen und drucken

KUNSTMENSCHEN IN DER KUNST

Der Geist des Materialismus und Automatenvorbilder wie der Schach spielende Türke von Wolfgang von Kempelen (der allerdings »getürkt« war, weil nicht ein Räderwerk, sondern ein im Innern des Automaten verborgener menschlicher Spieler die Züge ersann) inspirierten auch Literaten und Musiker zur Beschäftigung mit Androiden, Robotern und Automaten. Bekannt ist E.T.A. Hoffmanns Erzählung *Der Sandmann*, in dem sich der Mensch Nathanael in die künstliche Frau Olimpia verliebt, ein Motiv, das Jacques Offenbach in seiner Oper *Hoffmanns Erzählungen* aufgriff.

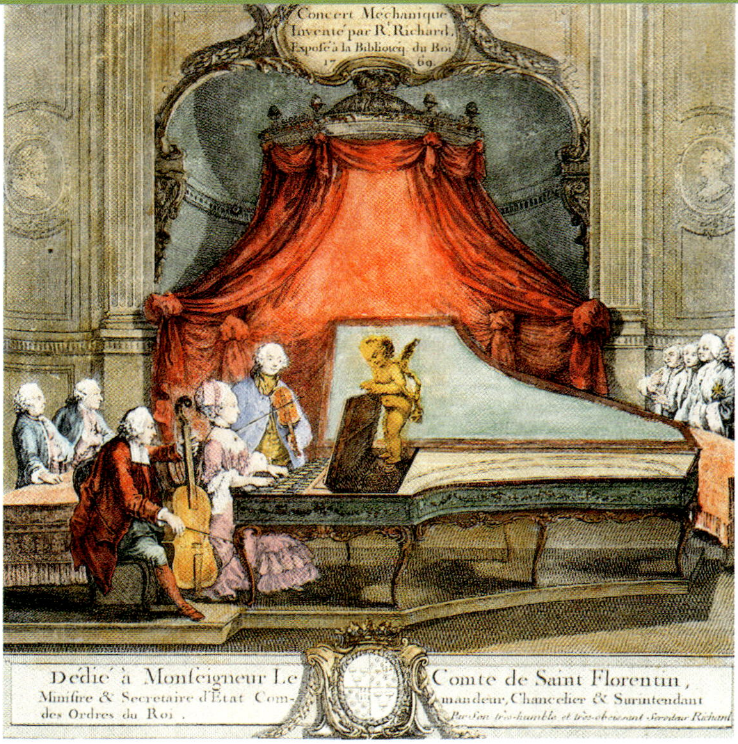


■ Mechanischer Musikautomat mit lebensgroßen Figuren von R. Richard. Kolorierter Kupferstich, 1769

können sollte, und Babbage wurde damit zum Urvater moderner Rechenanlagen – auch wenn sein ursprünglicher Plan für die Maschine nie richtig umgesetzt werden sollte. Das konnte ihn allerdings nicht davon abhalten, einen noch grandioseren Plan für einen noch komplizierteren Automaten zu entwerfen. Die »Analytische Maschine«, wie er sie nannte, sollte die verschiedensten Rechenarten auf Anweisung des Benutzers ausführen können. Sie sollte – ganz wie moderne Computer – ein Rechenwerk und einen Speicher besitzen, beide in Form eines komplizierten Räderwerks. Der geniale »mathematische Webstuhl«, der algebraische Muster weben sollte, so wie Jacquards Webstuhl sicht- und fühlbare Muster erzeugte, scheiterte letztlich an den für damalige Verhältnisse ungeheuren mechanischen Dimensionen, die das Werk angenommen hätte – trotz tatkräftiger Mithilfe von Lady Ada Lovelace, einer Tochter des Dichters Lord Byron, die selbst eine mathematische Hochbegabung jener Zeit war. Die fertige Maschine wäre so groß wie eine Lokomotive geworden, und die geringste Unregelmäßigkeit in der Bewegung eines ihrer vielen Einzelteile hätte zum Stillstand des gesamten Automaten geführt. Die Mechanik war an ihre Grenzen gestoßen. Für komplexere Aufgaben musste erst die Elektrizität nutzbar gemacht werden.

# AUTOMATEN UND ROBOTER

## TECHNOLOGIE

**Roboter:** Das erste Patent auf Industrieroboter wird 1956 in den USA erteilt. Sie arbeiten zunächst loch- oder magnetband-, heute computergesteuert. Als erste Generation bezeichnet man die Geräte, die stur nach Programm vorgehen; die zweite Generation (seit 1975) besitzt Sensoren und wählt nach den wahrgenommenen Informationen aus ihren programmierten Aktionen aus; die dritte Generation (seit 1980) führt komplizierte Montagen aus und kann sich in der Umwelt orientieren. Heute werden vor allem Schweiß- und Montagearbeiten in Auto- und Elektroindustrie von Robotern erledigt.

**Steuerung:** Mit Lochstreifen, später -karten, legte als Erster ab 1725 der französische Ingenieur Basile Bouchon die Arbeitsweise von Textilmaschinen fest: Je nachdem, ob eine Nadel der Steuerungseinheit durch ein Loch in der Pappkarte hindurchstieß oder nicht, wurden Kettfäden am Webstuhl gehoben oder gesenkt. Für jedes Muster wurden Karten angefertigt und zu Endlosstreifen geklebt; sie ließen sich leicht austauschen und wiederverwenden, und der Mechanismus konnte an einen Handwebstuhl angebaut werden. Lochkarten steuerten auch Musikautomaten und Werkzeugmaschinen; später setzte man Stift- und Nockenwalzen ein. Ab 1900 wurden die mechanischen durch elektrische Kontakte ersetzt. Seit 1975 werden die Maschinen elektronisch gesteuert und heute durch Computer.

## KULTURGESCHICHTE

**Kunstmenschen:** Der Begriff Roboter wird 1920 von dem tschechischen Maler Josef Čapek geprägt (nach »robota«, Arbeit) und von seinem Bruder Karel Čapek in dem Drama *RUR (Rossum's Universal Robots)* benutzt. Er bezeichnet ganz oder teilweise menschenähnliche Arbeitsmaschinen. Erste lebensnahe künstliche Menschen bauten um 1770 der Uhrmacher Pierre Jaquet-Droz, sein Sohn Henri-Louis und ihr Assistent Jean-Frédéric Leschot (der später auch bewegliche künstliche Gliedmaßen konstruierte). Ihre drei Androiden zum Aufziehen können zeichnen, schreiben und Musik machen: Der Schreiber wird durch ein kleines Programm gesteuert, das die Eingabe von 40 Buchstaben erlaubt, die Spinettspielerin drückt die Tasten eines von ihrer Mechanik unabhängigen Instruments. 1769 stellte der Schriftsteller und Mechaniker Wolfgang von Kempelen seinen Schachautomaten aus; zwar wurde das Gerät insgeheim von einem kleinwüchsigen Menschen im Inneren bedient, die Mechanik jedoch ist heute nicht mehr bekannt.

**Mechanische Musik:** Ab dem 14. Jh. gibt es automatisch spielende Instrumente, in denen Stiftwalzen den Anschlag von Klaviertasten oder Ventile von Orgeln steuern und mehrere Musikstücke erklingen lassen. Die Spieldose wird ab 1800, zunächst in der Schweiz, gebaut; andere Miniaturinstrumente dienen als Tafelaufsatz. Die Walzen werden später durch perforierte Papp- oder Blechplatten ersetzt; das pneumatische Gerät Pianola Ende des 19. Jh. verwendete Lochstreifen. Als Orchesterersatz und Karussellorgel diente das Orchestrion von 1870 bis 1910.

### AUF DEN PUNKT GEBRACHT

Der Mensch als Maschine: Im aufkeimenden Kapitalismus bieten sich die ersten Automaten als Instrumente der Rationalisierung an. Ein kleiner Schritt nur noch bis ins Zeitalter der programmierbaren Rechenautomaten.

## EMPFEHLUNGEN

**Lesenswert:**

Julien de la Mettrie: *Der Mensch eine Maschine*, Stuttgart 2001

Herbert Heckmann: *Die andere Schöpfung. Geschichte der frühen Automaten in Wirklichkeit und Dichtung*, Frankfurt/M. 1982

E. T. A. Hoffmann: »Der Sandmann« in: *Nachtstücke*, Stuttgart 1990, und »Die Automate« in: *Die Serapionsbrüder*, Köln 1986

Stanislaw Lem: *Robotermärchen*, Frankfurt/M. 1996

**Sehenswert:**

*Le joueur d'échecs*. Regie: Raymond Bernard; mit Pierre Blanchar, Charles Dullin. F 1927

*Westworld*. Regie: Michael Crichton; mit Yul Brynner, Richard Benjamin. USA 1972

*Der Blade Runner*. Regie: Ridley Scott; mit Harrison Ford, Rudger Hauer. USA 1982/1993

**Besuchenswert:**

Musée d'Art in Neuchâtel, Schweiz, mit den Androiden von Jaquet-Droz

Mechanisches Theater von 1752, hydraulisch betrieben, im Schlosspark von Hellbrunn bei Salzburg

# Telegraphie
## *Internet mit Hindernissen*

Im April 1746 unternimmt Abbé Jean-Antoine Nollet, ein angesehener französischer Elektrizitätsforscher, ein denkwürdiges Experiment. Etwa zweihundert Mönche lässt er im Kartäuserkonvent in Paris zusammen kommen und sich zu einer gewundenen Schlange formieren. Die Patres sind über Eisendrähte (jeweils 7,5 m lang), die sie in den Händen halten, miteinander verbunden. Dann schließt der Abbé das offene Ende an eine primitiven Batterie an. Überraschte Schreckens- und Schmerzensschreie aus allen Richtungen sind die Folge. Der Wissenschaftler Nollet hat eine wichtige Entdeckung gemacht: Elektrizität kann über weite Strecken ohne merkbare Zeitverzögerung übertragen werden.

Die Erforschung der Elektrizität war im 18. Jahrhundert en vogue. Aber mit ihren Erklärungen für die vielfältigen elektrischen Erscheinungen lagen die Gelehrten häufig daneben; Pater Nollet bildete da keine Ausnahme. Sein makaber anmutender Menschenversuch ist aber bedeutungsvoll, weil mit ihm die Hoffnung verbunden war, elektrischen Strom für die Übertragung von Nachrichten verwenden zu können. Eisenbahn, Flugzeug oder Verbrennungsmotor waren noch nicht erfunden, Pferd und Schiff die schnellsten Transportmittel. Damit lag die erreichbare Höchstgeschwindigkeit für die Übermittlung von Botschaften bei etwa 160 Kilometern pro Tag. Mit elektrischem Strom dagegen – Abbé

■ Abbé Jean-Antoine Nollet an der Elektrisiermaschine bei einem seiner Versuche zur Übertragung von Elektrizität. Derlei Experimente waren in den Salons im Frankreich des 18. Jahrhunderts äußerst beliebt. Holzstich, um 1880

Nollet hatte es bewiesen – würde es praktisch instantan gehen.

Bis zur Verwirklichung dieses Traums sollten allerdings noch fast hundert Jahre vergehen. Anderen Signalträgern als der noch unverstandenen Elektrizität, vornehmlich Schall und Licht, gaben viele Tüftler den Vorzug. So ging Claude Chappe, Spross einer wohlhabenden französischen Familiendynastie und wie Abbé Nollet ein Mann der Kirche, aber durch die Französische Revolution 1789 daran gehindert, der Theologie treu zu bleiben, in die Geschichte ein. Frustriert von erfolglosen Versuchen der Signalübertragung durch elektrischen Strom, kam der Hobbyforscher auf die Idee, das ohrenbetäubende Scheppern geschlagener Kupferpfannen als Signal zu verwenden. Zusammen mit seinem Bruder René tüftelte er um 1790 eine Methode aus, mit der sich der Kupferpfannenkrach in einen Zahlencode übersetzen ließ. Dazu konstruierte er eine Uhr, deren einziger Zeiger eine halbe Minute für einen Umlauf benötigte. Sender und Empfänger erhielten beide eine solche Uhr, die durch einen ersten Schlag auf die Pfanne synchronisiert wurden: Wenn also Claude bei 12 Uhr Krach schlug, stellte René seinen Uhrzeiger ebenfalls auf 12, sobald er den Krach vernahm. Nun konnte Claude jede gewünschte Zahl übermitteln, indem er auf die Pfanne schlug, wenn der Zeiger seiner Uhr diese Zahl überstrich. René las die entsprechende Zahl auf dem Ziffernblatt seiner Uhr ab und übersetzte die abgelesene Ziffernfolge nach einem vorher fest gelegten Code in Wörter. Diese Methode stellte wohl die erste funktionierende »Technik« dar, mit deren Hilfe man komplizierte Botschaften durch einfache Signale übertragen konnte, leistete aber letztlich kaum mehr als die Kommunikation mit Buschtrommeln. Zu gering war die Entfernung zwischen den Stationen (einige hundert Meter) und zu wetterabhängig die Qualität der Übertragung. Deshalb ersetzte Claude Chappe das Hören durch Sehen und die Kupferpfannen durch drehbare Tafeln, die schwarz auf der einen Seite, weiß auf der anderen bemalt waren. Abgelesen wurde mit Teleskopen. Mit diesem System gelang 1791 erstmals die Überbrückung einer Entfernung von etwa sech-

**GEBURTSSTUNDE DER TELEGRAPHIE**

Am 2. März 1791 sandten die Brüder Claude und René Chappe mithilfe eines optischen Telegraphiesystems von einem Schloss ihrer Heimatstadt Brulon eine Botschaft in das benachbarte Parcé. Als Signale dienten bewegliche schwarz-weiße Tafeln, beobachtet wurde mit Teleskopen. Die Entfernung betrug etwa zehn Meilen. Für die Übermittlung der Nachricht »Si vous réussissez, vous serez bientôt couvert de gloire« (Wenn es Euch gelingt, werdet Ihr Euch bald im Glanz Eures Ruhmes sonnen) benötigten sie vier Minuten.

■ Schreibtelegraph (Relief- oder Stiftschreiber) von Samuel Morse, 1844

■ Der dänische Chemiker und Physiker Hans Christian Ørsted (1777–1851) demonstriert im Jahre 1819 die Ablenkung einer Magnetnadel durch elektrischen Strom. Ørsted war Begründer der Lehre vom Elektromagnetismus. Holzstich, um 1890

zehn Kilometern. Auf Anraten eines Freundes nannten die Chappes ihr System »telegraphe« – Fernschreiber. Zwei Jahre später konnten die Erfinder eine erste Telegraphiestrecke zwischen Belleville und Saint-Martin-du-Tertre in Betrieb nehmen. Sie arbeitete mit einem verbesserten optischen Design, das auf beweglichen Flügeln und einem neuen Code basierte. Das war der Ausgangspunkt für die Verbreitung der optischen Telegraphie, zunächst in Frankreich, wo sich das System hervorragend zur Festigung der Pariser Zentralmacht eignete, bald aber auch in Rest-Europa. Schon 1797 schwelgte die *Encyclopedia Britannica* in technologischem Optimismus: »Die Hauptstädte entfernter Nationen könnten einst durch Ketten von Telegraphentürmen vereint werden, und Streitigkeiten, deren Beilegung heute Monate oder gar Jahre in Anspruch nimmt, könnten dann innerhalb einiger Stunden gelöst werden.« Der Eintrag zeigt, dass die neue Technik hauptsächlich von Regierungen für amtliche Mitteilungen benutzt wurde. Als 1837 die englische Königin Viktoria den Thron bestieg, gab es in Europa bereits an die tausend optische Telegraphentürme. Heute erinnern an dieses ursprüngliche Netz, das sich schon wegen der hohen Betriebskosten nur Regierungen leisten konnten, noch Ortsnamen wie Telegraph Hill.

So liebenswert altmodisch die optische Telegraphie (oder gar die frühe akustische Version) anmuten mag, sie ist doch einen wichtigen Schritt in Richtung Informationszeitalter gegangen; nicht nur, indem sie Information über größere Distanzen schneller verfügbar machte, sondern auch, weil sie erfolgreich demonstrierte, wie man komplexe Nachrichten in einfache, letztlich binäre Signale (weiß/schwarz oder Ton an/aus) verschlüsselt.

Während also das optische Telegraphennetz wuchs, hatten andere Erfinder die Idee der elektrischen Telegraphie weiter verfolgt, allerdings ergebnislos. Mehr als sechzig Entwürfe und Patente seit dem Menschenversuch des Wissenschaftspaters Nollet sind bis zur Thronbesteigung der Queen dokumentiert. Die glücklosen Erfinder scheiterten nicht zuletzt an der Ignoranz des Zeitgeistes. Häufig wurden die elektrischen Apparate als Spielerei oder als Teufelswerk abgetan. Gravierender aber waren physikalische Hindernisse: Die Stromübertragung über längere Strecken war sehr problematisch, und die elektrischen Signale am Ende der Strecke ließen sich nur schwer lesbar machen. Diese Komplikationen traten erst in den Hintergrund, nachdem 1820 der Däne Hans Christian Ørsted den Zusammenhang zwischen Strom und Magnetismus gefunden hatte. Nun konnte man mit magnetischen Zeigern arbeiten, die durch Strom in Drähten bewegt wurden. Auf dieser Basis entwickelten die Engländer William Cooke und Charles Wheatstone einen elektrischen Telegraphen, für den sie Anfang der 1840er Jahre Versuchsleitungen entlang von Bahnstrecken installierten. Weithin publik wurde das Cookesche System 1844 mit der Bekanntgabe der Geburt von Königin Viktorias zweitem Sohn Alfred.

■ Der amerikanische Maler und Erfinder Samuel Morse übermittelte 1844 das erste Telegramm und entwickelte die nach ihm benannten Morsezeichen.

Derweil hatte in den USA das Telegraphenfieber einen begabten Dilettanten namens Samuel Morse gepackt. Morse, der als Porträtmaler und Kopist sein Geld verdiente, hörte von den Wundern der elektrischen Telegraphie und machte sich begeistert an den Bau eines eigenen Prototypen. Das Neue an seinem System

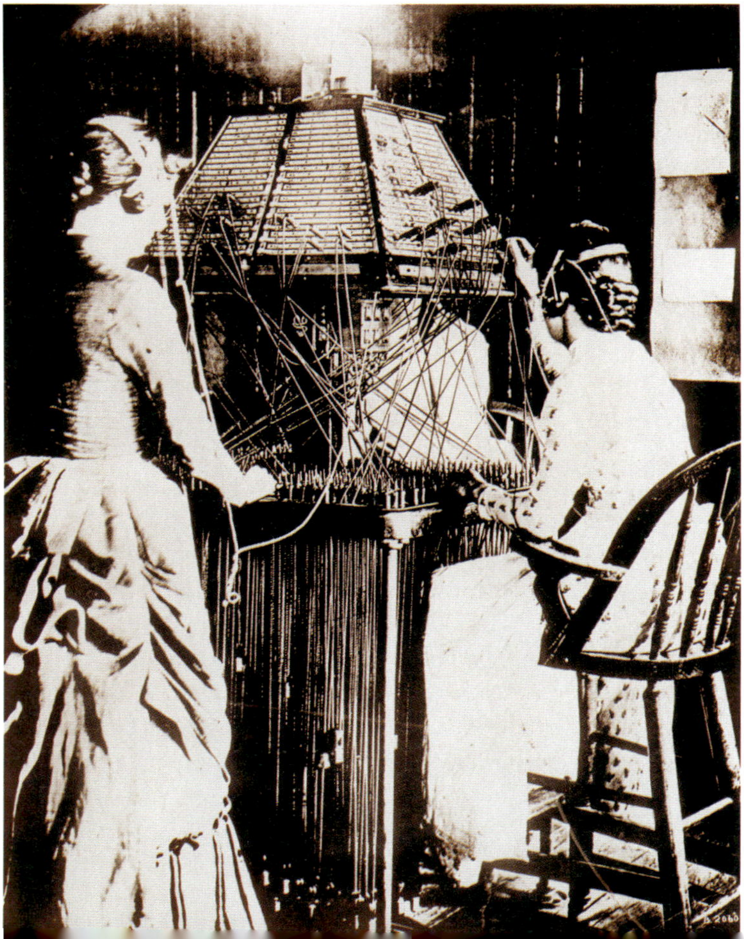

■ Telegraphistinnen in den USA an einem pyramidenförmigen Schaltpult, um 1890

■ Verlegung des transatlantischen Kabels 1865/66 durch den Kabeldampfer Great Eastern. Die Konstruktion an Bord des Schiffes dient zum Verladen und Aufwickeln des Kabels. Holzstich, 1877

war das von ihm erfundene Morsealphabet – die überzeugend einfache Kodierung in »lange« und »kurze« elektrische Signale. Zudem konnte Morse durch eine clevere Konstruktion die Signale am Ende der Strecke automatisch auf Papierstreifen schreiben lassen und damit – für einen im Morsealphabet Geschulten – direkt lesbar machen. Etwa zur gleichen Zeit wie Cooke und Wheatstone in England fand Morse Geldgeber für eine über sechzig Kilometer lange Versuchsstrecke von Washington nach Baltimore. Das neue System rief großes Staunen hervor, fand aber wenig Zuspruch durch praktische Nutzung. Erst mit der Privatisierung der Strecke im Jahr 1845 kam der Umschwung. Schon nach wenigen Jahren machten die Telegraphengesellschaften eindrucksvolle Gewinne, und im *Scientific American* war 1852 zu lesen: »Keine Erfindung der modernen Zeit hat ihren Einfluss so schnell ausgeweitet wie der Telegraph.« Auch auf dem europäischen Kontinent setzte sich die Morsetechnologie durch, selbst in Frankreich, wo man noch lange an dem optischen Telegraphensystem festgehalten hatte. Und als – im dritten Anlauf endlich erfolgreich – 1866 das erste Transatlantikkabel verlegt wurde, hatten die Pioniere der Telegraphie den ersten »Link« zu etwas erstellt, was sich schon wenig später zu einem weltweiten Netz – einem frühen Internet – auswuchs.

SPOTTGEDICHT

Die Ignoranz des Publikums gegenüber den vielen erfolglosen Versuchen, im ausgehenden 18. Jahrhundert die elektrische Telegraphie zu erfinden, spiegelt sich in diesen satirischen Versen wider:

Telegraph unser, bleib, was du bist.
Bring' uns gute Kunde von fern.
Oder gar bess're – dass Bonaparte schläft
und Kriege und Fehden beendet.
Der elektrische Telegraph ist ein Hohn.
Was er uns brächte mit elektrischem Stoß,
schockierte uns bloß.

# TELEGRAPHIE

## TECHNOLOGIE

**Atlantikkabel:** Nach einigen gescheiterten Versuchen trafen sich 1858 zwei Schiffe auf dem Atlantik zwischen Irland und Neufundland und verbanden die von ihnen gelegten Kupferkabel. Nach vier Wochen brach die Leitung, die etwa zehn Wörter pro Stunde übertragen hatte, zusammen, weil sie mit zu hoher elektrischer Spannung betrieben wurde. Das erste brauchbare Transatlantikkabel wurde 1866 von dem Dampfer Great Eastern verlegt; es wog 5000 Tonnen und schaffte etwa 45 Wörter pro Minute. Ermöglicht wurde dies auch durch das ab 1843 verfügbare Guttapercha und eine sichere Kabelbremse; Werner Siemens konstruierte sowohl die Presse, die das kautschukähnliche Material nahtlos um die Leitungen legte und sie so isolierte, als auch 1857 die Bremse. Spezialschiffe wie die Faraday verlegten von 1874 bis 1884 Verbindungen zu vielen Inseln und allen Kontinenten; 1896 gab es bereits 300 000 km Unterseekabel. Das erste transatlantische Telephonkabel zwischen New York und Schottland wurde 1956 in Betrieb genommen. Seit 1988 werden Glasfaserkabel aus isoliertem Polyäthylen verlegt.

**Fernschreiber:** Nachrichten schriftlich und uncodiert übermittelten ab 1855 der Typendrucktelegraph von David E. Hughes und später der »Börsendrucker« oder Ferndrucker aus den USA. Mit dem Springschreibersystem wurden Sender und Empfänger ab 1915 noch einfacher und flexibler miteinander verbunden; dieses System nutzte der Tastenschnelltelegraph der Firma Siemens & Halske. Daraus entstand nach 1920 die Fernschreibmaschine, die von Anfang an den öffentlichen Austausch zwischen allen Teilnehmern ermöglichen sollte. Das heute Telex (nach »teleprinter exchange«) genannte Netz arbeitete international im Selbstwählverkehr, in Deutschland ab 1933. Ab 1975 erweiterte Computertechnologie die Möglichkeiten, etwa mit dem Teletex-System (Bürofernschreiben, ab 1982 über Datex-L-Netz). Erste »Kopiertelegraphen« übertrugen Bilder ab 1840, doch die Bildtelegraphie war langsam und aufwendig und somit nur einem kleinen Kreis zugänglich. 1948 wurde in den USA der erste erschwingliche Fernkopierer vorgestellt und 1968 die Übertragung international als Telefax genormt und über Telephonleitungen abgewickelt. Seit 1979 gibt es Telefaxverkehr auch in Deutschland.

## KULTURGESCHICHTE

**Nadeltelegraph:** Einen ersten brauchbaren Telegraphen mit fünf bis sechs magnetisch bewegten Nadeln baute 1833 Paul Schilling von Canstadt. Das 1837 von Cooke und Wheatstone konstruierte Gerät zeigte mit vier bis fünf Nadeln die Buchstaben uncodiert an, was die Bedienung erleichterte. Einen verbesserten Zeigertelegraphen, der nach 1846 in Deutschland eingesetzt wurde, baute Werner Siemens.

**Morsen:** Den von Samuel Morse (1791–1872) erdachten Code zur Nachrichtenübermittlung auf seinem Gerät löste 1851 eine überarbeitete und international genormte Version ab, die auf der Wiener Telegraphenkonferenz vorgestellt wurde. Wheatstone erhöhte die Übertragungsgeschwindigkeit auf etwa 1500 Zeichen pro Minute, indem er die Nachricht in einen gelochten Papierstreifen umsetzte und diesen durch ein Morsegerät laufen ließ. Heute wird das Morsealphabet meist nur noch in der Funktelegraphie auf See benutzt.

### AUF DEN PUNKT GEBRACHT

Im Rückblick ist sie eine im Grunde verzichtbare Erfindung, angesichts heutiger mannigfaltiger Kommunikationsmöglichkeiten. Doch hat die Telegraphie ein Jahrhundert lang die Technik- und Gesellschaftsentwicklung geprägt.

**Lesenswert:**

Tom Standage: *Das viktorianische Internet*, Zürich 1999

Zane Grey: *Der singende Draht.* Western-Roman, München 1982

**Hörenswert:**

Roger Waters: *Radio Kaos*, Audio-CD 2003

**Sehenswert:**

*Telegraph Trail.* Regie: Tenny Wright; mit John Wayne. USA 1933

*Überfall der Ogalalla.* Regie: Fritz Lang; mit Robert Young, Randolph Scott. USA 1940

**Besuchenswert:**

Museum für Kommunikation, Bern

Chappe-Station (rekonstruiert) am Schloss von Haut-Barr bei Saverne, Elsass

# Fahrrad

## Null-Emission auf zwei Rädern

■ Auch bei den Damen war das neue Fortbewegungsmittel beliebt.

»Radfahren ist zweifellos eine Lebensäußerung«, meinte der Kulturphilosoph José Ortega y Gasset, und er adelte das Fahrrad sogar zu einer »Schöpfung menschlichen Geistes«, die ersonnen wurde, »um mit einem Minimalaufwand an Kraft ein Maximum an schneller Fortbewegung zu erzielen«. Damit wiederholte Ortega, was sich schon zu Beginn des 19. Jahrhunderts der badische Forstmeister Karl Friedrich Freiherr Drais von Sauerbronn überlegt hatte, vermutlich bei ausgedehnten Streifzügen durch großherzogliche Jagdreviere: Ein Läufer hebt bei jedem Schritt seinen Schwerpunkt und verbraucht damit unnötig Energie. Beim Fahren dagegen kommt die ganze Kraft allein der Vorwärtsbewegung zugute. Zumindest theoretisch also sollte ein Muskelkraftfahrer schneller vorankommen als ein Fußgänger. Drais setze seine theoretischen Überlegungen in die Praxis um, indem er im Jahr 1817 den ersten echten Vorläufer des heutigen Fahrrades konstruierte, die »lenkbare Laufmaschine«.

Das neuartige Gefährt erregte zwar viel öffentliche Aufmerksamkeit, kam aber technisch lange Zeit nicht vom Fleck. Erst 1853 führte ein weiterer deutscher Tüftler namens Philip Moritz Fischer eine entscheidende Neuerung ein: den Tretkurbelantrieb.

■ Freiherr Karl von Drais auf der von ihm erfundenen Draisine, dem Vorläufer des Fahrrads. Kupferstich, 1817

**DEFINITION AUS KINDERTAGEN**

Ein Zeitungsbericht aus dem 19. Jahrhundert beschreibt die Draissche Laufmaschine folgendermaßen: »Unter die nützlichsten Erfindungen der neueren Zeit gehört unstreitig die vom Forstmeister Freiherrn Karl von Drais zu Mannheim erfundene Maschine, womit eine Person, balancierend auf einem Reitsitze zwischen zwei hintereinanderlaufenden Rädern, welche wie beim Schlittschuhfahren vermittelst der Füße auf dem Erdboden fortgestoßen werden, mit der Geschwindigkeit eines trabenden Pferdes von einem Orte zum andern reisen kann.«

Pedale an der vorderen Achse sorgten für einen direkten Vorderradanschub. Wer das damit verbundene Fahrgefühl nachempfinden möchte, dem sei eine Fahrt auf einem primitiven Kinderdreirad empfohlen. Fischers Zeitgenossen jedoch hielten nichts von Strampeln statt Abstoßen, und so blieb seine Erfindung ein Mauerblümchen. Die Zweirad-Idee setzte sich erst durch, als fünfzehn Jahre später ein französischer Konstrukteur mit Geschäftssinn den Vorderradantrieb mit Tretkurbel neu erfand. Pierre Michaux wurde der Begründer einer florierenden Fahrradindustrie in Frankreich.

■ Werbeplakat für Fahrräder der französischen Firma Decauville. Farblithographie, 1894

Die Tretkurbel am Vorderrad führte dazu, dass dieses immer größer wurde: Weil die Kurbel fest mit dem Rad verbunden war, also noch jede Übersetzung fehlte, rollte das Rad bei einer Umdrehung der Kurbel umso weiter, je größer sein Umfang war. Bei Fahrradrennen – die schon damals zu Werbezwecken von den Herstellern veranstaltet wurden – waren fortan große Vorderräder und Männer mit langen Beinen im Vorteil.

Die Hochräder sahen nicht nur halsbrecherisch aus, sie waren es auch. Vor allem bei den Rennen kam es immer wieder zu schweren Unfällen. Nicht zuletzt deshalb gewann gegen Ende des vorigen Jahrhunderts das »Sicherheitsfahrrad« englischer Machart auch in Europa an Boden. Es hatte etwa gleich große Räder vorn wie hinten und wurde über eine Kette zum Hinterrad angetrieben – im wesentlichen das Fahrrad, wie wir es heute kennen. Damit wurde aus der modischen Leibesübung, als die das Radfahren bis dato galt, allmählich ein ganz normales Verkehrsmittel, natürlich auch in Deutschland.

■ Gegen Ende des 19. Jahrhunderts boomte die Fahrradindustrie und brachte immer neue Fahrradmodelle auf den Markt.

Um deutschen Ordnungssinn zu befriedigen, entstanden die Vorläufer heutiger Verkehrsregeln und Zulassungsprüfungen. Velozipedfahrer wurden amtlich geprüft und erhielten einen Führerschein. Auseinandersetzungen zwischen Droschkenfahrern, Fußgängern und Velozipedlenkern waren an der Tagesordnung und führten, zumindest in Bayern, dazu, dass es außer dem Führerschein einer eigenen Fahrerlaubnis bedurfte, die in Form einer Nummer am jeweiligen Veloziped angebracht wurde – der Ahnherr des heutigen Nummernschilds.

■ John Boyd Dunlop erprobt seine Erfindung, den Luftreifen für das Fahrrad.

Im letzten Drittel des 19. Jahrhunderts bildete die Fahrradforschung die technische Avantgarde, in ihr tobte sich die geballte Ingenieurskunst des angehenden Industriezeitalters aus. Während Automobil- und Flugzeugbau an der Wende zum 20. Jahrhundert gerade erst in den Kinderschuhen steckten, erhielten die Antriebstechniken am Fahrrad bereits den letzten Schliff. Viele Errungenschaften kreisten um den kleinen Hohlraum im Zentrum der Räder, wo die Kraft des Fahrers auf die Maschine übertragen wird: die Nabe. Sie gehört zu den technisch kompliziertesten Teilen am Rad; dort finden sich so wichtige Elemente wie die Kugellagerung, die die Drehbewegung ermöglicht, der Freilauf, der verhindert, dass man unablässig treten muss, auch wenn es bergab geht, und oft auch eine Rücktrittbremse, heute meist kombiniert mit einer Nabenschaltung. Die heutige Freilaufnabe mit Rücktritt und Schaltung geht nahezu unverändert auf eine Entwicklung zurück, die sich der Fahrradpionier Ernst Sachs 1903 – das Jahr, in dem auch die erste Tour de France startete – als »Torpedo-Nabe« patentieren ließ.

Die Jahrhundertwende wurde auch zur Technikwende. Mit der Torpedonabe hatte die Fahrradtechnik ein vorläufiges Optimum erreicht, sodass die Techniktüftler ihre Aufmerksamkeit nun verstärkt einem neuen Verkehrsmittel zuwandten, dem Automobil mit Verbrennungsmotor. Dennoch ist auch die Fahrradtechnik nicht stehen geblieben. Längst hat die Kettenschaltung – eine alte Konkurrenztechnik zur Nabenschaltung – den Nimbus verloren, sich nur von den geschickten Händen eines Monteurs justieren und schalten zu lassen. Auch als Sportgerät ist das Rad ungebrochen attraktiv; davon zeugt nicht zuletzt die über hundertjährige Tradition der »Tour de France«. Und je näher der motorisierte Verkehr die Erde dem Klimatod bringt, desto mehr verliert der Fetisch Auto seine magische Anziehungskraft. So ist das Rad nicht nur als High-Tech-Freizeitspielzeug wieder »in«, es bietet sich auch als Null-Emissions-Fortbewegungsmittel an – zumindest für kurze Distanzen.

ÜBERLEGENE TECHNIK

Ein Mensch an der Tretkurbel eines Fahrrads entfaltet das gleiche Drehmoment wie ein typischer Verbrennungsmotor mit zwei Litern Hubraum, nur bei wesentlich niedrigeren Drehzahlen. Diese ganze Kraft wird über die aus Gewichtsgründen und Raumnot geradezu zierliche Verzahnung der Hinterradnabe geleitet – eine ingenieurstechnische Leistung, die jedem Vergleich mit High-Tech im Automobilbau standhält.

# FAHRRAD

## TECHNOLOGIE

**Schaltung:** Das Verhältnis von Tretfrequenz und zurückgelegtem Weg nennt man Entfaltung; als Durchschnitt gelten 5 Meter bei einmal Treten. Um die optimale Entfaltung zu erreichen, ist die Kettenschaltung am besten geeignet, denn sie bietet die meisten Möglichkeiten, die Übersetzung an Geschwindigkeit, Gelände, Straßenbelag und Wind anzupassen. Beim Schalten hebt ein Mechanismus die Kette auf unterschiedlich große Zahnkränze (Ritzel) am Hinterrad; moderne Fahrräder besitzen auch meist mehrere Kettenblätter an der Pedalkurbel, sodass etwa 24 Gänge möglich sind. Das erste Patent auf eine Kettenschaltung wurde 1895 in Paris erteilt. Bereits 1869 waren erste Schaltungen patentiert worden; sie befanden sich im Tretlager. Ab 1878 nutzte man das Planetengetriebe, das wenige Jahre später in die Hinterradnabe umzog. Die Nabenschaltung ist wartungsarm und kann im Stand geschaltet werden, besitzt aber nicht so einen hohen Wirkungsgrad wie die Kettenschaltung. Neuerdings gibt es eine Nabenschaltung mit 14 Gängen; daneben sind auch Kombinationen aus Naben- und Kettenschaltung erhältlich.

## KULTURGESCHICHTE

**Reifen:** Den aus Schottland stammenden Tierarzt John Boyd Dunlop brachte 1887 angeblich ein Schweinedarm darauf, mit luftgefüllten Gummischläuchen, die er um Räder legte, zu experimentieren. Den 1846 patentierten Luftreifen des schottischen Ingenieurs Robert Thomson kannte Dunlop wohl nicht; es gelang ihm 1888, seine Erfindung für das Fahrrad patentieren zu lassen. In Rennen bewies der 5 cm dicke Reifen, dass er dem bis dahin üblichen Vollgummirad überlegen war: Er war leichter und federte besser. Der größte Konkurrent von Dunlops erfolgreicher Firma war die französische Gummifabrik Michelin. 1891 stellte Edouard Michelin einen abnehmbaren Luftreifen vor, der leicht zu reparieren war. Die Firma produzierte später auch Reifen für Autos und Flugzeuge; angesichts der Reisebegeisterung der Franzosen erschien ab 1900 jährlich der *Guide Michelin*, der sich in den ersten Jahren auch mit Fahrrädern beschäftigte.

**Rennen:** Das erste Sechstagerennen fand 1875 in England statt. Wurden die Wettbewerbe zunächst nur von Einzelfahrern – Frauen fuhren in getrennten Turnieren – bestritten, gab es ab 1899 auch Teamrennen, die in Europa »Madison« genannt wurden, nach den berühmten Veranstaltungen im New Yorker Madison Square Garden. Rennen waren nicht nur große Publikumsmagneten, sondern boten stets auch die Chance, neue Technik zu testen. Die erste Tour de France begann am 1. Juli 1903 bei Paris; sechzig Fahrer absolvierten eine Strecke von rund 2500 km. Organisiert wurde sie von einer Fahrradzeitschrift, die auf gelbem Papier gedruckt wurde; daher trugen die Etappensieger auch gelbe Armbinden, später Trikots. Das jährlich ausgetragene Rennen führt immer über andere Strecken. Ähnlich wie die französische Tour ist der Giro d'Italia aufgebaut, der seit 1909 in Mailand startet. Das Tagesrennen »Rund um den Henninger-Turm« findet seit 1962 am 1. Mai zu Ehren des 1961 errichteten Turms in Frankfurt/Main statt und ist das bedeutendste deutsche Profirennen, mit mehreren parallelen Wettbewerben auch für Amateure in allen Klassen.

## EMPFEHLUNGEN

**Lesenswert:**

Pryor Dodge: *Faszination Fahrrad. Geschichte, Technik, Entwicklung*, Kiel 1997

Hans-Erhard Lessing (Hg.): *Ich fahr so gerne Rad*, München 1997

**Sehenswert:**

*Der Schrecken der Rennbahn (Six Day Bike Rider)*. Regie: Lloyd Bacon; mit Joe E. Brown, Maxine Doyle. USA 1934

*Beijing Bicycle (Shiqi sui de dan che)*. Regie: Xiaoshuai Wang; mit Lin Cui. China/Taiwan 2001

**Besuchenswert:**

Deutsches Zweiradmuseum in Neckarsulm

»Radwerk«, Fahrradmuseum in Schönhofen, Bayern

## AUF DEN PUNKT GEBRACHT

Ob es als Lebensäußerung, schnödes Verkehrsmittel, Sportgerät, Null-Emmissions-Fahrzeug, bloßer Drahtesel oder High-Tech-Gerät angesehen wird: dem Fahrrad, das zu Verkehrsregeln und der Technik des Autos inspirierte, verdankt der Mensch viel.

# Eisenbahn

## Der Verkehr kommt zum Zuge

»Wohlan denn! Im Dienste des Verkehrs wage ich mein Leben!«, soll er ausgerufen haben, der feige Herzog Alexander-Carl von Anhalt-Bernburg, als er sich 1846 endlich mit weichen Knien auf seine Eisenbahn traute, deren Bau er selbst einige Jahre zuvor großsprecherisch initiiert hatte: »Ich will auch eine Eisenbahn haben, und wenn sie tausend Taler kostet!« Natürlich kostete sie mehr als tausend Taler, und der Herzog war zwar der letzte Herzog des kleinen Fürstentums, aber auch einer der ersten, die in der deutschen Kleinstaaterei dem Zug der Zeit folgten und das neue Verkehrsmittel ins Land holten.

Des Herzogs Scheu und die gemischten Gefühle der ersten Eisenbahnpassagiere ob der »atemberaubenden« Geschwindigkeiten, ebenso wie die mahnenden Stimmen selbst ernannter Experten, beispielsweise vor den gesundheitlichen Folgen von Tunnelfahrten, werden gern als Ausdruck des Zeitgeistes gegenüber dem neuen Verkehrsmittel Eisenbahn zitiert. Über dem schnell verebbten Widerstand der verschreckten Fortschrittsgegner wird allzu leicht übersehen, dass die Eisenbahn in einer Zeit der Landflucht, der rapide fortschreitenden Industrialisierung und zunehmenden Arbeitsteilung geradezu eine verkehrsgeschichtliche Notwendigkeit war. Als »Werk des Kapitalismus« wurde sie angefeindet, war aber auch die erste Großtechnik, die allen Schichten der Bevölkerung zugute kam, indem sie wie kein anderes Verkehrssystem das Land vernetzte.

■ Der britische Ingenieur und Entwickler der ersten Lokomotive George Stephenson (1781–1848) in einer zeitgenössischen Darstellung

Der 27. September 1825 gilt unter Eisenbahnhistorikern als der Geburtstag des neuen Verkehrsmittels, weil an jenem Tag die Schienenverbindung zwischen Stockton und Darlington feierlich eröffnet wurde. Diese etwa zwölf Kilometer lange »rail road«, den Schienenweg, befuhr die »Locomotion« des englischen Dampflokpioniers George Stephenson. Die Locomotion hatte 34 Anhänger im Schlepp und schaffte die Strecke in einer knappen Stunde – auf dem Hinweg. Zurück brauchte man wegen ausgedehnter Haltepausen mit diversen Drinks und Festreden nahezu dreimal so lange.

Bei diesem Ereignis kamen erstmals alle drei Dinge zusammen, die für die Einführung der Eisen-

■ Eröffnung der ersten deutschen Eisenbahn, der so genannten Ludwigsbahn, zwischen Nürnberg und Fürth am 7. Dezember 1835. Farblithographie nach Heinrich Heim, Schulwandbild

bahn als technische Innovation entscheidend sind: der eiserne Schienenweg, die Dampfmaschine als Antriebs- oder Zugmaschine und die Freigabe des Verkehrsmittels für die Öffentlichkeit. Nicht zufällig verband die neue Strecke den Standort von Kohlegruben (Darlington) mit einem Verladehafen (Stockton). Seit jeher mussten in Bergwerken große Mengen Erze und Gestein transportiert werden, weswegen die ersten »Schienenwege« auch aus frühgeschichtlicher Zeit stammen. Bereits die Römer kannten in Stein gehauene Gleisstraßen, und auf der Insel Malta zogen wahrscheinlich schon vor mehr als dreitausend Jahren Steinzeitbauern die nach starken Regenfällen ins Tal geschwemmte Erde auf Karren längs einer in den Kalkstein gehauenen Gleisstraße wieder auf das Hochplateau.

Der wachsende Rohstoffbedarf und die zunehmende Schwerindustrie des 18. Jahrhunderts erforderte immer dringender Transportmittel für schwere Güter. Deshalb waren in englischen Gruben schon vor der Jahrhundertwende »Eisenbahnen« in Betrieb: Erzloren, die an Seilen von ortsfesten Dampfmaschinen oder von Pferden gezogen

■ Die erste Dampflok wurde von ihrem stolzen Erfinder Richard Trevithick »Invicta« (die Unbesiegbare) genannt. Sie fuhr erstmals 1804.

**ANTIKE SPUR**

Den Altersrekord einer ersten allgemeinen Verkehrslinie per Gleisspur hält vermutlich der Diolkos, der den Isthmus von Korinth zwischen Lechaion und Kenchreai überbrückt. Er wurde 590 v. Chr. eröffnet und diente dem Transport von Gütern und Schiffen über die Meerenge, um diesen den langen und gefährlichen Weg um die Peloponnesische Halbinsel zu ersparen. Seit 1893 verkehrt die Schifffahrt durch einen Kanal.

wurden. Auf dem Schienenweg konnte ein Pferd zehn- bis zwölfmal so viel ziehen wie auf einer holprigen Straße.

Und schon 1807 war die erste öffentliche Bahn eingerichtet worden: Zwischen dem walisischen Swansea und dem neun Kilometer entfernten Seebad Mumbles verkehrten regelmäßig Pferdewagen auf Schienen. Die erste Dampflok fuhr 1804, aber weder sehr erfolgreich noch im Dienste der Öffentlichkeit, sondern auf einer vierzehn Kilometer langen Güterverkehrsstrecke der Penn-y-Darren-Eisenwerke in Mittelengland. Richard Trevithick hieß der mutige Erfinder dieses Ungetüms auf Rädern, das er stolz »Invicta«, die Unbesiegte, getauft hatte. Erfahrung hatte Trevithick zuvor mit dem Bau von nicht Schienen gebundenen Dampfwagen gesammelt, die jedoch wegen ihrer Fahruntauglichkeit auf den Holperstraßen jener Zeit erfolglos blieben. Die Invicta konnte Zehn-Tonnen-Lasten ziehen und demonstrierte erstmals, dass dafür allein die Reibung zwischen den Rädern und den eisernen Schienen genügte. Allerdings zeigte sich der Schienenweg in Penn y Darren der Belastung nicht gewachsen, und so wurde die Invicta nach nur fünf Monaten in den »Innendienst« versetzt: Seitdem tat sie als stationäre Dampfmaschine ihre Arbeit.

Andere Dampfwagenkonstrukteure trieben die Entwicklung voran. Am erfolgreichsten war der Grubeningenieur George Ste-

■ Wagen Nr. 3 der ersten Berliner Pferde-Eisenbahn, die am 22. Juni 1865 in Betrieb genommen wurde

phenson mit seinem Sohn Robert. Schon ab 1813 verkauften sie Dampfloks an Kohlebergwerke. Aber auch Stephensons Locomotion, die öffentlichkeitswirksam den Geburtstag der Eisenbahn markiert hatte, brachte noch nicht den Durchbruch; auf der Strecke Stockton–Darlington konkurrierten über lange Jahre Pferde gezogene Wagen mit den Dampfloks. Wirklich überzeugen konnte der fanatische Lokbauer erst, als er einen Wettbewerb zur Eröffnung der Manchester-Liverpool-Schienenstrecke im Oktober 1829 gewann. Zehntausend Zuschauer wurden Zeuge des Triumphs von Stephensons »Rocket« (Rakete), die als einzige der angetretenen Loks störungsfrei und mit einer Spitzengeschwindigkeit von 47 Kilometern pro Stunde die 2,7 km lange Rennstrecke hinter sich brachte. Die drei Tonnen schwere Rocket war lange Jahre auf den 51 Kilometern zwischen Liverpool und Manchester in Betrieb und gilt heute als die erste streckentaugliche Dampflok der Welt.

Stephensons Dampflokfabrik lieferte auch die Lokomotive für die erste deutsche Eisenbahn, die ab Dezember 1835 zwischen Nürnberg und Fürth verkehrte. Für den Umgang mit Dampfloks musste auch der Lokführer aus England importiert werden. Spezialist William Wilson brachte die Konditionen seines Arbeitsvertrags aus England mit; danach verdiente er weit mehr als der deutsche Bahndirektor. Ursprünglich sollte Wilson nur

■ Lokomotive mit Tender und Güterwagen von George Stephenson für die erste, am 27. September 1825 eröffnete Eisenbahnstrecke Stockton-Darlington in England. Gemälde von Milne Ramsay, 1911

SPUR HALTEN

Ohne geeignete Schienen hätte der Transport schwerer Lasten nie funktioniert. Auch das Schienenprofil gehört zu den kleinen, aber unverzichtbaren Errungenschaften, die das Verkehrsmittel Eisenbahn auf den Weg zum Erfolg brachten. Der Engländer William Jessop erfand 1789 die pilzförmige Eisenschiene, die Rädern mit Spurkranz optimalen Halt gibt. Jessop war einer der großen Ingenieure seiner Zeit und am Bau einiger großtechnischer Anlagen – Docks, Kanäle und Schienenwege – maßgeblich beteiligt.

■ *Regen, Dampf und Geschwindigkeit: Die Great Western Railway.* In William Turners Gemälde von 1844 kommt die von der Geschwindigkeit ausgehende Faszination zum Ausdruck. London, National Gallery

acht Monate in Deutschland bleiben und in dieser Zeit weitere Lokführer ausbilden; tatsächlich kehrte er nicht mehr nach England zurück und starb hoch angesehen 1862 in Nürnberg.

Ab Mitte der 1830er Jahre breitete sich die englische Dampfeisenbahn-Euphorie auch in Europa und Amerika aus. Eisenbahngesellschaften schossen wie Pilze aus dem Boden einer neuen Wirtschaftsordnung; wegen ihres hohen Kapitalbedarfs für Streckenbau und Betriebsführung wurden sie zu begehrten Anlage- und Spekulationsobjekten. 1840 waren in Europa bereits 2300 Schienenkilometer verlegt, in Amerika über 4000. Zehn Jahre später hatten sich die Schienenwege der Welt nochmals verzehnfacht; zusammen genommen hätten sie schon einmal um die Erde gereicht. Nun hatte sich nicht nur die Prophezeiung der Brockhaus-Enzyklopädie bestätigt, die schon in ihrer Ausgabe von 1833 über die Dampfeisenbahn geschrieben hatte, »dass diese Transportmaschine bestimmt sei, der Welt eine andere Gestalt zu geben«. Auch ein mittelalterlicher Denker hatte einmal mehr Recht behalten: Bereits im 12. Jahrhundert hatte der Franziskanermönch Roger Bacon davon geträumt, dass sich dereinst einmal »Wagen herstellen lassen, die mit unglaublicher Schnelligkeit ohne tierische Kräfte dahin fahren«. Wohl stellvertretend für die Wahrnehmung des neuen Verkehrsmittels durch die Öffentlichkeit bezeichnete Heinrich Heine 1843 in Paris die Eisenbahn als ein »Ereignis, das der Menschheit einen neuen Umschwung gibt, das die Farbe und Gestalt des Lebens verändert. Mir ist, als kämen die Berge und Wälder aller Länder auf Paris angerückt. Ich rieche schon den Duft der deutschen Linden; vor meiner Tür brandet die Nordsee.« Und in seiner 1848 bis 1861 in fünf Bänden erschienenen *History of England* stellte Thomas Macaulay die innovative Kraft der Bahn auf eine Stufe mit Schrift und Druck: »Mit alleiniger Ausnahme des Alphabets und der Buchdruckerpresse haben diejenigen Erfindungen, welche die Entfernung abkürzen, zur Civilisation unseres Geschlechts am meisten beigetragen.« Er sollte Recht behalten – wie Flugzeug, Autobahn, Internet und Datenhighway bezeugen.

# EISENBAHN

## TECHNOLOGIE

**Leistungssteigerung:** Die erste Dampflokomotive von Richard Trevithick 1804 war eine Hochdruckdampfmaschine und leistungsfähiger als Watts Niederdruckmaschinen (s. S. 113). Die Invicta erreichte ohne Anhänger rund 25 km/h, ihr Nachfolgemodell sogar 30 km/h; sie konnten 25 t Last ziehen, bei immerhin noch etwa 10 km/h. Bei George Stephensons Locomotion übertrugen erstmals Kuppelstangen die Antriebskraft auf die Räder. 1829 setzte Stephenson mit der Rocket alle bisherigen Erfahrungen im Dampfwagen- und Lokomotivbau um; ihr Aufbau wurde im wesentlichen beibehalten. Während die Rocket noch 7,4 kW Leistung hatte, besaß die erste in Deutschland fahrende Lokomotive Adler bereits fast 30 kW. Mit zweizylindrigen Verbundlokomotiven (mit Compoundmaschinen, die Hoch- und Niederdruckmaschinen hintereinander schalten) wurde seit 1830 experimentiert. Anatole Mallet verhalf ihnen ab 1876 zum Durchbruch, bald mit drei und vier Zylindern. Diese leistungsstärkeren Lokomotiven waren allerdings auch größer, was auf kurvenreichen Strecken problematisch war. Sie wurden sozusagen zweigeteilt; solche Gelenkloks wogen bis zu 300 t und konnten Güterzüge von 5000 t ziehen. Um 1890 entwickelte vor allem Wilhelm Schmidt die Heißdampflokomotive; sie trocknete den Dampf durch Überhitzung und setzte ihn unter Hochdruck. Heißdampfmaschinen benötigen weniger Brennstoff und sind kleiner.

**Aufbau:** Eine Dampflok besteht aus Dampfkessel und Dampfmaschine, die am Fahrgestell angebracht sind. Wasser- und Brennstoffvorrat befinden sich im Tender, der entweder direkt an das Fahrgestell gebaut ist (Tenderlok) oder separat an die Lok angehängt ist (Schlepptenderlok). Die heißen Verbrennungsgase strömen in Rohren durch den Kessel und erhitzen das darin befindliche Wasser. Der entstehende Dampf wird in einem Dampfdom gesammelt und entweder direkt in die Dampfmaschine (Nassdampflok) geleitet oder erst in den Überhitzer, wo er auf mehr als 300 °C erhitzt wird, und dann in die Maschine (Heißdampflok).

**U-Bahn:** In ihrem Eröffnungsjahr 1863 beförderte die erste U-Bahn in London bereits zehn Millionen Fahrgäste. Die raucharmen Spezialloks für den unterirdischen Verkehr hatte der Ingenieur John Fowler konstruiert. Trotzdem erwies sich das Problem Rauch als unlösbar, bis 1890 die Elektrifizierung erfolgen konnte.

## KULTURGESCHICHTE

**Straßenbahn:** Die erste von Pferden gezogene Schienenbahn fuhr 1832 in New York, ab 1865 auch in Deutschland von Berlin nach Charlottenburg. Der Betrieb mit ortsfesten Dampfmaschinen, wie 1873 in San Francisco, war keine befriedigende Verbesserung, weil die Seilkanäle schnell verschmutzten und Kurven schwer zu fahren waren. Werner Siemens richtete 1881 die erste elektrische Straßenbahn der Welt bei Berlin ein; kurz darauf wurde mit der Oberleitung auch die Stromversorgung ungefährlich für den übrigen Verkehr. 1899 gab es in Europa mehr als 7000 km Straßenbahngleise.

## AUF DEN PUNKT GEBRACHT

Der Verkehr auf Schienen mit der Antriebsquelle der beginnenden Industrialisierung, der Dampfmaschine, war ein Kind des Kapitalismus, aber auch das erste großtechnische System, das allen Bevölkerungsschichten zugute kam.

## EMPFEHLUNGEN

**Lesenswert:**

Thomas Hornung (Hg.): *Das große Buch der Lokomotiven*, Köln 2001

Wolfgang Schivelbusch: *Geschichte der Eisenbahnreise*, München 1977

**Sehenswert:**

*Der General*. Regie: Buster Keaton, Clyde Bruckman; mit Buster Keaton, Marion Mack. USA 1926

*Das Stahltier*. Regie: Willy Zielke. Dokumentarfilm. D 1935/BRD 1954

*Mord im Orient-Express (Murder on the Orient Express)*. Regie: Sidney Lumet; mit Albert Finney, Lauren Bacall, Ingrid Bergman, Sean Connery, Anthony Perkins. GB 1974

**Besuchenswert:**

Fahrt mit der Schmalspurbahn »Rasender Roland« über Rügen, ab Lauterbach (Mole)

Fahrt mit der Rigibahn (Zahnradbahn), ab Vintznau im Kanton Luzern, Schweiz

# Photographie
## *Die Welt im Bild*

■ Joseph Nicéphore Niépce (1765–1833), einer der Pioniere der Photographie, um 1820. Von ihm stammt die erste nachweislich erhaltene photographische Aufnahme der Welt.

»Flüchtige Spiegelbilder festhalten zu wollen, dies ist nicht bloß ein Ding der Unmöglichkeit, wie es sich nach gründlicher deutscher Untersuchung herausgestellt hat, sondern schon der Wunsch, dies zu wollen, ist eine Gotteslästerung«, befand 1839 der *Leipziger Anzeiger* ob der Anmaßung eines Franzosen, die Photographie erfunden zu haben. Zu spät kam der Bannspruch, und überdies falsch war die »gründliche deutsche Nachprüfung«; das Übel war jedenfalls längst in der Welt.

Dass Licht abbildet, zeigte die Jahrtausende alte Erfahrung mit dem Spiegelbild, und dass es Materialien gibt, die vom Licht auch verändert werden, war eine Alltagserfahrung, die jeder mit vergilbendem Papier oder alterndem Holz machen konnte. Die beiden wissenschaftlichen Grundzutaten der Photographie waren damit benannt: die Optik oder genauer gesagt eine Theorie der Abbildung durch Lichtstrahlen, und die Photochemie, weniger modern ausgedrückt, die Existenz und Eigenschaften lichtempfindlicher Stoffe. Zu Ersterem hatte sich schon der antike Philosoph und Naturforscher Aristoteles Gedanken gemacht, und dessen vorchristliches Wissen hatte der arabische Forscher Alhazen um 1000 wieder aufleben lassen. Beide beschrieben die Verwendung einer so genannten Camera obscura zur Darstellung einer Sonnenfinsternis. Bei dieser »Urkamera«

REGER MACHER

Louis Daguerre hat nicht nur die Photographie miterfunden. Er entwickelte auch eine bis ins 20. Jahrhundert hinein sehr beliebte Illusionsmalerei, das Diorama. Das waren zweiseitig bemalte durchscheinende Leinwände, die je nach Beleuchtung unterschiedliche Stimmungen derselben Landschaft zeigten, zum Beispiel bei Tag und bei Nacht. Daguerres Rundbau in Paris, in dem er Dioramen mit Licht- und Geräuscheffekten ausstellte, war ein Publikumsrenner. Die Nachfrage nach immer neuen Motiven wuchs derart, dass Daguerre mit dem Malen kaum nachkam.

handelt es sich um eine geschlossene, dunkle Kammer mit einer kleinen runden Öffnung an einer Seite. Die »Kammer« kann ebensogut ein Zimmer wie eine Schuhschachtel sein, in beiden Fällen geschieht das Gleiche: Das durch das Loch einfallende Licht zeichnet auf der gegenüber liegenden Wand des Kastens ein seitenverkehrtes Abbild der außen befindlichen Welt – im Falle von Aristoteles und Alhazen eben das einer Sonnenfinsternis.

Nachdem die Kunst der Renaissance die Perspektive entdeckt hatte, wurde das Prinzip der Camera obscura zu einem wichtigen Hilfsmittel der Malerei. Zimmergroße und transportable Camerae erlaubten sogar, naturgetreu ganze Landschaften zu zeichnen – der Künstler musste lediglich die auf die Innenwand geworfenen Umrisse nachziehen. Mittlerweile hatte man sogar bemerkt, dass sich die Abbilder wesentlich verbessern ließen, wenn man das Licht durch eine Linse im Loch der »Dunkelkammer« bündelte. Auch eine Art Spiegelreflexsystem gab es, mit dem man die Bilder aus dem dunklen Innern nach oben auf ein bequem einsehbares Mattglas projizieren konnte.

Parallel dazu und völlig unabhängig von den Erkenntnissen der physikalischen Optik forschten Chemiker an lichtempfindlichen Materialien. Schon 1727 entdeckte ein deutscher Arzt namens Johann Heinrich Schulze, dass sich Chlorsilber unter dem Einfluss von Licht

■ Die Camera obscura war ursprünglich eine transportable begehbare lichtdichte Kabine, in der der Zeichner die projizierten Naturaufnahmen kopieren konnte. Kupferstich, 1671

■ Daguerreotypiekamera, hergestellt von Daguerres Schwager Alphonse Giroux. Die Originalmodelle wurden durch ein an der Kamera angebrachtes Siegel mit dem Namen Giroux und der Unterschrift von Daguerre gekennzeichnet. Es war die erste serienmäßig hergestellte Kamera.

schwärzte. Schulze füllte einen Brei aus Kreide und Kalk, der mit Silbernitrat versetzt war, in eine Flasche, umhüllte sie mit einem Papier, aus dem er Buchstaben ausgeschnitten hatte, und ließ das Ganze in der Sonne stehen. Das Ergebnis war das erste »Lichtbild« der Geschichte: Die Buchstaben zeichneten sich deutlich auf dem Brei ab, weil an diesen Stellen das Licht ungehindert eingefallen war. Schulze steuerte seine Entdeckung zum Fundus wissenschaftlicher Erkenntnis bei, ohne sie weiter auszuwerten. Ähnlich unbeachtet blieben die Erkenntnisse, die fünfzig Jahre später der schwedische Apotheker Carl Wilhelm Scheele gewann. Dieser entdeckte nicht nur die unterschiedliche Wirkung von farbigem Licht auf Chlorsilber, sondern auch eine Art Fixiermittel.

■ George Eastman mit einer Kodak-Kamera auf der Überfahrt nach Europa, 1890. Die handliche Rollfilmboxkamera leitete die Ära der Schnappschussphotographie ein.

Die Erfindung der ersten photographischen Verfahren ist eine Errungenschaft der Salonwissenschaft; so nennen Kulturhistoriker die zahlreichen Studien und Untersuchungen im ausgehenden 18. und beginnenden 19. Jahrhundert, die von wohlhabenden Privatgelehrten durchgeführt wurden. Auch Joseph Nicéphore Niépce, Spross einer angesehenen Familie des burgundischen Großbürgertums, hatte Zeit und Geld, seine Idee einer photochemischen Lithographie zu verfolgen. Die chemischen Vorarbeiten von Schulze und Scheele kannte er nicht. Auf der Suche nach einem lichtempfindlichen Medium, in dem man die Abbilder im Innern einer Camera obscura festhalten konnte, verwarf er das Chlorsilber wegen dessen Unbeständigkeit. Stattdessen verfiel er auf Asphalt. Unter Lichteinfall härtete dieser nämlich aus, sodass nach dem Auswaschen der weich gebliebenen Bereiche eine Art Druckplatte mit einem lichtbeständigen Bild zurück blieb. Das Verfahren nannte Niépce »Heliographie« (nach altgriechisch »helios«, Sonne). Kombiniert mit einer Camera obscura entstand mit dieser Methode die erste erhaltene Photographie der Welt. Sie stammt aus dem Jahr 1826/27 und zeigt die verwaschenen Umrisse von Häusern und Dächern – die Aussicht aus Niépces Arbeits-

**BILD IM BEUTEL**
Mitentscheidend für den schnellen Erfolg der Photographie war die Beliebtheit der Porträtmalerei zu Beginn des 19. Jahrhunderts. Die Porträtmode war vom Adel ins Bürgertum gewandert; dort wurden wegen ihrer Preisgünstigkeit Scherenschnitte und Silhouettenmalerei besonders geschätzt. Auch Kleinstporträts auf Puderdosen hatten die Bürgerlichen dem Adelsstand abgeschaut. Die Miniaturmalerei starb völlig aus, sobald photographische Porträts technisch möglich und finanziell erschwinglich wurden.

zimmer in Gras bei Chalon-sur-Saône. Der auf den ersten Blick irritierende Schattenwurf der Gebäude erklärt sich durch die sechs bis acht Stunden Belichtungszeit dieser frühen Photographie; während dieser Zeit konnte die Sonne ihren Tageslauf in Form von Schatten auf dem Bild verewigen.

Niépce experimentierte mit weiteren photochemischen Substanzen, aber ohne großen Erfolg. Den hatte erst Louis Jacques Mandé Daguerre, ein Pariser Bühnen- und Landschaftsmaler, der ebenfalls von der fixen Idee beherrscht war, die Bilder einer Camera obscura automatisch und dauerhaft zu fixieren. Er drängte Niépce sogar in einen Partnerschaftsvertrag, der jedoch lediglich als reger Gedankenaustausch per Post florierte. Daguerre probierte in seinem Maleratelier vor allem mit Silbersalzen herum, aber auch seine Bilder blieben schemenhaft und benötigten zu lange Belichtungszeiten. Der Zufall kam ihm erst zu Hilfe, nachdem sein Partner Niépce 1833 einem Schlaganfall erlegen war. Die Legende will, dass Daguerre eines Tages eine nur kurz belichtete Platte wieder aus der Camera entfernte, weil das Licht zu schlecht war, und sie in einen Chemikalienschrank wegschloss. Als er sie am nächsten Tag hervorholte, zeigte sie zu seiner größten Ver-

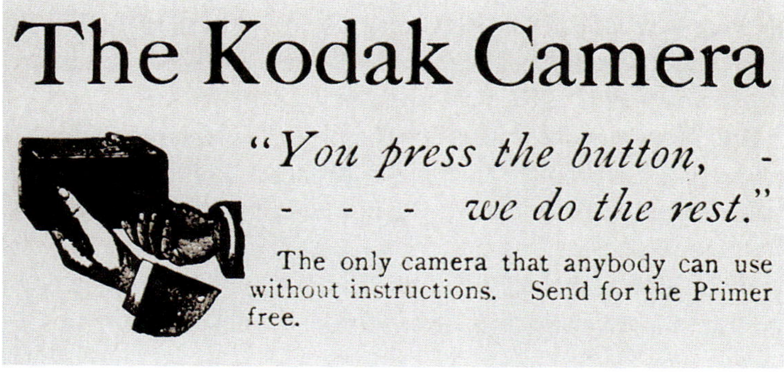


■ Werbung für die legendäre Rollfilmboxkamera, mit der das Photographieren für jedermann möglich wurde.

■ *Stillleben mit Flaschen und Gläsern*, 1822. Heliographie von Joseph Nicéphore Niépce. Bei dieser Frühform der Photographie wurde das Bild mithilfe einer lichtempfindlichen Asphaltschicht auf einen Lithographiestein übertragen.

blüffung ein scharfes Bild. Die Erklärung fand Daguerre im Schrank: Quecksilberdämpfe waren es, die aus den mit Silberjodid beschichteten Kupferplatten das Bild hervortreten ließen. Die Daguerreotypie war geboren. Nachdem er auch ein geeignetes Fixiermittel gefunden hatte, konnte Daguerre seine Erfindung 1839 endlich veröffentlichen – Anlass für den eingangs zitierten Bannspruch des *Leipziger Anzeigers*.

Die allgemeine Begeisterung dieser Zeit für technischen Fortschritt trug mit dazu bei, dass sich die Daguerreotypie schnell durchsetzte. Wer auf sich hielt (und das nötige Geld hatte), ließ ein Photoporträt von sich machen. Konsequenter Höhepunkt dieser Entwicklungen war der Photoautomat »Bosco«, um 1890 erstmals aufgestellt und fortan vor allem auf Jahrmärkten sehr beliebt. Weitere Verbesserungen folgten schnell. In England hatte William Henry Fox Talbot ein ähnliches Verfahren auf Papier erfunden, das überdies die Möglichkeit von Abzügen eröffnete.

Zum Konsumgut für jedermann wurde die Kamera mit der Erfindung des Rollfilms 1888. Für die legendäre Rollfilmboxkamera von George Eastman machte die Firma Kodak Werbung mit dem Spruch: »You press the button, we do the rest.« Damit war der künftige Hobbyphotograph endlich auch vom lästigen Schleppen schweren Geräts und dem heimischen Chemielabor befreit.

# PHOTOGRAPHIE

## TECHNOLOGIE

**Chemie:** Silberverbindungen (Silberhalogenide: Bromsilber, Chlorsilber, Jodsilber) schwärzen sich unter Einwirkung von Licht und bestimmten Entwicklungsstoffen; dabei werden die Verbindungen zu metallischem Silber reduziert, und durch die feine Verteilung der Silbermoleküle entstehen unterschiedlich dunkle Stellen. Auf dem unbelichteten Träger (Film, Photopapier) sind die Körner aus Silberhalogenidkristallen von Gelatine umgeben, die sie schützt und auf dem Träger festhält und die Lichtempfindlichkeit der Mischung (Emulsion) erhöht. Der alkalische Entwickler unterstützt die Umwandlung zu metallischem Silber, der säuernde Fixierer macht die entwickelte oberste Schicht lichtbeständig (und entfernt dabei 80 Prozent des Silbers). Alle am Entwickeln beteiligte Flüssigkeiten sind giftiger Sondermüll.

**Materialien:** Die Daguerrotypie lieferte nur Positiv-Originale auf Metallplatten, die mit Quecksilber entwickelt und mit Kochsalz, später Natriumthiosulfat fixiert wurden. William Henry Fox Talbot benutzte um 1834 für sein Negativ-Positiv-Verfahren Bromsilber auf Papierträger; seine Abzüge waren jedoch noch zu unscharf, daher konnte sich sein Aufnahmeverfahren nicht durchsetzen. Bessere Ergebnisse wurden um 1850 mit einem Jodsilber-Kollodium-Verfahren erzielt, bei dem Glasplatten mit in Alkohol gelöster Kollodiumwolle (Zellulosenitrat) beschichtet wurden, die lichtempfindlich und feinkörnig war. Sie mussten feucht gehalten und sofort entwickelt werden, ermöglichten jedoch gute Papierabzüge. Ab 1871 verwendete Richard Leach Maddox »Trockenplatten«, die mit Gelatine statt Kollodium beschichtet und einfacher zu handhaben waren. George Eastman stellte gleichzeitig mit Hannibal Goodwin 1884 den Zelluloidrollfilm vor; das Patent erhielt Eastman. Die Zellulosenitratfilme entzündeten sich jedoch manchmal von selbst; 1930 wurde daher der Sicherheitsfilm aus Zelluloseazetat eingeführt.

## KULTURGESCHICHTE

**Photokunst:** Bereits in den frühen Jahren der Photographie spielten Aufnahmen von Landschaften eine große Rolle. Carleton E. Watkins' Bilder der Sierra Nevada führten dazu, dass die Gegend 1890 unter Naturschutz gestellt wurde. Weitere große Themen waren Porträts, Architektur und Werbung. Die Collagetechnik des Bauhaus inspirierte John Heartfield und andere zu Photomontagen, auch für politische Plakate. Künstler wie László Moholy-Nagy und Man Ray experimentierten ab den 1930ern mit den technischen Möglichkeiten und schufen Photographiken.

**Kameras:** Die ab 1925 erfolgreiche Leica benutzte Materialreste von Kinofilmen. Das Standardformat für Filme von 35 mm Breite geht auf Edison zurück, dem die ursprünglich 70 mm breiten Filme von Eastman zu unhandlich waren. Frühe Photofilme hatten mitunter Platz für 750 Aufnahmen. Die schwedische Hasselblad ist berühmt für ihre Aufnahmequalität; mit ihr wurde auch auf dem Mond photographiert.

## AUF DEN PUNKT GEBRACHT

Als Symbiose von Optik und Chemie passte die Photographie nicht in eine Zeit separierter wissenschaftlicher Disziplinen. Also wurde sie von wohlhabenden Privatgelehrten – »Salonwissenschaftlern« – erfunden und entwickelt.

## EMPFEHLUNGEN

**Lesenswert:**

Heinz Haberkorn: *Anfänge der Photographie*, Reinbek 1981

Royal Geographic Society (Hg.): *Hinter dem Horizont*, München 1998

Willfried Baatz: *50 Klassiker Photographen*, Hildesheim 2003

Dick Francis: *Reflex*. Roman, Zürich 1991

**Sehenswert:**

*Blow up*. Regie: Michelangelo Antonioni; mit David Hemmings, Vanessa Redgrave. GB 1966

*Alice in den Städten*. Regie: Wim Wenders; mit Rüdiger Vogler, Yella Rottländer. BRD 1974

**Besuchenswert:**

Museum für Photographie in Braunschweig

Agfa Photo-Historama im Museum Ludwig, Köln

Industrie- und Filmmuseum im Chemiepark Bitterfeld-Wolfen

# Glühlampe
## *Mehr als ein Geistesblitz*

»Mir geht ein Licht auf«, sagt der gewöhnliche Sterbliche bei mühsam errungenen Einsichten, und Bob Dylan soll auf die Frage eines Reporters nach seinem Erfolgsgeheimnis einmal gesagt haben: »Hab' immer eine Glühbirne dabei.« Der Glühbirne als Bildmetapher für Geistesblitz und Genialität begegnet man schon im Kinder-Comic, wo Walt Disney seinem Erfinder Daniel Düsentrieb eine vermenschlichte Mini-Birne an die Seite gestellt hat. Vielleicht nicht von ungefähr stammen sowohl der Erfinder des prototypischen Erfinders Düsentrieb als auch der (meist so bezeichnete) Erfinder der wirklichen Glühbirne, Thomas Alva Edison, aus Amerika – einem Land, zu dessen Image Fortschritt und Erfindergeist gehören. Und dennoch ist gerade Übererfinder Edison für seinen Ausspruch bekannt, dass zum erfolgreichen Erfinden nur ein Prozent Genialität beitrage, der Rest hingegen schnöder Schweiß sei. Edison mit seinen mehr als 1500 Patenten auf dem Erfinderkonto wusste wohl, wovon er sprach. So sei denn die Frage erlaubt: Wie steht es eigentlich mit der Verteilung der Prozente bei der Glühbirne selbst? Was Edison angeht, wird er seinem Ausspruch ganz gerecht.

Natürlich ist da die geniale Eingebung am 8. September 1878, als Edison mit dem Industriellen William Wallace über die Glühlampe spricht, die dessen Mitarbeiter Moses Farmer entwickelt hat. Farmers Geisteskind ist aber mangels Haltbarkeit völlig ungeeignet für die praktische Verwendung. Doch Edison hat eine Idee, wie er's besser machen kann, und ist so überzeugt davon, dass er einem Mitarbeiter in seinem Forschungslabor telegraphiert: »Bin beim elektrischen Licht auf eine Goldader gestoßen.«

Das Prinzip ist klar: Wird ein Draht von elektrischem Strom durchflossen, entsteht Reibungs-

■ Der Erfinder der Glühlampe Thomas Alva Edison

wärme, das Material wird erhitzt und beginnt schließlich zu glühen; damit der Draht dabei nicht verbrennt, darf er nicht mit Sauerstoff in Berührung kommen, folglich muss die glühende Wendel in ein luftleeres Gefäß eingeschlossen werden.

Dann kommt der Schweiß. Zunächst errichtet Edison eine kleine Fabrikationsanlage für gläserne Birnen, dann probieren er und seine Mitarbeiter in dreizehnmonatiger Arbeit alle möglichen Materialien auf ihre Eignung als Glühfäden aus. Schließlich erweist sich ein verkohlter Baumwollfaden als die optimale Lösung. Am 21. Oktober 1879 erblicken er und seine Mitarbeiter »den Glanz, den wir uns so lange gewünscht hatten«. Mehr noch, der Glanz hält 45 Stunden an, ein endlich vermarktbarer Rekord an Haltbarkeit. Sogleich präsentiert Edison seinen Erfolg der Öffentlichkeit; mit seinen neuen Glühbirnen und mit Drähten, die von Baum zu Baum gespannt sind, lässt er werbewirksam Menlo Park erstrahlen, wo auch sein Laboratorium steht. Mehr als dreitausend Neugierige – die Eisenbahn muss Sonderzüge einsetzen – lassen sich das Spektakel nicht entgehen.

Edisons Genie erstreckte sich nicht allein aufs Technische; auch als Marketingmanager war er unschlagbar. Gleich nach dem Einfall, die Glühbirne marktreif zu entwickeln, hatte er in einem groß aufgemachten Interview in der *New York Sun* erklärt, das Problem der elektrischen Beleuchtung gelöst zu haben, und versprochen, das New Yorker Stadtzentrum schon bald mit 500 000 Glühbirnen zu beleuchten. Würden Erfinder wie demokratische Regierungen auf vier Jahre gewählt, wäre Edison bei der folgenden Wahl mit Bravour durchgefallen: Statt der versprochenen 500 000 erhellten erst 12 000 Glühbirnen die New Yorker Nacht.

Doch immerhin hatte man in weiteren Versuchsreihen den idealen Kohlefaden gefunden – aus japanischem Bambus, den Edison in großem Stil importieren ließ. Auf der Pariser Weltausstellung 1881 konnten die begeisterten Besucher dann schon die Edison-Glühlampen mit Schraubverschluss eigenhändig heraus- und hineindrehen. Was für ein Erfolg das neue Beleuchtungssystem wurde, lässt sich auch daran ablesen, dass 1889 bereits 61 Glühlampenfabriken exis-

**VIELSAGENDER NAME**

Im Jahr 1919 gründeten die führenden deutschen Lampenhersteller, die Allgemeine Elektrizitätsgesellschaft (AEG), Siemens und die Auer-Gesellschaft, ein gemeinsames Unternehmen zur Glühlampenproduktion: OSRAM. Der Name erinnert an die für den Glühfaden verwendeten Metalle Osmium und Wolfram. Beide haben einen extrem hohen Schmelzpunkt; die Fäder werden also heißer und damit heller.

■ Das Sinnbild des Geistesblitzes: Edisons Glühlampe von 1879

■ Herstellung von Glühlampen bei Osram

tierten, die alle nach dem Edison-Patent arbeiteten – allerdings ohne dafür zu bezahlen. Als Edison und seine zur General Electric Company (GE) vereinigten Fabriken dahinter kamen, ließ er alle Nachahmer verklagen. Im Prozess kam ans Licht, dass der große Erfinder selbst ein (unwissentlicher) Plagiator war: Schon 1854 hatte ein deutschstämmiger Amerikaner namens Heinrich Goebel die Glühlampe erfunden, mit eben demselben Bambuskohlefaden, auf den auch Edison nach langem Suchen gestoßen war. Goebel hatte allerdings noch kein Stromgenerator zur Verfügung gestanden (der Dynamo wurde erst 1866 von Siemens erfunden), deshalb musste er mit einem weniger ergiebigen galvanischen Element als Stromquelle vorlieb nehmen. Auch besaß Goebel keine Glaskolbenfabrik; seine ersten Versuche machte er mit luftleer gepumpten Kölnisch-Wasser-Flaschen. Für die Einführung der öffentlichen Beleuchtung durch Glühlampen reichte es also nicht, doch immerhin konnte Goebel die leuchtenden Flaschen in seinem Chicagoer Brillengeschäft als Publikumsmagnet nutzen – fast fünfundzwanzig Jahre vor Edisons vermeintlichem Genieblitz.

Andere Länder, andere Erfinder – ein Motto, das auch bei der Glühlampe zutrifft. In St. Petersburg hatte schon 1873 der Elektrophysiker Alexander Lodygin eine elektrische Straßenlaterne entzündet; und in England arbeitete Joseph Wilson Swan zeitgleich mit Edison an der Glühbirne mit Kohlefaden und gründete seine eigene Swan Electric Company. Der Hauptunterschied zwischen der englischen und amerikanischen Variante des neuen Lichts war die Fassung. Edisons Schraubsockel setzte sich gegenüber der englischen Ausführung, wo Lampenglas und Installationsrohr fest verbunden waren, wegen der größeren »Nutzerfreundlichkeit« schließlich weltweit durch.

ÖFFENTLICHES LICHT

Schon zu Beginn des 19. Jahrhunderts experimentierte man mit Gas-Straßenbeleuchtung. Sie funktionierte mit Leuchtgas, das teilweise sogar offen abgefackelt wurde. Die Neuerung war heftig umstritten. Die Gegner öffentlicher Beleuchtungssysteme verwiesen beispielsweise auf die gottgewollte Dunkelheit oder fürchteten gar, so die *Kölnische Zeitung* im März 1819: »Die Sittlichkeit wird durch Gassenbeleuchtung verschlimmert. Die künstliche Helle verscheucht in den Gemütern das Grauen vor der Finsternis, das die Schwachen von mancher Sünde abhält.«

# GLÜHLAMPE

## TECHNOLOGIE

**Petroleum:** Mit der Verbesserung von Docht und Glashülle 1782 verbreiten sich Petroleumlampen zur Beleuchtung. Das leicht flüchtige Leuchtpetroleum wird aus Erdöl (Kerosin) gewonnen; daneben wird auch Paraffin, ebenfalls aus Erdöl, verwendet. Heute setzt man Petroleum-Starklichtlampen zur Beleuchtung von Bauplätzen und Werkstätten ein; der ähnlich aufgebaute Petroleumkocher (Primuskocher) ist auf Expeditionen und beim Camping beliebt.
**Glühstrumpf:** 1892 konstruiert Carl Auer von Welsbach ein Gasglühlicht (auch als Auerlicht oder Glühstrumpf bekannt): Ein textiles Gewebe wird mit Thorium- und Cernitrat getränkt, verascht und anschließend in einer Gasflamme erhitzt, bis das verbliebene Faserskelett aus Thorium- und Ceroxid zu leuchten beginnt. Bereits ab 1800 war preiswertes Leuchtgas verfügbar und wurde für Innen- und Außenbeleuchtung genutzt. Im Kalklicht erhitzte die Gasflamme einen Kalkblock, erhellte die Laterna magica und diente um 1850 als Rampenlicht im Theater; es brannte sechsmal heller als das einfache Gaslicht.
**Glühdraht:** Edison verwendete einen verkohlten Bambusfaden als Glühmittel, Joseph Wilson Swan einen zuvor mit verdünnter Schwefelsäure behandelten Baumwollfaden. Um Lichtausbeute und Lebensdauer weiter zu verbessern, setzte Walther Hermann Nernst 1897 statt des Fadens ein Stäbchen aus Magnesia ein; es musste zwar vorgeheizt werden, brauchte aber kein Vakuum und war heller. Auer von Welsbach experimentierte 1902 mit Osmiumdraht, der wie Tantaldraht erst um 3000 °C schmilzt. Ab 1910 war es möglich, Drähte aus Wolfram herzustellen, das mit etwa 3410 °C den höchsten Schmelzpunkt aller Metalle besitzt. Die störende Verdampfung des Wolframs wurde zunächst durch Einfüllen chemisch inaktiver Gase (Edelgase) beseitigt; heute setzt man geringe Mengen Halogene zu, die sich mit verdampftem Wolfram bei dessen Abkühlung verbinden und nahe dem heißen Draht wieder zerfallen, wobei sich das Wolfram auf dem Draht ablagert. Ab 1913 ergab die Wendelung des Drahtes eine höhere Lichtausbeute.
**Glühgas:** Bei der Gasentladung in Bogenlampen regt Strom das Gas zum Glühen an; bei hoher Spannung leuchten verschiedene Füllgase in langen Röhren in unterschiedlichen Farben. Bereits ab 1744 wurde mit dieser Entdeckung experimentiert. 1904 standen Quecksilberdampflampen, durch deren Quarzkolben das im Inneren erzeugte UV-Licht nach außen gelangt, für Höhensonne und Keimtötung zur Verfügung. In der ab 1945 hergestellten Leuchtstofflampe (»Neonröhre«) wandelt eine Leuchtstoffschicht, etwa Kalziumhalogenphosphat, innen am Glas das UV-Licht in sichtbares Licht um. Die »Energiesparlampe« ist eine Leuchtstoffröhre im Glühlampenformat.

## AUF DEN PUNKT GEBRACHT

Ein Einfall und viele Erfinder bestimmen die Geschichte der Glühlampe. Durchgesetzt hat sich die Variante à la Edison. Ihr Schraubverschluss ist praktisch, für Nutzer wie für Hersteller.

## KULTURGESCHICHTE

**Straßenbeleuchtung:** Mit Öllampen wurde ab 1558 Paris erhellt, es folgten 1599 London und 1679 Berlin. Gaslaternen gab es in London ab 1814, in Berlin ab 1826. Die ersten elektrischen Bogenlampen in Berlin wurden 1882 eingeschaltet. Natriumdampflampen (seit 1930) durchdringen Nebel gut und erhöhen die Sehschärfe wegen der Lage ihrer Farbe im Spektrum.

## EMPFEHLUNGEN

**Lesenswert:**
Peter Berz et al. (Hg.): *Das Glühbirnenbuch*, Klagenfurt 2001

Wolfgang Schivelbusch: *Lichtblicke. Zur Geschichte der künstlichen Helligkeit im 19. Jahrhundert*, München 1983

**Sehenswert:**
*Der junge Edison (Young Tom Edison)*. Regie: Norman Taurog; mit Mickey Rooney, George Bancroft. USA 1940

*Der große Edison (Edison the Man)*. Regie: Clarence Brown; mit Spencer Tracy, Rita Johnson. USA 1940

*Gaslicht (Gaslight)*. Regie: Thorold Dickinson; mit Adolf Wohlbrück, Diana Wynyard. GB 1939

**Besuchenswert:**
Phänomenta, Physikausstellung mit Lichtmuseum in Lüdenscheid

# Beton

## *Lust oder Frust*

»Ein vernünftig konstruiertes Stahlbetonbauwerk hat Risse.« Dieser für den Laien schockierende Lehrsatz gehört zum Grundrüstzeug heutiger Brücken- und Hochhausbauer. Was wie ein bautechnischer Offenbarungseid klingt, ist in Wirklichkeit die Konsequenz jahrzehntelanger Erfahrung mit einem Baustoffzwitter, dessen Bestandteile beide auf eine antike Vorgeschichte zurückblicken können: Der Stahl, in Gestalt von Eisen, ist schon so alt, dass er einer ganzen Epoche der Menschheitsgeschichte seinen Namen gegeben hat. Und in der Verwendung von Beton, besser »Zement«, der zweiten Zutat des Stahlbetons, waren schon die alten Römer Meister, wenn auch nicht die Pioniere. Diese sind vermutlich in den alten Hochkulturen des Zweistromlandes zu suchen, denn dort hat man die ältesten – etwa 2500 Jahre alt – Brennöfen für Kalkstein gefunden, und Zement ist im wesentlichen gebrannter Kalkstein. Beim Vermischen mit Wasser »bindet Zement ab«, wie es in der Fachsprache heißt, auch Sand und kleine Steine kann man zufügen, und so entsteht eine feste Verbindung: der Beton. Der älteste abgebundene Beton wurde 700 v. Chr. als Auskleidung einer Wasserleitung im heutigen Irak verlegt. Al-

■ Die Casa Mila in Barcelona wird auch »La Pedrera« (Steinbruch) genannt. Sie wurde durch Antoni Gaudí, von 1906 bis 1910 erbaut.

■ Die Überreste des Serapistempels, einem Bauwerk aus römischem »Opus caementitium«, in Pozzuoli bei Neapel

lerdings ist bloßer Kalkzement nicht wasserfest und bröckelt, weswegen diese Leitung zusätzlich mit Asphalt abgedichtet werden musste.

Die Römer entwickelten den Werkstoff weiter, indem sie dem Kalk vulkanische Asche beimengten, wodurch ein wasserfester Beton entstand. Das römische Gussmauerwerk (»Opus caementitium«) mit seinem Vesuvasche-Anteil hatte übrigens eine sehr ähnliche chemische Zusammensetzung wie heutiger Portlandzement. Mit dem Zerfall des römischen Reiches ging auch das römische Werkstoffkönnen verloren, sodass sich in mittelalterliche Bauten, besser gesagt in deren Resten, praktisch keine Hinweise auf die Verwendung von Beton mehr finden. Die meterdicken Mauern mittelalterlicher Burgen und Kirchen waren zwar wie römische Bauwerke häufig doppelschalig ausgelegt, aber zwischen die gemauerten Wände füllte man Lehm oder Schotter.

Erst ab Mitte des 18. Jahrhunderts tauchten wieder Betonbauwerke auf, nachdem ein englischer Ingenieur namens John Smeaton die Festigkeit von Zement und deren Abhängigkeit von den Kalksteinbeimischungen erforscht hatte. Eine Eigenschaft aber verliert Beton nicht, ganz gleich, wie geschickt man die Zutaten wählt: Er ist spröde und bricht oder reißt unter Beanspruchung durch Zugkräfte. Wirklich durchsetzen konnte sich Beton zum Bauen deshalb erst, als die Ära des Stahlbetons eingeläutet wurde. In ihm sind die Werkstoffe Eisen und Beton ge-

### GOTT ALS DRITTE STÜTZE

In den Anfangstagen des Stahlbetonbaus fehlten solide Berechnungen. Stattdessen hielt man sich gern an die so genannte Drittelsregel: »Ein Drittel trägt der Beton, ein Drittel das Eisen und ein Drittel der liebe Gott. Und fällt der Beton schlecht aus, so übernimmt der liebe Gott zwei Drittel.« Doch verweigerte sich Gott verschiedentlich. So zum Beispiel im Jahr 1901, als das Hotel zum Bären in Basel während der Montage des hölzernen Dachstuhls zusammenkrachte und einige Arbeiter Opfer der versagenden Eisenbetonkonstruktion wurden. Oder im Mai 1980, als die Dachkonstruktion der Berliner Kongresshalle – vom Volksmund »schwangere Auster« getauft – teilweise einstürzte.

wissermaßen eine Vernunftehe eingegangen. Während Beton unter Dehnen und Biegen bricht, Druck dagegen klaglos aushält, toleriert Eisen Biegen, Dehnen und Ziehen problemlos, wohingegen es unter Druck leicht knickt. Im Stahlbeton schützen eiserne Sehnen den Betonleib vorm Zerbrechen und der Betonleib das Eisen vor dem Knicken. Diese arbeitsteilige Gemeinschaft eroberte schon bald nach ihrer Entstehung die Bauwelt.

Angefangen habe die Geschichte des Stahlbetons, so behaupten eher oberflächliche Quellen, mit Blumenkübeln. Der Pariser Gartenbaumeister Joseph Monier experimentierte als 25-Jähriger Mitte des 19. Jahrhunderts mit Drahtgeflechten, die er mit Zement umhüllte, um Blumenkübel und Wasserbecken in kunstvolle Form zu bringen. Moniers Stammpatent trägt das Datum vom 16. Juli 1867.

■ Stahlbewehrung der Betonplatte vor dem Guss bei der Errichtung eines Schiffshebewerks am Oder-Havel-Kanal, um 1928

Angefangen hatte so auch tausende Jahre zuvor die Entdeckung eines anderen Verbundprinzips: Mit Lehm verschmierte Weidengeflechte nutzten unsere steinzeitlichen Vorfahren als Wassergefäße. So entstand mit den Monierschen Konstruktionen der erste neuzeitliche und wohl auch wichtigste Verbundwerkstoff unserer Zeit. Aber wie so oft in der Geschichte der Technik gibt es auch hier Vorgänger, Mitläufer und Nachfolger, die das Erstlingsrecht für sich in Anspruch nehmen. So lockt zum Beispiel das Fremdenverkehrsamt des 700-Seelen-Dorfs Monfort sur Argent im französischen Department Var mit den Worten: »Dies ist der Ort von Joseph-Louis Lambot, dem Erfinder des Eisenbetons.« Tatsächlich hatte Lambot schon zwölf Jahre vor Monier ein Patent gleichen Inhalts erhalten. Lambot gab der Idee sogar den passenden Namen: Ferciment – also Eisenzement. Sein Hauptanliegen war, den Baustoff Holz überall dort zu ersetzen, wo er feuchtigkeitsgefährdet war. Folgerichtig baute Lambot als Erstes Ruderboote aus Ferciment und präsentierte sie im Jahr der Patentnahme auf der Pariser Weltausstellung. Dass das mehr war als ein cleverer Werbe-

AUFBRUCHSTIMMUNG

Die Ära des Stahlbetonbaus begann mit der berühmten Pariser Weltausstellung 1900. Schon zehn Jahre später schwärmte die *Zeitschrift für Architektur und Ingenieurswesen*: »Die Natur wurde von Gott geschaffen, so sagte man, den Eisenbeton hat der Mensch gemacht.«

gag, zeigt die Tatsache, dass noch in den 1930er Jahren Lastkähne aus Beton gebaut wurden. Wer Betonboote dennoch für eine schrullige Kuriosität hält, kann sich auch heute noch eines Besseren belehren lassen. Die deutschen Massivbaulehrstühle veranstalten alle zwei Jahre eine Regatta, deren Teilnehmer nur eine Bedingung zu erfüllen haben: Ihre Konstruktionen müssen aus Beton bestehen.

Ein dritter Erfinder des Eisenbetons verdient Erwähnung, weil er vermutlich besser als Lambot und Monier die konstruktiven Vorteile der neuartigen Materialehe verstanden und genutzt hat: François Coignet. Ebenfalls im Jahr 1855 nahm er ein englisches Patent auf etwas, das wir heute Stahlbetondecke nennen würden. Zu der Zeit, als Monier sein erstes Patent anmeldete, leitete Coignet bereits eine erfolgreiche Bauunternehmung, die Fundamente, Keller und Decken nach seinem System ausführte.

Auch angelsächsische Namen wären in einem Wettstreit um die Priorität der Stahlbetonerfindung zu nennen, kurz: Die »Materialehe« zwischen Eisen und Beton lag wohl Mitte des 19. Jahrhunderts einfach »in der Luft«. Dass man im deutschen Sprachraum nicht von Lambot-Bau oder Coignet-Konstruktion, sondern eben von »Moniereisen«-Bau sprach und spricht, ist übrigens eine Folge geschickter Vermarktung, die Monier durch weitere Patente – auf Brückengewölbe, Treppen und Eisenbahnschwellen (ab

■ Berliner Kongresshalle. Das Gebäude wurde 1956/57 als Beitrag der USA zur Internationalen Bauaustellung nach einem Entwurf von Hugh Stubbins erbaut. Im Mai 1980 stürzte die Dachkonstruktion teilweise ein. Als Ursache nehmen Bauexperten Materialermüdung an.

1880 auch im Deutschen Reich) in die Wege leitete. Diese Lizenzen gingen fünf Jahre später an eine große deutsche Baustofffirma, die nach Moniers Vorlagen den ersten deutschen Eisenbetonbau fertigte: eine Hundehütte. Doch fand das neue System schnell überzeugte Fürsprecher, sodass schließlich sogar das Obergeschoss des Berliner Reichstags mit Stahlbetondecken versehen wurde.

■ Die Jahrhunderthalle im polnischen Wrocław (ehemals Breslau), Polen, wurde 1912/13 von Max Berg, Richard Konwiarz und G. Trauer erbaut.

Selbst Rückschläge wie einstürzende Betonbauwerke konnten den Siegeszug der neuen Baumethode nicht verhindern. Bewehrter Beton wurde auch für Fahrbahndecken und, wo es Hindernisse zu überwinden galt, für Brücken eingesetzt – die Autobahnen verdanken ihre Entstehung der neuen Bauweise.

Eine weitere Neuerung der Betonbautechnik führte der Franzose Eugène Freyssinet Ende der 1930er Jahre an deutschen Autobahnbrücken ein: den Spannbeton. Freyssinet hatte die Stahlseile im Betonkorpus des Brückenträgers wie Gitarrensaiten gespannt und gegen den Beton verankert. Der auf diese Weise »vorgespannte« Beton des Brückenträgers hielt weit mehr Belastung aus als einfacher Stahlbeton. Auch diese Neuerung setzte sich schnell durch, denn Spannbetonbrücken waren leichter und bis zu vierzig Prozent billiger als herkömmliche Stahlkonstruktionen.

Nicht nur Brücken wurden im Baurausch nach dem Zweiten Weltkrieg wie am Fließband errichtet: kaum eine Campus-Uni kam ohne die zweifelhafte Ästhetik des Sichtbetons aus, kaum eine Trabantenstadt ohne den fragwürdigen Charme vorgefertigter Betonmauern, -wände und -stützen. Und die Tradition feindseliger Festungsbunker, über deren Ruinen Besucher der französischen Atlantikküste noch heute stolpern, fand ihre Fortsetzung in den Betonmänteln der Atommeiler – in der Fachsprache verschleiernd als »Containment« tituliert. Gegen den wirtschaftlichen Sachzwang hat sich das ästhetische Empfinden in der Sprache Luft gemacht: Wörter wie Betonsilo, Betonpiste und Betonwüste sind beredter Ausdruck frustrierten Volksempfindens.

# BETON

## TECHNOLOGIE

**Chemie:** Zement besteht aus Kalk, verbunden mit Kieselsäure, Tonerde oder Eisenoxid, und erhärtet unter Zugabe von Wasser, auch unter Wasser. Die Rohstoffe werden gemahlen, bei 1400–1500 °C gebrannt und erneut gemahlen. Die wichtigste Grundmischung heißt Portlandzement (erfunden 1824), durch Zusätze entstehen weitere Zementarten. Zement dient vor allem als Bindemittel für Beton und Mörtel. Beton ist ein Gemisch aus Zement, Zuschlagstoffen und Wasser, gegebenenfalls auch weiteren Zusätzen, das zunächst flüssig ist und dann aushärtet. Gewicht und Dichte variieren je nach Verwendung von Leichtbeton (für Dämmplatten) bis Schwerstbeton (im Strahlenschutz); danach richtet sich auch der Zuschlag wie Sand, Kies, Schotter bis Stahlschrott.

**Spannbeton:** Bewehrter, also mit Stahleinlagen versehener Beton ist zugfest und erweitert die Möglichkeiten im Hoch- und Brückenbau und bei großen Hallen. Noch zugfester ist Spannbeton; er ist bewehrt mit Rundstahl oder Spanndraht, der unter Zugspannung gesetzt wird. Nach dem Einbau zieht sich die Stahleinlage quasi zusammen und festigt das Bauteil; der Beton steht unter Druckspannung, die eine Belastung durch Gewicht, wie Verkehr, ausgleicht. Seit Mitte der 1980er wird auch mit einer Bewehrung aus Polystalkabel (Glasfaser und Polyesterharze) experimentiert, denn die Stahlbewehrungo ist durch Sauren Regen und Tausalz korrosionsgefährdet. Als Erfinder des Spannbetons gilt der Berliner Ingenieur C. F. W. Doehring, der in seinem Patent von 1888 die zwei Jahre zuvor in den USA erzielte Vorspannung von Betonteilen durch seine Methode bedeutend erhöhen konnte.

## KULTURGESCHICHTE

**Opus caementitium:** Römische Betonbauwerke bestanden aus Bruchstein, genannt caementum, und Bindemittel, genannt mortar (»Mörtel«), die abwechselnd geschichtet in eine Verschalung aus Stein oder Holz gegeben wurden. Für den Mörtel zum Abbinden nahm man tonhaltigen Kalk oder fügte dem reinen Kalk Puzzolanerde (Vulkanasche aus Pozzuoli am Fuße des Vesuv) oder Ziegelmehl zu, wodurch er wie unser Zement sogar unter Wasser aushärtet. Das entstehende Gussmauerwerk – »Opus caementitium« genannt – ist modernem Beton in Aussehen und Eigenschaften sehr ähnlich. Neben der doppelschaligen Bauweise wurde der römische Beton auch, ganz wie heute, mit Holzverschalung gegossen und anschließend verkleidet. Als Erstes verwendeten die Römer ab dem 3. Jh. v. Chr. den wasserfesten Baustoff für Hafenanlagen, später bei fast allen Bauwerken. Im ganzen Römischen Reich versorgten Aquädukte dieser Bauweise, teilweise auch mit gegossenen Betonröhren, die Städte mit Frischwasser; zum Beispiel führte im 2. Jh. n. Chr. eine Leitung rund 100 km von der Westeifel nach Köln, ferner wurden Zisternen, Talsperren und vor allem Abwasserkanäle und -tunnel in Opus-caementitium-Bauweise errichtet. Besonders bekannt und erhalten ist die Cloaca Maxima, die Rom entwässerte; sie mündet in den Tiber und ist auch heute noch bis zu 3 m breit und 4 m hoch. Beton eignete sich auch zum Überwölben großer Flächen und Räume, wie bei Bodenheizungen (Hypokaustum) für Häuser und Thermen. Der Warmbaderaum der Forumthermen in Pompeji von 70 v. Chr. ist das älteste erhaltene Gewölbe aus Opus caementitium. Sogar »Stahlbeton« kannten die Römer bereits; in einer Therme bei Klagenfurt verstärkten sie die Decke des Hypokaustums mit Eisenbändern.

**Lesenswert:**

Börries H. Sinn: *Und machten Staub zu Stein. Die faszinierende Archäologie des Betons von Mesopotamien bis Manhattan*, Düsseldorf 1993

Heinz-Otto Lamprecht: *Opus caementitium. Bautechnik der Römer*, Düsseldorf 1984

**Besuchenswert:**

Köln, Reste der römischen Stadtmauer und Kanalisation sowie das Römisch-Germanische Museum

Trier, Ruine der Kaiserthermen und Porta Nigra

Archäologischer Park und Museum der Römerstadt Xanten

## AUF DEN PUNKT GEBRACHT

Manch einer würde vermutlich liebend gern auf Betonsilos und Betonpisten verzichten. Doch Brücken- und Hochhausbauern hat vor allem die Erfindung des Stahlbetons vor rund 150 Jahren das Leben enorm erleichtert.

# Verbrennungsmotor

## *Das Kraftpaket für individuelle Mobilität*

ZWEI STATT VIER

Der Zweitakter erledigt verschiedene Arbeitsgänge des Viertakters in einem. Wenn sich der Kolben im Zylinder hebt, wird gleichzeitig Abgas ausgestoßen und das frische Brennstoffgemisch verdichtet, dann gezündet. Mit dem Heruntersausen des Kolbens, dem eigentlichen Arbeitstakt, strömt neues Brennstoffgemisch in den Verbrennungsraum.

Am Anfang war das Fahrrad – so könnte man die Geschichte des Automobils mit gutem Grund überschreiben. Und das nicht nur deshalb, weil die Fortbewegung auf zwei Rädern den Menschen Lust auf ein Mehr an individueller Mobilität gemacht hatte, sondern auch weil sich die Pioniere der Autofrühzeit kräftig aus dem Teilelager der Zweiradtechnik bedienten. Gangschaltung und Luftbereifung zum Beispiel sind Errungenschaften der Fahrradtechnik, auf die die Autobauer zurückgreifen konnten.

Das Herzstück des neuen Verkehrsmittels war und bleibt der eigentliche Kraftspender, der kleine, schnell laufende Verbrennungsmotor. Dessen Vorgeschichte geht allerdings weiter zurück als nur bis zur Anfang des 19. Jahrhunderts erfundenen Laufmaschine auf zwei Rädern. Schon in der zweiten Hälfte des 17. Jahrhunderts hatte der niederländische Physiker Christiaan Huygens darüber sinniert, ob nicht die Kraft eines Gewehrschusses auch eine Arbeitsmaschine in Schwung bringen würde. Die Schießpulverexplosion könnte, statt eine Kugel herauszuschleudern, ja auch einen Kolben treiben, der nützliche Arbeit verrichtet. Huygens baute 1673 eine kleine »Pulvermaschine« nach diesem Prinzip, geriet sogleich ins Träumen »von neuen Arten von Fahrzeugen für Wasser und Land« und machte sich damit zum eigentlichen Vordenker der automobilen Moderne – und damit auch der enervierenden Geräuschkulisse durch die allgegenwärtigen Verbrennungsmotoren.

Die Ehre, mit dieser zweifelhaften Errungenschaft in einem Atemzug genannt zu werden, ist allerdings anderen zuteil geworden. Vornehmlich die Herren Diesel und Otto sind schon allein deshalb bekannt, weil ihre Namen unter der Rubrik »Antriebsart« im Fahrzeugschein auftauchen.

Gemeinhin gilt der gelernte Kaufmann

■ Gottlieb Daimler mit seinem Sohn Adolf in einer einzylindrigen Motorkutsche, 1886

und Kolonialwarenvertreter Nikolaus August Otto als Erfinder des Viertaktmotors, obwohl ein anderer das Prinzip des in vier Takten arbeitenden Verbrennungsmotors erstmals zu Papier brachte, ein französischer Eisenbahningenieur namens Alphonse Beau de Rochas. Dieser zeichnete 1862 ein Patent, in dem das Viertaktprinzip beschrieben wird, ohne dass es in der Überschrift eigens erwähnt würde. Umgesetzt hat Beau de Rochas sein Patent auch nie, weswegen es zwei Jahre später verfiel.

■ Karl Friedrich Benz (1844–1929) entwickelte 1889 den ersten funktionierenden Zweitaktmotor.

Von Beau de Rochas wusste Otto nichts, wohl aber von einem Verbrennungsmotor, den bereits 1859 der Belgier Étienne Lenoir konstruiert hatte. Diese so genannte Gasmaschine nutzte die Explosivkraft von Leuchtgas, um – einer Dampfmaschine ähnlich – einen Kolben zu treiben. Lenoirs Gasmotor trat als Konkurrent der Dampfmaschine an, jedoch letztlich erfolglos, denn seine Leistung war im Vergleich zu dem ungeheuren Leuchtgasverbrauch unverhältnismäßig schwach. Otto experimentierte mit einer Viertaktvariante der Lenoirschen Gasmaschine, die das Treibstoffgemisch in einem zusätzlichen Takt vor der Entzündung verdichtete. Weil die dadurch erreichte Leistungssteigerung öfters auch zum Ruin der Versuchsmotoren führte, dauerte es noch bis zum Jahr 1876, ehe Otto die Idee mit den vier Takten – Ansaugen, Verdichten, Verbrennen und Entspannen – in präsentable Praxis umsetzen konnte. Damit war endlich die zweihundertjährige Suche nach einer kompakten Kraftquelle beendet und der Weg geebnet für die Entwicklung der Gefährte, die schönfärberisch als »Automobile«, als »Selbstbewegte«, in die Kulturgeschichte eingegangen sind.

Buchstäblich »neben« Otto arbeiteten auch andere an der Verwirklichung der Idee eines Motor getriebenen Individualgefährts. In der von Otto mitbegründeten Deutzer Gasmotorenfabrik, der Mutter des späteren Industriekonzerns KHD, wurde 1872 ein ehemaliger Büchsenmacher zum technischen Direktor ernannt. Sein Name war Gottlieb Daimler. Zusammen mit seinem Mitarbeiter Wilhelm Maybach versuchte Daimler, die schwerfälligen, langsam laufenden Deutzer Motoren leichter und ortsungebunden zu machen, sodass sie sich in kleine bewegliche Gefährte einbau-

■ Der erste Viertaktmotor, Nikolaus Ottos Versuchsmaschine von 1876–1878, mit der Büste des Erfinders im Industrie-Museum der Motorenfabrik Deutz, 1931

WIDER DIE VERNUNFT
Elektrisch und mit Dampf betriebene Fahrzeuge waren um 1890 sehr verbreitet. Im Vergleich zu den »Benzinkutschen« waren sie geräuscharm und einfach in der Handhabung. Damals gab es sogar mehr Elektrotankstellen als heute. Dass sich Elektrofahrzeuge langfristig dennoch nicht gegen die lauten, stinkenden Benziner durchsetzen konnten, ist ohne Psychologie und Ökonomie nicht zu erklären. Leistung und Kraft der Verbrennungsmotoren ließen sich schneller steigern, Autorennen mit schweren Unfällen zogen schon im Kaiserreich große Menschenmassen an. Die Massenproduktion à la Henry Ford verhalf dem mit Leichtbenzin betriebenen Automobil in den 1920er Jahren schließlich zum weltweiten Durchbruch als Alltagsgefährt.

en ließen. Das geschah in einem gemieteten Schuppen in Cannstatt, weit weg von Deutz und ganz im Geheimen, denn mit Otto verstand man sich nicht gut, und noch war der Viertakter durch Ottos Reichspatent Nr. 532 geschützt. Erst als 1886 dieses Patent annulliert wurde, unter anderem auch deshalb, weil Beau de Rochas' vergessenes Patent wiederentdeckt wurde, konnten Daimler und Maybach ihren »Motorwagen« – eine Art motorisierter Kutsche ohne Deichsel – der Öffentlichkeit vorstellen.

Ende des 19. Jahrhunderts waren bereits zahlreiche Fahrzeuge mithilfe von Dampf oder Elektrizität unterwegs. Dennoch hatte sich ein weiterer Tüftler der Aufgabe verschrieben, das Automobil mit Verbrennungsmotor auf die Straße zu bringen. Wer Daimler sagt, muss denn auch Benz denken, und der verfolgte in Mannheim seinen Traum von der Einheit aus Motor und Wagen. Carl Benz brauchte sich nicht in einer Cannstatter Werkstatt zu verstecken, er umging den Patentschutz auf andere Weise, indem er ein etwas anderes Antriebsprinzip für seine Kraftquelle nutzte: das Zweitaktprinzip. »Carl, er funktioniert! Er tut's. So hör doch, wie wunderbar!«, soll Benz' Frau Berta begeistert ausgerufen haben, als die beiden am Silvesterabend 1889 über eine halbe Stunde »tief ergriffen dem einförmigen Gesang« von Benz' erstem funktionierenden Zweitakter lauschten.

Die Benzschen Zweitakter wurden als Kleinmotoren für Industrie und Handwerk zwar ein voller Verkaufserfolg, erwiesen sich aber für den Einbau in Motorwagen als zu kompliziert. Und so griff auch Benz, als er ebenfalls 1886 eine Motorkutsche vorstellte, auf den Viertakter zurück.

Am Ergebnis all dieser Bemühungen des ausgehenden 19. Jahrhunderts können wir uns heute tagtäglich »erfreuen« – an der weltweiten Motorisierungswelle aus mittlerweile nahezu einer Milliarde Kraftfahrzeuge, die über die Verkehrswege der Zivilisation rauscht.

■ Der erste schnelllaufende Benzinmotor mit Glührohrzündung wurde 1883 von Wilhelm Maybach und Gottlieb Daimler konstruiert.

# VERBRENNUNGSMOTOR

## TECHNOLOGIE

**Übertragung:** Zur Umwandlung der Hin- und Herbewegung des Kolbens in eine Drehbewegung dient der Kurbeltrieb: Eine Pleuelstange ist mit dem einen Ende beweglich am Kolben befestigt, mit dem anderen Ende umfasst sie den exzentrisch aus der Kurbelwelle herausragenden Kurbelzapfen, über den sie durch »Stoßen« und »Ziehen« die Welle dreht. Bei mehreren Zylindern sind die Kurbelzapfen so angeordnet, dass die verschiedenen Kolbenstellungen eine gleichmäßige Rotation bewirken. Die Kurbelwelle ist meist mit einer Nockenwelle verbunden, die die Ein- und Auslassventile am Zylinder steuert. Das Zylinder-Kurbel-Gehäuse (Motorblock) und die Ölwanne bilden das nach außen abgeschlossene Motorgehäuse. Über eine schaltbare Kupplung und die Kardanwelle wird die Drehbewegung auf die Antriebsräder des Kraftfahrzeugs übertragen. Damit alle Antriebsräder gleichmäßig Schub erhalten, auch in Kurven, wo sich das äußere Rad schneller drehen muss als das innere, verteilt das Differenzial- oder Ausgleichsgetriebe das Drehmoment entsprechend der Belastung. Die beiden Hälften der Antriebsachse, die sich im Differenzial gegeneinander verdrehen können, erhalten über kegelförmige Zahnräder die Drehbewegung der Kardanwelle. Bereits Carl Benz' Wagen besaßen ein Differenzialgetriebe, dessen Aufbau bis heute gleich ist. Die Kardanwelle wurde den Brüdern Renault 1899 patentiert.

**Wankel:** Im Kreiskolbenmotor wird die Drehbewegung direkt durch einen rotierenden Kolben erzeugt. Er ist etwa dreieckig und erzeugt im Zylinder drei sichelförmige Kammern, die sich vergrößern und verkleinern. Auch bei hohen Drehzahlen läuft der Kreiskolbenmotor sehr ruhig; er muss jedoch genauer gefertigt werden als andere Motoren, benötigt etwa 10 Prozent mehr Brennstoff und kann nicht als Diesel ausgeführt werden. Dem Ingenieur Felix Wankel gelang nach fast 30-jähriger Vorarbeit 1957 der erste erfolgreiche Test; 1964 ging der Wankelmotor in Serienproduktion (NSU-Spider).

## KULTURGESCHICHTE

**Kult:** Bei Maschinen haben neben der Eisenbahn Autos heute die meisten Fans. Mit den Markennamen verbinden sich Erinnerungen und Lebensgefühl des 20. Jh. Henry Ford führte mit seinem Modell T (»Tin Lizzy«) ab 1913 die Fließbandfertigung ein. Nach dem Zweiten Weltkrieg machten Isetta, VW-Käfer, Ente (Citroën 2CV) und der britische Mini breite Bevölkerungsschichten mobil. Der erste von rund drei Millionen (bis 1991) zweitaktigen Trabants lief 1957 in der DDR eine Woche nach dem Sputnik-Start vom Band; erstmals bestand eine Karosserie ganz aus Duroplast. Das Kinopublikum begeistert sich für die Modelle, die der Filmheld James Bond bevorzugt: 1964 machte er den Aston Martin bekannt, 1977 tauchte er in einem Lotus ab.

## AUF DEN PUNKT GEBRACHT

Am Anfang war die Explosion. Daraus entstand der Verbrennungsmotor und daraus der moderne Straßenverkehr. Das Auto lärmt, tötet und verschandelt die Landschaft – sagen die einen. Es macht frei, high und fördert die Wirtschaft, meinen die andern.

## EMPFEHLUNGEN

**Lesenswert:**

Richard von Frankenberg, Hans-Otto Neubauer: *Geschichte des Automobils*, Künzelsau 1999

Maxwell T. Lay: *Die Geschichte der Straße. Vom Trampelpfad zur Autobahn*, Frankfurt/M. 1994

**Sehenswert:**

*Natürlich die Autofahrer*. Regie: Erich Engels; mit Heinz Erhardt, Maria Perschy, Peter Frankenfeld. BRD 1959

*Christine*. Regie: John Carpenter; mit Keith Gordon, Harry Dean Stanton. USA 1983

*Go, Trabi, Go*. Regie: Peter Timm; mit Wolfgang Strumph, Claudia Schmutzler, Dieter Hildebrandt. D 1990

**Besuchenswert:**

Das Volkswagen AutoMuseum in Wolfsburg

Heimatmuseum in Winningen bei Koblenz, mit Sammlung zu Konstrukteur August Horch

Deutsches Zweirad- und NSU-Museum in Neckarsulm

Tretautomuseum in München

**Anklickenswert:**

http://www.hfmgv.org Henry-Ford-Museum in Detroit

# *Telephon*

## *Ein Kind vieler Väter*

Technikgeschichte folgt selten logischen Pfaden. Das Telephon ist eines der besten Beispiele für diese These. Bereits 1837 veröffentlichte der Amerikaner Charles Grafton Page einen Fachartikel mit dem verheißungsvollen Titel »Die Erzeugung galvanischer Musik«. Page hatte Strom in Schall verwandelt, indem er einen kleinen Hufeisenmagneten in eine Strom durchflossene Spule (eine Drahtwicklung) steckte und den Strom ein- und ausschaltete. Dadurch geriet der Magnet wie eine Stimmgabel ins Schwingen. Doch dieses Resultat blieb lange Zeit völlig unbeachtet. Knapp zwanzig Jahre später brachte die Pariser Zeitschrift *L'Illustration* einen Artikel über die Möglichkeiten der elektrischen Sprachübertragung. Sein Verfasser, Charles Bourseul, war Telegraphenbeamter und seine Theorie der »téléphonie éléctrique« – im Rückblick – durchaus realistisch. Doch auch sie wurde als phantastischer Traum und Bourseul als harmloser Spinner abgetan.

Wieder einige Jahre später und in einem anderen Land betrat ein weiterer Telephonpionier die Entdeckerarena, ein deutscher Physiklehrer namens Philipp Reis. Er unterrichtete am Knabenpensionat Institut Garnier in Friedrichsdorf am Taunus, das er, ne-

■ Der deutsche Physiklehrer Philipp Reis (1834–1874) unternimmt erste Versuche mit dem von ihm konstruierten Fernsprecher.

benbei bemerkt, auch selbst als Schüler besucht hatte. Um seinen Schülern die Funktion des Ohrs näher zu bringen, schnitzte er aus Eichenholz eine Ohrmuschel und versah sie mit einem künstlichen Trommelfell aus Schweinsdarm sowie einem »Gehörknöchelchen« aus Platin. Sprach man in das künstliche Ohr, geriet die Membran in Schwingungen und bewegte damit den Platinkontakt; der wiederum öffnete und schloss im Rhythmus der Vibration einen Stromkreis. Nun endlich kam auch Charles Pages Entdeckung der »galvanischen Musik« zum Zuge. Auf diese nämlich griff Reis zurück, um das elektrische wieder in ein akustisches Signal zu verwandeln. Seine »Stimmgabel« aber war schlicht eine Stricknadel. So entstand ein »Apparat zur Reproduktion von Tönen aller Art«, den Reis »Telephon« nannte. Die ersten »Telephonate« fanden zwischen ihm und einem Lehrerkollegen in einem benachbarten Klassenraum statt. Dabei soll der Nonsens-Satz »Das Pferd frisst keinen Gurkensalat« durch die Leitung gegangen sein; Reis verstand nur die ersten drei Worte, die Übertragung war offenbar noch verbesserungsbedürftig. Zwar bekam der Apparat bei der ersten öffentlichen Vorführung am 26. Oktober 1861 vor dem Physikalischen Verein in Frankfurt viel Beifall, jedoch blieb die Beachtung auf die Fachwelt beschränkt – und auf die wenigen Käufer der in kleiner Serie angefertigten Geräte. Reis hätte viel mehr Geld gebraucht, um die Technik zu verbessern und das Innovationspotenzial seiner Erfindung, wie wir heute sagen würden, auszuschöpfen. Verbittert starb der Telephontüftler 1873 an Tuberkulose – nur wenige Jahre bevor ein vierter Telephonerfinder die Neuerung endlich zum Erfolg führte.

■ Fernsprecher mit Signalgeber und Empfänger, der 1863 von Philipp Reis konstruiert wurde

Der in die USA ausgewanderte Schotte Alexander Graham Bell war eigentlich Taubstummenlehrer und auf dem Gebiet der Elek-

### EIN APPARAT FÜR ALLE FÄLLE

Kaiser Franz Joseph I. wurde ein großer Freund der neuen Technik. Er hatte sich im Herbst 1863 beim Fürstentag in Frankfurt eine verbesserte Ausführung des Reisschen Fernsprechapparates vorführen lassen und orderte sogleich einige Telephone für seine Residenz. Eines ließ er sogar in der Toilette anbringen, »um überall erreichbar zu sein«.

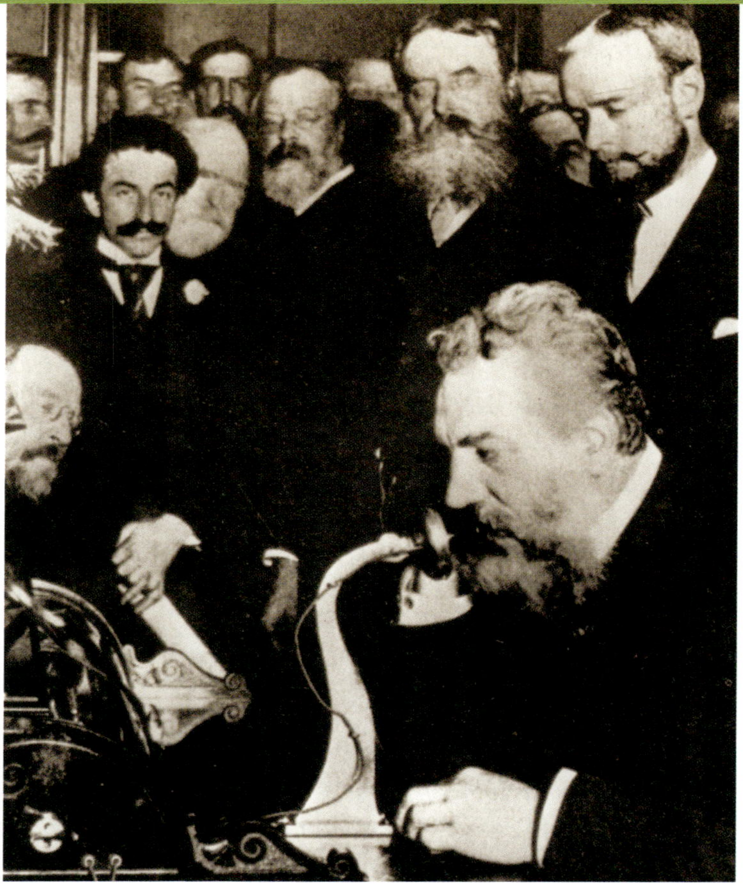

■ Alexander Graham Bell (1847–1922) bei Inbetriebnahme der ersten Telephonverbindung New York–Chicago im Jahre 1892

■ Frühe Telephone von Siemens & Halske, 1878/79

trotechnik lediglich ein begabter Dilettant und Autodidakt. Wie Reis experimentierte er für seine Schüler; er wollte gesprochene Sprache in Schrift verwandeln. Wenn es ihm gelänge, die in ihre Frequenzen zerlegten akustischen Signale simultan über eine Telegraphenleitung zu schicken – die so genannte Multiplextelegraphie –, so überlegte er, wäre sein Problem gelöst, denn Telegraphenschreiber gab es ja. Doch erkannte er bald, dass er dann auch den zweiten Schritt tun und die elektrischen Signale am Ende der Leitung in akustische zurück verwandeln könnte. Bell kannte übrigens die Reisschen Arbeiten. Mit seinem Ansatz bewegte er sich auf dem gleichen technischen Terrain wie – Auftritt Telephonvater Nummer fünf – der professionelle Erfinder Elisha Gray, der für eine Telegraphengesellschaft an der Multiplextelegraphie forschte. Im Gegensatz zu Bell unterschätzte Gray die kommerzielle Bedeutung der Sprachübertragung. Die Bemühungen der beiden Konkurrenten gipfelten in einem Patent für ganz ähnliche

**NAMENSGEBUNG**
Philipp Reis schätzte seine Erfindung sehr hoch ein. In seinen biographischen Notizen vermerkte er: »Durch meinen Physikunterricht dazu veranlasst, griff ich im Jahr 1860 eine schon früher begonnene Arbeit über die Gehörwerkzeuge wieder auf und hatte bald die Freude, meine Mühen durch Erfolg belohnt zu sehen, indem es mir gelang, einen Apparat zu erfinden, durch welchen es möglich wird, die Funktionen der Gehörwerkzeuge klar und anschaulich zu machen, mit welchem man aber auch Töne aller Art durch den galvanischen Strom in beliebiger Entfernung reproduzieren kann. Ich nannte das Instrument Telephon.«

Apparate, das jeder am 14. Februar 1876 einreichte. Bell entschied den Endspurt für sich – mit zwei Stunden Vorsprung. Dieser kleine, aber bedeutsame Unterschied zog in den folgenden Jahrzehnten eine Lawine von Patentprozessen nach sich, aus denen meist Bell als Sieger hervorging. Die Apparate von Bell und Gray waren denen von Reis überlegen, sodass der wirtschaftliche Erfolg nicht lange auf sich warten ließ. Zunächst bot Bell sein Patent der Western Union Telegraph Company für 100 000 Dollar an, doch die lehnte ab mit der Begründung: »Was soll eine Gesellschaft mit so einem Spielzeug anfangen?« Einige Jahre später bot eben diese Gesellschaft 250 000 Dollar dafür; diesmal lehnte Bell ab. Schon auf der Weltausstellung in Philadelphia 1876 wurde Bells Telephon vorgeführt, und ein Jahr später gründete der Erfinder die Bell Telephone Company zur Vermarktung seiner Patente. Dieses Unternehmen wurde später zur weltgrößten Telephongesellschaft, der AT&T, die schließlich auch Grays ursprüngliche Mutterfirma, die Western Electric, schluckte. 1880 gab es in den USA bereits ein ausgedehntes Telephonnetz mit 50 000 Teilnehmern.

In deutsche Lande, nämlich nach Preußen, kam die Bellsche Erfindung durch eine Veröffentlichung in der Fachzeitschrift *Scientific American* im Oktober 1877. Die bekam der preußische Generalpostmeister Heinrich Stephan zu Gesicht. Er bestellte sogleich einen Satz der neuen Apparate und er-

■ Luxusausführung eines Tischtelephons von Siemens & Halske, um 1896

■ Die Vermittlungsarbeit in den Fernsprechämtern war Frauensache. Der Blick in ein Berliner Fernsprechamt um 1906 gibt einen Eindruck davon, wie viel Personal notwendig war, um an Schalttischen telephonische Verbindungen herzustellen.

probte die Technik über eine Versuchsleitung zwischen dem Berliner Generalpostamt und dem Generaltelegraphenamt. Das Ergebnis soll Stephan den Ausspruch »Meine Herren, diesen Tag müssen wir uns merken!« entlockt haben. Dieser Tag, es war der 26. Oktober 1877, gilt seither als Geburtstag des Fernsprechers in Deutschland. Anders als in Amerika nahm hier der Staat das neue Medium unter seine Fittiche, hauptsächlich, weil Stephan das Vordringen amerikanischer Gesellschaften auf den deutschen Markt verhindern wollte. Telephonieren wurde zum Postmonopol. Trotz seiner schnellen Verbreitung konnte das Telephon Telegraphie und Rohrpost zunächst nicht verdrängen. Bis zum Ende des Zweiten Weltkriegs blieb die Telegraphie zuverlässiger und sicherer; das Telephonieren wurde hauptsächlich bei wissenschaftlichen Treffen und auf Jahrmärkten bestaunt. In Haushalten war es ein Prestigeobjekt, die Gebühren wurden nicht nach Gesprächslänge berechnet, sondern nach der Entfernung zwischen Amt und Anschluss. Die Grundgebühr betrug etwa so viel wie der halbe Jahreslohn eines Ziegeleiarbeiters.

Bemerkenswert ist die Rolle, die dem Telephon anfangs als Massenmedium und Vorläufer des Rundfunks zukam: In der Pariser Oper wurde Musik per Telephon in Extraräume übertragen, in Budapest gab es Telephonabonnements für Nachrichten, Vorträge oder Musik – ein früher Vorgeschmack auf Internet und Multimedia-fähige Handys!

# TELEPHON

## TECHNOLOGIE

**Verbindungen:** Bis nach 1900 gab es in den Vermittlungszentralen den »Klappenschrank« für bis zu 100 Teilnehmer. Wünschte jemand eine Verbindung, so fiel eine kleine Klappe mit seiner Nummer, und die Verbindung mit dem anderen Apparat wurde per Hand gesteckt; später erlaubten Vielfachschalter bis zu 200 Teilnehmer. 1889 erfand der Bestatter Almon B. Strowger aus Kansas City, der sich von den Telephonistinnen übervorteilt fühlte, den Hebdrehwähler, mit dem die Teilnehmer ihre Verbindungen selbst herstellen konnten; 1896 fügte Strowger die Wählscheibe hinzu. Das erste deutsche Selbstwählamt nahm 1908 in Hildesheim den Betrieb mit 1600 Anschlüssen auf. Seit etwa 1980 vermitteln Computer die Anrufe.
**Verstärkungen:** Um über größere Entfernungen sprechen zu können, mussten die Störungen in der Leitung beseitigt werden. Mithilfe der Pupinspule, die die Dämpfung der Signale im Draht verringert, konnte die Reichweite zunächst auf über 1000 km vergrößert werden. Die wetteranfälligen Freileitungen wurden unterirdisch verlegt. Auch Unterwasserleitungen waren nun möglich (1906 Bodensee, 1910 Ärmelkanal); eine weitere Verbesserung brachte das mit Eisendraht umwickelte Krarupkabel (1902 zwischen Dänemark und Schweden). Elektronenröhren verbesserten die Verstärkung und ermöglichten Distanzen bis zu 5400 km. Seit Mitte der 1980er Jahre werden ISDN-Leitungen (Integrated Services Digital Network) verlegt, die zusätzlich Text-, Daten- und Bildübertragung ermöglichen.

## KULTURGESCHICHTE

**Vater Nr. 6:** Der Bühneningenieur Antonio Meucci (1808–1889) aus Florenz installierte bereits 1860 in seinem New Yorker Haus ein Telephon, für das er mehr als zehn Jahre experimentiert hatte. 1871 meldete er den Apparat, den er »Teletrofono«, sprechender Telegraph, nannte, zum Patent an; ihm fehlte jedoch das Geld für den eigentlichen Patentantrag. Auch eine seiner anderen Erfindungen, die die Pupinspule vorwegnahm, konnte er nicht nutzen. Seine Materialien gelangten in Bells Labor. Am 15. Juni 2002 erklärte das US-Repräsentantenhaus Meucci statt Bell zum offiziellen Erfinder des Telephons.
**Fräulein vom Amt:** Um 1890 wurden die bis dahin männlichen Beamten in den Vermittlungszentralen mehr und mehr durch Hilfsarbeiterinnen ersetzt, weil Frauenstimmen durchs Telephon besser zu verstehen waren. Zunächst durften nur Ledige und Witwen tätig sein. Ihre Arbeit erforderte hohe Konzentration und wurde erschwert durch verbale Belästigungen über die Leitungen und gesundheitliche Risiken.
**Telephonzelle:** Der erste öffentliche Münzfernsprecher wurde 1889 in einer Bank in Hartford, Connecticut, aufgestellt. Zehn Jahre später kam der Apparat auch nach Deutschland; 1929 konnte man mit ihm bereits im Selbstwählferndienst anrufen und dafür in mehreren Münzarten bezahlen.

## AUF DEN PUNKT GEBRACHT

Das Telephon ist eines der vielen Kinder der Elektrizität und ebenso eines vieler Väter. Menschen hören besser als sie sehen; vielleicht hat sich deshalb das Bildtelephon noch nicht durchgesetzt.

## EMPFEHLUNGEN

**Lesenswert:**
Stefan Münter, Alexander Roesler (Hg.): *Telefonbuch. Beiträge zu einer Kulturgeschichte des Telefons*, Frankfurt/M. 2000

Sabine Zelger: *»Das Pferd frißt keinen Gurkensalat«. Kulturgeschichte des Telefonierens*, Wien 1997

**Hörenswert:**
Gian Carlo Menotti: *Das Telephon*, Oper, uraufgeführt 1947 in New York

**Sehenswert:**
*Liebe und Leben des Telefonbauers A. Bell (The Story of Alexander Graham Bell)*. Regie: Irving Cummings; mit Don Ameche, Loretta Young, Henry Fonda. USA 1939

*Bei Anruf Mord (Dial M for Murder)*. Regie: Alfred Hitchcock; mit Ray Milland, Grace Kelly. USA 1954

**Besuchenswert:**
Museum für Kommunikation in Frankfurt/M., Berlin, Hamburg, Nürnberg

Telephonmuseum im Bahnhof Hittfeld, Seevetal bei Hamburg

# Strom
## *Eine öffentliche Angelegenheit*

■ Die Dynamomaschine wurde 1866 von Werner von Siemens erfunden. Mit ihr begann eine Ära, in der elektrische Energie in großen Mengen wirtschaftlich zur Verfügung gestellt werden konnte.

■ Der englische Physiker und Chemiker Michael Faraday. Stahlstich, um 1860

Bei uns kommt der Strom aus der Steckdose, auch der zum Laden der vielen Millionen Akkus, die wiederum Kleingeräte wie Laptops, Handys oder Rasierapparate in Gang bringen. Strom schafft Licht und Kraft, treibt Motoren an, lässt Glühwendeln oder Leuchtgase erstrahlen. Mehr braucht der durchschnittliche Stromverbraucher eines Industrielandes nicht zu wissen, wenn er Lampe oder Herd anschaltet, Toaster oder Bügeleisen heiß werden lässt. Allenfalls im ausländischen Urlaubsquartier wird man mit lästigen Fragen konfrontiert: Gleichstrom oder Wechselstrom? 110 oder 230 Volt, 50 oder 60 Hertz? Egal – der mitgebrachte Adapter oder die Hotelrezeption werden das Problem schon richten. Und wenn überhaupt jemals eine Ahnung von der Technik hinter der öffentlichen Stromversorgung aufkommt, dann geschieht das, wenn Hochspannungsmasten die schöne Aussicht trüben oder Großkraftwerke die Landschaft verschandeln.

Versetzen wir uns zum Kontrast ins New York der ausgehenden 1870er Jahre. Kohlebogenlampen erleuchten einige Straßenzüge, andere haben noch die alte Gasbeleuchtung – oder wieder, weil die neue Technik störanfällig ist und die Bogenlampen eigentlich zu hell brennen. Die Technik, diese Lampen zu betreiben, ist noch ganz jung. Der Deutsche Werner von Siemens und der Belgier Theophile Gramme haben sie 1866 und 1869 entwickelt. Siemens' »dynamo-elektrische Maschine« konnte schon 1867 auf der Pariser Weltausstellung besichtigt werden. Mit dem Dynamo, von Gramme in der Leistung noch wesentlich verbessert, konnte erstmals effektiv mechanische Energie in elektrische verwandelt werden. Sein Funktionieren beruhte auf den wissenschaftlichen Grundlagen, die der englische Physiker Michael Faraday in den 1820er Jahren gelegt hatte. Faraday hatte erkannt, dass ein veränderliches Magnetfeld durch elektromagnetische Induktion Strom erzeugt. Dreht man einen geeignet geformten Draht zwischen den Polen eines Magneten, fließt Strom durch den Draht. Das ist das simple Prinzip eines Stromgenerators.

Die großtechnische Nutzung dieses Naturphänomens begann allerdings erst mit

Siemens, Gramme und anderen Elektrotechnikern. »Der Technik sind gegenwärtig Mittel gegeben, elektrische Ströme von unbegrenzter Stärke auf billige und bequeme Weise überall da zu erzeugen, wo Arbeitskraft (also mechanische Energie) disponibel ist«, schrieb der Begründer des Elektrotechnikunternehmens Siemens & Halske 1867. Zur Stromerzeugung musste man zunächst Kraft aufwenden, um den Generator zu drehen. In den Anfangstagen der Elektrifizierung wurde dafür die Dampfkraft genutzt. Aber auch durch Wasserkraft oder Gasmotoren konnten die Generatoren angetrieben werden.

Zu den Pionieren der Verkopplung mit Dampf gehörte Erfindergenius Thomas Alva Edison. Um mit den von ihm produzierten Glühlampen zu überzeugen, brauchte Edison potente Stromerzeuger. Deshalb kombinierte er Dampfmaschine und Dynamo und weckte damit 1881 auf der Internationalen Elektroausstellung in Paris großes Interesse. Durch diese Schau kam die neue Technik und damit letztlich die Elektrifizierung auch nach Europa. Das vollmundige Versprechen, die Stadt New York binnen fünf Jahren mit seinen Glühlampen zu elektrifizieren, begann Edison noch im selben Jahr in die Tat umzusetzen. In einem Gebäude in der Pearl Street ging 1882 das erste öffentliche Elektrizitätswerk der Welt in

■ Bei diesem frühen Staubsauger von 1906 wird die Siemens-Elmo-Luftpumpe als »Entstäubungspumpe« eingesetzt.

### STROM ZUM MITNEHMEN

1883 schuf der schwedische Techniker Carl Gustav de Laval die Dampfturbine; ein Jahr später konnte der Brite Charles Parsons eine Weiterentwicklung dieser Turbine zum Patent anmelden, die sich auch zum Betrieb von Generatoren eignete. Mit diesen ersten Turbinengeneratoren ließen sich immerhin schon 4000 Watt elektrische Leistung erzeugen, ein bedeutender Fortschritt gegenüber den 30 Watt, die Siemens' erstes Dynamo-Modell geliefert hatte. Die Parsons-Turbine gab es in einer beweglichen Ausführung, von einem Pferd gezogen, die elektrisches Licht dorthin bringen konnte, wo man es brauchte.

■ Mobile elektrische Beleuchtungsanlage mit Dampfmaschine und Dynamomaschine von 1873 – ein gewaltiger Aufwand für den Betrieb eines einzelnen Scheinwerfers, für den heute nur noch eine einfache Steckdose notwendig ist

Betrieb. Seine sechs Generatoren versorgten 7200 Lampen im Geschäftsviertel südlich der Wall Street mit Gleichstrom.

Von nun an ging die Elektrifizierung langsam, aber stetig voran. Es entstanden zunächst Eigenanlagen, sowohl kommunale als auch solche von Unternehmen, die damit ihre Stromversorgung deckten. Wer Elektrizität erzeugte und an private Haushalte abgab, brauchte dazu eine Genehmigung der Kommune. In diesem Sinne waren auch die privatwirtschaftlichen Versorger, wie Edisons Werk in der Pearl Street, öffentliche Unternehmen. Das erste deutsche Elektrizitätswerk baute die Deutsche Edison Gesellschaft (DEG) 1885 in Berlin. In London machte zwar bereits 1882 ein Werk auf, musste aber nach wenigen Jahren schließen; gegen die traditionellen Kommunalstrukturen und die stärkere Gaslobby in England konnte sich die neue Elektrotechnik schlechter durchsetzen. Erst allmählich wuchsen die städtischen Versorgungsnetze zusammen. In Berlin zum Beispiel waren noch 1914 erst 5,5 Prozent der Haushalte mit Elektrizität versorgt. Für den Ausbau der Netze in ländlichen Gegenden fehlte der wirtschaftliche Anreiz gänzlich; warum sollte man, wie es ein zeitgenössischer Beobachter ausdrückte, »solchen Aufwand treiben, um den Stallmägden den Melkeimer zu beleuchten«?

Ein Grundproblem der Elektrizitätsversorgung trat schon früh zutage: Wegen des unterschiedlichen Tagesverbrauchs an Strom mussten die Elektrizitätswerke große Reservekapazitäten bereit halten. Das führte schnell zu einer Konzentration der Versorgergesellschaften und zur Herausbildung von Monopolen. Der Versuch, den schwankenden Tagesbedarf zu glätten, brachte eine weitere fragwürdige Strategie hervor: den Elektrizitätsbedarf privater Haushalte durch immer neue elektrische Geräte künstlich zu steigern. Damit wurde letztlich ein Energieverbrauch geschaffen, der wegen seines verschwenderischen Umgangs mit den natürlichen Ressourcen ökologisch und klimatisch verhängnisvoll sein könnte. Schon die Anfänge der Elektrizitätsversorgung bargen also den Keim heutiger Umweltprobleme.

### MAKABRE ANWENDUNG

Die Anfangstage der Elektrifizierung waren bestimmt durch Auseinandersetzungen über die Vor- und Nachteile von Gleichstrom und Wechselstrom. Letzteren bevorzugte Edisons Erfinderrivale George Westinghouse. Die Diskussion ging auch darum, ob Gleich- oder Wechselstrom besser für den ersten elektrischen Stuhl geeignet sei, der 1890 für die Hinrichtung des Axtmörders William Kemmler verwendet werden sollte. Westinghouse bekam, gegen seinen Willen, schließlich den Zuschlag, weswegen diese Exekution in der Presse mit den Worten kommentiert wurde: »The prisoner was Westinghoused.« Der Erfinder meinte zu dem grausigen Erlebnis: »Es wäre besser mit der Axt geschehen.«

# STROM

## TECHNOLOGIE

**Strom:** Elektrizität ist die Bewegung von Elektronen, die dabei um sich herum ein elektrisches und ein magnetisches Feld erzeugen. Gleichnamige Ladungen stoßen sich ab, ungleichnamige ziehen sich an. Aus historischen Gründen wird in Physik und Elektrotechnik die technische Stromrichtung als vom positiven zum negativen Pol verlaufend beschrieben, obwohl die Elektronen tatsächlich vom negativen zum positiven Pol fließen.

**Rhythmus:** Gleichstrom (engl. direct current, DC) fließt immer in dieselbe Richtung. Er wird erzeugt von Batterien, genauer gesagt von galvanischen Elementen, und von Akkumulatoren. Gleichstromgeneratoren und Gleichrichter, die den Strom nur in einer Richtung durchlassen, liefern mit Wechselstromresten überlagerten Mischstrom; dieser Reststrom wird durch Kondensatoren vermindert. Gleichstrom wird eingesetzt, wenn die genaue Steuerung der Drehzahl wichtig ist, wie bei Elektromotoren (etwa Straßenbahn) sowie bei elektronischen Geräten. Wechselstrom (engl. alternating current, AC) ändert periodisch die Fließrichtung. Die öffentliche Versorgung liefert in Europa 50 Hz, in Amerika meist 60 Hz; für technische Zwecke werden höhere Frequenzen gebraucht (Induktionsöfen 10 000 Hz, Nachrichten- und Übertragungstechnik im Gigahertzbereich). Durch Induktion kann elektrische Energie kontaktlos von einem System in ein anderes übertragen werden, dabei kann beim Wechselstrom auch die Spannung verändert werden (Transformator); auch sind Wechselstromgeneratoren einfacher aufgebaut als Gleichstromgeneratoren. Im Kraftwerk wird Wechselstrom mit Spannungen zwischen 6000 und 30 000 Volt erzeugt, auf bis zu 765 000 Volt transformiert, über Hochspannungsleitungen übertragen, in Verteilanlagen wieder heruntertransformiert und den Verbrauchern mit 110, 220 oder 380 Volt geliefert. Je höher die Spannung, desto weniger Leitungsmaterial mit weniger Verlust durch Wärme braucht man zur Übertragung. Die wichtigste Wechselstromart ist der Drehstrom, in der öffentlichen Stromversorgung als Dreiphasenstrom. Daran können Abnehmer für 380 Volt, vor allem Elektromotoren, und Abnehmer für 220 Volt, wie Beleuchtung und Haushaltsgeräte, angeschlossen werden.

**Elektromotor:** Als elektromagnetische Induktion bezeichnet man die Umwandlung von magnetischer in elektrische Energie, etwa im Generator (Dynamo), wo eine Drahtwicklung in einem Magnetfeld gedreht wird. Der Elektromotor verwandelt die elektrische Energie wieder in mechanische Arbeit, quasi als umgekehrter Dynamo. Damit lassen sich Maschinen unterschiedlichster Größe individuell betreiben und steuern und platzsparend aufstellen; dies machte Mitte des 19. Jh. auch die Produktion zahlreicher Güter flexibler und leistungsfähiger.

### AUF DEN PUNKT GEBRACHT

Elektrizität für alle begann mit der Möglichkeit, Dampfkraft in Strom zu verwandeln. Die Erfindung der Glühlampe lieferte die Initialzündung. Dass das Ergebnis ein verschwenderisch hoher Stromverbrauch sein würde, ließ sich bereits zu Beginn der Elektrifizierung absehen.

## KULTURGESCHICHTE

**Namen:** Um 1600 wurde erstmals mit der »vis electrica« experimentiert, nach dem griechischen Wort elektron für Bernstein, der nach Reiben Papierfetzchen anzog. Der Begriff Elektrizität tauchte 1646 auf. Die internationalen Einheiten zum Messen des Stroms erinnern an Physiker und Ingenieure: André Marie Ampère (Stromstärke), Michael Faraday (elektrische Kapazität von Kondensatoren), Heinrich Rudolf Hertz (Frequenz, auch bei Wechselstrom), Georg Simon Ohm (elektrischer Widerstand), Alessandro Volta (Stromspannung), James Watt (jede Art von Leistung, auch elektrische).

**Lesenswert:**

Fritz Fraunberger: *Illustrierte Geschichte der Elektrizität*, Köln 1985

Jörg Meya, Heinz Otto Sibum: *Das fünfte Element. Wirkungen und Deutungen der Elektrizität*, Reinbek 1987

Wilfried Feldenkirchen: *Werner von Siemens*, München 1996

**Sehenswert:**

*Das vollelektrische Haus*. Regie: Buster Keaton, Eddie Cline; mit Buster Keaton, Joe Roberts, Virginia Fox. Kurzfilm, USA 1922

*Der Elektromensch*. Regie: Manfred Hulverscheidt. TV-Dokumentation, D 2002

**Besuchenswert:**

Elmuseet, Museum der Elektrizität in Bjerringbro, Dänemark

# Schallplatte

## Konservenklang aus der Klangkonserve

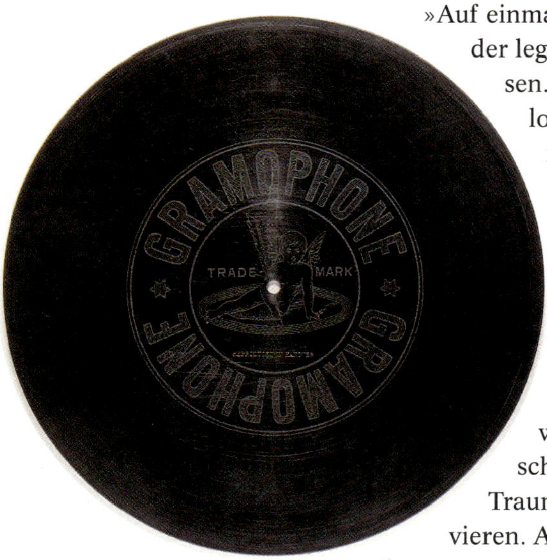


■ Ein Vorläufer der Schallplatte: Zinkplatte aus dem Jahr 1887. Sie diente als Tonträger für das von Emil Berliner erfundene Grammophon.

»Auf einmal ging's: Tereng! Tereng, teng, teng!«, erzählt der legendäre Lügenbaron Freiherr von Münchhausen. Was da losging, war ein Posthorn, das harmlos am Haken der Kutscherkneipe hing. Tiefgefroren waren die Töne im Horn gewesen, und am Küchenfeuer tauten sie wieder auf. Das herrenlose Horn unterhielt die verblüfften Zuhörer noch eine Weile mit dem »Preußischen Marsch« und anderem zeitgenössischen Liedgut, um schließlich stimmungsvoll mit »Nun ruhen alle Wälder« zu enden.

Die Geschichte über den durch Frost bewahrten Schall ist sinnlicher Ausdruck eines schon zu Münchhausens Zeiten (um 1780) alten Traums: das gesprochene Wort als Ton zu konservieren. An originellen und – im Gegensatz zu Münchhausen – ernst gemeinten Vorschlägen fehlte es nicht, doch erst Erfindergenius Thomas Alva Edison kam auf den richtigen Trichter. Als er im Sommer 1877 in seiner Ideenschmiede in Menlo Park bei New York über dem Problem brütete, wie er Morsebuchstaben elektrisch übertragen könnte, experimentierte er mit Papier, auf das die Zeichen eingedrückt waren. Ein Stift, mit einem elektrischen Kontakt versehen, sollte die Zeichen abtasten. Das Papier war auf eine Trommel aufgezogen. Als Edison die Trommel versehentlich zu schnell unter dem Stift drehte, hörte er ein zwitscherndes Geräusch, das wie undeutlich gehörte Worte klang – die Geburtsstunde einer neuen Idee: nicht die Morsezeichen, sondern die Stimme in eine geeignete Unterlage zu ritzen. Dazu spannte Edison Wachspapier auf die Rolle und befestigte eine feine Spitze an einer Membran, also einer schwingfähigen Platte. Durch den Schall aus seinem Mund versetzte er die Membran in Schwingungen, und die Spitze kratzte, wenn er die Trommel drehte, eine mehr oder minder

SAKRALER BESTSELLER

Der erste Plattenbestseller war das Vaterunser. Einige Tausend Platten verkaufte der Erfinder Emil Berliner von dieser Aufnahme, obwohl die Tonqualität miserabel war und andere Sprachaufnahmen mit seiner neuen Technik der sich drehenden Scheibe stellenweise kaum zu verstehen waren. Das Geheimnis des Erfolgs: Das Vaterunser kannte jeder, und so glaubten auch alle, jedes Wort zu verstehen.

tiefe Rille in das Paraffin getränkte Papier. Umgekehrt funktionierte die Anordnung auch, gab also beim Drehen der Trommel die Originalschwingungen über die Membran wieder.

Das Patent für den »Phonographen«, wie Edison seine neue Erfindung taufte, wurde am 15. Dezember 1877 beantragt und knapp zwei Monate später erteilt. In der Urfassung hatte das Gerät zwei Membranen nebst Schalltrichter zur Verstärkung, je eine für Aufnahme und für Wiedergabe. Schon bald aber ließ man beide Aufgaben von einer Vorrichtung erledigen. Von den zahlreichen Anwendungen, die sich der Erfinder selbst erträumte, standen Diktiergerät und sogar Bücher für Blinde an erster Stelle. Was dann tatsächlich mit dem Phonographen geschah, stand zwar auch auf Edisons Liste, aber nicht auf den vorderen Plätzen: Als Musikautomat kam der Sprechapparat auf Jahrmärkten herum, und zu den ersten Künstlern, die auf die Trommel gebannt wurden, zählten Tubabläser und Kunstpfeifer.

Auf der Pariser Weltausstellung im Jahr 1889 gehörten die Edison-Phonographen zu den größten Attraktionen. Auch ein waschechter Indianer wurde aufgefordert, in die Trommel zu sprechen. Diese Aufgabe erledigte er ungerührt; als er jedoch seine eigene Stimme aus dem Trichter reden hörte, fiel er zitternd auf die Knie und murmelte: »Manitou hat gesprochen.«

Dass von den hoch fliegenden Plänen zunächst nur der Ausflug in die Banalität der Vergnügungssucht geblieben war, hatte gute Gründe: Die Erfindung war noch stark verbesserungsbedürftig. Wer viel Geld für den Apparat ausgab, ärgerte sich bald über die miserable Tonqualität. Auch der Nachschub an bespielten Walzen ließ zu wünschen übrig, denn ein wirtschaftliches Verfahren, die Wachszylinder zu kopieren, gab es nicht; jeder musste einzeln bespielt werden. Zudem waren die Elektromotoren, mit denen die Walzen bald angetrieben wurden, schwer und teuer. Edison löste die Probleme mit mehr als sechzig neuen Phonographenpatenten Anfang der 1890er Jahre. Damit wurde sein Gerät auch wirtschaftlich weltweit ein Erfolg. Den Treffer in Sachen Musikwiedergabe jedoch landete ein anderer Erfinder mit einer Abwandlung von Edisons Technik.

Der Hannoveraner Emil Berliner war 1870 als 19-Jähriger nach Amerika ausgewandert. Getreu dem Motto »Vom Tellerwäscher zum Millionär« jobbte er zunächst als Zeitungsjunge und Hoteldiener, machte sich aber nebenher als Autodidakt

■ Die Sängerin Geraldine Farrar, ehemaliger Star der Königlichen Oper in Berlin und Sängerin an der New Yorker Metropolitan Opera, lauscht 1910 ihrer eigenen Stimme, die von einer Schallplatte der Deutschen Grammophon ertönt.

LANGER NACHHALL
Schon im 16. und 17. Jahrhundert hatte man originelle Ideen, Schall zu konservieren. In langen Bleirohren wollte Giambattista Della Porta das gesprochene Wort verschließen, um es bei Bedarf herauszulassen. Auch das Echo zu nutzen lag nahe; ein Nürnberger Glasbläser wollte das Echo in einer spiralförmig gezogenen Flasche so lange wandern lassen, dass man die Worte auch eine Stunde später noch hören könnte.

in Physik und Technik schlau, um seinem Idealberuf näher zu kommen: Erfinder. 1877 gelang ihm tatsächlich ein großer Wurf: Er entwickelte ein verbessertes Fernsprechmikrophon, das ihm die Bellsche Telephongesellschaft für 75 000 Dollar abkaufte. Damit war der Deutsche ein echter Klischeeamerikaner geworden. Sein nächstes Projekt sollte ein Aufzeichnungs- und Wiedergabegerät à la Edison sein – nur besser. Berliner nutzte zwar auch Trichter und Membran, Ritzstein und ein sich drehendes Medium, aber er wählte ein grundsätzlich anderes Verfahren: Statt die Schwingungen in die Tiefe zu ritzen, ließ er die Nadel über eine wächserne Platte schleifen und seitlich ausschlagen. Das reichte für ein neues Patent und brachte entscheidende Fortschritte, sowohl in der Wiedergabequalität als auch bei dem Vervielfältigungsproblem. Die Wachsplatte konnte man galvanisch mit Kupfer überziehen und erhielt so eine positive Matrize, einen »Vater«, mit dessen Hilfe man beliebig viele Kopien der ursprünglichen Platte pressen konnte. Auf der Suche nach einem geeigneten Medium für die Kopien stieß Berliner auf die richtige Mischung: Gesteinsmehl und Schellack, die Ausscheidungen der Schildlaus. Das Ergebnis sollte zum wichtigsten Tonträger der nächsten fünfzig Jahre werden, der Schellackplatte. Erst 1948 wurde sie durch die Schallplatte aus Polyvinylchlorid, kurz Vinyl oder PVC, abgelöst.

■ Der amerikanische Ingenieur und Erfinder Thomas Alva Edison mit seinem Phonographen, einem Vorläufer des Grammophons, in der National Academy of Science in Washington am 18. April 1878

Zu diesem Zeitpunkt hatte die Erfindung des Phonographen längst eine neue Industrie geschaffen, die Musiker und Sangeskünstler weltbekannt machte. Enrico Caruso, der Pianisten Paderewski oder die Jazzgröße Josephine Baker – aus Musikern wurden Plattenstars und ihre in Schellack geritzten Stimmen verkauften sich in Millionenauflage. Das Grammophon gab es übrigens damals gratis, sofern man sich zur Abnahme von monatlich zwei Schallplatten-Neuerscheinungen verpflichtete. So haben auch Marketingideen ihre Geschichte. Nach dem Zweiten Weltkrieg verdankte dann die Popkultur ihre weltumspannende Verbreitung dem Medium Schallplatte – das bald zunehmend durch andere Tonträger verdrängt wurde. Die Medien wandeln sich, die Massenkultur bleibt.

# SCHALLPLATTE

## TECHNOLOGIE

**Mikrophon:** Im Kohlemikrophon, 1878 von David Edward Hughes erfunden, wird durch die Schallwellen ein Kohlegranulat zusammengedrückt, was seine elektrische Leitfähigkeit ändert. Mit den Tonschwingungen schwingt dadurch ein angeschlossener Stromkreis und überlagert mit einem Wechselstrom den Ruhegleichstrom des Geräts. Wegen der geringen Frequenzbreite werden Kohlemikrophone nur noch in der Fernmeldetechnik eingesetzt. Für Musik in einem breiten Frequenzbereich ist das elektrodynamische Mikrophon besser geeignet. Darin bewegt sich ein Metallbändchen in einem Magneten und induziert Spannung; bei heutigen Modellen taucht eine Spule in einen Magneten ein. Eine Sonderform davon stellen elektromagnetische Mikrophone in Hörgeräten dar. Kristallmikrophone nutzen piezoelektrische Effekte von Kristallplättchen (heute auch Hochpolymerfolien), die von den Schallwellen verformt werden. In der Studiotechnik setzt man Kondensatormikrophone ein. In ihnen bildet die Membran mit einer Gegenelektrode einen Kondensator; bewegt sich die Membran, verschieben sich die Ladungen im elektrischen Feld zwischen ihr und der Gegenelektrode und rufen in einem Widerstand Wechselspannung im Takt der Schallwellen hervor. Moderne Mikrophone verarbeiten Frequenzen von 20 bis 20 000 Hz. Kabellose Mikrophone übertragen den aufgenommenen Schall über winzige UKW-Sender.

**Lautsprecher:** Zur Wiedergabe der elektrischen Wechselströme als hörbare Schallwellen wird die Mikrophontechnik sozusagen umgekehrt. Für Sprache und Musik werden heute meist elektrodynamische Lautsprecher verwendet, kombiniert aus Hoch-, Mittel- und Tieftonelementen, um die gesamte hörbare Bandbreite von 16 bis 20 000 Hz abzudecken. Frequenzweichen sortieren die Bereiche zu den passenden Lautsprechern. Membranen für hohe Töne sind meist kalottenförmig, für mittlere und tiefe Lagen konusförmig.

## KULTURGESCHICHTE

**Tempo:** Emil Berliners erste Schallplatten, erst aus Zink, ab 1895 aus Hartgummi, hatten einen Durchmesser von 5 Zoll (etwa 12 cm) und lieferten eine Minute Ton bei 150 Umdrehungen. Ab 1904 boten Schellackplatten von 12 Zoll (etwa 30 cm) bei 78 Umdrehungen pro Minute schon auf beiden Seiten je fünf, dann je zehn Minuten lange Aufzeichnungen. Die Langspielplatte aus Vinyl mit maximal 30 Minuten Musik pro Seite drehte sich ab 1948 mit 33 1/3 U/min, 1953 kam die Single im 7-Zoll-Format (etwa 17 cm) und 45 U/min dazu und trug pro Seite fünf Minuten Musik. Die CD kehrt mit ihren Maßen zurück zum Ursprung: 12 cm Durchmesser, dabei einseitig jedoch bis zu 75 Minuten Ton bei 250 bis 500 Umdrehungen. Schellackplatten wurden bis 1958 produziert. Die CD kam 1983 auf den Markt.

## EMPFEHLUNGEN

**Lesenswert:**

Günter Große: *Von der Edisonwalze zur Stereoplatte*, Berlin 1989

Walter Haas: *Das Jahrhundert der Schallplatte. Eine Geschichte der Phonographie*, Bielefeld 1977

Wolfgang und Hella Schreier: *Thomas Alva Edison*, Leipzig 1987

**Hörenswert:**

Milan Knizak: *Broken Music*, Audio-CD 2002

**Sehenswert:**

*Ich küsse Ihre Hand, Madame/ Kaiserwalzer (The Emperor Waltz)*. Regie: Billy Wilder; mit Bing Crosby, Joan Fontaine. USA 1948

**Besuchenswert:**

Klingendes Museum in Riedenburg (Altmühltal), Musikwiedergabegeräte seit 1850

Grammophon-Museum in Krefeld

Musikmuseum in Eglofs, Allgäu

## AUF DEN PUNKT GEBRACHT

Eigentlich wollte er nur Morsebuchstaben elektrisch lesen können. Stattdessen stieß Erfindergenius Thomas Alva Edison auf eine Schallaufzeichnungstechnik, die zum Keim der Musikindustrie wurde. Emil Berliner machte aus der Schallwalze die Schallplatte und das ganz große Geschäft.

# Kühltechnik

## *Kälte ist Zivilisation*

Vor fünfzig Jahren war er in Deutschland noch so gut wie unbekannt, heute dagegen gehört er – höchstrichterlich verfügt – zum Lebensnotwendigen im Haushalt; er ist unpfändbar, und Sozialhilfeempfänger haben Anspruch auf einen Zuschuss zu seiner Beschaffung. Gemeint ist der elektrische Kühlschrank. Das kühle Küchenmöbel beherbergt vieles Unentbehrliche und einigen schönen Luxus. Dafür nehmen wir zivilisierte Menschen sein nervtötendes Brummen in Kauf und lassen uns davon sogar bis in die Stille naturnaher Feriendomizile verfolgen – Kühlung ist Zivilisation.

Das lautstarke Möbel verdanken wir vor allem Carl von Linde, einem Pionier der Kältetechnik, der im ausgehenden 19. Jahrhundert die Theorie der Kältemaschinen weiter entwickelte und tatkräftig die Umsetzung seiner Ideen in die Praxis betrieb. Als der deutsche Ingenieur 1934 starb, wurde in den meisten Haushalten seines Landes noch mit dem gekühlt, was die Natur zur Verfügung stellte: Natureis. Der Bedarf an künstlicher Kühlung war gering; man trocknete, dörrte, legte ein oder lagerte im kühlen Keller – ganz im Gegensatz zu den USA, wo der Eisschrank bereits Ende des 19. Jahrhunderts einfach zum Leben dazu gehörte und die neuartigen elektrischen Aggregate schon in den 1920er Jahren etabliert waren. Kultursoziologen sehen diese Diskrepanz als Ausdruck des kulturellen amerikanischen Selbstverständnisses, das auch in anderen Charakteristika der Amerikaner zutage tritt, ihrer Frigidität, der Angst vor Bakterien, der Neigung zu arti-

■ Der Ingenieur und Unternehmer Carl von Linde

PRÄGENDER EINFLUSS

Carl Linde wurde durch seine Lehrer in Zürich geprägt, insbesondere vom Mitbegründer der modernen Wärmelehre, Rudolf Clausius: »Als ich von Clausius erstmals die Verhältnisse erörtert hörte, welche zwischen Wärmeaufwand und Arbeitsproduktion bestehen, gewann ich einen starken Eindruck, der niemals aufgehört hat, meine Gedanken zu beschäftigen. Kein anderer Teil des gesamten Studiengebietes ist so bedeutungsvoll für mich gewesen wie die angewandte Thermodynamik.«

fizieller, steriler, verpackter Kost, einer ganz allgemeinen Fitness- und Gesundheitssehnsucht. Schon ab etwa 1850 berichten Amerikareisende zunehmend von überraschenden Erlebnissen: Eiswürfel auf der Butter oder Eiswürfel im Wein, gekühlte Lebensmittel in großen Eisschränken. Hunderttausende arbeiten damals in der Eisindustrie. Das Eis, Natureis wohlgemerkt, kommt von den großen Seen, aus Michigan oder auch vom oberen Hudson. In riesigen Eishäusern wird es gelagert, es hält sich darin mehrere Jahre. Fahrende Eisverkäufer beliefern Millionen Kleinkunden.

■ Eisplatten werden über Förderbänder in einen Speicher geschafft. Holzstich, um 1890

■ Aus einem überfrorenen See werden Eisplatten herausgesägt, die als Natureis verwendet werden sollen. Holzstich, um 1890

Es hat auch schon Versuche gegeben, das Problem der Kühlung technisch zu lösen. So nimmt bereits 1834 ein nach England ausgewanderter Amerikaner namens Jacob Perkins ein Patent auf eine »Äther-Eismaschine«. Doch erst 20 Jahre später wird in Cleveland, Ohio die erste Kältemaschine dieser Art – die moderne Technik spricht von Absorptionskühlschrank – aufgestellt. Kälte ist Abwesenheit von Wärme, und die Absorptionstechnik erzeugt sie, indem sie eine Flüssigkeit wie Äther verdampfen lässt, wodurch dem zu kühlenden Medium Wärme entzogen wird. Auch einige französische Erfinder stießen auf das gleiche Prinzip, doch keinem gelang

■ Künstlich hergestelltes Eis im Lagerraum eines Eisspeichers. Holzstich, um 1895

der große Wurf. Die wirklich große Innovation der Kühltechnik, die sich durchsetzen wird – die Kompressions-Kältemaschine – kommt aus Franken. Hier wird 1842 Carl von Linde geboren; und hier, wie überhaupt in Deutschland und den angrenzenden Ländern, wird viel mehr Bier getrunken als in der Neuen Welt.

Doch bleiben wir zunächst beim Erfinder und seiner Erfindung. Der Pfarrerssohn aus Berndorf wählt zum Leidwesen des Vaters

KUNSTEIS GEGEN NATUREIS

Nahrung wurde schon in Urzeiten mit Eis und Schnee gekühlt und im Sommer in speziellen Kühlräumen gelagert. Der erste bekannte Kühlraum der Geschichte wurde im Zweistromland gefunden und stammt von Anfang des 3. Jahrtausends v. Chr. Künstliches Eis wurde ebenfalls schon früh mithilfe von Verdunstungseffekten hergestellt. Die erste Eisfabrik, die chemische Kühlmittel verwendete, baute 1850 der australische Verleger James Harrison in Geelong, Victoria. Die Verbraucher bevorzugten jedoch weiterhin echtes Eis, das aus Amerika importiert wurde.

kein Theologiestudium, sondern ein naturwissenschaftliches und zudem kostspieliges am hoch angesehenen Polytechnikum in Zürich. Dort lernt Carl Linde, vorerst noch ohne »von«, den neuen Modezweig der Physik kennen, die Thermodynamik. Ihre prominenten Vertreter beginnen gerade die Natur der Wärme als Energieform auch quantitativ zu verstehen. Seitdem lassen Linde die Überlegungen zu Wärmekraftmaschinen und die Möglichkeiten, durch die Expansion und Kompression von Gasen Wärme hin und her zu schieben, nicht mehr los. Als blutjunger Professor für Maschinenlehre am neu gegründeten Polytechnikum in München entwickelt Linde ab 1868 die Kompressionskältemaschine. Nach diesem Prinzip funktionieren heute noch die allermeisten Haushaltskühlschränke; es ist nicht schwer zu verstehen, wenn man Luftpumpe und Spraydose kennt. Beim Luftpumpen wird ein Gas zusammengedrückt, komprimiert; dabei wird es heiß, eine Erfahrung, die jeder mit der Fahrradluftpumpe machen kann. Die Spraydose hingegen entlässt komprimiertes Gas in die Freiheit; dabei dehnt es sich aus und kühlt ab, weswegen es an den Austrittsöffnungen von Spraydosen so bitterkalt werden kann. Spraydose plus Luftpumpe ergibt den Kühlschrank. Freilich muss man sich diese beiden Bestandteile als Teil eines geschlossenen Kreislaufs denken: Das Gas, das der Dose entweicht, wird in der Pumpe wieder komprimiert. Die »Spraydose« befindet sich im Innern des Kühlschranks, die Pumpe jenseits der Isolation, meist an der Rückwand des Küchenmöbels. Ein Kältemittel übernimmt die Rolle der Luft, vielmehr des Treibgases. Im inneren Teil, wo sich die Kühlflüssigkeit ausdehnt, wird Kälte erzeugt und dem Inhalt des Kühlschranks Wärme entzogen. Diese wird über das Kältemittel zur »Luftpumpe« abgeführt, und außerhalb des Kühlschranks wieder abgegeben.

■ Arbeiter beim Entleeren der Gefrierzellen. Holzstich, 1895

Diese Grundidee erwies sich als so erfolgreich, dass Carl Linde bereits 1879 mit der Vermarktung seiner Überlegungen begann, die Universität verließ und die »Gesellschaft für Linde's Eismaschinen« gründete. Zu seinen ersten Kunden zählten große Brauereien, die den zweiten Faktor für den Erfolg der

■ Wie ein überdimensionaler Kühlschrank erscheint dieses Gefrierhaus, das zur Gewinnung von Eisblöcken konstruiert wurde. Holzstich, 1875

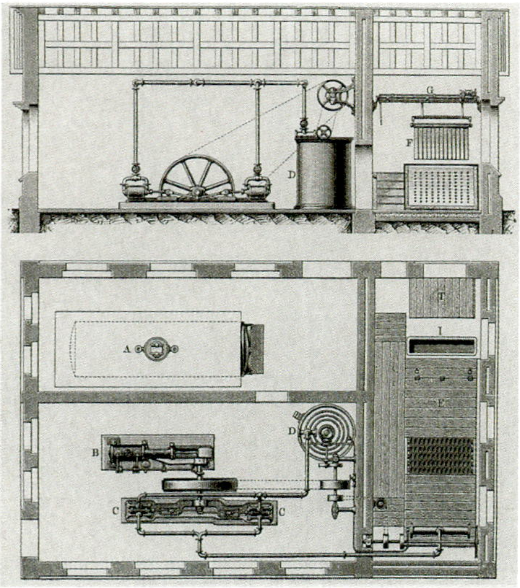

■ Grund- und Aufriss einer Kompressionskältemaschine nach dem Schwefligsäuresystem. Holzstich, 1907

künstlichen Kälte ausmachen. Der Zusammenhang ist einfach: Der Gärungsprozess, besonders bei untergärigem Bier, findet nahe dem Gefrierpunkt statt. Schon wenige Grad zu viel lassen den gesamten Ablauf außer Kontrolle geraten. Gekühlte Keller sind somit unverzichtbar für jede Brauerei. Solange es keine Kältemaschinen gab, mussten sich die Brauereien mit Natureis behelfen. Das aber konnte mit den Lindeschen Kältemaschinen wirtschaftlich nicht konkurrieren. Um 1900 hatten bereits alle größeren Brauereien eine Kältemaschine von Linde. Ihr Erwerb stellte quasi ein Fortschrittszertifikat dar.

Noch wichtiger als die Kühlmaschine ist eine weitere Erfindung, die Linde, zurückgekehrt in den Schoß der Alma mater, in seinem Münchner Labor in den 1890er Jahren gelang – die Verflüssigung von Gasen, die mit der Erzeugung extrem niedriger Temperaturen möglich wurde. Damit eröffnete Linde nicht nur eine weitere Sparte im Tätigkeitsfeld der Linde AG, nämlich die technischen Gase, sondern ermöglichte großtechnischen Fortschritt, wie er sich in Raumfahrt und Tiefseeforschung, in Klimaanlagen und Industrieverfahren dokumentiert. Sie alle wären ohne flüssige Luft, flüssigen Wasserstoff, Stickstoff, Sauerstoff oder diverse andere in Flaschen verpackte technische Gase gar nicht denkbar. Nicht wenige Wirtschaftshistoriker führen gar die Dominanz der europäischen Stahlindustrie gegenüber der amerikanischen auf die frühe Verwendung technischer Gase zurück.

Auch im sonstigen Gefriergeschäft sind verflüssigte Kühlmittel, wie Stickstoff oder Helium, nicht mehr wegzudenken, etwa in Samenbanken. Hier warten bei minus 196 Grad Celsius – das ist die Siedetemperatur flüssigen Stickstoffs – Spermien und Eizellen auf ihren Einsatz. Blutproben, Zellkulturen und andere mehr oder minder erhaltenswerte Kostbarkeiten lagern ebenfalls in solchen Kryobanken – sogar tiefgekühlte menschliche Körper von Menschen, die sich zu Lebzeiten die Reanimierung in einer medizinisch fortgeschrittenen Zukunft erhofften. Unter ihnen soll sich auch die sterbliche Hülle von Walt Disney befinden. Kühlen ist eben Zivilisation.

■ Die Carré-Kältemaschinen waren auf der Londoner Weltausstellung 1861 zu sehen. Ferdinand Carré (1824–1900), ist der Erfinder der Absorptionskältemaschine zur Herstellung künstlichen Eises.

# KÜHLTECHNIK

## TECHNOLOGIE

**Absorption:** Im Gegensatz zur Kompressionskältemaschine, in der ein Kältemittel einen Kreislauf von Verdampfer, Kompressor und Kondensator durchläuft, mischen und entmischen sich in der Absorberkältemaschine mehrere Bestandteile einer Lösung. Bei niedrigem Druck nimmt eine an Kältemittel arme Lösung den Kältemitteldampf auf (Absorption) und gibt ihn bei hohem Druck und Wärmezufuhr wieder ab.
**Kältemittel:** Linde verwendete in seinen Maschinen flüssigen Ammoniak und experimentierte auch mit Kohlenwasserstoffen. Ein sicheres künstliches Kältemittel glaubte man Anfang der 1930er Jahre in den USA gefunden zu haben: eine Fluorchlorkohlenwasserstoff (FCKW)-Verbindung mit dem Handelsnamen Freon, das auch als Aerosol, Bläh- und Lösungsmittel eingesetzt wurde. Erst in den 1970ern entdeckte man, dass FCKWs die Ozonschicht der Erde zerstören; die Folge ist ein Anstieg von Treibhauseffekt und UV-Strahlung. 1987 wurde international ein Ausstieg aus der FCKW-Technik beschlossen. Seitdem werden wieder vermehrt Propan und Kohlendioxid in der Kältetechnik eingesetzt.
**Flüssiggase:** Aus Erdöl gewonnene Gase wie Propan werden flüssig gelagert und gehandelt; sie dienen als Brennstoffe in Haushalt und Industrie sowie als Kraftstoff für Otto-Motoren. Flüssige Luft ist für die Tieftemperaturtechnik bedeutsam und wird bei unter –140 °C und hohem Druck hergestellt. Ein anderes Gewinnungsverfahren neben dem von Linde (1895) arbeitete der französische Chemiker Georges Claude 1902 aus. Aus flüssiger Luft gewinnt man auch Sauerstoff, Stickstoff und Edelgase.

## KULTURGESCHICHTE

**Klimaanlage:** Willis Carrier baute 1902 in den USA die erste Anlage zur Luftkühlung. Die zunächst schwerfälligen, großen und lauten Apparate wurden in Krankenhäusern und Kinos aufgebaut. Als um 1950 Kleingeräte zur Installation an Fenstern entwickelt wurden, brach besonders in den USA ein Klimaanlagen-Boom aus, der bis heute ungebrochen ist. Bereits in den 1940er Jahren gab es Auto-Klimaanlagen; heute sind bereits 70 Prozent aller Neuwagen weltweit damit ausgerüstet.
**Speiseeis:** Schon die Römer mischten Schnee mit Gewürzen und Früchten und genossen ihn als Dessert. Italien gilt auch als Heimat des Milchspeiseeises; von dort verbreitete sich Eis als Leckerei über Europa. Einwanderer brachten es in die USA, wo angeblich um 1900 auch Eis am Stiel und in der Waffel erfunden wurden. Jacob Fussell eröffnete 1890 die erste Speiseeisfabrik in Baltimore. Ein New Yorker Kochbuch führt 1790 ein Rezept für Eis mit Parmesangeschmack auf.
**Kunstschnee:** Das Glaciarium, die erste Kunsteisbahn der Welt, wurde 1876 in London eröffnet, musste jedoch im selben Jahr wieder schließen. Moderner Kunstschnee besteht aus Wasser, das durch Mineralien oder Bakterien (in Deutschland verboten) zur Eiskristallbildung angeregt wird. Beschneiungsanlagen sind aus Wintersportgegenden kaum noch wegzudenken, brauchen jedoch viel Energie und Wasser und gelten aufgrund von Lärm und Umweltauswirkungen vielfach als bedenklich.

## AUF DEN PUNKT GEBRACHT

Künstliche Kälte ist Wissenschaft, denn ohne die Wärmetheorie hätte Carl von Linde keine Kältemaschinen konstruiert, und ihm verdanken wir letztlich das lärmende, aber unverzichtbare Küchenmöbel.

## EMPFEHLUNGEN

**Lesenswert:**

Hans-Christian Täuberich (Hg.): *Unter Null. Kunsteis, Kälte und Kultur*, München 1991

Wessel Reinink: *Eiskeller. Kulturgeschichte alter Kühltechniken*, Wien 1995

Christine Reinke-Kunze: *Die Packeiswaffel. Von Gletschern, Schnee und Speiseeis*, Basel 1996

Anett Gröschner: *Moskauer Eis.* Roman, Leipzig 2000

**Sehenswert:**

*Das verflixte siebte Jahr (The Seven Year Itch)*. Regie: Billy Wilder; mit Marilyn Monroe, Tom Ewell. USA 1955

*Der Kühlschrank (The Refrigerator)*. Regie: Nicholas A. E. Jacobs; mit David Simonds, Julia McNeal. USA 1991

# Fluggeräte

## Vom Mythos zum Transportmittel

■ Flugübung von Otto Lilienthal mit dem Doppeldecker-Hängegleiter, um 1891

■ Michel Joseph de Montgolfier (1740–1810) konstruierte zusammen mit seinem Bruder Étienne Jacques (1745–1799) den Heißluftballon.

Es roch ziemlich übel auf dem Schlossplatz von Versailles am 19. September 1783. Um ihr Spezialgas zu erzeugen, hatten Étienne und Joseph Montgolfier gehackte Schafwolle, alte Schuhe, Stroh und verwesende Tierkadaver zum Verbrennen bereitgelegt – worauf sich König und Hofstaat dezent hinter die Fenster zurückzogen. Auf das Handzeichen von Ludwig XVI. begannen die Brüder, ihren »Aerostat« mit Heißluft zu füllen. Elf Minuten später entschwand ein königsblauer Ballon mit prächtiger Bemalung in die Höhe. Unter ihm baumelte ein Passagierkorb, an Bord: ein Schaf, ein Huhn und eine Ente. Die drei Versuchstiere kamen nach achtminütigem Flug wohlbehalten in einem nahe gelegenen Wald wieder auf festen Boden. Die 130 000 Zuschauer in Versailles waren Zeugen der ersten »bemannten« Luftfahrt geworden.

Der denkwürdige Tierversuch löste wahre Begeisterungsstürme für die neue Luftfahrt aus und bekam bald Konkurrenz. Ein Pariser Physikprofessor namens César Charles umging den Tierkadaver-Hokuspokus, indem er ein Gas verwendete, das damals gerade bekannt geworden war und vierzehnmal leichter als Luft sein sollte – Wasserstoff. Seine »Charlieren« machten ebenfalls Furore.

Vom Traum des Menschen, zu fliegen, hatte damit die Wissenschaft Besitz ergriffen. Das einfache Prinzip »leichter als Luft« lebte bis ins Zeitalter der Zeppeline hundert Jahre später fort. Und doch war die Faszination, die das Fliegen seit Jahrtausenden auf den Menschen ausübte, ungebrochen. Sie findet sich im abendländischen Mythos in den Legenden um Dädalos und Ikarus ebenso wie im chinesischen Kulturkreis, wo schon im 3. Jahrtausend vor Christus der von seinen Eltern ungeliebte Kaiser Shun – so will es die Sage – elterlichen Mordanschlägen auf dem Luftweg entkam – einmal »in den Kleidern eines Vogels«, ein andermal in Gestalt eines fliegenden Drachen; auch den ersten Vorläufer des Fallschirms soll er ausprobiert haben: mit zwei großen runden Reisstrohhüten, wie Schirme aufgespannt, sprang er von einem hohen Getreidesilo. An des Legendenkaisers Flugversuche erinnern auch die flugbesessenen Selbstmörder, die sich im Mittelalter mit selbst gebastelter Federkleidung oder gar nur weiten Mänteln von Türmen in den Tod stürzten, um es wenigstens einmal im Leben den Vögeln gleich zu tun. Von der Faszination fürs Fliegen zeugt auch die lange Liste prominenter Flugprojektemacher, angefangen bei Leonardo da Vinci über Kepler und Francis Bacon bis hin zu Leibniz und Rousseau.

■ Am 4. Juni 1783 ließen die Brüder Montgolfier auf dem Marktplatz in Annonay, Ardèche, den ersten unbemannten Heißluftballon, die Montgolfiere, bis auf 1800 m Höhe emporsteigen. Nach einem Flug mit Tieren fand am 21. November 1783 der erste freie Flug mit Menschen statt.

Auch wer den Mann beobachtete, der im Sommer 1891 am Windmühlenberg des Dorfes Derlitz bei Berlin mit seinem selbst gebauten Fluggestell zum Absprung ansetzte, konnte sich an mythische Klassiker erinnert fühlen. Da versuchte sich ein neuer Dädalus, mit Flügeln aus Weidenruten und Baumwollstoff. Aber der Anblick täuschte. Otto Lilienthal war Maschinenbau-Ingenieur, und als solcher ging er streng wissenschaftlich vor. Schon als Halbwüchsiger hatte er mit seinem Bruder Gustav den Storchenflug beobachtet und einen primitiven Flügelschlagapparat gebaut. Als Ingenieur vermaß er Auftrieb und Widerstand, ohne die Begriffe zu kennen, denn das Fach technische Aerodynamik gab es noch nicht. Er fand heraus, dass eine gewölbte Flügelfläche mehr hebt als eine flache – einige Zeit bevor die Wissenschaft mit der Erklärung aufwartete: Über die gewölbte Seite strömt die Luft schneller, weil sie einen weiteren Weg hat, und dadurch entsteht ein Unterdruck auf dieser Seite; ist die Wölbung oben, sorgt der Unterdruck für Auftrieb.

Mit *Der Vogelflug als Grundlage der Fliegekunst* veröffentlicht Lilienthal 1889 die wichtigste flugtechnische Schrift des ausgehenden Jahrhunderts. Die Flugversuche der Lilienthal-Brüder mögen eher ans finstere Mittelalter erinnern, doch in Wirklichkeit sind Lilienthals Flugübungen dank ihrer wissenschaftlichen Fundierung jenen Flugapparaten viel näher, die die Brüder Orville und Wilbur Wright auf der anderen Seite des Atlantiks bauten. Was Li-

ENGLAND IST KEINE INSEL MEHR

»England ist, vom militärischen Standpunkt aus gesprochen, keine unerreichbare Insel mehr«, kommentierte der Schriftsteller und Visionär H. G. Wells in der *Daily Mail* den ersten geglückten Flug über den Kanal von Calais nach Dover. Die Zeitung hatte einen Preis von 1000 Pfund Sterling ausgesetzt. Ruhm und Geld holte sich am 25. Juli 1909 der französische Flugzeugkonstrukteur Louis Blériot mit seinem Eindecker Blériot Nr. XI. Der erfolgreiche Flieger wurde später zum Begründer der französischen Luftfahrtindustrie.

lienthals Flughilfen noch fehlte, waren zwei essentielle Zutaten moderner Flugzeuge: Steuerung und Antrieb. Die Wrights, ebenfalls Techniker und Fahrradhändler dazu, integrierten beides in ihre Konstruktion. Am 17. Dezember 1903 knatterte das erste lenkbare Motorflugzeug der Welt durch die Luft, wenn auch nur zwölf Sekunden lang.

Auch in Europa begeisterte das Fliegen die kreativen Bastler. Das erste Jahrzehnt des neuen Jahrhunderts sah zahlreiche Flugversuche und originelle Konstruktionen. Ein wenig Starthilfe leisteten dabei die Wrights mit zahlreichen Flugvorführungen in Frankreich, Deutschland, England und Italien und ihrer Flugschule, die sie 1909 gründeten.

Natürlich blieb es nicht aus, dass sich auch die Militärs für die neuen Flugmaschinen interessierten. Schon die Wrights hatten das erkannt und waren militärische Stellen um Unterstützung für ihre Arbeiten angegangen. War zunächst die Vorstellung vom Fluggerät als Kundschafter hinter den feindlichen Linien äußerst attraktiv – und keineswegs neu, hatten doch schon hundert Jahre früher die Aerostaten ähnliche Dienste absolviert –, fanden die Wehrleute bald heraus, dass sich das Flugzeug auch zum Bombenabwurf bestens eignete. Bei Kriegsbeginn 1914 brachten es die Krieg führenden Nationen bereits auf insgesamt 1200 Militärflugzeuge. Während der Kriegsjahre wurden allein in Deutschland 44 000 Flugzeuge hergestellt. Russland schickte gegen Preußen die ersten Großflugzeuge, die vier Motoren und eine halbe Tonne Bomben an Bord hatten und deren fünfköpfige Be-

■ Die Faszination für das Fliegen inspirierte auch viele Schriftsteller. Szene aus dem US-Film *In achtzig Tagen um die Welt* nach dem Roman von Jules Verne, der seine Protagonisten auch im Heißluftballon reisen ließ.

satzung in luftiger Höhe zwischen den Flächen der Doppeldecker stand. Ein weiteres militärisch interessantes Anwendungsfeld war die Luftaufklärung, die schon mit den ersten Ballonflügen ihren Anfang nahm. Die Ballonfahrt à la Montgolfier und Charles bekam mit der Erfindung der Photographie eine neue Dimension. Als Pionier der Luftbildphotographie ist Gaspard Félix Tournachon (1820–1910), genannt Nadar, in die Annalen der Fliegerei eingegangen. Sein für diese Zwecke 1863 gebauter Riesenballon »Le Géant« war als Fluggerät allerdings kaum noch kontrollierbar. Bei einem Fastzusammenstoß mit einem Eisenbahnzug entgingen seine Insassen nur knapp dem Tod. Während des Ersten Weltkriegs erreichte die militärische Nutzung des Flugzeugs, nach Aufklärung und Bombenabwurf, mit dem Typus des Kampffliegers 1915 eine neuen Phase. Trotz seiner für die Kriegführung verhältnismäßig geringen Bedeutung wurde der Luftkampf von »Mann zu Mann« zum militärischen Fliegermythos.

Die ersten Preise waren schon vor dem Krieg ausgelobt worden, etwa der für den ersten Transkontinentalflug, die erste Kanal-

■ Orville Wright fliegt am 4. September 1909 im Doppeldecker über das Tempelhofer Feld in Berlin.

LEGENDÄRES OPFER

Otto Lilienthal hat sehr erfolgreich Flughilfen konstruiert. Sein patentierter Gleiter war sogar für 500 Mark zu kaufen. Insgesamt achtzehn verschiedene Flugapparate hat er entwickelt, darunter Eindecker und Doppeldecker, reine Gleiter und motorgetriebene, doch seine Versuche mit den letzteren scheiterten. Er selbst verunglückte 1896 bei einem Routineflug mit dem Gleiter Nr. 11, brach sich einen Halswirbel und soll sterbend gesagt haben: »Opfer müssen gebracht werden.«

überquerung, manche waren auch schon eingelöst. Einer konnte erst acht Jahre nach seiner Auslobung verliehen werden: der 25 000-Dollar-Preis für die erste Atlantiküberquerung. Ein junger, schlaksiger Postflieger namens Charles Lindbergh holte ihn 1927, mit dem Schulterdecker »Spirit of St. Louis«, einer Maschine, die von einer kleinen kalifornischen Firma gesponsert war. Der 220 PS starke Motor hielt die 33 Stunden und 32 Minuten durch, die Lindbergh für die 6000 Kilometer lange Strecke zwischen New York und Paris brauchte. Es war ein einsamer Kampf gegen Wetter und Müdigkeit, den der Außenseiter überraschend gewann. Andere nach ihm waren glückloser, viele Ozeanflieger verfehlten ihr Ziel oder blieben spurlos verschwunden.

■ Charles Lindbergh mit seiner Frau Anne Morrow Lindbergh

Die 1920er Jahre sahen die ersten Luftverkehrsgesellschaften entstehen, heute noch bekannte Namen von Flugzeugkonstrukteuren wie Boeing, Dornier oder Douglas tauchten auf. Sogar ein gewisser Komfort in Form von Heizung und Sicherheitsgurt zog schon in die Kabinen ein. Aus Flugbegeisterung und Abenteuerlust wurde allmählich ein Transportgeschäft. Schon damals bedurfte es nicht mehr allzu viel Phantasie, um das – vorläufige – Ende der Entwicklung der zivilen Luftfahrt abzusehen: Fliegen zum Taxipreis und unaufhörliche Lärmschutzdiskussionen.

# FLUGGERÄTE

## TECHNOLOGIE

**Antrieb:** Erst der Verbrennungsmotor lieferte den Flugzeugen einen praktischen, leichten Antrieb mit ausreichender Kraft. Die Wrights benutzten 1903 einen eigens konstruierten Motor für zwei Luftschrauben. Das erste Ganzmetallflugzeug, die Junkers J1, flog 1915. Von Junkers stammten mit der F13 auch das erste Passagierflugzeug, das 1919 acht Personen befördern konnte, und ab 1932 die 250 km/h schnelle »Tante Ju (52)« für 20 Fluggäste, die wegen ihrer Zuverlässigkeit und Wirtschaftlichkeit weltweit im Einsatz war (fünf Maschinen sind heute noch für Rund- und Streckenflüge verfügbar). Mit Kolbenmotor und Propellern konnten maximal etwa 750 km/h erreicht werden. Höheres Tempo erlaubt das Strahltriebwerk, das nach dem Prinzip der Gasturbine einströmende Luft verdichtet und mit Brennstoff entzündet; die Abgase treiben eine Turbine und strömen durch eine Schubdüse aus, die sie nochmals beschleunigt. Ende der 1930er Jahre wurden die ersten Düsenflugzeuge getestet; bereits 1944 wurden einige »Düsenjäger« eingesetzt, die fast 900 km/h erreichten. Das erste Düsenverkehrsflugzeug startete 1952. Ab 1957 flog die Boeing 707, ab 1958 die Caravelle, ab 1970 mit der Boeing 747 der erste »Jumbo-Jet« und der Airbus mit großem Fassungsvermögen ab 1972. Der Überschallpassagierflug, ab 1976 mit der Concorde im Liniendienst, soll Ende 2003 eingestellt werden.

## KULTURGESCHICHTE

**Erste Flugversuche:** Bereits vor den Wrights war Gustav Weisskopf 1901 in Connecticut 800 m weit motorisiert geflogen, 1902 hatte er bereits 130 m Höhe und 11 km Flugstrecke erreicht. Der ehemalige Mitarbeiter Lilienthals war in die USA ausgewandert und nannte sich dort Gustave Whitehead.
**Zeppelin:** Das erste Starrluftschiff, konstruiert von Ferdinand Graf Zeppelin, startete 1900 in Friedrichshafen am Bodensee, 1919 gab es bereits einen Linienverkehr von dort nach Berlin und die erste Atlantiküberquerung. Der weltweite Passagierverkehr fand 1937 ein Ende, als die Hindenburg in Lakehurst (USA) explodierte. An der Weiterentwicklung des Zeppelins, besonders im Lastverkehr, wird bis heute gearbeitet.
**Hubschrauber:** Erstmals hob 1907 ein Rotor getriebenes Luftschiff vom Boden ab. 1924 wurden in Frankreich die ersten Hubschrauber mit Heckrotor getestet. Die schnellen, beweglichen Fluggeräte gingen während des Zweiten Weltkriegs in Serie.
**Rosinenbomber:** Während der Blockade West-Berlins 1948/49 versorgten die USA und Großbritannien die Berliner Bevölkerung aus der Luft. Von neun westdeutschen Flughäfen aus brachten monatelang Hunderte von Maschinen täglich bis zu 7000 Tonnen Fracht und landeten im 90-Sekunden-Takt. Auf den insgesamt knapp 300 000 Flügen waren auch zahlreiche Douglas DC-3 »Dacota« unterwegs; dieser Typ war zusammen mit der Ju-52 zwischen den Weltkriegen das am meisten verbreitete Verkehrs- und Frachtflugzeug.

## EMPFEHLUNGEN

**Lesenswert:**
Kurt Streit, John Taylor: *Geschichte der Luftfahrt*, Künzelsau 1999

James Gilbert: *Meistens flogen sie doch*, Zürich 1978

Antoine de Saint-Exupéry: *Wind, Sand und Sterne*, Düsseldorf 2000

**Sehenswert:**
*Die Hindenburg*. Regie: Robert Wise; mit George C. Scott, Anne Bancroft. USA 1975

*Der Flug des Phönix (The Flight of the Phoenix)*. Regie: Robert Aldrich; mit James Stewart, Richard Attenborough. USA 1965

*Der Stoff, aus dem die Helden sind (The Right Stuff)*. Regie: Philip Kaufman; mit Sam Shepard, Scott Glenn, Ed Harris, Dennis Quaid. USA 1983

**Besuchenswert:**
Technikmuseum in Speyer, in Flugzeugfertigungshalle von 1913 historische und moderne Flugzeuge

Luftbrückendenkmal am Flughafen Berlin-Tempelhof und an der Rhein-Main Air Base Frankfurt, dort mit DC-3, Luftbrückenausstellung im Haus der Geschichte in Bonn

## AUF DEN PUNKT GEBRACHT

Mythos und Sehnsucht, Federkleid und Vogelflug mögen als Antrieb gedient haben, herausgekommen ist schlicht ein neues Transportmittel und – wie wir leidvoll erfahren haben – ein potentes Terrorinstrument.

# Dieselmotor
## Wirkung durch Wissenschaft

■ Der Ingenieur Rudolf Diesel

Der »Diesel« ist weltweit zum Begriff für eine Maschine geworden, ähnlich wie Dynamo oder Differential, sodass man dabei fast vergisst, woher er seinen Namen hat. 34 Jahre alt war der Ingenieur Rudolf Diesel, als er stolz die Patenturkunde Nr. 67207 des Kaiserlichen Patentamtes in Händen hielt. Deren Titel: »Arbeitsverfahren und Ausführungsart für Verbrennungskraftmaschinen. Patentirt im Deutschen Reiche vom 28. Februar 1892 ab.«

Maschinen waren in der zweiten Hälfte des 19. Jahrhunderts zum Inbegriff für die rapide technische Entwicklung geworden, die Diesels Zeit prägte. Sie hatten die menschliche Arbeitskraft aus vielen Bereichen bereits verdrängt, allen voran die Dampfmaschine. Aber die Dampfmaschine ist verschwenderisch: Nur etwa ein Zehntel der Energie, die im Brennstoff steckt, gewinnt sie als Arbeitsleistung zurück. Die restlichen neun Zehntel verpuffen ungenutzt als Abwärme. Technisch ausgedrückt: Die damaligen Dampfmaschinen erreichten einen Wirkungsgrad von lediglich zehn Prozent. Zwar hatte schon ein Jahr nach Diesels Geburt der Franzose Étienne Lenoir den ersten Verbrennungsmotor gebaut, und Nikolaus Otto hatte dessen Prinzip zu einer kompakten Kraftquelle verbessert, doch steckte diese Entwicklung noch in den Kinderschuhen. Die Brennstoffe für die neuartigen Motoren waren teuer und deren Wirkungsgrad kaum höher als der der Dampfmaschine. Und nun trat ein weiterer Erfinders hinzu: Rudolf Diesel.

Schon als Junge war er von Maschinen und Technik fasziniert. Sein Pariser Geburtshaus trennten nur wenige Meter vom Conservatoire des Arts et Métiers, dem Pariser Technikmuseum. Hier zeichnete der Elfjährige nach eigenem Bekunden die ausgestellten Maschinen ab und fand in den Erfindern von Dampfmaschine

MAGIE DER MECHANIK

Schon früh stand Rudolf Diesels Berufswunsch fest. Aus Augsburg schrieb der 14-Jährige an seine Eltern in London: »Liebste Eltern, mein sehnlichster Wunsch ist es, Mechaniker zu werden. In irgendeinem anderen Fach werde ich kaum etwas Tüchtiges erlernen. Nicht wahr, ich darf Mechaniker werden?«

und Gasmotor seine Vorbilder. Verstärkt wurde seine Technikfaszination durch die kurze Zeit, die er in der industriellen Metropole London verbrachte, wohin die Familie 1870 wegen des deutsch-französischen Kriegs emigrierte. In Deutschland wurde Augsburg seine Heimat, zwar keine Weltstadt wie Paris oder London, aber Sitz einer der größten Maschinenbaufabriken jener Zeit, der späteren MAN, und einer guten Gewerbe- und Industrieschule, die Rudolf besuchte. Dort, so will es die Legende, sei er auch erstmals mit dem Vorbild für seine spätere Erfindung in Berührung gekommen – dem Kompressionsfeuerzeug.

Dass Luft beim Zusammenpressen heiß wird, ist eine vertraute Erfahrung für jeden, der einmal eine Luftpumpe bedient hat. Dass sie so heiß wird, dass sich Kohle, Gas oder Erdöl darin von selbst entzünden, wurde zum Grundprinzip des späteren Dieselmotors – ein Prinzip, das ihn heute noch von den anderen Verbrennungsmotoren unterscheidet. Der Dieselmotor saugt kein Kraftstoff-Luft-Gemisch an, sondern nur Luft, verdichtet sie durch den Kolben im Zylinder und spritzt den Treibstoff hinein.

Interessanter als der Unterschied im Betriebsprinzip aber ist der in der Entstehungsgeschichte. Während andere Kolbenmotoren in den Werkstätten und Labors von Tüftlern und Ingenieuren im wesentlichen durch Versuch und Irrtum entstanden, spornten Diesel rein wissenschaftliche Überlegungen an. In Vorlesungen über theoretische Maschinenlehre am Münchner Polytechnikum hatte der exzellente Student die Überlegungen des französischen Physikers Nicolas Léonard Sadi Carnot über Wärmekraftmaschinen kennen gelernt. Demnach hätte es möglich sein sollen, Maschinen mit wesentlich größerer Effizienz zu entwickeln als die damals

■ Der erste betriebsfähige Dieselmotor mit einer Leistung von 20 PS bei 172 Umdrehungen pro Minute wurde 1896/97 in der Maschinenfabrik Augsburg (MAN) gebaut.

vorherrschende Dampfmaschine und die bereits bekannten Verbrennungsmotoren. Die Diskrepanz zwischen Theorie und Wirklichkeit, das Ideal eines optimalen Wärmemotors ließen Diesel seitdem nicht mehr los. Er wollte eine Maschine konstruieren, die Wärme wirkungsvoller in Arbeitskraft verwandeln konnte als alles bisher Dagewesene.

»Zwölf Jahre habe ich mit Aufopferung eine Blume gepflegt; jetzt will ich sie pflücken und ihren Duft genießen«, sagte Diesel, als er endlich die Pläne für seinen idealen Motor beisammen hatte. Erarbeitet hatte er sie in vielen Nächten und Stunden zusätzlicher Arbeit, die er neben seinem Job als Werksleiter in den Kältemaschinenfabriken von Carl von Linde in Paris und später in Berlin aufbrachte. Partner in der Maschinenindustrie fand der Erfinder schnell. Krupp in Essen steuerte sein Material-Know-how aus der Kanonenfabrikation bei und zahlte Diesel ein fürstliches Jahresgehalt von dreißigtausend Reichsmark. In den Augsburger Maschinenfabriken bekam Diesel ein Versuchslabor und Mitarbeiter. Nach fünf langen Entwicklungsjahren konnte er im Februar 1897 den ersten »Diesel« von unabhängigen Gutachtern prüfen lassen. Der Motor leistete 17,8 PS und verbrauchte dabei in der Stunde 238 Gramm Petroleum; das entsprach einem Wirkungsgrad von 26,2 Prozent. Damit übertraf der Prototyp alle zeitgenössischen Wärmekraftmaschinen beträchtlich. Allerdings blieb er weit hinter Diesels ursprünglichen Erwartungen zurück. Nach dem Willen des sozial engagierten Erfinders hätte der Dieselmotor eine wirtschaftliche Kraftquelle für den kleinen Handwerker werden sollen. Mit diesem Anspruch ging Diesel durchaus konform mit der technischen Elite. Auch Nikolaus Otto, der Entwickler des Viertaktmotors, wollte, wie er schrieb, »der Macht des Kapitals einen Damm entgegensetzen, die Kleinindustrie stählen«. Während Otto dieses Ziel mit der Verbreitung seines Viertakters auch erreichte, blieb Diesel diese Befriedigung versagt. Statt der kleinen Motoren für Handwerk und Straßenfahrzeuge wurden bis zu seinem Tode nur große, schwere Ausführungen des Dieselmotors gebaut. Die machten Diesel zwar berühmt und zunächst auch reich, nicht zuletzt dank seiner geschickten Patentpolitik und Lizenzvergabe; beispielsweise legte er beim Verkauf von Patenten vertraglich fest, dass an jedem Motor deutlich sichtbar ein Schild angebracht werden

PATENT-URKUNDE
№ 67207

AUF GRUND DER ANGEHEFTETEN BESCHREIBUNG UND ZEICHNUNG IST DURCH BESCHLUSS DES KAISERLICHEN PATENTAMTES

an Rudolf Diesel, Ingenieur, in Berlin

EIN PATENT ERTHEILT WORDEN.
GEGENSTAND DES PATENTES IST:

Arbeitsverfahren und Ausführungsart für Verbrennungskraftmaschinen.

ANFANG DES PATENTES: 28. Februar 1892.

ZU URKUND DER ERTHEILUNG DES PATENTES IST DIESE AUSFERTIGUNG ERFOLGT.

Berlin, den 23. Februar 1893.

KAISERLICHES PATENTAMT.

■ Patent-Urkunde Rudolf Diesels von 1893. Mit dem Patent wird dem Erfinder vom Staat ein zeitlich begrenztes Monopol für die wirtschaftliche Nutzung seiner Erfindung zugesichert.

■ Einzylinder-Versuchsdieselmotor mit direkter Kraftstoffeinspritzung

■ Szenenphoto mit Willy Birgel als Rudolf Diesel aus dem Film *Diesel* von Gerhard Lamprecht, Deutschland 1942

sollte mit der Aufschrift: »Wärmemotor Patent Diesel«. Allerdings litten die Motoren auch lange unter Kinderkrankheiten, was zu schweren finanziellen Verlusten führte. Der wirtschaftliche Ruin Diesels wurde beschleunigt durch fehlgeschlagene Spekulationsgeschäfte – beispielsweise kaufte er Erdölquellen, um die Ölprei-

INGENIEUR ALS REFORMER

Vor allem in seinen späteren Lebensjahren versuchte sich Rudolf Diesel als Sozialreformer. Er bündelte seine Gedanken 1903 in der Schrift *Solidarismus. Natürliche, wirtschaftliche Erlösung des Menschen*, mit der er die sozialen Probleme der kapitalistischen Industriegesellschaft zu lösen hoffte. Das Buch, das er höher schätzte als seine Motorenerfindung, wurde jedoch nur allgemein bespöttelt. Enttäuscht wandte er sich wieder der Motorenentwicklung zu, um an seine früheren technischen und wirtschaftlichen Erfolge anzuknüpfen. Beides gelang ihm nicht mehr.

■ Diesellokomotive in einer Zeitschriftenwerbung der General Motors, USA 1949

se zu drücken und damit den Absatz seiner Motoren zu sichern. Auch an Kritikern der Technik fehlte es nicht. Schließlich zermürbten die Anfeindungen den Erfinder so sehr, dass er bei einer Kanalüberquerung auf dem Dampfer »Dresden« im Jahr 1913 den Freitod in den Wellen suchte und fand.

Letztlich jedoch hat sich Diesels technische Hinterlassenschaft so verbreitet, wie es sich der Erfinder erträumt hatte. Schiffe und Loks werden von Dieselaggregaten angetrieben, Dieselgeneratoren arbeiten in Kraftwerken und Heizungen, in Traktoren und Baumaschinen herrscht der Dieselmotor vor. Als Verbrennungsmotor ohne Zündanlage und Vergaser ist er prinzipiell robuster, weniger störanfällig als der Ottomotor. Er stellt geringere Ansprüche an die Qualität des Kraftstoffs und ist zudem günstiger im Verbrauch. So hat er sich auch einen festen Platz in der Fahrzeugpalette der Autoindustrie erobert. Die Sorgen, die sich Umweltschützer wegen der Partikelemissionen der Dieselaggregate machen, werden mit zunehmend verbesserter Filtertechnologie mehr und mehr hinfällig.

# DIESELMOTOR

## TECHNOLOGIE

**Unterschiede:** Anders als der Ottomotor saugt der Dieselmotor nur Luft an und verdichtet sie so hoch, dass sie den Brennstoff entzünden kann; dieser wird in die verdichtete Luft eingespritzt und entzündet sich selbst. Zündanlage und Vergaser entfallen. Als Kraftstoff dienen meist Gasöle aus Erdöl; der Motor kann aber auch mit Brennstoffen auf der Basis von Alkoholen oder Pflanzenölen betrieben werden.
**Wirkungsgrad:** Das Verhältnis von Nutzleistung und aufgewandter Leistung bei Kraft- und Arbeitsmaschinen allgemein bezeichnet man als Wirkungsgrad. Dazu wird die in einer bestimmten Zeitspanne nutzbar abgegebene Energie mit der in derselben Zeitspanne zugeführten Energie verglichen. In der Praxis besteht der Gesamtwirkungsgrad immer aus dem Produkt verschiedener Teile. Der mechanische Wirkungsgrad erfasst Verluste durch Reibung und Antrieb von Hilfsgeräten wie Lüftern. Der thermodynamische Wirkungsgrad basiert auf dem Carnot-Prozess. Wie weit sich die tatsächliche Leistung der Maschine an die theoretisch mögliche annähert, bezeichnet der Gütegrad. Daneben beeinflussen die Betriebsbedingungen den Wirkungsgrad, sodass er meist als Mittelwert angegeben wird. Wirkungsgrade gibt es auch für die Umsetzung von Brennstoffenergie, mechanischer in elektrische Energie oder für komplexe Anlagen, etwa Kraftwerke, aus mehreren Einzelaggregaten.

**Carnot-Prozess:** Nicolas Léonard Sadi Carnot untersuchte die Wirkungsweise periodisch arbeitender Wärmekraftmaschinen theoretisch und beschrieb in seinem 1824 aufgestellten Satz, welchen optimalen Wirkungsgrad diese Maschinen erreichen können. In einem idealen reversiblen Kreisprozess (Carnot-Prozess) wird mithilfe eines Wärmespeichers und von außen zugeführter Arbeit ein Teil der Wärme in mechanische Arbeit umgewandelt, alle Wärme umzuwandeln ist jedoch unmöglich. Carnots Überlegungen bildeten die Basis für die Sätze der Thermodynamik.
**Alternativen:** Der schottische Geistliche Robert Stirling ließ sich 1827 einen Motor patentieren, in dem Luft (heute Helium) zwischen einem heißen und einem kalten Raum hin- und hergeschoben wird; der umweltfreundlich anmutende Motor ist jedoch sehr massig und liefert nur niedrige Drehzahlen. Trotzdem trieb er 1853 ein Schaufelradschiff und 1985 ein Forschungs-U-Boot. Einen Gasmotor, in dem das explodierende Gas von oben und unten auf den Kolben wirkte, stellte Jean Joseph Étienne Lenoir 1860 vor; der Motor lief trotz hohen Gasverbrauchs um 1865 in zahlreichen Pariser Werkstätten, erwies sich jedoch für Wagen und Schiffe als ungeeignet.

## AUF DEN PUNKT GEBRACHT

Der Dieselmotor klopft zwar und rußt, ist aber ein Kind blütenreiner Theorie. Die Studien von Carnot und anderen über ideale Wärmekraftmaschinen spornten den Erfinder Diesel an, die Energie verschwendende Dampfmaschine durch einen wirkungsvolleren Motor zu ersetzen.

## KULTURGESCHICHTE

**Solidarismus:** Diesel glaubte, die soziale Frage des Gegensatzes von Arm und Reich gelöst zu haben, und stellte seine Gedanken 1903 in dem Buch *Solidarismus, natürliche wirtschaftliche Erlösung des Menschen* vor. Die arbeitenden Menschen sollten sich, auch mithilfe seiner Kraftmaschine und billiger Treibstoffe, nicht mehr den Interessen des Großkapitals unterordnen müssen, sondern auf neuen Wegen eigenes Kapital bilden und sich solidarisch in genossenschaftlichen Gemeinschaften zusammenschließen, in denen sie nicht mehr entfremdete Arbeit leisten mussten. Diesel vertraute auf die vernunftbegründete Einsicht des Einzelnen, denn er war selbst Pragmatiker und Realist; er hatte sich gründlich vorbereitet und legte eine rechnerische Bestandsaufnahme seiner Zeit vor. Dennoch verkauften sich von seinem Buch nur wenige Hundert Exemplare.

**Lesenswert:**
Eugen Diesel: *Diesel – der Mensch, das Werk, das Schicksal* (1937), München 1983

**Sehenswert:**
*Diesel.* Regie: Gerhard Lamprecht; mit Willy Birgel. D 1942

**Besuchenswert:**
MAN-Museum in Augsburg

Japanischer Diesel-Gedächtnishain im Wittelsbacher Park, Augsburg

# Röntgenstrahlen

## *Eine steile Karriere*

■ Der deutsche Physiker Wilhelm Conrad Röntgen

Nur ganz selten schlagen Entdeckungen so richtig ein. Oft kämpft der Entdecker jahrelang um wissenschaftliche Anerkennung und hofft womöglich sein ganzes Leben vergeblich auf einen durchschlagenden wirtschaftlichen Erfolg. Ganz anders dagegen war es bei der Entdeckung der Röntgenstrahlung. Innerhalb weniger Wochen war das neuartige Naturphänomen weltweit bekannt und sein technisches und medizinisches Potenzial in den Grundzügen sogar umgesetzt – sicher nicht zuletzt deswegen, weil sich der Entdecker dem Ethos verpflichtet fühlte, dem zufolge der Forscher im Dienste der Allgemeinheit steht, und deshalb auf jegliche Patentnahmen verzichtete. Auch falsche Eitelkeit war ihm wohl fremd, immerhin schlug er die Verleihung eines Adelstitels aus. Nun mag derlei Bescheidenheit leichtfallen, wenn das entdeckte Phänomen gleich mit dem eigenen Namen verbunden wird und man für die Entdeckung den allerersten Physik-Nobelpreis der Geschichte erhält.

Conrad Röntgen lehrte und forschte zur Zeit seines großen Funds als Experimentalphysiker an der Universität Würzburg. In den 1890er Jahren machte er Versuche mit der bereits zwanzig Jahre zuvor entwickelten Kathodenstrahlröhre, einer Vorrichtung, die im Prinzip heute noch das Herzstück von Computerbildschirmen und Fernsehgeräten bildet. Wesentliche Bestandteile einer solchen Röhre sind zwei metallische Elektroden, die durch ein stark verdünntes Gas, im Idealfall ein Vakuum, getrennt sind. Eine der Elektroden, die Kathode, wird aufgeheizt; dadurch treten Elektronen aus dem Metall aus und werden durch eine elektrische Spannung zu der anderen Elektrode gezogen. Der so entstehende Strahl von Elektronen gibt der Röhre ihren Namen: Kathodenstrahlröhre. Trifft der Strahl auf einen fluoreszierenden Schirm, wird dieser zum Leuchten angeregt – eben das ruft die leuchtenden Pixel auf PC- und Fernsehbildschirm hervor. Allerdings entsteht beim Auftreffen des Strahls auch noch etwas anderes als sichtbares Licht, und genau das entdeckte Röntgen – ohne freilich eine Ahnung zu haben, worum es sich eigentlich handelte. Als er am 8. November 1895 mit fluoreszierenden Schirmen experimentierte, stellte er per Zufall

■ Aufnahmen der eigenen Hand gehörten zu den ersten Bildern, die Wilhelm Conrad Röntgen mithilfe der von ihm entdeckten »X-Strahlen« anfertigte.

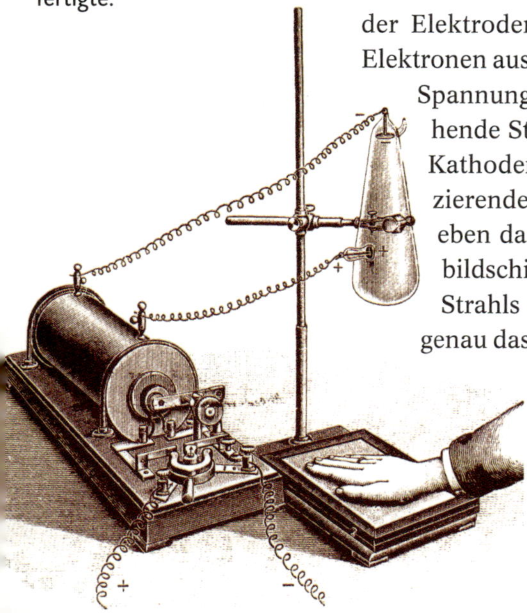

■ Die Röntgenaufnahme des Brustkorbes verspricht Aufschluss über ein mögliches Lungenleiden. Szenenbild aus der Verfilmung von Thomas Manns *Der Zauberberg* von 1981.

fest, dass unbelichtete Photoplatten, die in der Nähe lagen, auch dann belichtet wurden, wenn sie durch schwarzen Karton abgedeckt waren. Schließlich ersetzte er den Karton durch seine Geldbörse, später durch die eigene Hand. Das Entwickeln der Photoplatten förderte erstaunliche Abbilder der Münzen in seinem Portemonnaie und der Knochen in seiner Hand zutage. Es musste also beim Auftreffen des Kathodenstrahls etwas bislang Unbekanntes entstehen, das schwarzes Papier und Weichteile mühelos durchdrang, vor Metall und Knochen dagegen mehr Respekt zeigte. Röntgen nannte dieses geheimnisvolle Etwas »X-Strahlen« – eine Bezeichnung, die in der englischsprachigen Welt als »X-rays« überdauert hat. Die im deutschsprachigen Raum gebräuchliche Bezeichnung geht auf einen Vorschlag des Anatomen Albert von Völliker zurück, der das neuartige Phänomen im Januar 1896 kennen lernte, als Röntgen vor der physikalisch-medizinischen Gesellschaft in Würzburg seinen ersten Vortrag über die X-Strahlen hielt – und des Anatomen Hand erfolgreich »röntgte«.

Schon eine Woche nach seiner Entdeckung im November hatte Röntgen die Hand seiner Frau Berta mit X-Strahlen abgebildet und dieses Photo in einer wissenschaftlichen Abhandlung veröffentlicht. Innerhalb weniger Wochen ging Röntgens Entdeckung um die Welt und machte in den Zeitungen Furore. Sofort stürzten sich Mediziner auf die neue Möglichkeit, in den Körper zu schauen. Knochenbrüche und Fremdkörper wie Projek-

## RISIKO RÖNTGEN

Das Röntgen als diagnostische Maßnahme in der Medizin ist nicht unumstritten, insbesondere bei Reihenuntersuchungen ohne konkreten Verdacht auf eine Erkrankung, wie etwa dem Mammographie-Screening. Einerseits ist zweifelhaft, ob solche Untersuchungen einen messbaren Effekt für die Volksgesundheit haben; andererseits trägt das diagnostische Röntgen selbst zum Auftreten von Krebserkrankungen bei. In den USA sterben nach Schätzungen von Gesundheitsexperten jährlich etwa 40 000 Menschen an Spätfolgen der Röntgendiagnostik.

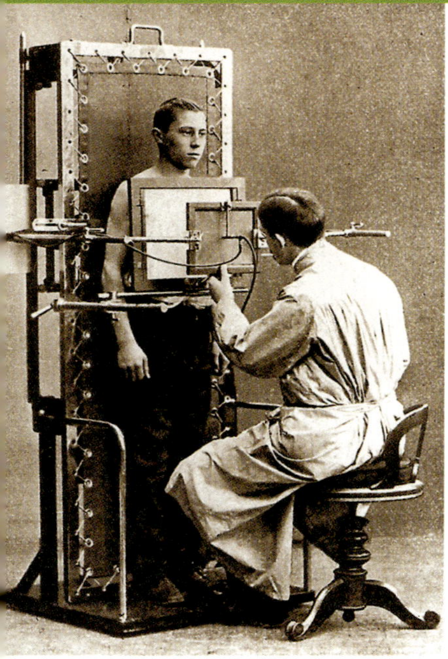

■ Röntgenuntersuchung mit dem Klinoskop. Das Gerät von 1907 war bereits mit patentierter Kompressionsblende ausgerüstet und lieferte dadurch bessere Bilder.

tile nach Schussverletzungen im Körperinnern wurden schon bald mithilfe der neuen Methode dargestellt, zum Nutzen von Chirurgen und Orthopäden. Kaum zwei Monate nach Röntgens Entdeckung konnte die *Wiener klinische Wochenzeitschrift* bereits ein Angiogramm abdrucken, also die Röntgendarstellung von Blutgefäßen – wenn auch nur an einer Leichenhand. Trotz langer Belichtungszeiten, teilweise bis zu einer Stunde, stieß die neue Technik bei Ärzten und Patienten auf reges Interesse. Auch die schädigende Wirkung der neuen Strahlung erkannte man bald anhand verbrannter Hautstellen. Diese Erkenntnis fand ebenso zügig Eingang in neue medizinische Methodik: bei der Therapie von äußerlichen und bald darauf auch innerlichen Tumoren; verblüffend schnell, noch vor der Jahrhundertwende, hatte sich die »Bestrahlung« mit X-Strahlen als Tumortherapie etabliert.

Den anderen Anwendungszweig der späteren Röntgentechnik, die zerstörungsfreie Werkstoffprüfung, hatte der Entdecker bereits in einer frühen Abhandlung angedeutet, indem er einen Gewehrlauf darstellte, dessen Unregelmäßigkeiten der metallischen Wandung im »Röntgenbild« deutlich hervortraten.

Bis heute hat sich an diesen grundsätzlichen Anwendungsbereichen nichts geändert. Verbessert ist lediglich die Technik der Geräte. Einen wichtigen Schritt stellte die Entwicklung der Hochvakuum-Röntgengeräte durch William Coolidge 1913 dar; dadurch konnten die Bestrahlungszeiten erheblich verkürzt werden. Einen weiteren wesentlichen Fortschritt in der Medizin brachte die Computertomographie. Die Möglichkeit zur schichtweisen Darstellung des Körpers (nach griechisch »tomé«, das Schneiden) existierte auf dem Papier bereits 1920, wurde aber erst später verwirklicht. Effektiv nutzbar machten sie leistungsfähige Rechner, die die großen Datenmengen schnell verarbeiten konnten.

Röntgen hatte, ohne es zu wissen, ein bislang verborgenes Naturphänomen entdeckt. Natürliche Röntgenstrahlung durchsetzt das gesamte Universum, gelangt aber nur in geringsten Mengen auf die Erdoberfläche, weil die Strahlung durch die Atmosphäre fast vollständig aufgesaugt wird. Erst mithilfe einer wirklichkeitsnahen Atomtheorie, etwa ab 1910, konnte man die physikalische Natur dieser Strahlung richtig verstehen, Detektoren bauen und daran gehen, die kosmische Röntgenstrahlung als Informationsquelle über die fernen Winkel des Universums zu erschließen.

### WISSENSCHAFTLICHES WERKZEUG

Der erste australische Patient, der geröntgt wurde, hieß William Lawrence Bragg und wurde später ein berühmter Physiker, der gemeinsam mit seinem Sohn einen neuen Forschungszweig ins Leben rief: die Röntgenstrukturanalyse. Damit kann man den atomaren Aufbau der Materie untersuchen, also etwa die Kristallstruktur von Festkörpern.

# RÖNTGENSTRAHLEN

## TECHNOLOGIE

**Strahlen:** Nimmt ein Atom ein Photon (Licht-, Energieteilchen) auf oder gibt eines ab, so ändert sich der Energiezustand des Atoms um ein Quant. Dieser Vorgang kann spontan passieren, aber auch von außen angeregt werden, etwa durch große Hitze. Bei Röntgenstrahlung gibt das Atom ein Röntgenquant ab. Zur Erzeugung von Röntgenstrahlen erhitzt man eine Kathode in einem hochevakuierten Glaskolben (Coolidge-Röhre); die austretenden Elektronen werden durch hohe Spannung zwischen Kathode und Anode beschleunigt und von einem negativ geladenen Zylinder um die Kathode gerichtet und gesteuert. Prallen die Elektronen auf die Anode, so erzeugen sie zu 99 Prozent Wärme; das restliche Prozent ruft Röntgenstrahlung hervor, die durch ein seitliches Fenster austritt.

**Spektrum:** Elektromagnetische Strahlung wird je nach Wellenlänge und -frequenz unterschiedlich wahrgenommen. »Strom aus der Steckdose« hat 50 bis 60 Hz. Der Funkbereich erstreckt sich bis etwa 300 Milliarden Hz (Gigahertz). Darüber liegen Infrarot-, sichtbares und ultraviolettes Licht. Dann folgt sehr weiche Röntgenstrahlung mit einer Frequenz ab 10 Billiarden Hz; ultraharte Röntgenstrahlung reicht bis 30 Quadrillionen Hz. Gammastrahlung besitzt noch höhere Frequenzen.

**Astronomie:** Röntgensterne sind meist Doppelsternsysteme aus einem gewöhnlichen großen Stern und einem kleineren, sehr dichten Begleiter (Neutronenstern, vielleicht auch Schwarzes Loch). Die Materie, die der kleine Begleiter anzieht, erhitzt sich auf mehrere Millionen Grad Kelvin; dabei entsteht Röntgenstrahlung. Beobachtet werden sie mit Röntgenteleskopen auf der Erde oder Satelliten (seit 1970). Seit 1990 umkreist auch der deutsche Röntgensatellit ROSAT die Erde.

**Medizin:** Zur Therapie von Entzündungen und Hautveränderungen setzt man weiche Röntgenstrahlung ein, die das Immunsystem anregt; Tumore werden mit mittelharter Strahlung zerstört. Dabei erfolgt die Bestrahlung zeitlich und in der Stärke dosiert, um den Organismus nicht zu sehr zu belasten. Zur Diagnose dient neben Röntgenbildern auch die Computertomographie (s. S. 75).

**Prüfung:** Mithilfe von Röntgenstrahlen kann die Grob- und Feinstruktur von Werkstoffen untersucht werden; dabei wird aufgrund typischer Reaktionen jedes Atoms oder Ions die Zusammensetzung des Materials oder der Aufbau von Kristallgittern geprüft. So lassen sich zum Beispiel auch die Echtheit von Gemälden bestimmen, Fossilien und Mumien zerstörungsfrei untersuchen oder Schweißnähte kontrollieren. In der Mikrochipherstellung ermöglichen die kurzwelligen Röntgenstrahlen die Fertigung kleinster Bauteile.

## AUF DEN PUNKT GEBRACHT

Die Entdeckung der Röntgenstrahlen war ein Zufallsprodukt, ihre Anwendungen sind aus der modernen Medizin und Materialforschung kaum wegzudenken. Die von ihnen ausgehende Gesundheitsgefährdung wurde jedoch erst später entdeckt und löst bis heute Debatten über medizinische Behandlungsmethoden aus.

## KULTURGESCHICHTE

**Durchblick:** Röntgenstrahlen, auch die zur selben Zeit entdeckten Gammastrahlen, regten die Horror- und die noch junge Science-Fiction-Literatur der 1930er Jahre dazu an, alle Arten von Todesstrahlen zu erfinden. Begleitet wurden sie besonders in Comic-Heften bis in die 1980er Jahre durch Anzeigenwerbung für »Röntgenbrillen«, mit denen man durch Körper und Kleidung sehen können sollte. In Wirklichkeit bestanden die Brillen aus zwischen Pappen geklebte Federn; betrachtete man etwa die eigene Hand, erschien sie als unscharfes Doppelbild. Weitere »Sichtungen« blieben der Schauspielkunst des Brillenträgers überlassen.

## EMPFEHLUNGEN

**Lesenswert:**

Angelika Schedel: *Der Blick in den Menschen. Wilhelm Conrad Röntgen und seine Zeit*, München 1995

Bernd Aschenbach u. a. (Hg.): *Der unsichtbare Himmel. Röntgenastronomie mit ROSAT*, Basel 1996

**Sehenswert:**

*Der Mann mit den Röntgenaugen (X – The Man With the X-Ray Eyes)*. Regie: Roger Corman; mit Ray Milland. USA 1963

**Besuchenswert:**

Deutsches Röntgen-Museum in Remscheid

# Film und Kino

## Bewegte Bilder, bewusste Täuschung

Die Anfänge des Kinos gäben ausreichend Stoff für Krimis und Komödien. Da ist zunächst der Krimi: Am 16. Dezember 1890 verabschiedet sich Louis Aimé Augustin le Prince von seinem Bruder und besteigt einen Zug Richtung Heimat (le Prince lebte in Leeds, England). Er ist auf der Durchreise und mit schwerem Gepäck unterwegs; bei einem Besuch der Pariser Oper hat er deren Sekretär einen Apparat vorgeführt, der bewegte Bilder auf eine Leinwand projiziert. Sein Projektor wird durch eine Dampfmaschine betrieben, die wiederum einen Dynamo in Gang setzt – High-Tech zu jener Zeit. Le Prince führt außerdem auch Zeichnungen und Pläne im Gepäck – durchaus wertvolle Fracht also für den Eingeweihten. Ist das der Grund, warum le Prince seit dem Besteigen des Zuges spurlos verschwunden bleibt? Niemand weiß es. Alle polizeilichen Ermittlungen führten ins Leere. Der Mann, der heute höchstwahrscheinlich als genialer Erfinder des Films gelten würde, hätte er seine Arbeiten publik machen und fortsetzen können, ist am Bahnhof von Dijon zum letzten Mal gesehen worden; er ist, ebenso wie sein wertvolles Gepäck, einfach nie wieder aufgetaucht.

■ Kinoprojektor zur Stummfilmvorführung von 1926

Nur wenige Bilder des vielleicht ersten Films der Geschichte, den le Prince vom Verkehr über die Leeds-Brücke mit seiner selbst gebauten Kamera auf perforierte Gelatinestreifen bannte, sind, stark geschrumpft und verblasst, erhalten. Und seine Patente, genommen 1886 in Amerika und 1888 in England, blieben der staunenden Nachwelt – was auch zu großer Verwirrung führte, als sich am 16. Februar 1926 die Erfinder und Pioniere der »Kinematographie« auf Einladung der Royal Photographic Society in London trafen, um den Prioritätenstreit um die Erfindung des Films zu klären. Kaum einer der Anwesenden kannte le Prince' Arbeiten.

Dass ein Treffen wie das 1926 in London überhaupt stattfand, zeigt schon, wie viele Beiträge zur Entstehung der perforierten Filmstreifen und der zugehörigen Aufnahme- und Wiedergabetechnik bei einer Würdigung dieser Innovation zu berücksichtigen wären. Dazu gehören auch die Erfindun-

gen von William Friese-Greene, ein Londoner Photograph, der als »britischer Edison« bekannt wurde. Von ihm ist eine komödienreife Story bezeugt, die wie eine Nacherfindung der Legende vom nackten Archimedes klingt, der »heureka, heureka« rufend durch Syrakus stürmt. Der englische Archimedes läuft in einer Oktobernacht des Jahres 1889 laut jubelnd durch die menschenleeren Straßen Londons. »Ich habe es geschafft, endlich geschafft«, brüllt er immer wieder, und als er endlich auf jemanden trifft, mit dem er seine Freude teilen kann, ist es ein Polizist. Friese-Greene schleppt den Bobby in seine Werkstatt und zeigt ihm den Grund für seine Euphorie: ein Stück Londoner Leben, mit Kutschen, Passanten, Radlern und Omnibussen. Vormittags hat er sie mit seiner Kamera, die er sich hat patentieren lassen, aufgenommen, und nun wirft er sie mit dem von ihm konstruierten Projektionsapparates an die Wand.

Auch Thomas Alva Edison gehört in die Liste der Erwähnenswerten, hatte er doch 1889 den »Kinetographen« fertiggestellt, eine Kamera, die schon den von George Eastman produzierten

■ Werbeplakat für die Kinovorstellungen der Brüder Louis und Auguste Lumière.

■ Bewegung in Bildern – das machte die Faszination der ersten Filme aus. Das Thema war dabei nebensächlich. Szene aus dem Kurzfilm *L'arrivée d'un train en gare de La Ciotat* (*Die Ankunft eines Zuges im Bahnhof von La Ciotat*) der Brüder Lumière, um 1895/97

■ Der Photograph Eadweard Muybridge gilt aufgrund seiner Bewegungsstudien von Tieren und Menschen als Wegbereiter der Kinematographie. *Sallie Gardner, galoppierend, Palo Alto, Kalifornien, 1878*

Zelluloidfilm verwendete. Von einer Kurbel gedreht, wurde der Streifen über ein Walzensystem ruckartig an den Kameralinsen vorbeigeführt. Bei jedem Ruck gab es eine Aufnahme, bis zu vierzig pro Sekunde schaffte Edisons Apparat. Edison ließ sogar in seiner Ideenschmiede ein eigenes Atelier für Filmaufnahmen bauen. Zur Wiedergabe der Filmstreifen erfand die Edison-Mannschaft das »Kinetoskop«, das den Film bewegte und von hinten elektrisch anstrahlte; durch ein Guckloch konnte ein einzelner Zuschauer ihn ansehen. Solche Guckkästenautomaten wurden ab 1894 am New Yorker Broadway ein großer Publikumserfolg. Gegen eine Münze konnte der Betrachter ein kurzes Filmchen (höchstens eine Minute) mit so spannenden Themen wie »Der Hufschmied« oder »Der Trapezakt« bewundern. Im späteren Prioritätenstreit mit Friese-Greene musste sich Edison jedoch geschlagen geben, sein Kinetoskop hatte er erst 1891 zum Patent angemeldet.

*Das Kino brachte eine so neue, so ungewohnte Form des Erzählens mit sich, dass die überwiegende Mehrheit des Publikums Mühe hatte zu verstehen, was auf der Leinwand vorging und wie die Ereignisse ineinander griffen, während die Schauplätze wechselten. Ich vergesse nie den Schrecken, der mich, wie den ganzen Saal, bei der ersten Kamerafahrt nach vorne ergriff. Auf der Leinwand kam ein riesiger Kopf auf uns zu, wurde größer und größer, als wolle er uns verschlingen.*

Luis Buñuel über sein erstes Kinoerlebnis 1908

Doch lassen sich bei den mehr als fünfzig Erfindern und Erfindungen, die im 19. Jahrhundert dazu beitrugen, die Bil-

SERIENSELBSTBILDNIS

Einer der Pioniere der Serienphotographie war Eadweard Muybridge. Er ist vor allem durch seine Bildserien von Tieren in Bewegung ab 1872 bekannt geworden. Für die Klärung einer berühmten Wette lieferten seine Photos den Beweis: Der Gouverneur von Kalifornien, Leland Stanford, hatte gegen einen Freund gewettet, dass ein Pferd im Galopp gelegentlich alle vier Beine in der Luft habe. Muybridge baute eine Anlage, in der ein Pferd »sich selbst photographierte«, indem es beim Laufen Schnüre zerriss, die jeweils eine von 24 Kameras auslösten. Stanford gewann die Wette.

der zum Laufen zu bringen, keine klaren Prioritäten ausmachen. Die Grundidee des Films beruht auf der Trägheit des menschlichen Auges. Einzelbilder, die zu schnell aufeinander folgen, kann es nicht mehr unterscheiden. Diese Erkenntnis wurde schon vor Erfindung der Photographie in den 1830er Jahren ausgenutzt. Man zerlegte Bewegungen in einzelne gezeichnete Phasenbilder und bot sie so dar, dass dem getäuschten Auge der Eindruck von Bewegung vermittelt wurde – das Trickfilmprinzip. Vorrichtungen, die das leisteten, hatten so phantasievolle Namen wie »Phenakitiskop« oder »Phantaskop«. Auch das Stroboskop gehört in diese Frühphase der laufenden Bilder. Später wurde es möglich, Bewegungsabläufe photographisch festzuhalten, die gezeichneten Bilder also durch reale zu ersetzen. Viele kleine Einzelerfindungen waren nötig, um Aufnahme und Wiedergabe der Bilder mit vertretbarem Aufwand praktikabel zu machen. Dazu gehören der Zelluloidfilm als ideales Medium, die Perforation am Rand für den Filmtransport oder auch das mechanische System, das den Film im Innern von Kamera und Vorführgerät in der richtigen Geschwindigkeit fortbewegt.

■ Der amerikanische Ingenieur und Erfinder Thomas Alva Edison mit seinem Kinetographen

■ Ein Kinobesuch war von Anfang an erschwingliche Unterhaltung für jedermann, und so strömte das Publikum in Massen herbei. Hier warten Premierenbesucher auf die Uraufführung des Films *Don Juan* vor dem Warners' Theatre in New York am 6. August 1926.

Zu den Pionieren, die diese Probleme lösten, zählen die Brüder Max und Emil Skladanowsky. Am 1. November 1895 veranstalteten sie erstmalig im Berliner Varieté »Wintergarten« eine öffentliche Vorführung mit bewegten Bildern. In Frankreich hatten schon 1894 die Brüder Auguste und Louis Lumière, zwei französische Photospezialisten, ein praktikables Allroundgerät – Aufnahmekamera, Kopiergerät und Projektor in einem –, den Kinematographen, aus der Taufe gehoben. Die erste öffentliche Vorführung ihrer Filme am 28. Dezember 1895 im Indischen Salon des Grand Café des Capucines in Paris gilt heute als die Geburtsstunde des Kinos. Zuschauer wie Kritiker waren beeindruckt von der Größe und Weite der Bilder. Auch ohne Werbung in den Tageszeitungen wurden täglich 200 Eintrittskarten verkauft. »In dieser kurzen Spanne Zeit sieht man eine ganze Welt an sich vorüberziehen«, jubelte die Fachpresse. Schon wenige Jahre später entstanden erste ortsfeste Kinos, und die ersten »Spielfilme« wurden gedreht. Zu den Klassikern der Anfänge des Kinos gehörten Streifen wie *Der Sohn des Teufels* oder *Die Geschichte von der geplatzten Hose* mit dem ersten Filmkomiker Max Linder.

Angelegt auf ein Massenpublikum stellten die Kinos und später die Filmpaläste einen bewussten Kontrast zur Abgehobenheit der bürgerlichen Theater- oder gar Opernszene dar. Der Massencharakter des Mediums Film findet heute seinen konsequenten Ausdruck in der Rückverlagerung des Kinos in die heimischen vier Wände – per Großbildschirm, DVD-Player und Dolby-Surround.

MAGIE DER BEWEGUNG

Einen der ersten Apparate, die es ermöglichten, Bewegung vorzutäuschen und einem größeren Publikum vorzuführen, erfand der Wehrtechniker Franz Freiherr von Uchatius 1852. Mangels Verwendungszweck verkaufte der Tüftler Apparat und Idee an den »Copperfield« seiner Zeit, den Wiener Zauberkünstler Ludwig Döbler.

# FILM UND KINO

## TECHNOLOGIE

**Bewegung:** Ab 16 Bildern pro Sekunde kann das Auge Einzelbilder nicht mehr wahrnehmen, sondern sieht sie als kontinuierliche Bewegungsfolge; dazu wirkt jeder Lichtreiz etwa 1/8 Sekunde auf der Netzhaut nach. Deswegen darf der Film nicht gleichmäßig abgespult werden: Jedes Bild muss kurz stehenbleiben und im Dunkeln weitertransportiert werden. Für diesen Rhythmus sorgt in Kamera und Projektor das Malteserkreuz. Die frühen Filme wurden noch in Geschwindigkeiten von 16 bis 24 Bildern pro Sekunde gezeigt, Edison nahm sogar 40 auf. Erst mit Einführung des Tonfilms 1927 einigte man sich auf den Standard von 24 Bildern pro Sekunde; dabei wird jedes Bild durch eine Flügelblende in zwei gleiche unterbrochen, denn ab 48 Bildern pro Sekunde wird die Bewegung als flimmerfrei empfunden.

**Ton:** Filme wurden von Anfang an mit Musikbegleitung oder gesprochenem Kommentar vorgeführt, entweder live oder mit Grammophon, das über eine Welle mit dem Projektor synchronisiert wurde. Der erste echte Tonfilm, der Bild- und Tonsignale auf demselben Träger besaß, wurde 1922 vom Erfinder Johannes Vogt und seiner Firma Tri-Ergon gedreht. Eine Photozelle setzte die Signale der Lichttonspur in elektrische Spannung und über Verstärker in Wort und Musik um. Das Patent gelangte in die USA, und der amerikanische Film *The Singing Fool* leitete 1928 endgültig die Tonfilmära ein. Experimente mit Magnetspur in den 1970ern blieben auf wenige Uraufführungstheater beschränkt. Heute werden die Tonsignale digital auf den Film geschrieben oder auf eine parallel laufende CD-ROM.

## KULTURGESCHICHTE

**Technik und Trick:** Max Skladanowsky konstruierte das Bioscop, mit dem er in Berlin kurz vor den Brüdern Lumière 1895 erste eigene Filme vorführen konnte. Die Lumières besaßen jedoch die bessere Technik, unter anderem das stehende Bild und die richtige Geschwindigkeit. In ihrem Filmtheater zeigten sie Werke, die sie in aller Welt in Auftrag gegeben hatten, sowie Wochenschauen. Daneben war der Film in der Frühzeit vor allem eine beliebte Jahrmarktattraktion. Der Deutsche Oskar Meßter verbesserte den Bildtransport 1896 durch das heute noch verwendete Malteserkreuz und die Perforierung mit acht statt vier Löchern pro Bild (die Flügelblende stammte von T. Pätzold). Er richtete um 1897 in Berlin eines der ersten festen Kinos ein und produzierte eigene Filme und Wochenschauen. Seine Firma ging später teilweise in der 1917 gegründeten Universum Film Aktiengesellschaft (Ufa) auf. In Paris zeigte Georges Méliès ab 1896 in seinem Zaubertheater Filme, in denen er zahlreiche Tricktechniken ausprobierte und neben Literaturverfilmungen bereits die gängigen Genres des neuen Mediums einführte.

## AUF DEN PUNKT GEBRACHT

Die Täuschung des menschlichen Auges durch bewegte Bilder faszinierte die Erfinder schon vor der Entwicklung der Photographie. Doch erst mit den gelochten Zelluloidstreifen wurden Film und Kino möglich.

## EMPFEHLUNGEN

**Lesenswert:**

Dirk Manthey (Hg.): *Making of. Wie ein Film entsteht*, Hamburg 1996

Ulrich Gregor, Enno Patalas: *Geschichte des Films, Band 1: 1895–1939, Band 2: 1940–1960*, Reinbek 1976

Curt Riess: *Das gab's nur einmal. Die große Zeit des deutschen Films* (3 Bände), Frankfurt/M. 1985

Frank Göhre: *Im Palast der Träume. Kinogeschichten*, Reinbek 1983

**Sehenswert:**

*Die Brüder Skladanowsky*. Regie: Wim Wenders; mit Udo Kier. D 1995

*Kein Oscar für Mr. McKenzie.* Regie: Peter Jackson; mit Thomas Robius. Neuseeland 1995

*Agnès Varda: Hundert und eine Nacht. (Les cent et une nuits).* Regie: Agnès Varda; mit Michel Piccoli, Marcello Mastroianni, Cathérine Deneuve, Robert DeNiro. F 1994

*Die amerikanische Nacht (La nuit américaine)*. Regie: François Truffaut; mit Jacqueline Bisset, Jean-Pierre Léaud. F 1973

**Besuchenswert:**

Die Filmmuseen in Berlin, Düsseldorf, Frankfurt/M. und München

Lichtburg, Kino von 1928 in Essen

**Anklickenswert:**

http://www.sapo-media.de/100kino/frame.html 100 Jahre Kinogeschichte

# Magnetspeicher
## Im Rhythmus des Stroms

■ Der dänische Physiker Valdemar Poulsen

Besuch auf der Pariser Weltausstellung 1900. Im zweiten Stock der Ausstellungshalle hinter dem Elektrizitätspalast, gleich nachdem man die fälschlich als völlig neuartig gepriesenen Rolltreppen passiert hat, stößt man auf einige technische Neuheiten. So wird auf einem Tisch ein Apparat, nicht größer als eine Nähmaschine, präsentiert. Hör- und Sprechmuschel an einem Draht erinnern an ein Telephon. Eine Walze, die dicht mit Draht umwickelt ist, dreht sich, und davor bewegt sich ein kleiner Kasten auf einer Schiene, der anscheinend die Walze abtastet. Presst man das Ohr an die Hörmuschel, kann man die Stimme des österreichischen Kaisers Franz Josef vernehmen: »Diese neue Erfindung hat mich sehr interessiert, und ich danke sehr für die Vorführung derselben.« Was noch toller ist als des Kaisers Stimme: Er hat diesen Satz mit eben diesem Gerät aufgezeichnet – wir stehen vor dem ersten Anrufbeantworter der Geschichte.

So jedenfalls mag es vielen Besuchern jener Ausstellung gegangen sein, die wegen der Überfülle ihres Angebots von Kritikern als »Welttrödelmarkt« verlacht wurde. Auch das neuartige Gerät zum Aufzeichnen und Wiedergeben menschlicher Stimmen, für das der dänische Erfinder Valdemar Poulsen den Grand Prix der Weltausstellung bekommen soll, ist so ganz neu nicht mehr. Das Patent auf sein »Telegraphon« hat Poulsen schon seit zwei Jahren in der Tasche, auch kann der Apparat im Prinzip nicht mehr als Edisons 1878 patentierter Phonograph, der schon als Musikautomat in Vergnügungshallen und Schaubuden die Runde macht. Im Gegenteil ist die Aufnahme- und Wiedergabequalität von Poulsens Drahtspeicher noch schlechter als die des Phonographen, sie eignet sich so gerade eben fürs Sprechen: Poulsen hatte das Gerät ja auch als Anrufaufzeichner konzipiert.

■ Mit dem elektromagnetischen Telegraphon von Poulsen aus dem Jahr 1898 war erstmals eine magnetische Aufzeichnung möglich.

Revolutionär neu aber ist die Technik, mit der der Apparat arbeitet. Die Schallwellen werden nicht, wie beim Phonographen, mechanisch in einen Tonträger geschrieben und wieder ausgelesen, sondern magnetisch, genauer: elektromagnetisch gespeichert. Die Stimme wird über ein Mikrophon in die Schwingungen eines kleinen Elektromagneten verwandelt; der wiederum magnetisiert im Rhythmus der Schallschwingungen den Draht, über den er gleitet. So wie man mit einem Magneten einem Haufen Eisenfeilspäne ein Muster aufprägen kann, richten sich die winzigen Elementarmagnete in dem Stahldraht nach den Bewegungen des Aufnahmekopfes aus und bleiben so liegen. Beim Abspielen funktioniert es umgekehrt: die räumlich veränderliche Magnetisierung im Draht erzeugt in den Stromschleifen des darüber fahrenden Abtastkopfes einen schwankenden elektrischen Strom, der die Membran eines Telephonhörers zum Schwingen bringt.

Wie nicht selten in der Geschichte der Erfindungen hatte auch diese Neuerung einen Vorläufer, der nur auf dem Papier existierte und mangels Einsatz seines Erfinders oder technischer Möglichkeiten nie auf den Prüfstand der Praxis kam. In diesem Fall wurde er in einem Artikel in der amerikanischen Zeitschrift *The Technical World* vom September 1888 beschrieben, also zehn Jahre vor Poulsens Patent. Über den Verfasser, einen gewissen Oberlin Smith, ist nichts weiter bekannt; umso erstaunlicher mutet es an, dass in seinem Text rein theoretisch bereits wesentliche Elemente späterer Tonbandgeräte vorweg genommen wurden. Offenbar verstand Smith von dem (noch relativ jungen) Gebiet des Elektromagnetismus mehr als die meisten seiner Zeitgenossen.

Der Elektrotechniker Poulsen jedoch setzte seinen Entwurf von einer magnetisierbaren Platte und einem Draht, der von einer Rolle auf eine andere lief, zwar um – die letzte Version kam dem späteren Tonband schon recht nahe –, doch seine Versuche, das Magnettongerät zu vermarkten, schlugen fehl, hauptsächlich wegen des schlechten Marketings, aber auch wegen der Mängel des Geräts. In der Wiedergabe war es zu leise und rauschte stark, außerdem eignete es sich lediglich für die Aufzeichnung

**SCHNELLE SCHEIBE**
Computerfestplatten arbeiten mit der gleichen Magnettontechnik wie Tonbandgeräte. Das Prinzip der magnetisierbaren Platte hatte schon Telegraphon-Erfinder Poulsen vorgeschlagen und umgesetzt. Er arbeitete allerdings noch mit schweren Stahlplatten, während die schnell drehenden Scheiben im heutigen Rechner oder in der Diskette ultraleichte magnetisch beschichtete Kunststoffplatten sind.

■ Der Ingenieur Fritz Pfleumer mit seinem Tonbandgerät, 1931

■ Arbeiterinnen bei der Montage von Tonbandgeräten in der Firma Telefunken, Berlin, 1950er Jahre

eines eingeschränkten Tonhöhenbereichs und war damit für Musik praktisch unbrauchbar. So blieb das Telegraphon ein Highlight für Technikfreaks. 1908 wurden auf einem Technikerkongress in Kopenhagen sämtliche Vorträge auf Draht aufgenommen; das Ergebnis war ein 2500 Kilometer langer Drahtsalat.

Erst mit der Einführung der Verstärkertechnik in den 1920er Jahren lebte das Magnettongerät à la Poulsen wieder auf. Den entscheidenden Fortschritt aber brachte erst der Übergang vom Draht zum Band. Der Anstoß dazu kam von einem Fachmann aus der Papierbranche. Fritz Pfleumer aus Dresden stellte Silber- und Goldpapier mit Metallpulverbeschichtung her, unter anderem für die Mundstücke von Zigaretten; warum es nicht auch mit magnetisierbarem Pulver versuchen, fragte er sich. 1928 konnte er die Antwort in ein Patent für magnetisierbare Papierstreifen fassen. Damit wurden die Spulen leichter, ließen sich schneller zurückwickeln und konnten geschnitten werden, was eine Überarbeitung der Aufnahme erlaubte. Die Papierstreifen hatten allerdings einen gewaltigen Nachteil: Sie rissen zu leicht. Das wurde erst mit den Kunststoffbändern – Azetylzellulose mit Eisenpulverbeschichtung – behoben, die ab 1932 bei den Badischen Anilin- und Sodafabriken (BASF) entwickelt wurden. Die AEG, die Pfleumers Patent gekauft hatte, konnte schließlich 1935 erstmalig auf der zwölften Funkausstellung in Berlin ein Magnettongerät mit magnetisierbaren Kunststoffbändern vorführen. Das »Magnetophon«, wie es nun hieß, bestand aus drei Teilen – dem Laufwerk, dem Verstärker und dem Lautsprecher – und wog an die fünfzig Kilo. Man versteht, warum es noch fast zwanzig Jahre dauerte, bis es auch als Heimgerät größere Märkte erschließen konnte. Einmal mehr wurde damit die im 19. Jahrhundert entdeckte Physik des Elektromagnetismus zur Grundlage einer Gebrauchstechnik – wie zuvor schon die öffentliche Stromversorgung oder etwas später Rundfunk und Fernsehen.

### WELCHE NORM WIRD STANDARD?

Immer wieder werden Normenkriege in der Unterhaltungsindustrie ausgefochten, jüngst erst um die DVD-Standards, vor einigen Jahren um verschiedene Video-Aufzeichnungstechniken. In den Anfängen der Magnettontechnik war das nicht anders. Nach dem Zweiten Weltkrieg ersetzte die geschlossene Kassette die unhandlichen Spulen, doch konkurrierten zunächst Einloch- und Zweilochkassette, Endlos- und Rückspulkassette untereinander und alle noch in verschiedenen Größen, Breiten und Laufgeschwindigkeiten. Am Markt überlebt hat die von Philips eingeführte Norm, uns heute als MC (Musikkassette) wohl vertraut.

# MAGNETSPEICHER

## TECHNOLOGIE

**Köpfe:** Die Grundform ist seit 1933 im Prinzip unverändert: Das Magnetband wird bei der Aufnahme zunächst am Löschkopf vorbeigeführt, der die magnetischen Partikel des Bandes entmagnetisiert. Der Aufnahmekopf ist ein Magnet, in dem die Feldlinien im Takt der verstärkten Tonschwingungen schwanken und die Richtung wechseln; diese werden auf das Band übertragen. Der Wiedergabekopf wandelt die magnetische Aufzeichnung wieder in Schallwellen um. Für Stereo braucht man je zwei Aufnahme- und Wiedergabekopfsysteme mit eigenen Verstärkern.

**Rauschen:** Ständige, nicht periodische Schwingungen, die in der Elektronik als Störeffekt auftreten, bezeichnet man als Rauschen. Sie beeinflussen die Qualität von Signalen und werden beim Verstärken mit verstärkt. Daher ist es wichtig, das Rauschen des Eingangssignals zu vermindern, was 1927 mit Wechselstrom- und 1940 mit Hochfrequenzvormagnetisierung erreicht wurde. Weiterhin reduzieren Rauschfilter und Kompander die Dynamik der Tonsignale vor der der Aufnahme. Das 1966 von Ray M. Dolby vorgestellte und nach ihm benannte Verfahren teilt das gesamte Tonfrequenzspektrum bei Aufnahme in mehrere Bereiche auf, die einzeln weiterverarbeitet werden. Mithilfe von Additionsverstärker, Filter und Regelverstärker werden die Signale angehoben und mit dem direkten Signal zusammengeführt. Bei der Wiedergabe tritt ein Subtraktionsverstärker an die Stelle des Additionsverstärkers; die ursprüngliche Dynamik wird wiederhergestellt, das Rauschen ist jedoch je nach Frequenzanhebung vermindert. High Fidelity (Hi-Fi) ist eine Qualitätsnorm nach DIN und bezeichnet die naturgetreue Wiedergabe von Tonaufzeichnungen und -übertragungen. Qualitäts- und Informationsverluste entstehen durch Schwinden der Magnetisierung oder Schäden am Bandmaterial.

**Längen:** Poulsens Telegraphon benötigte für eine Stunde Aufnahme mehrere Kilometer Draht. Um 1930 gab es Diktiergeräte mit 3 mm breiten Stahlbändern oder 0,03 mm dicken Drähten, die 30 Minuten Ton aufzeichneten. Nach der Einführung des Kunststoffbandes 1932 (Polyester oder PVC) brachte in den 1950er Jahren die Halb- und Viertelspurtechnik für Doppel- und Vierspuraufzeichnung eine weitere Materialreduzierung und ermöglichte die Stereoaufnahme. Die Bandgeschwindigkeit verringerte sich: für Musik von 76,2 cm/s auf 4,75 cm/s, für Sprache bis auf 1,2 cm/s – von etwa 2700 Meter Band pro Stunde auf 171 beziehungsweise 43 Meter. Verbesserte Tonqualität erbrachte die Beschichtung mit Chromdioxid (1970) und ab 1979 mit Reineisen (erfordert spezielle Tonköpfe). 1976 wurde eine Mikrokassette für Diktiergeräte eingeführt. Das Digitalband (Digital Audio Tape, DAT) mit zwei Stunden Spielzeit ist seit den 1980er Jahren erhältlich.

## AUF DEN PUNKT GEBRACHT

Am Anfang war ein magnetisierbarer Draht. Die Verkopplung von Mechanik und Elektromagnetismus Ende des 19. Jahrhunderts mündete in eine Aufzeichnungstechnik, die trotz Digitalisierung und CD heute noch lebt: die Speicherung von Schallwellen und Daten auf Bändern.

## KULTURGESCHICHTE

**Mobil:** Das erste Heimtonbandgerät wurde 1951 vorgestellt: Es besaß eingebaute Verstärker und Lautsprecher, lief mit 19 cm/s und wog 20 kg. Kassettenrekorder kamen 1963 auf den Markt. Seit Mitte der 1970er Jahre beschallt die Jugendkultur mit batteriebetriebenen Radio-Kassettenrekordern, nach den großen Lautsprechern »Boombox« oder »Ghettoblaster« genannt, die Umgebung. Ganz individuellen Musikgenuss, aber auch Hörbücher zur Unterhaltung oder Information, bietet seit 1979 der »Walkman«, ein Miniaturkassettengerät mit Kopfhörer.

## EMPFEHLUNGEN

**Lesenswert:**
Bernhard Krieg: *Tonaufzeichnung analog. Mit Platte und Magnetband bis an die physikalischen Grenzen*, Aachen 1989

**Hörenswert:**
Hans-Peter Kuhn: 25 *Rauschen*, Audio-CD 1988

**Sehenswert:**
*Blow out – Der Tod löscht alle Spuren*. Regie: Brian de Palma; mit John Travolta, Nancy Allen, John Lithgow. USA 1981

*Der Dialog*. Regie: Francis Ford Coppola; mit Gene Hackman, Harrison Ford. USA 1973

**Besuchenswert:**
Privates Tonbandmuseum Kornneuburg, Österreich

# Kunststoff

## Vom Pappmaschee zum Polymer

■ Der Chemiker und Erfinder des Kunstharzes Bakelit: Leo Hendrik Baekeland, 1920

Wer es schlechtmachen will, nennt es verächtlich »Plastik«, Wohlmeinende sprechen von »Kunststoff«, und um sich ganz aus den Niederungen sprachlicher Bewertung herauszuhalten, geben Fachleute dem Wort »Polymere« den Vorzug. Gemeint ist in allen drei Fällen das Gleiche, und zwar das, was unserer Zivilisation buchstäblich Halt und Form gibt. Ohne Kunststoffkleber würden sich die meisten Wohnräume in einen Haufen Sägespäne verwandeln, Autos in unbrauchbare Schrottskelette, und beim Gehen würden wir den Boden unter den Füßen verlieren, weil sich die schmuckvolle PVC-Auslegeware oder das Parkett-Imitat in Wohlgefallen auflösten, ebenso wie unser Schuhwerk, das heute in der Regel zu neunzig Prozent aus dem gern geschmähten Massenwerkstoff besteht.

Aber stopp – von *dem* Massenwerkstoff zu reden, ist schon eine Irreführung, denn die Kunststoffvielfalt ist so reichhaltig, die chemischen Zusammensetzungen sind so verschieden, dass es schwer fällt, der Geschichte des Kunststoffs überhaupt einen Anfang zu geben.

Beginnen könnte man schon im 16. Jahrhundert, denn aus dieser Zeit stammt das erste Rezept für ein Kunstharz, wie wir heute sagen würden. Ein Benediktinerpater aus dem Kloster Andechs hat es aufgezeichnet und wohl auch damit experimentiert. Käse in Salzlauge gekocht ergibt demnach eine weißliche Masse, die beim Erkalten spröde und durchsichtig wird wie Glas. Der fromme Chemiker empfiehlt das künstlich erzeugte Harz als Ausgangsmaterial für Tischplatten, Trinkgeschirr oder als Schutzummantelung für Intarsien – »in summam, was man will«.

■ Teegeschirr aus Festellan, (Bakelit), um 1932

Aber da es an herkömmlichen Werkstoffen wie Holz und Glas nicht mangelte, hat sich der Käsekunststoff wohl nicht durchgesetzt. Erst als mit dem Aufstieg des Bürgertums in der zweiten Hälfte des 18. Jahrhunderts das Holz für Möbel knapp wurde – man versuchte den Adel zu imitieren und mit reich geschnitzten Kleinmöbeln die bürgerlichen vier Wände auszuschmücken –, gab es einen ersten Boom für Ersatzstoffe; Möbel-Imitate aus Papiermaché, einer Mischung aus Zellulose und Bindemitteln wie Leim, Gummi oder Tragantlösungen, wurden in erstaunlicher Vielfalt und Qualität hergestellt. Bis heute sind komplette Einrichtungen aus diesem »Kunst«-Stoff museal erhalten.

■ Schauspielerin Rita Hayworth beim Anprobieren von Nylonstrümpfen in den 1940er Jahren. Nur wenige Frauen konnten sich damals die sündhaft teuren »Nylons« leisten.

Im Jahrhundert darauf führte die Verknappung von Elfenbein durch den Verbrauch für modische Einlegearbeiten und später auch für das neuweltliche Poolbillard zum Siegeszug eines weiteren Kunststoffs: des Zelluloids. Dessen Entdeckung begann mit einem Versehen in der heimischen Küche des Basler Chemieprofessors Christian Schönbein. Der Experimentalchemiker verschüttete Säure und versuchte, das Malheur mit einer Baumwollschürze seiner Frau aufzuwischen. Anschließend wusch er das Textil gründlich aus und hängte es zum Trocknen über den Ofen. Kaum war die Schürze trocken, explodierte sie in einer hellen Stichflamme und ließ buchstäblich nichts als heiße Luft zurück – Christian Schönbein hatte die Nitrozellulose oder Schießbaumwolle entdeckt. Mit Kampfer versetzt, so fand zwanzig Jahre später ein Engländer heraus, wurde daraus ein brauchbares Kunstharz, das dann von einem amerikanischen Billardkugelhersteller zu »Celluloid« weiter entwickelt wurde. Mithilfe von Farbzusätzen und Füllstoffen ließen sich daraus nicht nur Billardkugeln, sondern auch Modeschmuck und Kunstwerke und last but not least das herstellen, wofür das Zelluloid bekannt geworden ist: Folien für Photographie und Film. Als Synonym für Hollywood wurde das Zelluloid der berühmteste all dieser halbsyn-

### AUFBRUCHSTIMMUNG IN DER CHEMIEINDUSTRIE

1927 schuf der deutsche Chemiekonzern I. G. Farben eine eigene Polymerabteilung mit bester personeller und technischer Ausstattung. Schon wenige Jahre später konnte man dort praktisch Tag für Tag einen neuen Kunststoff aus der Taufe heben. Viele von ihnen gehören heute noch zu den großen Hits der Kunststoffindustrie, wie PVC oder Polystyrol. In der Neuen Welt beherrschte der Chemieriese DuPont den aufkeimenden Chemiezweig. Aus seiner Werkstatt stammt die Kunstfaser, die nach Ende des Zweiten Weltkriegs Millionen von Frauen innerhalb von Tagen die Regale leer kaufen ließ: das Nylon. Auch in England sah die Chemieindustrie nicht untätig zu. Dort entwickelte der ICI-Konzern einen weiteren Klassiker der Kunststoffwelt, das Polyäthylen, kurz PE genannt.

FALSCHER MYTHOS
Teflon, ein weiterer »Renner« unter den Kunststoffen, der fälschlich gerne den Bemühungen der Raumfahrtingenieure angedichtet wird und heute bestens als Bratpfannenbeschichtung bekannt ist, entstand eher zufällig in den 1930er Jahren in einer amerikanischen Firma, die Treibgase und Kühlmittel herstellte.

thetischen Kunststoffe, die sich schon in der zweiten Hälfte des 19. Jahrhunderts in beachtlicher Zahl im Alltag tummelten. »Walosin«, »Balenit«, »Galalith« und wie sie alle hießen, nannte man damals treffend »Surrogat«- oder »Imitat«-Stoffe. Wie das Zelluloid die Zellulose, enthielten sie alle auch natürliche Bestandteile und waren mithin keine rein chemischen Kunstprodukte. Diese Bezeichnung verdient erst jenes Kunstharz, das der amerikanische Chemiker belgischer Herkunft Leo Hendrik Baekeland 1905 aus Phenol und Formaldehyd zusammenbraute – das nach ihm benannte Bakelit. Mit Bakelit begann der eigentliche Siegeszug der Kunststoffe. Das harte Harz wurde in zahlreichen Industriezweigen verwendet; schon in den 1920er Jahren wurden daraus Gebrauchsgegenstände wie Telephonapparate, Uhrengehäuse, Schalter, Messergriffe, Schmuck oder auch der berüchtigte deutsche »Volksempfänger« in Millionenauflage hergestellt. Sogar Särge presste man in der Aufbruchstimmung der Kunststoffjahre aus Bakelit und wurde sich damit wohl auch erstmals in der Geschichte des Kunststoffs über das große Manko der neuartigen Werkstoffe aus der Retorte klar, das heute schönfärberisch als »Entsorgungsproblem« umschrieben wird: Im Feuer der Krematorien verwandelten sich die Bakelitsärge in stinkende Rauchbomben.

■ Ein Sessel, der sich dem Körper anpasst: Der »Sacco« von 1970 ist innen mit Polystyrol-Granulat gefüllt, die Außenhaut besteht aus Polyurethan.

Bis dahin war die Kunststoffentwicklung bar aller Theorie vorangeschritten, auch Baekeland hatte sein Bakelit mehr oder minder im »Trial-and-error«-Verfahren gefunden. Erst die Arbeiten des deutschen Chemikers Hermann Staudinger in den 1920er Jahren lieferten das theoretische Rüstzeug für die gezielte Synthese bestimmter Polymere. Staudinger entwickelte die heute geläufige Modellvorstellung von Polymeren als langen, kettenartigen Molekülen, die wie eine Perlenschnur aus der Aneinanderreihung identischer Bausteine (der Monomere) bestehen. Eine Substanz aus solchen klebrigen und ineinander verschlungenen »Molekülspaghetti« gehorchte natürlich ganz anderen Gesetzen und entwickelte mithin ganz andere Eigenschaften als die bislang bekannten Stoffe aus ordentlich in einem Kristallgitter aufgereihten Atomen oder sehr kleinen Molekülen. Staudinger musste lange um die Anerkennung seiner Theorie kämpfen, wurde dafür aber 1953 mit dem Chemie-Nobelpreis belohnt.

# KUNSTSTOFF

## TECHNOLOGIE

**Polymere:** Polymere bestehen aus ständig wiederholten großen Molekülen (Monomeren) und sind nach einem einfachen Bauprinzip zusammengesetzt. Bei der Polymerisation, Polykondensation oder Polyaddition werden die Monomere zur Bildung endloser Ketten angeregt; die Ketten sind beweglich und bilden Knäuel. Sie werden in zwei Hauptgruppen eingeteilt: Thermoplaste sind mit Wärme plastisch verformbar (Elastomere bleiben sogar bei Raumtemperatur elastisch), Duroplaste behalten ihre Form und schmelzen nicht, weil ihre Molekülketten zusätzlich engmaschig vernetzt sind. Ausgangsmaterial für Kunststoffe (Polymerwerkstoffe) sind natürliche Polymere wie Zellulose oder aus Erdöl synthetisch hergestellte. Zu den wichtigsten Verarbeitungsverfahren gehören Spritzguss für Formteile und Blasformen, etwa für Flaschen und Kanister, dazu Extrudieren für Rohre, Platten und Folien. Bei der Entsorgung oder dem Recycling stellen Kunststoffe ein großes Problem dar, deswegen werden unter anderem biologisch abbaubare Kunststoffe erforscht; ein anderes großes Forschungsgebiet bilden heute nachwachsende Rohstoffe als Ausgangsmaterialien.

## KULTURGESCHICHTE

**Bio:** Zu den Vorläufern voll synthetischer Kunststoffe gehört neben Schellack und Galalith (aus Casein-Formaldehyd) vor allem Gummi, das aus mit Schwefel vulkanisiertem Kautschuk hergestellt wird. Aus dem auch als Latex bezeichneten Naturkautschuk werden wegen seiner hohen Dehnbarkeit auch heute noch stark beanspruchte Gegenstände gefertigt, etwa Formel-1-Autoreifen, Matratzen, Kondome und Luftballons, teilweise auch der 1770 von Joseph Priestley erfundene Radiergummi. Heute werden vor allem Biopolymere wie Zellulose untersucht; das Pflanzenprodukt wird neuerdings sogar von Bakterien erzeugt oder aus dem Monomer Glukose synthetisiert und für Textilien, Folien, Filter und Dämmung verwendet. Neben Zelluloid und Zelluloseazetat (»Sicherheitsfilm«) diente Zellulose auch als Grundlage für Zellglas (Cellophan). Stärke und Zucker bieten heute ebenfalls Potenzial für Biokunststoffe.
**Synthetisch:** Die häufigsten Thermoplaste sind Polyäthylen (PE), Polypropylen (PP), Polystyrol (PS) und Polyvinylchlorid (PVC), Polyamide (PA) und Polycarbonate (PC); an Duroplasten findet man Phenol- und Epoxidharze sowie Polyurethane (PU). Sie sind vor allem unter ihren zahlreichen Handelsnamen bekannt: Nylon und Perlon (PA), Styropor (PS), Plexiglas (Polymethylmethacrylat, PMMA) und der erste synthetische Kautschuk, Buna (nach den Bestandteilen Butadien und Natrium). Besonders Verpackungen und andere Gebrauchsgegenstände sind zum leichteren Recyceln mit den Abkürzungen gekennzeichnet. Polyester dienten zunächst meist als Basis für Textilien; heute werden sie viel im Schiffsbau eingesetzt und als PET (Polyethylenterephthalat) für Getränkeflaschen. Aramidfasern aus einem Polyamid sind äußerst reißfest; in Kombination mit weiteren Materialien findet man sie etwa in Autoreifen und schusssicheren Westen.

## AUF DEN PUNKT GEBRACHT

Hässlich, aber praktisch, preiswert, aber umweltgefährdend – Kunststoffe sind aus dem Alltag der modernen Massengesellschaft nicht wegzudenken. Selbst als »Surrogat«- und »Imitat«-Stoffe erfunden, lautet die rhetorische Frage heute: Wodurch sollen sie auch ersetzt werden?

## EMPFEHLUNGEN

**Lesenswert:**

Wolfgang Glenz (Hg.): *Kunststoff – ein Werkstoff macht Karriere*, München 1985

Udo Tschimmel: *Die Zehntausend-Dollar-Idee. Kunststoffgeschichte vom Zelluloid zum Superchip*, Düsseldorf 1989

**Sehenswert:**

*Polyester*. Regie: John Waters; mit Divine, Tab Hunter. USA 1981

**Besuchenswert:**

Deutsches Kunststoffmuseum in Düsseldorf

Landesmuseum für Technik und Arbeit in Mannheim

Kamm-Museum in Mümliswil, Schweiz

Vitra Design Museum in Weil am Rhein, Wechselausstellungen, oft zu Möbeln und anderem aus Kunststoffen

# Kunstdünger

## *Großchemie à la Haber-Bosch gegen Hunger*

»Gelänge es uns einmal, auf eine nicht kostspielige Weise das Ammoniak in bedeutender Menge aus Wasserstoff und Stickstoff künstlich herzustellen, so könnte man dieses als eine für den Landwirth außerordentlich wichtige Entdeckung betrachten.« Der Chemiker Philipp Carl Sprengel war im ersten Drittel des 19. Jahrhunderts einer der Ersten, die sich für eine Kunstdüngerproduktion stark machten. Die rapide wachsende Bevölkerung – von 1800 bis 1900 stieg sie allein in Deutschland von 25 auf 55 Millionen Menschen – machte eine Erhöhung der Bodenerträge nötig. Und eine Schlüsselsubstanz in den Überlegungen der Gelehrten war Ammoniak, weil, wie Sprengel richtig bemerkte, »es wohl wenige Körper giebt, die das Wachsthum der Pflanzen auf eine so erstaunliche Weise befördern als die Verbindungen des Ammoniaks mit einigen Säuren«.

Ammoniak ist eine chemische Verbindung aus Wasserstoff und Stickstoff. Beides gibt es zwar reichlich auf der Erde, aber zu wenig in der gewünschten Verbindungsform. Vier Fünftel der Erdatmosphäre bestehen aus Stickstoff. Wir atmen ihn ein und wieder aus, für die Atmung ist er unnötiger Ballast. In Form organischer Moleküle dagegen – in Proteinen beispielsweise und auch im Erbmaterial, der DNS – ist Stickstoff eine grundlegende Voraussetzung für Leben. Menschen nehmen ihn über die Nahrung auf. Pflanzen holen ihn sich als Nitrat oder Ammonium aus dem Boden und bauen ihn in organische Verbindungen ein. Aus verwesenden Pflanzen und Tieren gelangt er schließlich wieder ins Erdreich.

■ Carl Bosch erhielt für die technische Realisierung des Haber-Bosch-Verfahrens 1931 den Nobelpreis für Chemie.

Lange Zeit war dieser natürliche Kreislauf ausreichend. Mit der Intensivierung der Nahrungsmittelproduktion jedoch mussten dem Boden mehr Nährstoffe zugeführt werden. Phosphat- und Kalidünger standen in Westeuropa reichlich zur Verfügung, aber für die Zufuhr von Stickstoff musste man auf südamerikanische Salpetervorkommen zugreifen. Salpeter war deshalb in der zweiten Hälfte des 19. Jahrhunderts ein begehrter Rohstoff. Um die Hauptlagerstätten in der Atacamawüste lieferten sich die Andenstaaten Peru, Chile und Bolivien von 1879 bis 1883 einen blutigen Krieg – höchste

■ Erste Vegetationshalle: die landwirtschaftliche BASF-Versuchshalle Limburgerhof

Zeit also für Europa, von diesem Rohstoff unabhängig zu werden, daher auch die verstärkten Versuche gegen Ende des Jahrhunderts, Ammoniak aus dem Luftstickstoff zu gewinnen. Eines der ersten Verfahren dazu machte Anleihen bei der Natur. Schon der Mitentdecker des Sauerstoffs, Joseph Priestley, wusste, dass Stickoxide und daraus Salpetersäure entstehen, wenn Blitze zucken, und er hatte deshalb bereits vor 1800 Versuche mit elektrischen Funken gemacht. Hundert Jahre später konnte man das Prinzip bereits im Produktionsmaßstab nutzen; Stickstoff wurde in großen Mengen im Lichtbogen oxidiert. Die Erzeugung der Lichtbögen, also künstlicher Funken, verbrauchte viel Energie, weswegen der auf diese Weise künstlich hergestellte Salpeter mit dem natürlichen Chilesalpeter nur in Ländern mit niedrigen Energiekosten konkurrieren konnte.

Umso willkommener war deshalb ein neues Verfahren, das der Leipziger Chemiker Wilhelm Ostwald dem Chemiekonzern BASF im Jahr 1900 zum Verkauf anbot. Ostwald, ein überaus angesehener Chemiker, behauptete, Luftstickstoff mit Wasserstoffgas zu Ammoniak vereinigen zu können, und das zu verschwindend geringen Kosten. Alles, was man brauche, seien eine Erhitzung auf etwa 300 Grad und eine geeignete »Kontaktsubstanz«, ein Katalysator. Ostwald hatte seine Vorversuche mit glühen-

### PREIS DES FORTSCHRITTS

Die Kunstdüngerproduktion à la Haber-Bosch ist auch mit einer der größten Chemiekatastrophen des 20. Jahrhunderts verbunden. Bei einer Silo-Explosion 1921 im Oppauer Ammoniakwerk kamen 561 Menschen ums Leben, mehrere Tausend Menschen wurden obdachlos. Direktor Bosch erklärte die Katastrophe auf der Trauerfeier für die Opfer zum Preis des Fortschritts: »Von jeher hat der Kampf der Menschheit mit den Naturkräften ungezählte Opfer gefordert, meistens weniger auffällig, weil sie uns nicht so recht zu Bewusstsein kamen.«

■ So prächtig soll das Korn gedeihen: Werbeplakat der BASF für das Düngemittel Nitrophoska

dem Eisen gemacht. Außerdem prophezeite er eine höhere Ammoniakausbeute bei steigendem Druck. Die BASF ließ Ostwalds Vorschlag durch ihren Chemiker Carl Bosch nachprüfen. Der Jungforscher, einer von 183 Chemikern des Werks, konnte die Messergebnisse des großen Professors nicht bestätigen. Es kam zum Eklat. Doch Bosch, gründlich und hartnäckig, wie er war, behielt Recht: Der damals führende Katalyseforscher Ostwald hatte einen Analysefehler gemacht. Ostwald zog daraufhin sein Patent zurück. Das war schlecht für ihn, aber gut für Bosch. Sein Ansehen im Werk wuchs; später sollte er als Chef der IG Farben einer der großen Industrieführer Deutschlands werden. Zunächst blieb das große Thema seiner Arbeit die Ammoniaksynthese.

1909 trat abermals ein renommierter Chemiker – diesmal war es Fritz Haber – an die BASF mit einem Vorschlag für die Lösung dieses Problems heran. Habers Idee erschien nicht nur aussichtsreicher, sie bewährte sich auch im experimentellen Test. Bosch wurde mit der industriellen Umsetzung der Ammoniaksynthese à la Haber beauftragt. Tatsächlich stellte sich heraus, dass Ostwald zwar bereits die drei wichtigen Zutaten erkannt hatte, Druck, Hitze und der – richtige – Katalysator, bei der Umsetzung der Theorie in die Praxis jedoch glücklos geblieben war. Wollte man Ammoniak wirklich zu konkurrenzfähigen Preisen synthetisieren, kam es gerade auf die Produktion im großtechnischen Maßstab an. Viele prozesstechnische Probleme waren zu lösen, die Reaktionsgefäße mussten einem bisher in der chemischen Industrie nie verwendeten Druck Stand halten, monatelang suchte man nach dem am besten geeigneten Katalysator. 1910 lief dann der erste Reaktor mit einer Tagesproduktion von wenigen Kilo an, und drei Jahre später stand das erste Ammoniakwerk in Oppau. Bosch wurde sein Direktor, das Verfahren ging als »Haber-Bosch-Verfahren« in die Technikgeschichte ein. Carl Bosch erhielt 1931 dafür einen ungewöhnlichen Nobelpreis für Chemie: Erstmals in der Geschichte dieser Ehrung wurde sie nicht für eine wissenschaftliche, sondern für eine rein technische Errungenschaft vergeben.

PULVER STATT BROT

Bei der Ammoniaksynthese per Haber-Bosch-Verfahren zeigen Wissenschaft und Technik einmal mehr ihren Januskopf. Nicht nur für die Kunstdüngerproduktion ließ sich die aus Ammoniak gewonnene Salpetersäure verwerten, auch für die Munitionsherstellung war sie ein wichtiger Grundstoff. Pünktlich zum Beginn des Ersten Weltkriegs schien das Verfahren mehr für den Krieg bestimmt als für die Rettung hungernder Menschen. Bosch wurde deshalb später als Kriegshelfer beschimpft. Doch auch wenn BASF auf Munitionsproduktion umstellte und unter Boschs Federführung bei Leuna-Merseburg ein Ammoniakwerk entstand, – auf den Ausgang des Krieges hatte dies keinen Einfluss mehr.

# KUNSTDÜNGER

## TECHNOLOGIE

**Katalyse:** Eine chemische Reaktion kann durch einen Katalysator eingeleitet oder beschleunigt werden, wobei sich der Katalysator selbst nicht verbraucht. Er »lockert« quasi die chemischen Bindungen der Stoffe, liefert so die Aktivierungsenergie für die Reaktion und erleichtert ihren Beginn und Verlauf. Dies funktioniert jedoch nur, wenn die beteiligten Stoffe grundsätzlich miteinander reagieren können.

**Ammoniaksynthese:** Heute werden rund 90 Prozent aller Düngemittel aus Ammoniak ($NH_3$) gewonnen. Beim Haber-Bosch-Verfahren werden gasförmiger Stickstoff und Wasserstoff (im Verhältnis 3 zu 1) in einem Kompressor unter einen Druck von 450 Bar gesetzt, gereinigt und im Kontaktofen bei 500 °C an einem Katalysator (Eisen- und Aluminiumoxid) vorbeigeführt. Dabei reagiert das Gasgemisch zu Ammoniakgas. Nach Abkühlung wird dieses im Abscheider von nicht umgewandeltem Stickstoff und Wasserstoff getrennt; die Restgase werden wieder in den Kontaktofen geleitet. Im Kontaktofen können nur höchstens 15 Prozent der Ausgangsstoffe zu Ammoniak umgesetzt werden. Moderne Anlagen gewinnen Stickstoff und Wasserstoff aus Erdgas; sie wandeln pro Tag 72 Millionen Liter Erdgas zu 1350 Tonnen Ammoniakgas um.

**Umwelt:** Die Stickstoff-, Phosphor- und Kaliumverbindungen der Mineraldünger werden nur zu etwa 60 Prozent von Pflanzen aufgenommen. Die Reste gelangen als Nitrate und Phosphate ins Grundwasser. Im menschlichen Körper entstehen aus Nitraten Nitrite, die sich mit Aminen zu stark krebserregenden Nitrosaminen verbinden. In Gewässern führen Düngerreste zu vermehrtem Algenwachstum; der Abbau abgestorbener Algen entzieht dem Wasser Sauerstoff. Mineraldünger lassen auch die Bodenbakterien absterben, die sonst den Stickstoff umwandeln. Gerät das Bodenleben aus dem Gleichgewicht, werden die Pflanzen anfällig für Krankheiten und Schädlinge, was wiederum vermehrten Chemieeinsatz erfordert. Um die Folgen der Überdüngung einzudämmen, muss Mineraldünger gezielt je nach Bodenbeschaffenheit eingebracht werden; daneben empfiehlt sich naturnahe organische Düngung in Verbindung mit ausgewogener Fruchtfolge, angepasster Bodenbearbeitung und Nützlingsförderung.

## KULTURGESCHICHTE

**Liebig:** Justus von Liebig hatte in seiner 1840 erschienenen Schrift *Die organische Chemie in ihrer Anwendung auf Agricultur und Physiologie* vorgeschlagen, landwirtschaftlichen Ertrag durch Kunstdünger zu steigern, und beschrieb auch Herstellungsverfahren. Allerdings ging er noch davon aus, dass Pflanzen Stickstoff aus der Luft aufnehmen können.

**Katalysator:** Den 1836 von Jöns Jakob Berzelius geprägten Begriff Katalysator präzisierte Wilhelm Ostwald um 1900 für einen Reaktionsbeschleuniger, der sich selbst dabei nicht verbraucht. Ostwald erhielt 1909 den Nobelpreis für Chemie. Für die Ammoniaksynthese hatte er Eisen als Katalysator vorgeschlagen; Haber benutzte zunächst das wesentlich teurere Osmium, bis Boschs Mitarbeiter Alwin Mittasch 1910 eine brauchbare Eisenverbindung fand.

## EMPFEHLUNGEN

**Lesenswert:**
Margit Szöllösi-Janze: *Fritz Haber 1868–1934. Eine Biographie*, München 1998

**Besuchenswert:**
Carl-Bosch-Museum in Heidelberg

## AUF DEN PUNKT GEBRACHT

In der Luft zu viel, im Boden zu wenig: Stickstoff. Ein chemisches Verfahren verwandelte den Luftstickstoff billig in brauchbaren Dünger; es wurde damit zum Salpeterlieferanten für die Munitionsindustrie, zum Kampfmittel gegen den Welthunger und zur Jurybegründung für einen Nobelpreis.

# Rundfunk
## *Drahtlose Beiläufigkeit*

■ Deutscher Kleinempfänger (DKE) für Mittelwelle und Langwelle, 1938. Der DKE war ein Nachfolgemodell des Volksempfängers.

Als »allermodernstes und allerwichtigstes Massenbeeinflussungsinstrument« bezeichnete der Propagandachef der Nationalsozialisten, Joseph Goebbels, den Rundfunk. Und einer der Vorläufer moderner Rundfunkanstalten nannte sich »Deutsche Stunde, Gesellschaft für drahtlose Belehrung und Unterhaltung«, gegründet 1922 als staatlicher Sender unter Aufsicht der Post. Heute sagt man nicht mehr »Massenbeeinflussung«, niemand will mehr »belehrt« werden, und »Unterhaltung« klingt auch reichlich verstaubt. Aber im Grunde sind die drei Hauptaufgaben des beiläufigsten Massenmediums unserer Tage immer noch dieselben, nur spricht man lieber von Info- und Entertainment, und an die Massenbeeinflussung in Form von Werbung hat sich jeder gewöhnt; in Wahlzeiten darf sogar parteipolitische Propaganda gesendet werden.

Was das Radio dem Fernsehen voraus hat, ist seine Beiläufigkeit. Nichts kann man besser so nebenher tun als Radiohören, was, wie Umfragen zeigen, zur ungebrochenen Beliebtheit des Mediums entscheidend beiträgt. Das war in den Kindertagen des Rundfunks anders. Als im Juni 1921 Giacomo Puccinis Oper *Madame Butterfly* live aus der Berliner Staatsoper übertragen wurde, hockten die wenigen Hundert Hörer geradezu andächtig vor ihren Empfängern. Am 20. Oktober 1923 nahm dann der erste deutsche Rundfunksender in Berlin seinen Betrieb auf, in den Jahren 1922 bis 1924 wurden auch in Frankreich, Großbritannien und der Sowjetunion die ersten regelmäßigen Programme ausgestrahlt – für jeweils weniger als tausend Hörer. Lediglich in den USA waren um diese Zeit bereits an die hunderttausend Haushalte mit Rundfunkempfängern ausgerüstet.

■ Das Radio machte es möglich, Konzerte direkt vom eigenen Wohnzimmer aus zu verfolgen: Rundfunkübertragung eines Konzerts des Franz-Genzel-Quartetts, Berlin 1923

Die Entwicklung zum Massenmedium verlief rapide, schon bald gehörte das Radio zum Alltag. Nicht weniger als eine Million Hörer gab es 1926

■ Per Zimmerantenne wird in einem Radiosender das Zeitzeichen abgehört, 1924

in Deutschland, 1939 waren es bereits zehn Millionen »Rundfunkteilnehmer«. Stark gefördert wurde diese Entwicklung von den Nationalsozialisten nach der »Machtergreifung« im Januar 1933. Von dem preiswerten Volksempfänger VE 301 – die 301 sollte an den 30. Januar erinnern, den Tag, als Hitler zum Reichskanzler gewählt wurde – waren am Eröffnungstag der Funkausstellung 1933 bereits eine Million Stück verkauft. Mit den Billigangeboten sorgten die Nazis nicht nur für eine rapide Verbreitung ihres Propagandainstruments, sondern auch für eine Art technische Zensur: Die Empfänger konnten nur starke Ortssender hörbar machen, sodass das Abhören ausländischer Programme nur mit – verbotenen – zusätzlichen Empfangseinrichtungen möglich war.

Die Beschränkung auf örtliche Sender lebt heute fort, aber nicht als Zensurmaßnahme, sondern aus rein technischen Gründen: Die meisten Radiosender strahlen wegen der besseren Empfangsqualität auf Ultrakurzwelle (UKW) aus, was die Reichweite des Senders begrenzt.

Rein technisch betrachtet, begann die Geschichte des Rundfunks im Labor eines Wissenschaftlers, des Physikprofessors Heinrich Hertz. Der entdeckte 1886, dass elektrische Vorgänge, wie das Überspringen von Funken, von unsichtbaren Signalen begleitet sind, die sich lichtschnell ausbreiten und mit geeigneten Antennen andernorts nachgewiesen werden können. Für seine Laborexperimente und Vorführungen im Hörsaal der Technischen Hochschule Karlsruhe entwickelte Hertz verschiedene Apparate zum Senden und Empfangen »elektromagnetischer Wellen«, wie die neue Erscheinung genannt wurde. Bald erreichten seine Erkenntnisse auch die Tüftlerstuben, wo sich einige Elektrotechniker darauf stürzten, die Telegraphie »drahtlos« zu machen.

Der Bekannteste, weil er den größten Erfolg hatte, ist der Italiener Guglielmo Marconi. Als junger Student in Bologna erfuhr er von den Hertzschen Versuchen, übernahm die Grund-

### AM ANFANG WAR DER FUNKE

Manche sehen den technischen Geburtstag des Rundfunks am 7. Mai 1895. Auf einer Sitzung des Physikalischen Vereins in St. Petersburg führte damals der Lehrer Alexander Stepanowitsch Popow seinen selbst gebauten Rundfunksender vor. Am einen Ende des Saals hatte Popow ein Gerät zur Funkenerzeugung, einen Funkeninduktor, aufgestellt, am anderen Ende den von ihm gebauten »Gewitteranzeiger«. Dieses Gerät schlug bei jedem Funken eine Klingel an – und das ohne sichtbare Verbindung! Popow ahnte die Tragweite seiner Erfindung. Er schloss seinen Vortrag mit der Hoffnung, dass sein Gerät dereinst »zur Fernübertragung von Signalen mithilfe schneller elektrischer Schwingungen verwendet werden« könnte.

■ Mitglieder der deutschsprachigen Redaktion der BBC im Kriegsjahr 1943 in London. In Nazi-Deutschland war es streng verboten, ausländische Sender zu hören. Für die deutsche Bevölkerung war es jedoch fast die einzige Möglichkeit, an nicht von den Nationalsozialisten zensierte Informationen zu gelangen.

konstruktion und verbesserte den Antennenaufbau. So konnte Marconi als Erster Funkwellen auch über größere Entfernungen senden und empfangen. In London entwickelte er mit finanzieller Unterstützung der mütterlichen Familie und im Auftrag der englischen Post seine Erfindung weiter. Schlagzeilen in der ganzen Welt machte eine Demonstration in Bristol, wo Marconi 1897 einen fünf Kilometer breiten Meeresarm per Funk überbrückte. Das Hauptinteresse an der neuen drahtlosen Telegraphie hatten die Militärs, insbesondere die Marine, da nun auch bewegliche Empfänger wie Schiffe oder Inseln ohne Kabelanbindung lichtschnell mit Nachrichten versorgt werden konnten. »Rund-Funk« – der Name entstand nach einer Form des Sendegeräts, bei dem die Funken zwischen zwei geladenen Metallkugeln übersprangen – bedeutete in seinen Anfängen zunächst drahtlose Telegraphie. Damit auch Sprache und Musik übertragen werden konnten, bedurfte es weiterer technischer Verbesserungen, wie der elektronischen Verstärkerröhre des österreichischen Physikers Robert von Lieben (Liebenröhre) oder des Kristalldetektors des deutschen Physikers Ferdinand Braun. Was das Militär und insbesondere der Erste Weltkrieg für die Entwicklung der Rundfunktechnik bedeuteten, zeigt sich unter anderem in der Massenproduktion von Elektronenröhren, die im letzten Kriegsjahr sprunghaft hochschnellte. Nach dem Ersten Weltkrieg trat das Interesse der Militärs am Radio allmählich zugunsten kommerziellen Engagements in den Hintergrund. 1920 errichtete die Firma Westinghouse, unter anderem Produzent von Rundfunkempfängern, in Pittsburgh eine Radiostation (Senderkennung KDKA), die regelmäßig Musik, Unterhaltungsprogramme, Sportereignisse und Werbung ausstrahlte. 1921 gab es bereits sieben Sender in den USA. In Deutschland blieb der neue Rundfunk weitgehend unter staatlicher Kontrolle. Hier trieb Hans Bredow, Staatssekretär im Reichspostministerium, seine Verbreitung voran. Von der posteigenen Hauptfunkstelle Königs Wusterhausen wurde ab 1922 täglich eine halbe Stunde Musik gesendet – die ersten Anfänge eines staatlichen pädagogischen Eros zur »Unterhaltung und Belehrung«, die dann, so darf man mutmaßen, nach dem Zweiten Weltkrieg im Programmauftrag des Öffentlich-rechtlichen Rundfunks weitergeführt wurden.

FRÜHE FANS

Der amerikanische Erfinder Lee de Forest verbesserte mit seinem Audion, einer Röhre mit drei Elektroden, den Rundfunkempfänger wesentlich und begann 1915 mit der regelmäßigen nächtlichen Ausstrahlung von Musikprogrammen. Bereits ein Jahr später gab es in den USA einige Tausend lizenzierte und vermutlich einige Zehntausend Schwarzhörer.

# RUNDFUNK

## TECHNOLOGIE

**Senden:** Das Überspringen elektrischer Funken regt einen Schwingkreis zu hochfrequenten Schwingungen und somit zum Aussenden elektromagnetischer Wellen an. Eine Antenne ist ein langgezogener »offener« Schwingkreis, der die elektromagnetischen Wellen mit Lichtgeschwindigkeit in die Umgebung sendet. Die Schwingungen klingen schnell ab und haben daher eine geringe Reichweite. Diese Dämpfung wird vermindert, wenn zuerst ein geschlossener Schwingkreis angeregt wird und seine Energie induktiv auf den offenen überträgt. Zusätzlich wird der geschlossene Schwingkreis durch Wechselstrom und Rückkopplung verstärkt, und Gesamtleistung und -reichweite erhöhen sich, wenn beide Kreise dieselbe Frequenz haben. Zur Übertragung von Signalen werden diese Wellen moduliert, entweder durch Unterbrechungen (Morsecode) oder durch Schwankungen in ihrer Stärke: Der Trägerwelle werden die Schwingungen von Sprache und Musik »aufgesetzt«.
**Empfang:** Die über eine Antenne empfangenen elektromagnetischen Wellen werden wieder in die ursprünglichen Signale verwandelt, indem sie demoduliert (von der Trägerwelle getrennt) und über Lautsprecher hörbar gemacht werden; Morsezeichen werden auf einem durchlaufenden Papierstreifen aufgezeichnet. Am klarsten kommen Signale an, wenn der Empfänger mit derselben Frequenz wie der Sender schwingt.

## KULTURGESCHICHTE

**Grundausstattung:** Guglielmo Marconi meldete 1896 ein Patent auf seine Apparatur an, mit der er über etwa 15 km drahtlos senden konnte. Als Empfänger benutzte er den Fritter oder Kohärer, ein 1894 von Oliver Lodge erfundenes Glasröhrchen, das mit Nickelpulver gefüllt war und anzeigte, wenn elektromagnetische Wellen empfangen wurden. Karl Ferdinand Braun bewies 1898, dass die Kopplung von offenem und geschlossenem Schwingkreis zu größerer Reichweite führte, und verbesserte 1899 den Empfang mit seinem Kristalldetektor. Die Diode wurde um 1900 von John A. Fleming erfunden; daraus entwickelten 1906 Robert von Lieben und, unabhängig von ihm, Lee de Forest die Elektronenröhre, wobei für Lieben die Verstärkerfunktion, für de Forest die Empfängerfunktion im Vordergrund stand. Marconi und Braun erhielten 1909 gemeinsam den Nobelpreis.
**Frequenzen:** Der Langwellenbereich umfasst Frequenzen von 30 bis 300 kHz; diese Wellen breiten sich nahe am Boden aus und gewähren einen sicheren Empfang. Nicola Tesla experimentierte mit ihnen zur drahtlosen Energieübertragung und konnte bereits 1896 etwa 30 km überbrücken. Funkverkehr auf See und in der Luft, auch Amateurfunk findet heute meist auf Mittel- (300–1650 kHz) und Kurzwellen (3–30 MHz) statt, die ihre große Reichweite der Reflektion an der Ionosphäre verdanken. Im Ultrakurzwellenbereich bis 3000 MHz (UKW) übertragen Rundfunk und Fernsehen, auch Flug- und Richtfunk. Die hohe »UKW-Qualität« ist erst seit dem Zweiten Weltkrieg weithin verfügbar. Die noch höheren Frequenzbereiche elektromagnetischer Wellen nutzt zum Beispiel die Satellitensteuerung. Mikrowellengeräte wärmen Essen im Gigahertzbereich auf.

**Lesenswert:**
Hagen Pfau: *Radio-Geschichte(n)*, Altenburg 2000

Hans-Jürgen Krug: *Radiolandschaften*, Frankfurt/M. 2002

Ruth Blaes (Hg.): *Geschichten, die das Medium schrieb. Schriftsteller über 80 Jahre Radio*, Berlin 2002

**Hörenswert:**
*Stimmen des 20. Jahrhunderts*, Originaltondokumente von 1900–2000, Audio-CD des Deutschen Rundfunkarchivs

**Sehenswert:**
*Radio Days*. Regie: Woody Allen; mit Julie Kavner, Michael Tucker, Dianne Wiest, Seth Green. USA 1987

**Besuchenswert:**
Rundfunkmuseum Schloss Brunn bei Emskirchen Bayern

Radiomuseum in Rottenburg an der Laaber

**Anklickenswert:**
www.radiosuchmaschine. de
etwa 1500 Links zu Radiothemen

## AUF DEN PUNKT GEBRACHT

Entstanden ist der Rundfunk als Instrument der Belehrung und Unterhaltung; die ersten Programme erfreuten sich der vollen Konzentration ihrer Zuhörer. Heute brilliert das Radio durch seine Beiläufigkeit.

# Fernsehen

## Fern Sehen

Ein Blick in die Programmzeitschrift macht klar: Fernsehen ist die Fortsetzung des Kinos mit anderen Mitteln. Film dominiert über Information, Konserve über Frischkost. Höchstens die Nachrichtensprecher erscheinen live im Heimkino, aber auch die ach so munter daher kommenden Spiel- und Talkshows sind meistens aufgezeichnet – Unterhaltungskost aus dem Bandschrank der Fernsehanstalt.

Damit hat sich die Realität heutiger »Television« weit weg bewegt von dem, was die frühen Visionäre des Mediums im Auge hatten. Sie dachten daran, Bilder unmittelbar zu übertragen, so wie die Telegraphie es mit kodierten Nachrichten tat. Diese Idee war um 1900, als der Begriff »Television« geprägt wurde, schon mehr als fünfzig Jahre alt. 1843 konstruierte ein schottischer Techniker namens Alexander Bain einen »automatischen Kopiertelegraphen«. Das Gerät arbeitete mit zwei durch Magnete synchronisierten Pendeln: Das eine »las«, indem es mit einem kleinen elektrischen Kontakt über metallische Lettern strich, das Empfängerpendel »schrieb« auf chemisch präpariertes Papier. Bains Erfindung fand ebenso wenig Anklang wie ein sehr ähnlicher Apparat, den zwanzig Jahre später der Erfinder Giovanni Caselli aus Florenz patentieren ließ. Sein »Pantelegraph« wurde zwar gebaut und in Frankreich einige Jahre lang versuchsweise betrieben, konnte aber die Geldgeber nicht überzeugen. Die Fehlinvestition blieb eine Fehlinnovation.

Einen neuerlichen Schub gab die Erfindung des »sprechenden Telegraphen«, des Telephons. Lange bevor der Kinematograph erfunden war, brachte die satirische Zeitschrift *Punch* eine Karikatur von Edison, wie er per Bild-

■ Der legendäre »Starenkasten« TD 1410 von Philips aus dem Jahr 1951

telephon mit Europa spricht. Die Vision war allgegenwärtig: So flatterten denn seit den 1880er Jahren den Patentämtern jährlich mehrere Anträge zur »Fernübertragung von Bildern« in den Eingangskorb. Die wesentlichen Elemente einer solchen Anlage, die auch für alle späteren Patente und Umsetzungen Bestand hatten, finden sich aber gar nicht in einem Patent, sondern in einem Artikel der Zeitschrift *La Lumière Électrique* vom 2. November 1880. Ein gewisser Maurice Le Blanc führt darin aus, was man in Analogie zur Entstehungsgeschichte moderner Computer die »Le-Blanc-Architektur« der Television nennen könnte. Demnach braucht eine komplette Sende- und Empfangsanlage für die Übermittlung visueller Information: 1. einen Wandler, der Licht in Elektrizität übersetzt, 2. eine Abtastvorrichtung, die das Bild in kleinere Elemente zerlegt, 3. einen Mechanismus zur Synchronisation von Sender und Empfänger, 4. einen Wandler, der elektrische Signale wieder in Licht zurückverwandelt, und 5. einen Schirm, auf dem das Bild sichtbar gemacht wird.

■ So stellte sich der visionäre Autor und Zeichner Albert Robida im Jahre 1883 das Fernsehen des 20. Jahrhunderts vor. Bei seiner utopischen »Cabine Telephonoscopique« sieht man die Handlung auf einer Projektionsfläche und hört den Ton durch einen Phonographen.

Keineswegs die einzige, wohl aber die erste in die Praxis umgesetzte und heute meistzitierte Abtastapparatur, die ein Bild in einzelne Bildpunkte zerlegt, geht auf Paul Nipkow und das Jahr 1884 zurück. Herzstück des »elektrischen Teleskops«, wie Nipkow seine Erfindung nannte, ist eine spiralförmig gelochte Scheibe, die vor der beleuchteten Bildvorlage rotiert. Schaut man durch einen Schlitz auf diese Scheibe, sieht man einen leuchtenden Punkt

### FARBE INS BILD

Schon Ende der 1930er Jahre experimentierte man in Deutschland und in den USA mit noch sehr unzulänglichen Farbfernsehsystemen. In den USA endgültig eingeführt wurde das Color-TV 1953. In Europa konkurrieren zwei Farbsysteme: Für das französische SECAM entschieden sich Frankreich, Griechenland, Luxemburg, Monaco und osteuropäische Länder, in der Bundesrepublik Deutschland gibt es Farbfernsehen seit 1967 nach dem PAL-System.

■ Paul Nipkow auf der Berliner Funkausstellung, 1935. Die von ihm entwickelte Nipkow-Scheibe von 1884 wurde neben elektronischen Bildzerlegern als Zerlegungs- und Zusammensetzungselement beim Fernsehen bis 1938 benutzt.

durch den Schlitz rucken, denn wegen der Spiralanordnung der Löcher wandert die durchsichtige Stelle der Scheibe scheinbar nach unten. Die Helligkeit des Punktes gibt die Helligkeit der Vorlage an dieser Stelle wieder. Das Bild ist damit zeilenweise (oder spaltenweise, je nachdem, ob man den Schlitz waagerecht oder senkrecht anordnet) in Bildpunkte zerlegt. Auch zur Wiedergabe des Bildes diente in dieser Konstruktion eine Spirallochscheibe. »Auslesen« und in ein elektrisches Signal übersetzen konnte man die Punkte und ihre Helligkeit durch die schon 1873 erfundene Selenzelle.

Nipkow als alleinigen Pionier des Fernsehens herauszustellen wäre höchst unfair gegenüber der Legion von Tüftlern und Technikern, die sich in den folgenden zwei Jahrzehnten um andere oder ähnliche Konstruktionen bemühten. Doch all diese blieben unbefriedigende Laborkonstrukte. Die Idee der Fernübertragung von Bildern brauchte noch einen zweifachen Input, bevor sie wirklich florieren konnte: Der eine kam von der Entwicklung der (auch drahtlosen) Übertragungstechnik durch den Rundfunk, der andere von

### GROSSER BRUDER BILDSCHIRM

Heute bildet sie eine eigene Abteilung in jedem Bau- und Heimwerkermarkt: die elektronische Überwachungsanlage. Die Idee zu dieser Anwendung des Fern-Sehens geht ebenfalls auf die Anfangstage dieser Technik zurück. Schon 1928 auf der Funkausstellung zeigte Dénes von Mihály ein solches Gerät, das er für die Polizei und Militär anpries. Im Zweiten Weltkrieg bastelte man an Bildübertragungssystemen zur Luftaufklärung mit einer Auflösung von 1029 Zeilen – ein Standard, der erst in den 1980er Jahren als HDTV (High Definition Television) die Verbraucher erreichte.

der Erfindung und Weiterentwicklung der Elektronenstrahlröhre (Kathodenstrahlröhre), die es erlaubte, endlich alle mechanischen Teile durch vollelektronische zu ersetzen.

Bis dahin blieben alle Fernsehsender und Empfänger im Grunde Hörrundfunkempfänger mit Nipkow-Scheiben auf beiden Seiten der Sendestrecke. Ein solches System testete der Schotte John Logie Baird 1926 erstmals erfolgreich; das Bild, unscharf, aber erkennbar per Mittelwelle übertragen, erschien in rosarotem Neonlicht auf dem Handteller großen Bildschirm. Die Fernsehhistorie nennt das Ereignis vollmundig die erste gelungene Fernsehübertragung.

Das erste vollelektronische Fernsehbild, in dem Braunsche Röhren die Nipkow-Scheiben ersetzten, führte der Physiker Manfred von Ardenne im Dezember 1930 der Fachwelt vor. Mittlerweile hatten in den USA bereits zwei amerikanische Sender mit der Ausstrahlung täglicher Fernsehprogramme begonnen; sie nutzten noch die Baird-Technik.

Mit der Elektronik scheint auch in die weitere Entwicklung mehr Tempo zu kommen; die ersten Seriengeräte gelangen 1932/33 auf den Markt. Wer heute über zu viele und unübersichtliche Standards und Formate klagt, mag sich mit dem Gedanken an die

■ In den 1950er Jahren war das Fernsehen noch ein gesellschaftliches Ereignis: Zur ersten Auslandsübertragung in der Bundesrepublik Deutschland anlässlich der Krönungsfeierlichkeiten von Elisabeth II. von England am 2. Juni 1953 hat sich eine Gruppe Menschen vor einem der wenigen Fernseher versammelt.

ELEKTRISCHES AUGE

Der russische Fernsehpionier Boris Rozing hatte schon 1910 weit reichende Visionen für die Fernübertragung von Bildern: »Die elektrische Teleskopie wird den Menschen nicht nur ermöglichen, sich mit seinesgleichen, sondern mit der Natur selbst in Verbindung zu setzen. Von jetzt an und in alle Zukunft können wir uns Tausende elektrischer Augen vorstellen, die den Seeboden nach wissenschaftlichen Schätzen und Rohstoffen absuchen; andere werden ihre Forschungen unter der Erdoberfläche ausführen, in die Tiefen der Krater, in Gebirgsspalten und Schächten. Das elektrische Auge wird der Freund des Menschen sein.«

zwanzig (!) verschiedenen Fernsehsysteme trösten, die 1935 auf der großen Funkausstellung in Berlin zu bewundern waren. Bei den Olympischen Spielen 1936 war das Fernsehen erstmals groß dabei. Allein in Berlin konnten Interessierte das Geschehen in zwanzig öffentlichen »Fernsehstuben« verfolgen, die eigens vom Reichspostministerium eingerichtet worden waren, um das Interesse an dem neuen Medium zu steigern.

Der Krieg wirkte wie eine fünfjährige Bildstörung; Forschung und Entwicklung stagnierten oder konzentrierten sich auf militärische Anwendungen. In Deutschland wurde die Arbeit an der Television erst 1948 wieder aufgenommen, mit dem allseits bekannten Erfolg. Das Fernsehen wurde *das* Medium der Weltwahrnehmung in der zweiten Hälfte des 20. Jahrhunderts. Als Leitmedium hat es den Film abgelöst und befindet sich inzwischen bereits auf der Schwelle der eigenen Auslöschung: Digitale Datenströme dominieren die Technik, das Medium Computer setzt zur feindlichen Übernahme an. Fern Sehen – das »elektrische Auge«, von dem Fernsehpionier Rozing träumte – gibt es dann ebenfalls auf Mausklick, im Multimedia-PC verschmolzen mit Heimkino, Spielothek und dem globalen Internet.

■ Der Physiker Manfred von Ardenne in seinem Laboratorium

# FERNSEHEN

## TECHNOLOGIE

**Farbe:** Das erste Patent für die Zerlegung von Bildern in Punkte aus drei Grundfarben (rot, grün, blau), die dann wieder übereinander projiziert werden, wurde Anfang des 20. Jh. erteilt. Umgesetzt wurde es 1937 als Zweifarbensystem, in den USA auf drei Grundfarben erweitert und 1940 erstmals öffentlich vorgeführt.

**Röhre:** Karl Ferdinand Braun und sein Mitarbeiter Jonathan Zenneck entwickelten ab 1897 die Elektronenröhre (s. S. 213), in der eine Fluoreszenzschicht den Elektrodenstrahl als Leuchtpunkt sichtbar macht. Durch weitere Spulen konnte auch der zeitliche Ablauf von Schwankungen des Strahls gezeigt werden (Oszilloskop). Arthur Wehnelt gelang es, den Strahl zu verstärken und die Helligkeit des Leuchtpunkts zu steuern. Boris Rozing führte die zeilenweise Abtastung der Vorlagen und den zeilenweisen Bildaufbau ein und stellte 1910 in Paris erste »Ur-Fernseher« vor. Nach dem Lochmaskensystem von Werner Flechsig, 1938 patentiert, wurden in den 1950er Jahren Farbbildröhren entwickelt; beim neueren Trinitronsystem bilden Drähte die Maske. Da seit etwa 1960 im Gerät Halbleiterelemente die Funktionen aller Röhren übernehmen, soll auch die empfindliche und voluminöse Bildröhre ersetzt werden: Bildschirme aus Flüssigkristallen (Liquid Crystal Display, LCD) haben sich bereits für Computer bewährt, erste Geräte mit Plasmamonitoren (nach dem Prinzip der Leuchtstofflampe) sind im Handel.

**Aufnahme:** Erste Bildröhren für die elektronische Aufnahme gab es ab 1925; darin tastete ein Elektronenstrahl entweder das Objekt direkt oder dessen Ladungsbild zeilenweise ab. Wladimir Zworykin stellte mit dem Ikonoskop 1930 ein Modell vor, das bis in die 1950er Jahre benutzt wurde. Die etwa gleichzeitig vorgestellte ähnliche Vidicon und ihre Weiterentwicklungen ermöglichten auch Farbaufnahmen. Die Mikroelektronik erlaubte ab 1970, mit Schaltern optische Eindrücke in elektrische Ladungen umzusetzen; dieses Verfahren ohne Elektronenstrahl und Röhre führt zu höherer Bildauflösung. Diese Signale (TV-Sendungen) konnten ab 1951 auf Magnetband aufgezeichnet werden. Das bei Tonaufnahmen verwendete Längsspurverfahren war für die hohen Datenmengen ungeeignet; ab 1956 wurden Sendungen im Querspurverfahren der Firma Ampex archiviert, 1958 auch in Farbe.

## KULTURGESCHICHTE

**Video:** Für Privatmitschnitte praktikabler ist das Schrägspurverfahren. Heimgeräte wurden in den 1960er Jahren entwickelt, Videokassetten waren ab 1969 verfügbar. Kameras für Amateure (Camcorder), 1980 noch sehr unhandlich, begannen 1988 den Schmalspurfilm zu verdrängen und zeichnen seit 1995 auch digital auf.

**Kunst:** Videokunst benutzt als Ausdrucksmittel Bildschirme, auf denen ausgewählte oder zufällig aufgenommene Bildsequenzen erscheinen. Ein bedeutender Vertreter ist der koreanische Multimediakünstler Nam June Paik.

**Programm:** In Deutschland gab es ab 1929 erste Versuchssendungen; als »Geburtstag« des Programmfernsehens gilt der 22. März 1935. Nach dem Krieg wurde ab Juli 1950 aus Hamburg (NWDR) gesendet, ab 1961 kam ein zweites Programm (ZDF) hinzu. Seit 1984 erweitern Privatsender das Angebot der öffentlich-rechtlichen Fernsehanstalten.

## AUF DEN PUNKT GEBRACHT

Die Wünsche der Erfinder und die Wirklichkeit des Gewordenen haben sich weit auseinander entwickelt. Der Traum war das Bildtelephon, das – vorläufige – Ergebnis ist das Heimkino mit Senderwahl.

## EMPFEHLUNGEN

**Lesenswert:**

Albert Abramson: *Die Geschichte des Fernsehens. 1880–1941*, München 2002

Nina Schindler (Hg.): *Flimmerkiste*, Hildesheim 1999

Neil Postman: *Wir amüsieren uns zu Tode*, Frankfurt/M. 1985

**Sehenswert:**

*Ein Gesicht in der Menge (A face in the crowd)*. Regie: Elia Kazan; mit Andy Griffith, Patricia Neal. USA 1956

*Die Truman-Show*. Regie: Peter Weir; mit Jim Carrey, Ed Harris. USA 1998

**Besuchenswert:**

Deutsches Museum in Bonn, für Technikgeschichte ab 1945

# Rakete und Weltraumfahrt

## Die Reise zum Mond

■ Der »Vater der Raumfahrt« Hermann Oberth, 1974

Domingo Gonsales heißt der erste Weltraumreisende, zumindest der englischsprachigen Literatur. Erfunden hat ihn um 1630 Francis Godwin, Bischof von Hereford, in seinem posthum veröffentlichten Roman *The Man in the Moon*. Gonsales reist in einer von Gänsen gezogenen Kutsche durch den nach damaliger Vorstellung keineswegs luftleeren Raum und begegnet auf dem Erdtrabanten intelligenten Wesen, auch das in Einklang mit dem Zeitgeist. Weit weniger phantastisch, zumindest was das Transportmittel angeht, nehmen sich die Überlegungen seines Zeitgenossen, des Dichters Cyrano de Bergerac, aus. Der Mann mit der großen Nase, der eher als Duellant denn als Visionär bekannt ist, dachte an eine durch Explosionskraft fortgeschleuderte Reisekapsel – eine Idee, die spätestens seit der Erfindung der Kanone geradezu in der Luft lag und der späteren Vorstellung von einer Rakete bereits erstaunlich nahe kam.

Die heute noch wohl bekannteste Version einer Mondfahrt per Kanonenschuss stammt von Abenteuerschriftsteller Jules Verne in *De la terre à la lune*. Zu denjenigen, die diesen 1865 veröffentlichten Roman heißhungrig verschlangen, gehörte auch ein gewisser Hermann Oberth, Sohn eines Arztes im siebenbürgischen Schaessburg. Dem 1905 gerade Elfjährigen schenkte die Mutter Jules Vernes Mondbuch, und er las es nach eigenem Bekunden an die fünf, sechs Mal. In Schaessburg gab es zwar noch keine Kanalisation, Strom wurde gerade erst verlegt, und Hermann hatte ein Jahr zuvor sein erstes Automobil gesehen, aber der Junge träumte von Raketen als Vehikeln ins All. Als Erstes prüfte er Vernes Angaben über die Fluchtgeschwindigkeit des Mondprojektils nach; mit den bescheidenen Mitteln seiner Schulmathematik kam auch er auf etwa 11 000 Meter pro Sekunde als minimale Abschussgeschwindigkeit, damit ein solches Projektil die Erdanziehung verlassen könnte. Mit dreizehn Jahren fand er dann den großen Haken an der Kanonenschusstechnologie: Vernes drei Astronauten hätten beim Start aufgrund der notwendigen Beschleunigung das Vieltausend-

■ Wernher von Braun (rechts) mit Roy Johnson und John Medaris vor dem Start der Jupiter-C-Rakete mit dem Satelliten Explorer II am 5. März 1958 in Cape Canaveral, Florida

fache ihres eigenen Gewichts aushalten müssen und wären demzufolge erbarmungslos zerquetscht worden. Oberth entwickelte eine neue Konzeption, ein Projektil, das seinen eigenen Treibstoff mitführt und deshalb nicht den ganzen Schwung auf einmal bekommen muss. Eine solche Rakete würde nach dem Rückstoßprinzip funktionieren: Verbrannte Treibstoffgase, nach hinten ausgestoßen, sollten die Rakete nach vorn bewegen.

■ Erste Mondlandung eines bemannten Raumschiffs: die Apollo 11 mit den Astronauten Neil A. Armstrong, Edwin E. Aldrin und Michael Collins am 20. Juli 1969. Aldrin platziert den Sonnenwindkollektor.

Das war nicht neu. Schon seit mehr als hundert Jahren wurden Raketen nach dem Rückstoßprinzip konstruiert, sogar der Trick, die Geschosse durch Eigendrehung stabil zu halten, war bereits bekannt. Allerdings hatten alle bisherigen Raketengeschosse einen rein militärischen Zweck in irdischen Gefilden. Oberth jedoch ging es um den Weltraum. Um zu testen, ob das Rückstoßprinzip auch in der Luftleere des Alls funktionieren würde, stieg er in ein Boot und warf Steine ins Wasser; das Boot bewegte sich in die entgegengesetzte Richtung – quod erat demonstrandum.

VISIONÄRE LITERATUR

*Der Ingenieur drückte auf den Knopf. Sofort gab es einen furchtbaren, unerhörten, donnernden Knall, der ebenso wie der Blitz beim Ausbruch des eisernen Kanonenvulkans weit über alle menschlichen Begriffe hinausging. Eine riesenhafte Feuersäule schoss aus dem Boden. Die Erde erbebte, und nur wenige Zuschauer konnten einen winzigen Augenblick lang das Projektil beobachten, das inmitten flammender Dünste siegreich in die Luft stieg.*

Jules Verne, *Von der Erde zum Mond*

■ Seine Vision einer Reise zum Mond beschrieb als Erster Francis Godwin in seinem um 1630 veröffentlichten Buch *The Man in the Moon*. Kupferstich aus der französischen Ausgabe von 1648

Als Nächstes erarbeitete Oberth die mathematische Theorie des Raketenantriebs und entwickelte Gleichungen, von denen sein Konkurrent, der amerikanische Raketenkonstrukteur Robert Goddard behauptete, sie ließen sich gar nicht aufstellen, da die Zusammenhänge zwischen Treibstoffverbrauch, Ausströmgeschwindigkeit, Luftwiderstand und Schwerkraft viel zu kompliziert seien. Tatsächlich stellte die erste Flugphase einer Rakete, solange sie noch nicht im luftleeren Weltraum flog, die größte Schwierigkeit dar; ist die Ausströmgeschwindigkeit der Auspuffgase zu klein, steigt die Rakete zu langsam auf und ist der Schwerkraft zu lange ausgesetzt; durchstößt sie die Atmosphäre dagegen zu schnell, wird die Luftreibung zu groß, der Bedarf an Treibstoff mithin größer, die Rakete letztlich wieder zu schwer. Den goldenen Mittelweg fand Oberth durch Rechnen, später durch Ausprobieren. Seine aus eigener Tasche finanzierte Schrift »Die Rakete zu den Planetenräumen«, 1923 erschienen, enthielt die fast vollständige Theorie der Raketenkunde sowie Entwürfe für bemannte Weltraumraketen. Trotz Anfeindungen durch konservative Wissenschaftler wurde das Buch zum Kultbuch für Weltraumbegeisterte und Oberth damit zum »Vater der Weltraumfahrt«.

Diesen Titel muss er allerdings mit zwei weiteren Pionieren teilen. Der bereits erwähnte Goddard hatte 1919 eine Arbeit mit dem Titel »A Method of Reaching Extremely High Altitudes« (Eine

EJAKULATION INS ALL

*Was dem Theoretiker schwerfällt, ist hier nicht, Sexualanalogien glaubhaft zu finden, sondern diese zu bestreiten. Dass die Raketen wie gigantische Phallusse aussehen, ist unleugbar – die Zeppeline, die in der Frühzeit der Psychoanalyse als Symbole eine gewaltige Rolle gespielt hatten, haben würdige und zeitgemäße Nachfolger gefunden. Ebenso unleugbar ist es, dass das vertikale Aufsteigen der Raketen erektionshaft aussieht, nicht minder, dass die Ablösung der mit Männlein besetzten Kapseln wie riesige Abbildungen von Ejakulationen wirkt. Und nahe liegt es schließlich, in der Landung auf dem Monde eine »Eroberung jungfräulichen Bodens« zu sehen. Wenn die Millionen, die vor den Fernsehschirmen sitzen, zu Augenzeugen der Erektion des Nationalphallus werden, dann identifizieren sie sich nicht mit einem ihnen von einer Übermacht auferlegten Verbot, sondern mit dieser Übermacht selbst, mit dem enormen Organ und dessen enormer Leistung. Stolz und enthusiastisch können Sie nun ausrufen: »Seiner!« »Unser!« »Meiner!«*

Günther Anders, *Der Blick vom Mond*

Methode, extreme Höhen zu erreichen) veröffentlicht und machte als Erster Experimente mit Raketen, deren Antrieb aus Flüssigtreibstoff bestand. Rein theoretisch hatte auf der anderen Seite der Welt der Russe Konstantin Ziolkowski schon vor 1900 diese Idee zu Papier gebracht. In den 1920er Jahren stand der auch mit seinen Ideen einsame Russe in Korrespondenz mit Oberth und verfasste eine Reihe grundlegender Schriften zur Theorie der Weltraumfahrt.

Ziolkowski machte allerdings nie Experimente zu seinen Berechnungen, im Gegensatz zu Oberth, dem der Filmemacher Fritz Lang mit Ufa-Mitteln eine kleine Raketenstation finanzierte, weil er zum Kinostart seines Films *Frau im Mond* als Werbegag eine echte Rakete starten lassen wollte. Der Film startete ohne Rakete, aber Oberth konnte seine Forschungen später mit Mitteln der Reichswehr fortsetzen.

Ende der 1920er Jahre stieß ein weiterer junger Weltraumbegeisterter zu den Pionieren und Praktikern um Oberth: der spätere Leiter des US-Weltraumprogramms, Wernher von Braun. Der baute zunächst aus militärischen Mitteln das Raketenforschungszentrum Peenemünde auf, und aus der »Rakete zu den Planetenräumen« wurde erst einmal die »Vergeltungswaffe« V2 der Nazis, die es immerhin bis London schaffte und dort viel Schaden anrichtete. Kriegsentscheidend, wie es sich die Nazis gewünscht hat-

■ Antriebsteil einer V2-Rakete in den unterirdischen Produktionslagern der Dora-Mittelbau-Werke in Nordhausen im Harz nach der Eroberung der Stadt durch die US-Truppen am 8. Mai 1945

■ Start der Mondrakete – Filmszene aus Fritz Langs Stummfilm *Die Frau im Mond,* Deutschland 1929

ten, wurde die vermeintliche Wunderwaffe nicht mehr, obwohl einige Tausend Zwangsarbeiter aus dem Konzentrationslager Mittelbau Dora unter unmenschlichen Bedingungen beim Bau der Raketen zuarbeiteten – nicht nur mit Billigung, sondern sogar auf ausdrückliche Anforderung der Peenemünder Raketenkonstrukteure. Diese sehr dunkle Seite der späteren »Lichtgestalt« von Braun kam erst nach dessen Tod allmählich ans Licht der Öffentlichkeit. Die Amerikaner nahmen sie billigend in Kauf, als sie von Braun und viele seiner Mitarbeiter nach dem Krieg in die USA holten, damit er nun für sie Raketen baute. Aus den rein militärischen Raketen, die von Braun dort zunächst entwickelte, gingen später auch die Trägerraketen hervor, die die Apollo-Kapseln und in ihnen die ersten Menschen zum Mond trugen und Wernher von Braun zum Nationalhelden machten.

Die Weltraumeuphorie der 1960er Jahre schien dem Pionier Oberth Recht zu geben, der am Anfang seines Buches gemutmaßt hatte: »Unter gewissen wirtschaftlichen Bedingungen kann sich der Bau solcher Maschinen lohnen. Solche Bedingungen können in einigen Jahrzehnten eintreten.« Was tatsächlich einige Jahrzehnte später günstig war, waren die politischen Bedingungen. Im Kalten Krieg zwischen den USA und der Sowjetunion setzte John F. Kennedy den Wettlauf zum Mond in Gang, um der perspektivlosen amerikanischen Nation mit dem Ringen um technologische Überlegenheit eine positive Vision zu geben. Wirtschaftlich einträglich war und ist bestenfalls die unbemannte Raumfahrt, zumindest was den Transport von Satelliten und damit die Nutzung des erdnahen Weltraums angeht. Die bemannte Raumfahrt ist es nie gewesen, auch wenn ihre Befürworter gern Ammenmärchen wie das vom »Abfallprodukt« Teflonpfanne verbreiten. Menschen im All eignen sich allenfalls für Publicity-Aktionen, während der wissenschaftliche oder gar wirtschaftliche Nutzen dieser Unternehmen von vielen Experten bestritten wird.

# RAKETE UND WELTRAUMFAHRT

## TECHNOLOGIE

**Raketen:** Mehrstufenraketen mit zwei bis vier Stufen werfen die leeren Treibstoffbehälter der unteren Stufen ab, verringern dadurch ihre Masse, erreichen höhere Geschwindigkeiten und können mehr Nutzlast tragen. Als Flüssigtreibstoff wird meist Wasserstoff verwendet, der mit flüssigem Sauerstoff zum Brennen gebracht wird; in nicht regelbare Feststoffraketen, die als Booster die Anfangsgeschwindigkeit erhöhen, wird der Brennstoff mit Katalysator in eine Kunststoffmasse eingegossen. Die V2-Rakete diente als Grundlage auch für die russischen Modelle Woschod, Wostok und die heute noch verwendete Sojus. In den USA trug die Saturn V als schubkräftigste Rakete überhaupt die Apollo-Mondkapseln ins All, nachdem vorherige Modelle die Mercury- und Gemini-Programme vorangetrieben hatten. Die europäische Ariane-Rakete startete erstmals 1979 in Courou, Französisch-Guayana. Das derzeitige Modell Ariane 5 hat zwei Booster, das Haupttriebwerk arbeitet mit flüssigem Wasserstoff und Sauerstoff, ähnlich wie seit 1981 die Space Shuttles, die noch einen zusätzlichen Außentank nach dem Start abwerfen. Die Nutzlast von Raketen besteht heute meist aus Satelliten und Raumsonden; Personal und Nachschub für Raumstationen transportieren Space Shuttles und Sojus-Raketen.

**Satelliten:** Als erstes künstliches Objekt umkreiste 1957 Sputnik 1 die Erde, 1958 gefolgt von dem amerikanischen Explorer 1. Die meisten heutigen Satelliten dienen der Erdbeobachtung, vor allem des Wetters, und der Kommunikation. Navigation per Satellit ist seit 1981 mit dem Global Positioning System möglich. 1990 wurde das Weltraumteleskop Hubble in den Orbit gebracht.

**Sonden:** Die russischen Luna-Sonden flogen ab 1959 zum Mond, umrundeten ihn, landeten und brachten Gesteinsproben zurück. Das amerikanische Mariner-Programm erkundete Venus und Mars. Pioneer- und Voyager-Sonden reisten zu den äußeren Planeten. Voyager 1, 1977 gestartet, hat bereits das Sonnensystem verlassen und ist das von der Erde am weitesten entfernte künstliche Objekt; sie soll bis 2020 Daten senden und trägt für den Fall außerirdischer Kontakte eine Goldplakette mit eingravierten Informationen.

## KULTURGESCHICHTE

**Erste im All:** 1957 umkreiste die Husky-Hündin Laika in Sputnik 2 die Erde. Der Kosmonaut Juri Gagarin folgte 1961, der US-Amerikaner John Glenn 1962 und als erste Frau Walentina Tereschkowa 1963. Neil Armstrong betrat 1969 als Erster den Mond. Sigmund Jähn aus der DDR war 1978 im All, der Westdeutsche Ulf Merbold 1983.

**Science Fiction:** Wie kaum ein anderes Literaturgenre fühlt sich die Science fiction von den Naturwissenschaften beeinflusst. Besonders die Raumfahrt gilt als ihr Spezialgebiet. In Deutschland haben die Autoren Kurd Laßwitz (*Auf zwei Planeten*, 1897) und Hans Dominik in den 1930/40ern sowie die seit 1961 wöchentlich erscheinende Heftserie »Perry Rhodan« stark die Weltraum-Phantasien der Leser geprägt.

## AUF DEN PUNKT GEBRACHT

Der Weg zum Mond – eine frühe Phantasie aus der Zeit der Reiseromane. Am Wegesrand ihrer Verwirklichung im 20. Jahrhundert stehen die Grabsteine Tausender Zwangsarbeiter, die Wernher von Braun zum Bau der ersten Fernraketen, der Nazi-Waffe V2, verschliss.

## EMPFEHLUNGEN

**Lesenswert:**

Jesco von Puttkamer: *Der erste Tag der neuen Welt*, Frankfurt/M. 1981

Serge Brunier: *Aufbruch ins All*, Stuttgart 2001

Hoimar von Ditfurth: *Kinder des Weltalls*, Hamburg 1970

**Sehenswert:**

*Out of the Present*. Regie: Andrej Ujica; mit Sergej Krikaljow, Anatoli Arzebarski. D 1995

*Space Cowboys*. Regie: Clint Eastwood; mit Clint Eastwood, Tommy Lee Jones, James Garner. USA 2000

**Besuchenswert:**

Planetarium, z. B. in Bochum

Europa-Park Rust bei Freiburg, mit originalem Trainingsmodul der Mir

**Anklickenswert:**

http://www.space-weltraum.de

# Computer
## *Blitzrechnen für den Blitzkrieg*

Der Krieg ist der Vater aller Dinge. Die Entwicklung der modernen Computertechnik belegt diese klassische Sentenz immer und immer wieder. Zwar brillieren auch in der Geschichte der Datenverarbeitung die Tüftler und Techniker, die Genies und Geistesgrößen, doch die Richtung gebenden Impulse entsprangen nur allzu oft den Erfordernissen der Kriegführung. Wie gut Geschütze ins Ziel kommen, entscheidet auch über die Kosten eines Krieges, denn wer sicher trifft, spart Munition.

Die Bahn von Bomben, Granaten oder Kanonenkugeln unter dem Einfluss der Schwerkraft und unter Berücksichtigung von Temperatur und Luftdruck zu beschreiben ist eine komplizierte mathematische Aufgabe, zu deren handschriftlicher Lösung Fachleute oft monatelang arbeiten mussten. Diese Aufgabe stand am Anfang der Konstruktion einer automatischen Rechenmaschine im 20. Jahrhundert. Als Erstem gelang dies Vannevar Bush, einem Professor am renommierten Massachussetts Institute of Technology (MIT). Bush präsentierte 1930 der Welt stolz seinen »Differential-Analysator«. Dieser sollte zwar Aufgaben des 20. Jahrhun-

■ Der erste programmgesteuerte elektromechanische Digitalrechner Z3 von 1941, der von Konrad Zuse entwickelt wurde

■ Der deutsche Vater des Computers, Konrad Zuse, auf der Nürnberger Erfindermesse IENA im November 1982 vor einem Rechner jüngerer Generation

derts lösen, doch seine Technik war über die des 19. noch nicht hinausgekommen. Bushs Automat bestand, genau wie die nie zum Laufen gebrachte »Analytical Engine« des Engländers Charles Babbage von 1833, aus einer Ansammlung von Wellen, Zahnrädern und Drähten und hatte die Größe eines Wohnzimmers. Dennoch stellte das Ungetüm einen so großen Fortschritt bei der Berechnung der Geschosstafeln – Datentabellen über Munitionsflugbahnen – dar, dass es vom amerikanischen Kriegsministerium eingesetzt wurde.

Ein Grund für die Kompliziertheit der Maschine war die Verwendung des Dezimalsystems. Für Menschen mit zehn Fingern mag dieses Rechensystem optimal sein – für die Konstruktion einer Maschine, die mathematische Probleme lösen sollte, erwies es sich eher als Hindernis. Darauf war schon im Jahre 1936 ein junger amerikanischer Student namens Claude Shannon gekommen. Der später als Begründer der Informationstheorie berühmt gewordene Shannon bekam von seinem Professor Vannevar Bush die undankbare Aufgabe, sich mit dem logischen Aufbau des Differenzial-Analysators auseinanderzusetzen. Bei der Beschäftigung mit ölverschmierten Wellen und Zahnrädern erinnerte sich Shannon an seine frühe Studienzeit, während der er das Binärsystem kennen gelernt hatte: eine Methode, Zahlen nicht mithilfe von zehn, sondern nur von zwei Ziffern darzustellen, der Null und der Eins. Auch kam Shannon ein System symbolischer Logik wieder in den Sinn, das mehr als hundert Jahre zuvor der britische Mathematiker George Boole ausgetüftelt hatte. Die Boolesche Algebra, wie Shannon sie auf der Universität gelernt hatte, gestat-

**DER BERÜHMTESTE**

Zur so genannten Von-Neumann-Architektur, der Grundstruktur eines Rechners, gehören eine Eingabeeinheit, über die die Grunddaten eingegeben werden, ein Leitwerk zur Steuerung des Befehlsablaufs, ein Rechenwerk zur Ausführung der eigentlichen Berechnungen, ein Speicher sowie eine Ausgabeeinheit. Diese Prinzipien, heutigen Computerfachleuten selbstverständlich, formulierte von Neumann im Juni 1945, sechs Jahre, bevor EDVAC tatsächlich fertig wurde.

■ Der ENIAC-Computer (Electronic Numerical Integrator And Computer) gilt als der erste funktionstüchtige elektronische Computer der Welt. Seine Entwicklung durch Presper Eckert und John Mauchly begann 1942 als militärisches »Project PX« für die US-Armee.

tete die Wahrheit logischer Aussagen gewissermaßen zu berechnen. Auch in dieser Algebra gab es nur zwei Zeichen: Null und Eins, wahr und falsch. Shannon ging auf, dass die Verwendung des Binärsystems für Zahlen und der Booleschen Algebra für logische Ausdrücke ein ideales System zur Maschinisierung der Mathematik darstellte.

Der Grund dafür war einfach, und nicht nur Shannon erkannte ihn: Eine Maschine, die statt mit zehn Ziffern nur mit zweien arbeitet, braucht als elementare Bauteile keine Wellen und Räder, sondern kommt mit einfachen Schaltern aus, mit Bauelementen, die nur zwischen zwei Zuständen unterscheiden können, Aus und Ein, Null und Eins. In der ersten Hälfte des 20. Jahrhunderts gab es dafür außer dem schlichten mechanischen Schalter mehrere Kandidaten: ein elektromechanisches Relais, wie es in Telephon-

DER ERSTE

Der deutsche Vater des Computers heißt Konrad Zuse. Er erkannte die Vorteile des Binärcodes als Erster und meldete bereits 1937 ein Patent für eine automatische Rechenmaschine auf dieser Basis an. Zuses Z1, 1938 fertig gestellt, funktionierte noch weitgehend mechanisch und lief sehr unzuverlässig. Die Nachfolgemodelle Z2 und Z3 hatten bereits Relais als Schalter und wurden die ersten programmierbaren Universalrechner in Europa. Geld für seine Arbeit erhielt Zuse von der deutschen Luftwaffe, die seine Maschinen als Spezialrechner für die Flügelvermessung ferngesteuerter Bomben einsetzte. Zuses Versuch, die deutsche Regierung für den Bau einer vollelektronischen Rechenmaschine mit Röhren (wie den ENIAC) zu gewinnen, wurde mit der Frage abgelehnt: »Ja, was glauben Sie denn, wann wir den Krieg gewonnen haben?«

relais eingesetzt wurde, oder die Elektronenröhre, die nach dem gleichen Prinzip funktioniert wie die Bildröhre im Fernsehgerät. Da die Elektronenröhre ganz ohne mechanische Teile auskommt, war sie der weitaus schnellste der bis dahin bekannten Schalter.

Erfahrungen mit Elektronenröhren als Schaltern hatten schon vor dem Zweiten Weltkrieg zwei Physiker der University of Pennsylvania gesammelt. John Mauchly hatte einfache Zählautomaten konstruiert, und sein Kollege Presper Eckert war ein technisches Genie, das schon im Alter von acht Jahren ein Radio in einen Bleistift eingebaut hatte. Von der Army wurden die beiden beauftragt, zur Berechnung von Schusstafeln einen leistungsfähigeren Rechenautomaten zu bauen, als Bush ihn geliefert hatte. Sie nannten ihren Automaten ENIAC, Electronic Numerical Integrator And Computer. Das Ergebnis ihrer Mühen war ein Ungetüm aus 17468 Röhren, das eine ganze Fabrikhalle einnahm. Als es endlich fertig wurde, war der Krieg schon zu Ende. An Anwendungsideen mangelte es den Militärs aber nicht. Bei seinen ersten Tests ließ man ENIAC Berechnungen zur Herstellbarkeit einer Wasserstoffbombe durchführen. ENIAC funktionierte fehlerfrei und beeindruckend schnell.

Nachteilig war nur, dass sich die Rechenanweisungen, die er ausführte – heute würden wir sagen: seine Programme – nur sehr schwer ändern ließen. Sie waren gewissermaßen fest verdrahtet, mit Steckanschlüssen wie in einer Telephonzentrale. Wollte man zum Beispiel ENIAC von der Berechnung von Schusstafeln auf die Berechnung einer Strömungsform für Flugzeuge umstellen, mussten Hunderte von Steckern umgestöpselt werden. Das konnte bis zu zwei Tagen dauern.

Deshalb entwarfen Mauchly und Eckert einen neuen Prototyp, EDVAC (Electronic Discrete Variable Computer) genannt. EDVAC

■ Der Computer HAL in einer Filmszene aus *2001: Odyssee im Weltraum* von Stanley Kubrick, 1968. Geht man jeweils einen Buchstaben im Alphabet vorwärts, so verwandelt sich der Name des Computers in IBM, den Namen des amerikanischen Computergiganten.

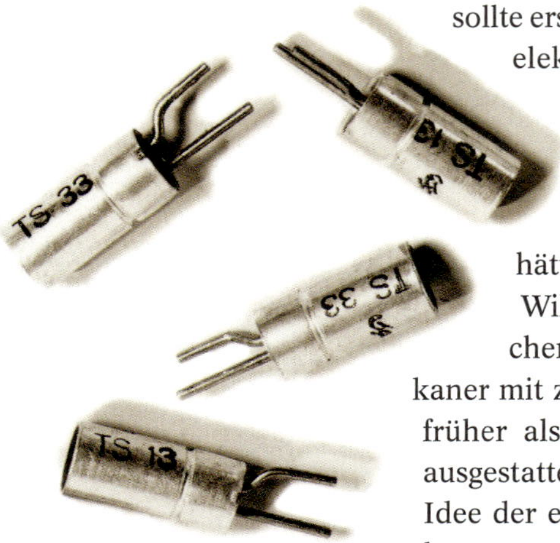

■ Spitzentransistoren TS 13 und TS 33, die ersten Transistoren von Siemens & Halske, 1954

sollte erstmals auch die Anweisungen, nach denen er arbeitete, elektronisch speichern. Mit ihm hätten Mauchly und Eckert die erste Maschine geschaffen, die mit allen erforderlichen Merkmalen moderner Computerarchitektur ausgestattet gewesen wäre, so, wie sie noch heute in den Lehrbüchern der Informatik steht. Sie hätten – denn ein britischer Forscher namens Maurice Wilkes kam ihnen zuvor. Die Idee des Programmspeichers nahm Wilkes aus einem Vortrag der beiden Amerikaner mit zurück nach England und schuf dort 1949, zwei Jahre früher als das US-Team, den ersten mit Programmspeicher ausgestatteten Universalcomputer der Welt. Außerdem war die Idee der elektronischen Programmspeicherung bereits in »Colossus« zum Zuge gekommen, einem Spezialrechner zur Entschlüsselung von kodierten Funksprüchen, den englische Informatiker schon 1943 gebaut hatten.

Pech hatten die beiden Computerkonstrukteure Mauchly und Eckert auch mit einem anderen Kiebitz, dem ungarischen Mathematiker John von Neumann. Der stieß nämlich zu ihrer Gruppe, als sie gerade mit der Entwicklung von EDVAC beschäftigt waren, und er leitete daraus die theoretischen Prinzipien moderner Computertechnik ab. Alles, was EDVAC ausmachte, wird heute nicht mehr mit dieser Maschine verbunden, sondern mit dem Namen von Neumann. Wie sich allerdings im Verlauf der gerichtlichen Auseinandersetzungen der beiden Parteien nach Kriegsende herausstellte, stammten schon die meisten Ideen zu ENIAC ohnehin von einem anderen: dem Mathematiker John Atanasoff, der bereits seit 1935 über den Bau einer elektronischen Rechenmaschine nachgedacht und seine Überlegungen großzügig mit Mauchly ausgetauscht hatte.

Mit der ersten erfolgreichen Anwendung des Programmspeicherkonzepts war der Durchbruch für eine rapide Entwicklung immer schnellerer Rechner gegeben – Rechner, die Programme sofort aus ihrem Speicher abrufen und jede Art Daten verarbeiten konnten. Einige Nachteile der Röhrencomputer aber plagten die Tüftler weiterhin: Die Röhren waren groß, sie wurden heiß, und mit den steigenden Anforderungen an die Rechengeschwindigkeit wurden sie auch zu langsam. Ein neuer Schalter – kleiner, leichter, schneller – musste her. Das neue Wunderwerk hieß Transistor und wurde 1951 von William Shockley der Öffentlichkeit vorgestellt. Dem endgültigen Siegeszug des Computers stand nun nichts mehr im Wege.

# COMPUTER

## TECHNOLOGIE

**Byte:** Der Computer »versteht« nur 0 und 1, »aus« und »an« – diese kleinste Einheit zum Speichern einer Information heißt Bit (binary digit, Binärstelle). Ein Byte umfasst mehrere Bits (meist acht) und bedeutet ein Zeichen (etwa Buchstabe, Ziffer) oder eine Speicherstelle, die vom Programm angesprochen wird. Der Begriff Byte wurde um 1956 nach »bite« (Bissen) geprägt. Ein Kilobyte (kB) sind 1024 Byte.
**Sprachen:** Das erste »Computer-Programm« schrieb Babbages Mitarbeiterin Ada Lovelace in den 1820ern zur Berechnung von Bernoulli-Zahlen auf der »Difference Engine«. Konrad Zuse entwarf ab 1942 zur Programmierung seiner Z3 den »Plankalkül«. Zur Vereinfachung der Eingabe fasste man auch Gruppen von Nullen und Einsen in Hexadezimalzahlen zusammen. Eine für Menschen leichter zu verwendende Form stellt Assembler dar, der seit 1952 für jeden Prozessor spezifisch Befehle in digitale Sequenzen umsetzt. Seit Mitte der 1950er Jahre erlauben höhere Befehlssprachen komplexe Programmierung. Fortran (Formula translation) ist mathematisch orientiert, Cobol (Common business-oriented language) dient Banken und Verwaltung, Algol (Algorithmic language) weist als Erste eine übergeordnete Sprachstruktur auf, Lisp (List processing) wird für künstliche Intelligenz eingesetzt. Das 1965 entwickelte Basic (Beginner's all-purpose symbolic instruction code) wandte sich zunächst an Laien; als VisualBasic ist es heute Grundlage für viele Software des täglichen Gebrauchs. Weitere stark genutzte Sprachen sind seit den 1960er Jahren C, das sich wieder eng am Maschinencode orientiert, und seit 1970 das stark logisch strukturierte Pascal (nach Blaise Pascal), dazu seit 1991 Java. Für Großrechner wurde auch Anfang der 1980er Ada (nach Ada Lovelace) entwickelt.

## KULTURGESCHICHTE

**Der Prototyp:** 1939 konstruierten Professor John Atanasoff und sein Student Clifford Berry den Prototyp des ersten elektronischen Digitalrechners mit getrenntem Speicher. Eine Version davon in der Größe eines Schreibtischs, die pro Rechenvorgang 15 Sekunden benötigte, verbesserten sie bis 1942, als das Gerät aus Platzgründen zerlegt werden musste. Ein US-Gericht sprach 1973 in einem Patentprozess Atanasoff und Berry den Status der Ersterfinder des Computers zu.
**Weitere Ahnen:** Ab 1939 arbeitete auch Howard Aiken an einem lochstreifengesteuerten Gerät mit Relais, dem Harvard Mark I (auch: ASCC); der auf dem Zehnersystem basierende Rechner ging 1944 in Betrieb, die Nachfolgemodelle arbeiteten binär. Zur selben Zeit entwickelte George Stibitz die binäre Rechenmaschine Model V, die mit automatischer Speicherung der Zwischenergebnisse komplexe Zahlen verarbeitete. Die Überlegungen von Alan Turing führten um 1943 zur Entschlüsselung der deutschen Kodiermaschine Enigma. Der Großcomputer SSEC berechnete seit 1946/47 Mondkoordinaten, die später für die Apollo-Flüge benutzt wurden; man konnte ihm von der Straße aus zusehen, was das damalige Bild vom Computer in Schränken mit Lichtern und Bandspulen prägte.

## AUF DEN PUNKT GEBRACHT

Die Idee der Programmierbarkeit ist alt. Neu im 20. Jahrhundert sind die Erfordernisse der Militärs und die technischen Innovationen zu ihrer Verwirklichung. Vom Schalter über Röhre, Relais und Transistor mündet die Digitaltechnik schließlich ins Mekka der Miniaturisierung.

## EMPFEHLUNGEN

**Lesenswert:**

Konrad Zuse: *Der Computer mein Lebenswerk*, Berlin 1993

Christian Wurster: *Computers. Eine illustrierte Geschichte*, Köln 2002

Horst-Dieter Radke: *Lexikon der Computerpioniere*, Berlin 2001

**Sehenswert:**

*Das Doppelleben des Herrn Mitty*
Regie: Norman Z. McLeod; mit Danny Kaye, Virginia Mayo, Boris Karloff. USA 1947

*2001: Odyssee im Weltraum.*
Regie: Stanley Kubrick; mit Keir Dullea, Gary Lockwood. USA/GB 1968

**Besuchenswert:**

Heinz-Nixdorf-Museumsforum, Paderborn

Rechentechnische Sammlung des Instituts für Mathematik und Informatik der Ernst-Moritz-Arndt-Universität, Greifswald

# Atomenergie
## Im Kern gespalten

■ Der italienische Physiker Enrico Fermi referiert am 20. Oktober 1949 in Mailand über die Eigenschaften von Neutronen. Fermi errichtete in Chicago den ersten Kernreaktor, mit dem am 2. Dezember 1942 erstmals eine kontrollierte Kettenreaktion gelang. Er gehörte zu den an der Entwicklung der Atombombe beteiligten Wissenschaftlern. 1938 wurde er mit dem Nobelpreis für Physik ausgezeichnet.

Vielleicht hat alles an einem regnerischen Londoner Morgen im September 1933 begonnen. Leo Szilard, ein aus Berlin emigrierter ungarischer Jude und Physiker, hatte beim Frühstück die *Times* gelesen, in der der berühmte Physiker Lord Ernest Rutherford zitiert wurde: Man könne zwar aufgrund der neuen Erkenntnisse in der Kernphysik demnächst vielleicht die chemischen Elemente ineinander umwandeln, aber nie würde es eine industrielle Nutzung der im Atom schlummernden Energien geben. Szilard war ein brillanter Wissenschaftler, aber unter Kernphysikern und zudem hier in England völlig unbekannt. Rutherfords Bestimmtheit wurmte ihn, und auf einem Spaziergang durch die Stadt kreisten seine Gedanken darum, den großen Alten zu widerlegen. Beim Überqueren einer Straße kam der Geistesblitz, der zum Atomblitz führen sollte: die Idee einer Kettenreaktion.

Der Begriff kam eigentlich aus der Chemie. Dort kannte man Reaktionen, die sich gewissermaßen selbst am Leben erhalten oder sogar explosiv verstärken. So etwas, vermutete Szilard, müsste doch auch in der Kernphysik möglich sein. Könnte man die Energie eines Atomkerns mithilfe eines geeigneten »Werkzeugs« befreien und entstünde bei dieser Freisetzung das Werkzeug in doppelter Zahl, so würde es anschließend zwei Atomkerne zur Energieabgabe bewegen, diese dann wiederum vier und so fort – eine Kettenreaktion eben, die schon nach zehn Schritten den Anfangsprozess sich tausendfach wiederholen ließe. Das Werkzeug, das Szilard vage vorschwebte, hatte erst ein Jahr zuvor James Chadwick entdeckt: das Neutron, den zweiten Baustein des Atomkerns. Wegen seiner elektrischen Neutralität stellte das Neutron die ideale Sonde dar, um im Atom herumzustochern. Ungehindert von elektrischen Abstoßungskräften könnte es in den Kern eindringen, ihn spalten oder in irgendeiner Weise umwandeln.

Ob überhaupt dabei Energie zu gewinnen wäre, konnte man nur hoffen. Immerhin war seit 1903 bekannt, dass beim natürlichen radioaktiven Zerfall

Wärme entsteht, und mittlerweile war der Atomkern als Quelle dieser Wärmeabgabe geortet. Auch dass der Atomkern zerplatzen konnte, wenn man ihn heftig genug bombardierte, hatte Ernest Rutherford 1919 gezeigt. Dennoch hätte wahrscheinlich jeder andere Physiker diese Spekulation gleich wieder vergessen. Szilard aber war von dem Gedanken beseelt, die Welt zu verbessern, ein Antrieb, der unter anderem wohl auf die Lektüre von H. G. Wells' Utopie *The World Set Free* (*Befreite Welt*) von 1914 zurückging. Darin hatte dieser große Visionär eine Zukunft beschrieben, in der

■ Luftbild der zerstörten japanischen Stadt Hiroshima nach dem Abwurf der ersten Atombombe am 6. August 1945, bei dem rund 140 000 Menschen getötet wurden.

SWEET DEATH

Die Entwicklung der Atombombe gilt als Sündenfall der Wissenschaft. Jenseits der politischen Motivation, die Bombe für die »richtige Seite« zu bauen, sind die am Manhattan-Projekt Beteiligten tatsächlich einer Versuchung erlegen, die Robert Oppenheimer einmal damit umschrieb, dass die Arbeit an der Atombombe »technically sweet« (technisch reizvoll) sei. Das große moralische Erwachen kam erst nach Hiroshima. So mochte sich Oppenheimer nicht mehr an der Entwicklung der Wasserstoffbombe beteiligen, und Einstein versuchte seine Beteiligung auf die Rolle eines »Briefträgers« herunterzuspielen. Die entscheidende deutsche Figur im Spiel um die Entwicklung der ersten Bombe, Werner Heisenberg, ist nach wie vor zwielichtig; niemand kann mit Sicherheit sagen, ob Heisenberg als Leiter des deutschen Pendants des Manhattan-Projekts den Bau der Bombe aus Unfähigkeit nicht schnell genug zustande brachte oder ihn mit Absicht verzögerte.

■ Atomkraftwerk in Brokdorf, 1997

die Menschheit die im Atom schlummernden Energien industriell, aber auch zum Bau von Waffen nutzt. Dem Weltverbesserer Szilard wurde sein Einfall deshalb zur fixen Idee, an der er in den folgenden Jahren auch selbst arbeitete und ein Geheimpatent (geheim wegen der möglichen Anwendungen in der Waffentechnik) anmeldete. Allerdings zog er das Patent mangels eigener Resultate just in dem Augenblick zurück, als andere den Durchbruch schafften. Die Deutschen Otto Hahn und Fritz Straßmann beschrieben Ende des Jahres 1938 in einem Artikel in der Zeitschrift *Naturwissenschaften* vorsichtig ihre Resultate, die sie beim Beschuss von Atomkernen des Elements Uran mit Neutronen gemacht hatten: Augenscheinlich entstanden dabei Bruchstücke, die die chemischen Eigenschaften kleinerer Elemente hatten: »Wir kommen zu der Schlussfolgerung, dass unsere [Bruchstücke] die Eigenschaften von Barium haben.« Uran hat Atomgewicht 238, während Barium nur bei 137 rangiert. Offenbar – und das deuteten erst Hahns frühere Mitarbeiterin, die nach Schweden emigrierte Lise Meitner, und ihr Kollege Otto Frisch in dieser Klarheit – war der Urankern unter dem Neutronenbeschuss in zwei kleinere, aber ähnlich große Bruchstücke zersprungen, ein Vorgang, den Meitner und Frisch »Kernspaltung« nannten. Hahn und Straßmann mochten ihre eigenen Resultate zunächst nicht glauben, zumal erst ein Jahr zuvor Enrico Fermi den Physik-Nobelpreis für ganz ähnliche Experimente, aber eine völlig andere Deutung erhalten hatte; nach Fermi waren

■ Die 80-jährige Physikerin Lise Meitner am 3. November 1958 in Stockholm

beim Beschuss von Uran mit Neutronen noch schwerere Elemente entstanden, die »Transurane« – eine preisgekrönte Fehlinterpretation, wie sich nun herausstellte.

Schon bald darauf wurde durch weitere Experimente klar, dass bei der Uranspaltung genau das geschah, was Szilard sich bei seinem Londoner Spaziergang erträumt hatte: Es entstanden nicht nur die großen Bruchstücke, sondern in der Regel wurden auch zwei weitere Neutronen aus dem ursprünglichen Urankern frei, die nun ihrerseits benachbarte Urankerne spalten konnten – eine Kettenreaktion kam also in Gang. Außerdem wurde bei jedem Spaltungsprozess tatsächlich die Energie frei, die zuvor in den Bindungskräften des Kerns gesteckt hatte.

FRIEDLICHE ZWEITVERWERTUNG

Kernkraftwerke sind ursprünglich Abfallprodukte der Bombenentwicklung. Hauptaufgabe des ersten Reaktors, der Strom ins Netz einspeiste – der Anlage in Sellafield, die am 17. Oktober 1956 in Betrieb genommen wurde –, war die Herstellung von Plutonium für die Waffenproduktion. Die Abwärmenutzung durch die Stromerzeugung trat jedoch bald in den Vordergrund.

Nun machte das Schreckgespenst einer neuen verheerenden Waffe, der Atombombe, die Runde, zumal die Welt gerade in den Zweiten Weltkrieg eingetreten war. Der mittlerweile in die USA emigrierte Leo Szilard engagierte sich besonders für die Bombe, aber für eine in amerikanischen Händen, um zu verhindern, dass die Deutschen unter Hitler als Erste über diese Waffe verfügten. Zusammen mit seinem Freund Eugene Wigner überredete er Albert Einstein, einen von ihm und Wigner formulierten Brief an Präsident Roosevelt zu unterzeichnen. Darin wurde der oberste Kriegsherr der USA auf die Gefahr einer Atombombe in Hitlers Hand aufmerksam gemacht. Dieser Brief hat Geschichte gemacht, weil er die Angst vor einer deutschen Bombe schürte, sodass die USA im September 1942 das bis dahin größte und teuerste wissenschaftlich-militärische Projekt der Geschichte aus der Taufe hoben: das Manhattan-Projekt. Die besten westlichen Physikerköpfe arbeiteten unter Leitung des Kernphysikers Robert Oppenheimer an der Entwicklung der Atombombe und der Lösung der damit verbundenen technischen Probleme.

Zentral war die Frage der Kritikalität. Für das Zustandekommen einer Kettenreaktion kam es weniger auf die Anzahl der bei jeder Kernspaltung freigesetzten Neutronen an als vielmehr auf die Zahl der tatsächlich

■ Der britische Physiker Lord Ernest Rutherford of Nelson (rechts) im Cavendish Labor in Cambridge, wo ihm zusammen mit Dr. Ernest S. Walton und Dr. John D. Cockcroft 1932 eine Atomspaltung gelang. Rutherford gilt als Vater der modernen Atomphysik.

■ Der amerikanische Atomphysiker Robert Oppenheimer neben einer Photographie der Atombombenexplosion über Hiroshima. Die verheerenden Auswirkungen der Atombombenabwürfe in Japan machten Oppenheimer zu einem erbitterten Gegner der Atomwaffe.

für weitere Spaltungen zur Verfügung stehenden Atomkerne. Diese war aber wesentlich geringer, denn bei natürlichem Uran kann von hundert Urankernen höchstens einer gespalten werden; die restlichen behindern die frei werdenden Neutronen nur. Man musste also spaltbares Uran so dicht packen, dass eine Kettenreaktion überhaupt anlaufen konnte. Wollte man den Prozess auswerten und verstehen, musste andererseits die Kettenreaktion auch wieder gestoppt werden.

Am 2. Dezember 1942 war es so weit: Die erste erfolgreiche Demonstration einer kontrollierten Kettenreaktion durch ein Physikerteam um Enrico Fermi, zu dem auch Weltverbesserer Szilard gehörte, fand in Chicago statt. Der erste Atommeiler der Geschichte stand in einer Squash-Halle der Universität, wog über 400 Tonnen und produzierte kurzzeitig ein halbes Watt Leistung.

Parallel dazu verlief die Entwicklung der unkontrollierten Kettenreaktion – der Bombe. Am 16. Juli 1945, drei Monate nachdem die alliierten Truppen die deutsche »Uranmaschine« bei Tübingen entdeckt und festgestellt hatten, dass das deutsche Atombombenprogramm erfolglos geblieben und die Angst davor völlig verfehlt gewesen war, zündeten die Wissenschaftler um Oppenheimer in der Wüste von New Mexico die Testbombe »Trinity«, die erste Atombombe der Welt. Genau drei Wochen später warf ein amerikanischer Kampfbomber die zweite Atombombe über der japanischen Stadt Hiroshima ab. Nagasaki wurde drei Tage später das Opfer der dritten jemals gebauten Kernwaffe – Ereignisse, die die Welt verändert haben. In Wells' Utopie *The World Set Free* werden Atomwaffen erst 1956 eingesetzt – die Realität hatte den Visionär um zehn Jahre überholt.

# ATOMENERGIE

## TECHNOLOGIE

**Reaktoren:** Ein Kernkraftwerk besteht aus Brennelementen, in denen der Zerfall radioaktiver Stoffe Energie freisetzt, umgeben vom Moderator aus Wasser oder Graphit, der die Neutronen abbremst (von 20 000 km/s auf 2 km/s), damit sie die Kettenreaktion in Gang halten können. Über das Kühlmittel wird die Wärme der Kernspaltung abgeleitet. Regelstäbe (Kadmium, Bor) absorbieren Neutronen und dienen zur Steuerung der Kettenreaktion. Ein Reflektor umgibt den Reaktorkern und hält Neutronen zurück; die äußere Strahlenabschirmung absorbiert Gammastrahlung und Neutronen. In Leichtwasserreaktoren dient normales Wasser als Moderator und Kühlmittel; dabei verdampft es im Druckwasserreaktor selbst bei 320 °C nicht und gibt die Wärme an einen zweiten Kühlkreislauf ab. Im Siedewasserreaktor treibt der Dampf Turbinen an. »Schnelle Brüter« arbeiten ohne Moderator und produzieren auch neues spaltbares Material; als Kühlmittel dient flüssiges Natrium.
**Kernfusion:** Ähnlich wie im Inneren der Sonne soll die bei der Verschmelzung leichterer Atomkerne entstehende Energie nutzbar gemacht werden. Dazu werden unter hohem Druck und Temperaturen von Millionen Grad die Wasserstoffisotope Deuterium (aus schwerem Wasser) und Tritium (aus Lithium »erbrütet«) verbunden. Fusionsreaktoren befinden sich seit Jahrzehnten im Versuchsstadium; die unkontrollierte Fusion wurde 1952 von den USA mit der ersten Wasserstoffbombe getestet.
**Strahlenschäden:** Radioaktive Strahlung besteht aus sehr kurzwelliger und energiereicher Gammastrahlung, die wie Röntgenstrahlung den Körper durchdringt, ferner aus Alpha-Teilchen (zwei Protonen und zwei Neutronen), die nur die oberste Hautschicht treffen, sowie Beta-Teilchen (Elektronen), die einige Millimeter tief eindringen. Auch durch Einatmen und Nahrungsaufnahme kann Radioaktivität aufgenommen werden. Im Körper verursacht sie Schäden durch das Zerstören chemischer Bindungen und im Zellkern eine Mutation der DNS, was zu Krebs führt und bei Schädigung der Keimzellen auch an die Nachkommen weitergegeben wird. Eine ständige natürliche Strahlenbelastung stammt von natürlich vorkommenden radioaktiven Elementen (Uran, Thorium, Kalium) und kosmischer Strahlung.

## KULTURGESCHICHTE

**Unfälle:** Ein GAU (größter anzunehmender Unfall) in einem Kernkraftwerk ist meist eine Störung des Kühlsystems, wobei radioaktive Strahlung austreten kann. Sehr bekannt wurden die Unfälle im britischen Windscale (1957 in Sellafield umbenannt) und 1979 im US-Reaktor Three Mile Island bei Harrisburg, Pennsylvania. Beim Super-GAU 1986 in Tschernobyl in der Ukraine geriet nach einer Explosion im Kern der Graphitmoderator des Leichtwasserreaktors in Brand.
**Tests:** Seit 1981 finden Atomtests nur noch unterirdisch statt, um den radioaktiven Niederschlag (Fallout) zu vermindern. Die USA nutzen neben Nevada den Südpazifik für ihre Versuche, dort fanden auch französische und britische Tests statt. Die UdSSR testete in Kasachstan und auf Nowaja Semlja, China in Lop Nor und Indien in Pokhran. Aus Protesten gegen Atomversuche ging Anfang der 1970er die Umweltschutzorganisation Greenpeace hervor.

## AUF DEN PUNKT GEBRACHT

Am Anfang standen Forscherdrang und Wissenseifer. Was daraus wurde, ist Schrecken (und Abschreckung) und umstrittener Strom aus der Steckdose. Alles in allem wäre die Welt wohl auch ohne die Kernspaltung ausgekommen.

## EMPFEHLUNGEN

**Lesenswert:**
Werner Stolz: *Otto Hahn, Lise Meitner*, Leipzig 1989

**Sehenswert:**
*Das China Syndrom*. Regie: James Bridges; mit Jane Fonda, Jack Lemmon, Michael Douglas. USA 1979

*Wenn der Wind weht*. Regie: Jimmy T. Murakami. Zeichentrick, GB 1986

**Besuchenswert:**
Atomkeller-Museum in Haigerloch, mit Ausstellung zu Werner Heisenberg

**Anklickenswert:**
http://www.umwelt-suche.de/pages/Energie/Atomenergie

# Laser

## Lichtkopierer für Skalpell und Compact Disc

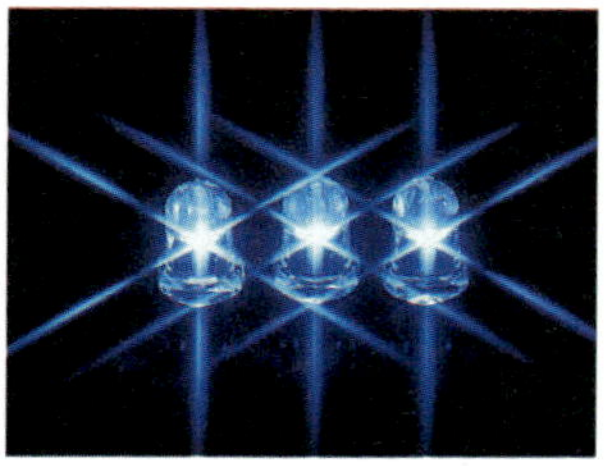

■ Laserdioden

Das farbenfrohe Lichtspiel am Himmel über einer Diskothek ebenso wie der Peilstrahl eines Präzisionsgewehrs oder die schillernden Spektralfarben auf der Rückseite einer Compact Disc haben eines gemeinsam. Hinter ihnen steckt eine Technik, die auch sonst in Alltag und Industrie vielfach eingesetzt wird: der Laser. So schweißt der scharf gebündelte Strahl in der Hand des Chirurgen sich ablösende Netzhaut wieder an, am Arm des Industrieroboters schneidet und verschweißt er Werkstücke. Mit dem Laserskalpell bekämpfen Ärzte den grauen Star oder verbrennen Tumore und beseitigen Gefäßverschlüsse. Laserdrucker führen den Laser nicht nur als Wortbestandteil, sondern als entscheidende technische Zutat, und in der Unterhaltungsindustrie sind Laser unentbehrlich zum Brennen oder Auslesen von CDs.

■ Der amerikanische Physiker Charles Townes und die sowjetischen Physiker Alexander Prochorow und Nikolaj Bassow (v. l.) wurden am 10. Dezember 1964 mit dem Physik-Nobelpreis geehrt.

Ursprünglich ist der dünne Präzisionsstrahl einfarbigen Lichts eine gänzlich akademische Erfindung, ein Produkt der Grundlagenforschung, das einige Zeit in der Rubrik »Lösung auf der Suche nach einem Problem« geführt wurde. Seine Geschichte beginnt mit einer Entdeckung Albert Einsteins, der entgegen landläufiger Meinung nicht für seine Relativitätstheorie mit dem Nobelpreis geehrt wurde, sondern für seine Beiträge zur zwischen 1900 und 1925 noch jungen Atom- und Quantenphysik. Aus dieser Zeit stammt auch die Lichtquantenhypothese, also die Vermutung, dass Licht nichts anderes sei als von Atomen abgegebene Energiehäppchen, die Photonen oder Lichtquanten. Umgekehrt können einzelne Atome diese Energieportionen auch wieder aufnehmen, quasi »einlagern«, indem sie einen Zustand höherer Energie einnehmen. Seinen Speicher leeren kann das Atom auf zweierlei Weise: einmal spontan, also ohne äußeren Anstoß, zum andern aber, und das war Einsteins Beitrag zur späteren Laserphysik, durch Anstoß von außen, und zwar durch ein Energiepaket derselben Art, wie das Atom selbst es bevorratet. Es funktioniert dann wie ein Kopierer, der das stimulierende Photon durch Abgabe seines gespeicherten Lichtquants verdoppelt. In einem Kristall oder Gas mit vielen solcher »aufgeladenen« (in der Fachsprache: »angeregten«) Atomen führt jeder Kopiervorgang zur Entstehung weiterer identischer Photonen und damit zu einer Art Kettenreaktion, die innerhalb kürzester Zeit einen energiereichen Strahl aus Lichtteilchen erzeugt; die Lichtwellen gleichen sich völlig in Farbe, Richtung und Wellenform, und genau das zeichnet Laserlicht aus.

Einstein hat 1916 dieses Prinzip der stimulierten Emission erkannt und beschrieben, die technische Umsetzung allerdings ließ noch mehr als dreißig Jahre auf sich warten. Sie erfolgte auch erst unter dem Druck militärischen Interesses, und dann nicht mit sichtbarem Licht, sondern mit Mikrowellen, weswegen der erste Laser gar nicht Laser, sondern Maser hieß.

In der Ära des Kalten Krieges zwischen den Supermächten ging die Angst vor feindlichen Überraschungsschlägen um. Deswegen waren Wissenschaftler auf der Suche nach verbesserten Radarortungsmethoden. Der Maser sollte eine Lösung dieses Problems sein. 1953 konstruierte der amerikanische Physiker Charles Townes erstmals einen Mikrowellenverstärker nach dem Prinzip der stimulierten Emission; dafür wurden er und (für die theoretischen Vorarbeiten) seine sowjetischen Kollegen Nikolaj Bassow und Alexander Prochorow 1964 mit dem Physik-Nobelpreis geehrt. Wenige Jahre nach dem Maser schaffte Townes zusammen mit Arthur Schawlow das Gleiche auch mit sichtbarem Licht.

Den ersten Laser in seiner typischen stabförmigen Erscheinungsform baute 1960 der Amerikaner Theodor Maiman zusammen. Herzstück seines Lasers war ein künstlicher Rubinkristall, dessen intensiv rotes Licht sich durch das Gerät zu kurzen Lichtblitzen verstärken ließ, die zehnmillionenmal intensiver leuchteten als das Sonnenlicht – der Prototyp einer Strahlenkanone.

Was sich im Fokus eines Laserstrahls abspielt, gibt denn auch Allmachtsphantasien reichlich Nahrung.

**TREFFENDES KUNSTWORT**

Das englische Wort »Laser« ist ein Akronym. Es steht für »Light Amplification by Stimulated Emission of Radiation«, also Lichtverstärkung durch stimulierte Aussendung von Strahlung. Das Kunstwort beschreibt damit ziemlich genau die prinzipielle Funktionsweise von Lasern.

■ Das Laserschwert ist die Waffe der Jediritter in dem Film *Star Wars Episode II* von George Lucas, 2001

■ Lasereinsatz auf dem größten Open-Air-Technofestival Deutschlands, »Nature one«, auf der ehemaligen US-Raketenbasis Pydna bei Kastellaun im Hunsrück, 2002

Das reicht vom eher harmlosen Mordversuch im 007-Klassiker *Goldfinger*, wo der gleichnamige Oberschurke den Superagenten per Laserkanone zweiteilen will, verzweigt sich über die mittlerweile wieder ad acta gelegten Versuche, Laser als Weltraumwaffen in einem »Krieg der Sterne« einzusetzen, und reicht bis zum Bemühen, durch die kontrollierte Kernfusion eine langfristig ergiebige Energiequelle zu schaffen; um eine solche Fusion zu zünden, muss man Verhältnisse wie im Innern der Sonne herstellen, und das kann ein Höchstleistungslaser schaffen.

Wirtschaftlich bedeutsamer als derartige Science-Fiction-Visionen sind Anwendungen der Lasertechnik, in denen die Laser*leistung* gar keine Rolle spielt. Ohne die Laserdioden im CD-Player und -Brenner wäre die Revolution in der Datentechnik ausgeblieben, die es ermöglicht, ganze Bibliotheken, Filme oder Konzerte auf einer spiegelnden Scheibe von zwölf Zentimetern Durchmesser verfügbar zu machen. Denn die Daten – auf einer Audio-CD sind das digitalisierte Töne – befinden sich im Kunststoff der Scheibe in Form von winzigsten Dellen, den »pits«, und die haben kleine Laser hineingebrannt. Beim Auslesen der Daten von einer CD oder CD-ROM funktionieren Laser genau so, wie sie ursprünglich gedacht waren: als Entfernungsmesser. Der fein fokussierte Laserstrahl, im Durchmesser kaum größer als die Information tragenden »pits«, stößt beim Abtasten der Scheibe abwechselnd auf Höhen und Tiefen, die eine nachgeschaltete Elektronik in Nullen und Einsen übersetzt, das Ganze als digitales Signal interpretiert und in ein analoges Tonsignal zurückverwandelt – so lesen Laser Beethoven Bit für Bit.

GLÜHBIRNE IM MUSIKGESCHÄFT

Die Compact Disc, kurz CD, wurde 1981 erstmals öffentlich vorgestellt. Herbert von Karajan soll die ersten Digitalaufnahmen mit der Erfindung der Glühbirne verglichen haben. Karajan verdanken wir angeblich auch die CD-Standardgröße von 12 cm Durchmesser. Denn der Meisterdirigent soll bei der Digitalisierung der ersten Analogaufnahmen darauf gedrungen haben, dass sein Lieblingsstück, Beethovens Neunte Symphonie, auf eine Scheibe passte, was wegen der Länge des Werks die 11-cm-Variante auschloss.

# LASER

## TECHNOLOGIE

**Typen:** Eingeteilt werden Laser nach dem Aggregatzustand des Licht bündelnden Mediums. Bei Festkörperlasern ist dies ein Kristall (etwa Rubin), ein mit Neodym-Atomen versetztes Glas oder ein Halbleiter (vor allem Galliumarsenid, GaAs). Farbstofflaser und chemische Laser nutzen flüssige Medien. In Gaslasern findet man ein Helium-Neon-Gemisch, Kohlendioxid, Argon oder Stickstoff. Je nach Aufbau geben Laser Impulse ab, die vom Nanosekundenbereich bis über eine Zehntelsekunde reichen. Die meisten Laserarten strahlen Licht von nur einer Wellenlänge oder in einem engen Wellenlängenbereich aus; Farbstofflaser (auch Elektronenlaser, die mit Strahlen freier Elektronen arbeiten) können jedoch über ein breites Spektrum verstellt werden, und Halbleiterlaser gibt es für den Bereich von blauem bis Infrarotlicht. Halbleiter- und Argonlaser können mit wenigen Milliwatt arbeiten, Neodymlaser erreichen Gigawattwerte.

**Holographie:** Das kohärente, also gleichwellige Licht des Lasers erlaubt die Herstellung dreidimensionaler Bilder. Dazu wird ein Strahl (Referenzstrahl) auf das Filmmaterial gerichtet, ein anderer auf das Objekt (Objektstrahl), das ihn auf den Film reflektiert. Die Interferenzen zwischen den beiden Strahlen bilden die genaue Oberflächenstruktur des Objekts auf dem Film ab. Zur Bildbetrachtung reicht bei Reflexionshologrammen normales Licht, bei Transmissionshologrammen ist ein Laser erforderlich. Das erste Hologramm 1948 stellte Dennis Gabor noch mit normalem Licht her.

## KULTURGESCHICHTE

**Werkzeug:** Je nach Wellenlänge, eingesetzter Energie und Dauer der ausgesandten Pulse kann Material thermisch verformt werden, wobei die Wärme nicht auf die Umgebung der bearbeiteten Stelle einwirkt. Der Laserstrahl lässt sich genau fokussieren und streut auch in großer Entfernung kaum auseinander. Medizinische Einsatzgebiete sind die Chirurgie stark durchbluteter Organe und die Mikrochirurgie, aber auch Akupunktur. Ähnlich nutzt die Industrie den Laser zum Schneiden und Schweißen sowie für feinste Arbeiten auf Mikrochips. Mit Laserstrahlen wird die Erdoberfläche vermessen, der Abstand zwischen Erde und Mond und die Distanz zwischen Molekülen in Kristallgittern. In Glasfaserkabeln übertragen modulierte Laserstrahlen Informationen.

**Abbildung:** Hologramme dienen zur Fälschungssicherung und erleichtern in der Archäologie das Zusammenfügen von Artefakten, deren Bruchstücke in verschiedenen Museen gelandet sind. In den neueren TV-Serien um das Raumschiff Enterprise dient ein »Holodeck« zur Simulation von Gegenständen und Umgebungen – in der Realität sind bewegte Hologramme bereits möglich (während das »Beamen« durch Umwandlung von Materie in Energie und zurück noch als reine Fiktion erscheint).

**Aufnahme:** Etwa 80 Minuten Musik oder bis zu 750 Megabyte Daten können auf einer CD mit CD-Brennern festgehalten werden; erschwingliche Modelle kamen 1993 auf den Markt. Seit 1994/95 speichert die ebenfalls 12 cm große DVD (Digital Versatile Disk) mithilfe kurzwelligeren Lichts (rot statt infrarot, seit 2003 auch blau) mehrere Gigabyte, was besonders für Filme genutzt wird. DVD-Brenner sind seit 1999 erhältlich, inzwischen auch mehrfach beschreibbare DVDs.

## AUF DEN PUNKT GEBRACHT

Ob *Star Wars* oder Diskothek, Chirurgie oder Schweißtechnik, fast immer ist der Laser beteiligt, eine Technologie, deren Grundlage auf Albert Einstein zurückgeht und die lange als bloße akademische Gedankenspielerei ihr Dasein fristete.

## EMPFEHLUNGEN

**Lesenswert:**
Marc Ferretti: *Laser, Maser, Hologramme*, München 1977

Bruno Ernst: *Holographie – zaubern mit Licht*, Hückelhoven 1987

**Sehenswert:**
*Strange Days*. Regie: Kathryn Bigelow; mit Ralph Fiennes, Angela Basset. USA 1995

**Besuchenswert:**
Holowood, Holographiemuseum in Bamberg

**Anklickenswert:**
http://www.holographie-online.de

# Solarzelle

## *Strom gleich Sand plus Sonne*

■ Sonnenkraftmaschine nach Salomon de Caus von 1615. Die Sonne fällt durch Brenngläser auf mit Wasser gefüllte geschlossene Kästen. Dadurch dehnt sich die Luft in den Kästen aus und treibt das Wasser in den Springbrunnen. Nachts wird das Wasser durch die Erkaltung der Luft in die Kästen zurückgesogen.

Taschenrechner haben sie, ebenso wie Parkscheinautomaten oder Notrufsäulen; auf Hausdächern sieht man sie gelegentlich, auch Kinder- und Erwachsenenspielzeug treibt sie an: die Solarzelle. Die bläulich glänzenden Flächen mit ihrem feinen Netzmuster gehören zum Alltag, ohne darin eine wesentliche Rolle zu spielen. Sie liefern Strom, aber nur wenn die Sonne scheint, und viel ist es auch nicht. Sinnvoll ist ihr Einsatz deshalb nur, wenn sie eine angeschlossene Batterie aufladen.

Gut sind sie für Schlagzeilen. Immer wenn von erneuerbaren Energien die Rede ist, von umweltfreundlichen Technologien und der Stromversorgung der Zukunft, dürfen Solarzellen nicht fehlen. Schließlich liefern sie das, was unsere Zivilisation in verschwenderischem Maß verbraucht: elektrischen Strom. Und sie verbrennen dafür keine zur Neige gehenden Ressourcen, keine Kohle, kein Öl, kein Erdgas, und sie stützen sich auch nicht auf gefährlich strahlende Technologien wie die Kernenergie, sondern nutzen die unerschöpfliche Kraft der Sonne direkt.

Doch warum brennt dann diese Sonnenfeuernutzung nur auf Sparflamme? Dass es mit der schönen Idee Schwierigkeiten gibt, zeigt schon die lange Geschichte ihrer technischen Umsetzung. Vor gut 160 Jahren stieß Alexandre Edmond Becquerel auf den physikalischen Effekt, der der Solarzelle zugrunde liegt. Der erst neunzehnjährige Becquerel, dessen Sohn Henri 1896 die natürliche Radioaktivität entdeckte, beobachtete beim Experimentieren mit Elektrolytzellen, den primitiven Batterien jener Zeit, dass zwischen den Elektroden ein höherer Strom floss, wenn eine von ihnen beleuchtet wurde. Die Entdeckung dieses photovoltaischen Effekts – die Namensgebung ehrt den herausragenden Elektrizitätsforscher Alessandro Volta – staubte fortan in den Archiven der Wissenschaft ein, während sich Becquerel als Physiker mit anderen Dingen einen Namen machte. Dass seine Beobachtung über

### KONKURRENZ AUS EIGENEM HAUS

Die nahezu unerschöpfliche Energie der Sonne wird auch in solarthermischen Anlagen genutzt. Im Unterschied zur Photovoltaik dient in solchen Anlagen die Sonnenwärme zum Erhitzen einer Flüssigkeit, mit deren Hilfe die Wärme an den Verbrauchsort transportiert werden kann. Idee und Anwendung solcher Anlagen sind wesentlich älter als der Betrieb von Solarzellen, die zugehörige Technologie ist robuster und kostengünstiger und kann sogar in solarthermischen Kraftwerken zur Stromerzeugung genutzt werden.

Jahrzehnte hinweg ein Kuriosum blieb, verwundert nicht, denn methodische und theoretische Mittel zum Verständnis des Effekts fehlten völlig. In einer weiteren, theoretisch unverstandenen Entdeckung drang das von Becquerel gefundene Phänomen erneut ins menschliche Bewusstsein: 1873 bemerkte der englische Ingenieur Willoughby Smith, dass das Element Selen bei Beleuchtung seinen elektrischen Widerstand veränderte. Das führte wenig später zur Entwicklung der Photozelle. Selenzellen dienten fortan in den Belichtungsmessern der noch taufrischen Photographie und halfen später beim Synchronisieren der Tonspur im jungen Kintopp.

Ansonsten blieb der Effekt ein eher exotischer Forschungsgegen-

■ Sonnenkraftmaschine auf der Weltausstellung 1878 in Paris. Zeitgenössischer Holzstich

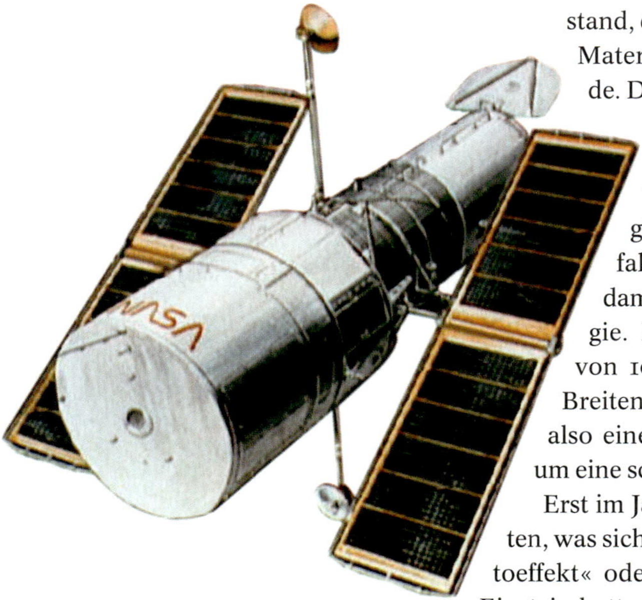

■ Weltraumteleskop der NASA mit ausgefahrenen Sonnensegeln aus den 1980er Jahren

stand, der immer wieder mal an immer neuen Materialien entdeckt und beschrieben wurde. Dass es dabei blieb, erscheint angesichts der Leistung jener Zellen und dem nicht vorhandenen Bedarf an elektrischen Kleinverbrauchern nur logisch. Nicht einmal ein Prozent der einfallenden Lichtenergie verwandelten die damaligen Photozellen in elektrische Energie. Bei der durchschnittlichen Leistung von 100 Watt, die die Sonne in mittleren Breiten pro Quadratmeter abgibt, hätte man also eine zimmergroße Photozelle gebraucht, um eine schwache Glühbirne leuchten zu lassen. Erst im Jahr 1954, als die Physiker längst wussten, was sich in Materialien abspielt, die den »Photoeffekt« oder »lichtelektrischen« Effekt zeigen – Einstein hatte dafür 1921 den Nobelpreis bekommen –, erblickte die Solarzelle als Stromspender endlich das Licht der Welt. Im selben Jahr, in dem in den USA der dreißigmillionste Kunde der öffentlichen Elektrizitätsversorgung ans Netz ging, das erste mit Atomkraft betriebene U-Boot vom Stapel lief und in der Sowjetunion das erste Atomkraftwerk seine Arbeit aufnahm, reichten drei Industrieforscher der Bell Telephone Company ein US-Patent für einen »Solar Energy Converting Apparatus« ein. Ihr Apparat bestand aus einigen rasierklingengroßen Siliziumplättchen, die elektrisch zusammengeschaltet waren, sodass sich die Stromausbeute bei Beleuchtung addierte. Groß war die Ausbeute immer noch nicht, aber immerhin schafften die Siliziumzellen schon das Sechsfache der bislang bekannten Materialien. Außerdem war Silizium billiger als die bisher untersuchten Substanzen, im Prinzip ein im Überfluss vorhandener Rohstoff, da Siliziumdioxid ein Hauptbestandteil von Sand ist. Gerald Pearson, Daryl Chapin und Calvin Fuller waren nicht die Ersten, die quasi aus Sand und Sonne Strom gemacht hatten, aber die ersten Erfolgreichen. Die Publicity trächtige Errungenschaft erregte bei öffentlichen Vorführungen in jenem Jahr viel Aufmerksamkeit.

Allerdings täuscht die einfache Gleichung von Sand plus Sonne gleich Strom darüber hinweg, dass die ersten Siliziumsolarzellen, um brauchbare Resutate zu liefern, nicht als körniges Durcheinander, sondern als ordentlich gewachsener Siliziumkristall vorliegen mussten; große Siliziumkristalle aus einem Stück (monokris-

## SOLARE KRAFTWERKE

Das erste Photovoltaikkraftwerk, das ans öffentliche Stromnetz angeschlossen wurde, entstand 1985 in Clarissa Plains, Kalifornien. Die Anlage leistete sechs Megawatt, ausreichend zur Stromversorgung von etwa 2500 Wohnhäusern. Bis 1990 arbeitete sie erfolgreich als Versuchsanlage, wurde dann verkauft und abgebaut. Das jüngste Sonnenkraftwerk Deutschlands ist der Solarpark Hemau im Landkreis Regensburg. Die Leistung der 32 740 Solarmodule reicht nach Betreiberangaben aus, um den Strombedarf der 4600 Einwohner Hemaus komplett zu decken.

tallines Silizium) zu züchten war jedoch alles andere als billig, sodass die neuen Zellen als Stromspender nach wie vor eine kostspielige Alternative darstellten. Dass sie dennoch endlich den Sprung von der Forschung in die Praxis fanden, verdankten sie der gerade florierenden Raumfahrttechnik. Wegen ihres geringen Gewichts waren sie als Stromquellen für Satelliten geradezu ideal, zumal im wolkenlosen Weltraum immer die Sonne scheint. So startete am 17. März 1958 Vanguard 1, einer der ersten menschgemachten Himmelskörper, mit etwa hundert Siliziumsolarzellen, die Vanguards Akkus aufluden. Sie leisteten zwar nur 0,1 Watt, hielten aber sechs Jahre lang, weit über die Lebenserwartung des Satelliten hinaus. Danach fassten Photovoltaik-Elemente, wie die

■ Sonnenkraftwerk in Algeciras, Spanien

Solarzellen auch genannt werden, in der Raumfahrt Fuß; heutige Satelliten werden in der Regel mit 40 000 Zellen ausgerüstet.

Diese industrielle Nutzung verstärkte die Erforschung der Zellen. So konnte man die Stromausbeute der Zellen erheblich verbessern, neue Materialien mit höherer Ausbeute wurden entwickelt. Das typische Solarzellenmaterial ist ein Halbleiter, also ein chemisches Element, das elektrischen Strom nur leitet, wenn es dazu angeregt wird, zum Beispiel durch Licht. Dringt Sonnenlicht in den Halbleiter ein, befreit es Elektronen – die Träger elektrischer Ladung, aus denen Strom besteht – aus ihrer Bindung an die Atome des Materials. Zurück bleiben Löcher, die wie positive Ladungsträger wirken. Verhindert man, dass sich die Löcher wieder mit den befreiten Elektronen füllen, kann man letztere als nutzbaren elektrischen Strom abziehen. Wie stark dieser Strom ist, hängt von vielem ab: wie viel Sonnenlicht überhaupt unreflektiert in das Material eindringt, wie viel Licht zur Befreiung gebundener Elektronen genutzt wird, wie gut es gelingt, Elektronen und Löcher zu trennen – genug Variablen, die in mühsamer Materialforschung ausprobiert werden müssen, um den Wirkungsgrad, also die Ausbeute einer Solarzelle, zu steigern. Auch fand man Wege, die Kosten zu senken. Die Dünnschichttechnologie braucht kein einkristallines Silizium mehr und kommt mit wesentlich weniger Material aus. Sie liefert zwar weniger ergiebige Zellen, aber sehr preiswerte und haltbare, die sich gut für Massenartikel eignen.

In den 1980er Jahren war die Technologie reif für den großtechnischen Einsatz. Die ersten Versuchskraftwerke auf Photovoltaikbasis entstanden im sonnigen Kalifornien. Sie lieferten Strom ins Netz und wertvolle Erfahrungen. Wirtschaftlich waren sie nie und sind es bis heute nicht. Im Vergleich zu anderen Stromerzeugungstechnologien erscheinen Solarzellen nach wie vor sehr kostspielig, sodass ihre Produktion nicht gerade zu den bedeutendsten Industrien unserer Zeit zählt – wohl aber zu den wichtigsten Zukunftsoptionen für eine umweltverträgliche Energieversorgung.

■ Erster Probeflug des Solarflugzeugs Helios auf der U. S. Navy's Pacific Missile Range Facility auf Hawaii

# SOLARZELLE

## TECHNOLOGIE

**Halbleiter:** Stoffe, die bei Zimmertemperatur elektrischen Strom leiten, bei tiefen Temperaturen jedoch nicht, werden als Halbleiter bezeichnet. Dazu gehören vor allem die Elemente Silizium, Germanium und Selen sowie Verbindungen wie Galliumarsenid, Zinksulfid und Kadmiumsulfid. Ihre Leitfähigkeit kann durch den Einbau von Struktur-»Fehlern« beeinflusst werden, aber vor allem durch Einfügen (Dotieren) von Fremdatomen, die ein Elektron mehr oder weniger haben: So stehen neben den Elektronen, die bei Zimmertemperatur frei werden, weitere freie Elektronen zur Verfügung und auch mehr Stellen (Löcher), an die sie sich binden können. Auch mithilfe von Temperatur, Druck, Licht und elektromagnetischen Feldern können die Eigenschaften von Halbleitern kontrolliert werden. Man unterscheidet zwischen Halbleitern des Typs n, die Elektronen abgeben, und des Typs p, die Elektronen aufnehmen können. Je nach Kombination bestimmen sie die Funktion von Diode, Transistor und Thyristor (s. S. 257). Die Grenze zwischen p- und n-Halbleiter bildet eine Sperrschicht, die bei bestimmter Stromspannung und -richtung von Elektronen überwunden werden kann, wobei der Übergang von n zu p grundsätzlich leichter ist als umgekehrt.

**Photoeffekt:** Trifft Licht auf ein Element wie Selen oder Silizium, dann geben die aufprallenden Photonen ihre Energie an die Elektronen des Elements ab und lösen sie dadurch heraus: Das Element leitet Strom besser. In der Solarzelle, die aus einer n- und einer p-Schicht besteht, verhindert die Sperrschicht den Ausgleich der Ladung zwischen n und p ; über Kontakte wird nutzbarer Strom abgeleitet.

**Aufbau:** Solarzellen bestehen heute meist aus Silizium, wobei solche aus monokristallinem Silizium den höchsten Wirkungsgrad (etwa 18 Prozent) haben. Amorphes Silizium wird in sehr dünnen Schichten auf Träger aufgedampft, erreicaht jedoch nur um 7 Prozent. Zur Dotierung werden Phosphor und Bor verwendet. Die MIS-Inversionsschicht-Solarzelle kann durch ihren besonderen Aufbau beidseitig genutzt werden. Höhere Wirkungsgrade hofft man mit mehrschichtigen Zellen zu erreichen, auch durch Installation mit Spiegeln, die dem Lauf der Sonne folgen und das Licht auf die Zellen konzentrieren. Daneben werden andere Materialien für Solarzellen erprobt, etwa Kupfer-Indium-Diselenid (CIS) für Dünnschichtzellen oder Farbstofflösungen.

**Wasserstoff:** Zur Speicherung des Solarstroms bietet sich die Elektrolyse von Wasser in Sauerstoff und Wasserstoff an. Der gelagerte Wasserstoff kann entweder verbrannt werden (in Heizkesseln oder Autos) oder in Brennstoffzellen auf chemische Weise Strom erzeugen, indem er mit Sauerstoff wieder zu Wasser reagiert.

## AUF DEN PUNKT GEBRACHT

Strom aus Solarzellen (Photovoltaik) ist umweltverträglicher als fossile Kraftwerke und Atommeiler, aber immer noch zu teuer. Technologisch scheint die Photovoltaik ausgereizt, jetzt wären Wirtschaft und Politik am Zug.

## KULTURGESCHICHTE

**Nutzung:** Das erste Solarkraftwerk in Deutschland ging 1983 auf der Insel Pellworm ans Netz und liefert heute als Hybridkraftwerk mit Windenergie etwa 600 kW. Der Solarpark in Hemau bei Regensburg, das weltgrößte Solarkraftwerk, startete 2003 mit einer Leistung von 4 MW. Sonnenenergie wird in Deutschland überwiegend zur Wärmeerzeugung genutzt; an der Stromerzeugung ist sie noch zu weniger als einem Prozent beteiligt. Weltweit wird heute etwa fünfmal so viel Energie verbraucht als um 1950; der aktuelle Bedarf beträgt über 100 000 TWh pro Jahr, in Deutschland liegt er bei 50 MWh pro Kopf jährlich.

## EMPFEHLUNGEN

**Lesenswert:**
Frithjof Staiß: *Jahrbuch erneuerbarer Energien 2001*, Radebeul 2002

Helmut Weik, Helmut Engelhorn: *Wärme und Strom aus Sonnenenergie*, Altlußheim 1990

**Sehenswert:**
*Aufstand der Dinge*. Regie: Hellmuth Costard; mit Christoph Künzler, Pepe Kristl. D 1993

**Anklickenswert:**
http://www.solarinfo.de

http://strombasiswissen.bei.t-online.de

# Internet
## *Der globale Kiosk*

Weltumspannende Kommunikation wurde im Prinzip schon mit der Erfindung der Schifffahrt möglich. Das Postschiff als Datenpaket und die frühhistorischen Handelswege als Urform des Internets – dieser Vergleich wird jedoch nicht häufig angestellt. Gern wird dagegen die frühe Telegraphie als Vorläuferin des weltweiten Datenverbundes betrachtet, schließlich, so argumentieren Internethistoriker, sei damit Information für jedermann an jedem Ort verfügbar gewesen. Im Grunde aber vermochte die Telegraphentechnologie Ende des 18. Jahrhunderts nicht mehr als reitender Bote oder Postschiff auch – lediglich schneller.

Leistet denn der heutige weltweite Computerverbund, den wir Internet nennen, wirklich mehr als afrikanische Trommelketten, indianische Rauchzeichen oder europäische Postkutschennetze? Mit der bekannten Radio-Eriwan-Metapher lautet die ernüchternde Antwort: Im Prinzip nein. Das eigentlich Besondere des Internet liegt im »Aber« der Radio-Eriwan-Antwort: Zwar können auch Rauchzeichen, Postschiff oder Telegraph Nachrichten übermitteln, *aber* per Internet geht es viel schneller. Auch lassen sich Datenbestände per Bote, Brief oder Telephon durchforsten, *aber* mit dem Internet geht es viel umfassender, und das Nachfragen bei verschiedenen Stellen ist dank Suchmaschinen in Sekunden zu messen und nicht in Tagen, Wochen oder gar Jahren. Man ist nicht einmal, wie beim Telephon, darauf angewiesen, dass der Abgefragte gerade erreichbar ist; seine Informationen stehen ja jedem und überall zur Verfügung – sofern er diese Informationen »ins Netz gestellt«, also auf einem Netzserver verfügbar gemacht hat. In dieser Hinsicht hat das Internet Ähnlichkeit mit einem riesigen, inzwischen globalen Kiosk: Nur diejenigen Zeitschriften kann man anschauen, die gerade ausliegen; was

■ In Kambodscha hatte das Internet im Jahre 2000 noch Seltenheitswert: zwei buddhistische Mönche vor einem Internet-Café in Phnom-Penh.

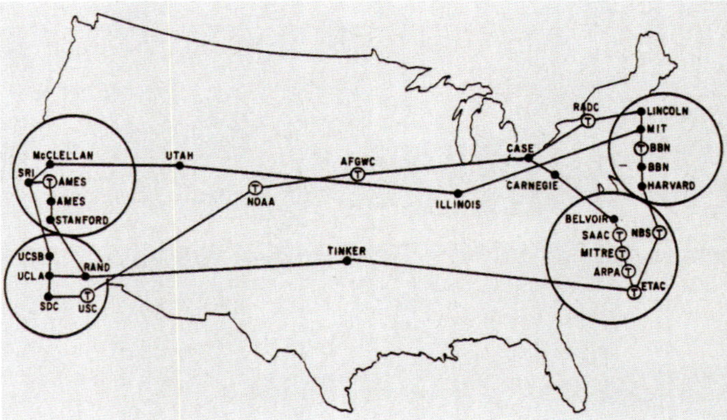


■ Das ARPANET, der Vorläufer des Internets, war ein Verbund von Forschungsrechnern in den USA. Die Karte zeigt die Vernetzung im Jahre 1972, als die neue Technologie zum Durchbruch gelangte.

der Laden nicht führt, ist auch nicht zu haben.

Die Idee, weit entfernte Computer per Datenleitung direkt zu verbinden, um darüber Daten auszutauschen, geht ursprünglich auf den Sputnik-Schock der westlichen Welt im Jahr 1957 zurück. Damals hatte die Sowjetunion durch den Start des ersten Weltraumsatelliten unerwartet technologische Überlegenheit demonstriert – während des Kalten Krieges zwischen den beiden Machtblöcken empfand der Westen dies als latente Bedrohung. Als Reaktion verstärkten die USA ihre Anstrengungen, Grundlagenforschung im Dienste der Landesverteidigung zu fördern. Dazu gehörte auch die Gründung einer neuen Forschungsbehörde, der Advanced Research Project Agency (ARPA). Ihre Aufgabe bestand darin, ausgefallene Ideen und entsprechende Projekte an Universitäten und anderen staatlichen Forschungseinrichtungen zu koordinieren und finanziell mit Mitteln des Verteidigungshaushalts auszustatten. In der jungen Computertechnik sahen die Militärs ein besonderes Potenzial, deshalb wurde 1962 mit dem Information Processing Techniques Office (IPTO) eine eigene Unterbehörde geschaffen, deren Leiter der Harvard-Professor und Computerpionier Joseph Licklider wurde. Er entwarf die Urform eines Rechnernetzwerks in Form eines Sterns: Auf einen Zentralrechner im Zentrum konnten viele angeschlossene Unterrechner zugreifen. Auf diese Weise ließ sich die Rechenkapazität des Zentralrechners optimal nutzen, ein Konzept, das Computerfachleuten als »time-sharing« bekannt wurde. Die sternförmige Anbindung hatte aber Nachteile: Fiel der Zentralrechner aus, blieben auch die angeschlossenen Terminals tot. Gerade den finanzierenden Militärs missfiel das, schließlich mussten sie im Ernstfall (man rechnete damals auch mit Atomangriffen) mit großen

## FRÜHE VISION

Der Psychologe und Computerpionier Joseph Licklider, der sich in den Kindertagen des Computers mit der Entwicklung von Bildschirmen befasste, träumte damals bereits von einer weitgehenden Fusion von Mensch und Maschine: »Die Hoffnung ist, dass in absehbarer Zeit Mensch und Computer eng verbunden sein werden und dass die daraus entstehende Partnerschaft denken wird wie nie ein menschliches Gehirn zuvor und Daten völlig anders verarbeiten wird als die heutigen Elektronengehirne. Diese Zeit dürfte die intellektuell kreativste und aufregendste in der Geschichte der Menschheit werden.«

■ Internet-Café in New York. Etwa 35 000 Menschen besuchen pro Woche das Easy Internet Café, um zu surfen und E-Mails zu verschicken.

Lücken in ihren Kommunikationsnetzen rechnen. Deshalb fand in der ARPA ein Konzept Anklang, das der Elektronikingenieur Paul Baran 1964 vorschlug: ein Netzwerk von Computerstationen nicht sternförmig, sondern mehr wie ein Spinnennetz zu organisieren, sodass Sender und Empfänger über viele Wege miteinander verbunden sein könnten. Zusätzlich führte Baran das »packet switching« ein. Bei dieser Übertragungsmethode wird jede Nachricht in Päckchen unterteilt, die jedes einen anderen Weg durchs Netz an ihren Bestimmungsort nehmen können. Erst am Zielort werden alle Päckchen wieder zur vollständigen Nachricht zusammengesetzt. Das System scheint unnötig aufwendig, bietet aber, und das sprach die Geld gebenden Militärs besonders an, viel Sicherheit: Bei Ausfall einer Verbindung muss nicht das gesamte Paket, sondern nur das ausgefallene Päckchen neu versandt werden.

Nach diesem Konzept entstand Ende 1969 die Keimzelle des heutigen Internet, das ARPANET, ein Verbund von zunächst vier Forschungsrechnern in Kalifornien und Utah, dem nach und nach auch andere von der ARPA geförderte Institute angeschlossen wurden. Ihren Durchbruch in der Fachwelt erlebte die neue Technologie im Oktober 1972, als sich das Netz anlässlich einer internationalen Computerfachkonferenz mehrere Tage lang ununterbrochen präsentierte. Der bis dahin nur schwach wachsende Datentransfer über das Netz schnellte danach in ungeahnte Höhen.

Was jedoch noch stärker wuchs, war der Austausch persönlicher Nachrichten zwischen den räumlich weit entfernten Wissenschaftlern der angeschlossenen Institute. Diese »Electronic Mail« (E-Mail) war von den »Erfindern« des ARPANET gar nicht als Vorteil der neuen Technologie erkannt worden. Sie hatten nur Computer verbinden wollen und darüber die Menschen vergessen. Die unterschätzte Schwatzhaftigkeit ihrer Kollegen (die sich natürlich hauptsächlich auf ihre Forschung erstreckte) sollte den elektronischen Postverkehr bald zum wichtigsten Dienst im Netz machen.

### SCHWARZES BRETT IM CYBERSPACE

Ende der 1970er Jahre bildete sich das so genannte USENET. Die angeschlossenen Rechner arbeiteten mit dem Betriebssystem UNIX und waren über Telephonleitungen verbunden. Im Prinzip konnte jeder über das USENET kommunizieren, auch wenn er nicht in einem von der ARPA geförderten Programm arbeitete; das Netz wurde deshalb auch als »Arme-Leute-ARPANET« bezeichnet. Das USENET hat heute weit über 15 000 angeschlossene Computer. Es fungiert wie ein globales schwarzes Brett, an dem jeder Teilnehmer werbungsfrei und unzensiert (bis auf die freiwillige Etikette aller Teilnehmer) Nachrichten »aufhängen« kann. Das Brett ist thematisch in einzelne Usergroups gegliedert, die unter anderem ein öffentliches Forum für die kritische Bewertung von Produkten bilden.

Mit dem wachsenden Interesse an der Netzwerktechnologie traten auch die Unterschiede zwischen militärischer und ziviler Nutzung stärker hervor. Der auf größere Sicherheit ausgelegte militärische Datentransfer wurde deshalb 1983 als MILNET aus dem ARPANET ausgegliedert.

Nachdem es mit dem ARPANET gelungen war, völlig unterschiedliche Rechnersysteme und Hardwarekomponenten in einen Verbund zu bringen, stand als nächste innovative Hürde die Vernetzung unterschiedlicher Netze an. So hatte beispielweise die US-Dachorganisation der Wissenschaft, die NSF, mit dem NSFNET 1984 ihr eigenes Netz eingerichtet. Auch in Europa und anderen Teilen der Welt waren in den 1970er Jahren selbstständige Computernetze entstanden. Der Verbund all dieser Computernetze heißt heute Internet. Zu einem wirklich für jedermann nutzbaren Angebot wurde es erst durch eine Vereinheitlichung der Zugriffsmöglichkeiten, der Dokumente und der Verweise zwischen ihnen. Die Möglichkeit, durch Querverweise (Links) per Mausklick auf Dokumente zuzugreifen, die auf einem fernen Computer irgendwo auf der Welt gespeichert sind, macht den großen Reiz des Reisens in diesem Netzwerk aus. Eine

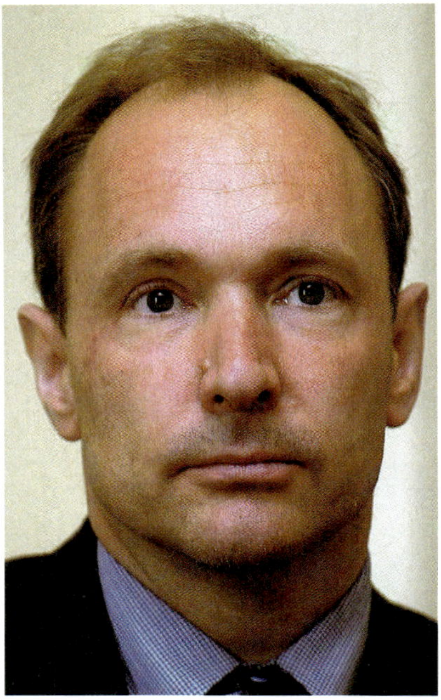

■ Tim Berners-Lee, der »Vater« des World Wide Web (WWW), erhielt im Jahr 2002 den renommierten Prinz-von-Asturien-Preis in der Sparte Wissenschaft.

dafür geeignete Programmstruktur und einfach zu bedienende Benutzeroberfläche ist das World Wide Web (WWW), das 1991 von Tim Berners-Lee, einem Forscher am europäischen Großforschungszentrum CERN, entwickelt wurde. Immer mehr im Netz verbundene Rechner übernahmen diese Programmstruktur. 1995 hatte sich das WWW auf breiter Front durchgesetzt, es war zum wichtigsten Dienst im Netz geworden. Die Firmen Netscape und Microsoft entwickelten die heute gängigsten Werkzeuge zum Navigieren im WWW, die Internetbrowser Netscape und Internet Explorer.

Noch ist der heimische PC die gebräuchliche »Steckdose« für den »Saft« aus dem Netz, bald wird es vielleicht das Handy sein, aber schon arbeitet die Informatik als tragende Disziplin dieser Entwicklung an der Zukunft: In Kleidung eingenähte oder gar unter die Haut eingesetzte ultraflache Mini-PCs sollen die permanente Verbindung zum weltweiten Informations- und Unterhaltungskiosk halten, E-Mails versenden und empfangen und bei Körperkontakt elektronische Visitenkarten oder andere Daten austauschen. Gesteuert werden sie dann vielleicht in noch fernerer Zukunft durch pure Gedankenkraft, von Chips im Gehirn. Auch daran wird gearbeitet.

■ Tom Hanks liest seine E-Mails in der amerikanischen Komödie *E-Mail für Dich* von 1998. Regie führte Nora Ephron, Meg Ryan spielte die weibliche Hauptrolle.

# INTERNET

## TECHNOLOGIE

**Struktur:** Grundbaustein des Internets ist das Local Area Network (LAN), in dem alle Clients (Rechner der Benutzer) mit einem übergeordneten Server verbunden sind. LANs bilden größere Verbände, in denen spezielle Computer, die Router, den günstigsten Weg eines Datenpäckchens von Rechner A nach Rechner B ermitteln. Netzwerke treten unabhängig von ihrer Hard- und Software miteinander in Verbindung durch das 1974 entwickelte Transmission Control Protocol/Internet Protocol (TCP/IP). Jeder Rechner erhält eine IP-Adresse, deren Ziffern seine Position im Netz genau beschreibt; eine Adresse aus Buchstaben (Domain Name System, DNS) muss intern in die IP-Adresse übersetzt werden. Das @-Zeichen wurde Ende 1971 von dem ARPANET-Ingenieur Ray Tomlinson eingeführt; er kennzeichnete damit, dass der Empfänger der ersten je versandten E-Mail einen anderen Computer benutzte.

**WWW:** Neben den Möglichkeiten im Internet, Nachrichten an einzelne Personen (E-Mail) oder Diskussionsforen (etwa im Usenet) zu versenden, mit dem File Transfer Protocol (FTP) Dateien auf den eigenen Rechner zu kopieren (downloaden, herunterladen) oder via Telnet auf anderen Rechnern arbeiten zu können, kann im WWW der Inhalt von Dokumenten (Websites) betrachtet werden, die mit Hypertext Markup Language (HTML) geschrieben sind. Anfang 1993 entwickelte Marc Andreessen dazu den ersten Browser, ein Programm namens Mosaic; später war er Mitbegründer der Firma Netscape.

**Modem:** Erste Geräte für die Verbindung zwischen Computern über Telephonleitung kamen Anfang der 1950er Jahre in den USA auf den Markt und übertrugen 300 Bit pro Sekunde. Modems, nach: Modulator/Demodulator, verwandeln digitale Signale in analoge (Töne) und umkehrt. Heutige Geräte schaffen bis zu 56 kBit/s, während der direkte Anschluss über eine Steckkarte für ISDN (Integrated Services Digital Network – ein Netzwerk, das Dienste wie Telephon und Daten digital überträgt) bis zu 128 kBit/s schnell ist. Der Vorläufer des Modems war der Akustikkoppler, der auf den Telephonhörer aufgesteckt wurde.

## KULTURGESCHICHTE

**Mailbox:** Bevor das Internet allgemein zugänglich war, bot die Mailbox den Austausch von Nachrichten und Dateien an. Häufig waren es Privatpersonen, die ihren Rechner per Telephon als Mailbox zugänglich machten und als Systemoperatoren (Sysops) dafür sorgten, dass E-Mail an Diskussionsforen (Echos) weitergeleitet wurde oder Programme zum Download bereitstanden. Ein Netz solcher Mailboxen stellt das Fidonet dar, das 1984 in den USA entstand und von Amateuren betrieben wird, die Wert auf zwischenmenschliche Kontakte und Nichtkommerzialität legen. Heute ist es auch über Internet erreichbar.

**Smilies:** Der schnelle Nachrichtenaustausch führte zu zahlreichen Abkürzungen in den E-Mail-Texten. Dabei wurden englische Ausdrücke übernommen, etwa »imho« (in my humble opinion) für »meiner Meinung nach« oder »rofl« (rolling on the floor laughing) für »lautes Lachen«. International verständlich sind die aus Satzzeichen gebildeten Emotikons, die Gefühle beschreiben. :-) steht für Heiterkeit, ;-) für Ironie, :-( für Missfallen; der Kreativität sind keine Grenzen gesetzt.

## EMPFEHLUNGEN

**Lesenswert:**

Tim Berners-Lee: *Der Web-Report*, München 1999

Clifford Stoll: *Kuckucksei. Die Jagd auf die deutschen Hacker, die das Pentagon knackten*, Frankfurt/M. 1989

**Sehenswert:**

*Das Netz (The Net)*. Regie: Irwin Winkler; mit Sandra Bullock, Jeremy Northam. USA 1995

**Anklickenswert:**

www.dejavu.org

## AUF DEN PUNKT GEBRACHT

Der Sputnik-Schock rüttelte den Westen wach. High-Tech musste her, vor allem solche, die der Verteidigung diente. So entstanden die ersten Kommunikationsnetze zwischen Computern. Dass daraus Information zum Nulltarif für jedermann wurde, haben sich die militärischen Macher nicht träumen lassen.

# Mikroprozessor

## *Die Dampfmaschine des 20. Jahrhunderts*

Vielleicht gehört es zum Schicksal bahnbrechender Neuerungen, dass das Ausmaß ihrer Bedeutung zunächst nicht erkannt wird. Kompass, Druckerpresse, Schießpulver oder Dampfmaschine, um nur einige zu nennen, sind dafür treffende Beispiele. Als James Watt 1765 die erste rationell arbeitende Niederdruckmaschine konstruierte, lebten noch neunzig Prozent der Bevölkerung auf dem Land und nur zehn Prozent in Städten. Knapp drei Generationen später hatte sich das Verhältnis umgekehrt. Die Mechanisierung manueller Arbeit, die erste industrielle Revolution hatte stattgefunden, und die Dampfmaschine war einer ihrer wichtigsten Motoren gewesen.

Etwas Ähnliches ereignete sich zweihundert Jahre später. Gefragt, welche bedeutenden historischen Ereignisse um 1970 herum stattgefunden haben, werden die meisten Menschen wohl die erste Mondlandung und vielleicht das »Generationenfestival« in Woodstock nennen. Aber keines von beiden hat die gesellschaftliche Entwicklung so nachhaltig bestimmt wie zwei Ereignisse, die sich damals eher unbemerkt vollzogen. Das eine war die Geburt des Internets, das andere die Erfindung des Mikroprozessors.

Letztere hat eine technologische Revolution sondergleichen ausgelöst. Von ihrer Wiege aus, dem heutigen Hauptsitz der weltweiten Elektronikindustrie im kalifornischen Silicon Valley, wur-

■ Größenvergleich eines Mesa-Transistors (rechts) mit einer Elektronenröhre für die gleiche Anwendung (Tuner), 1965

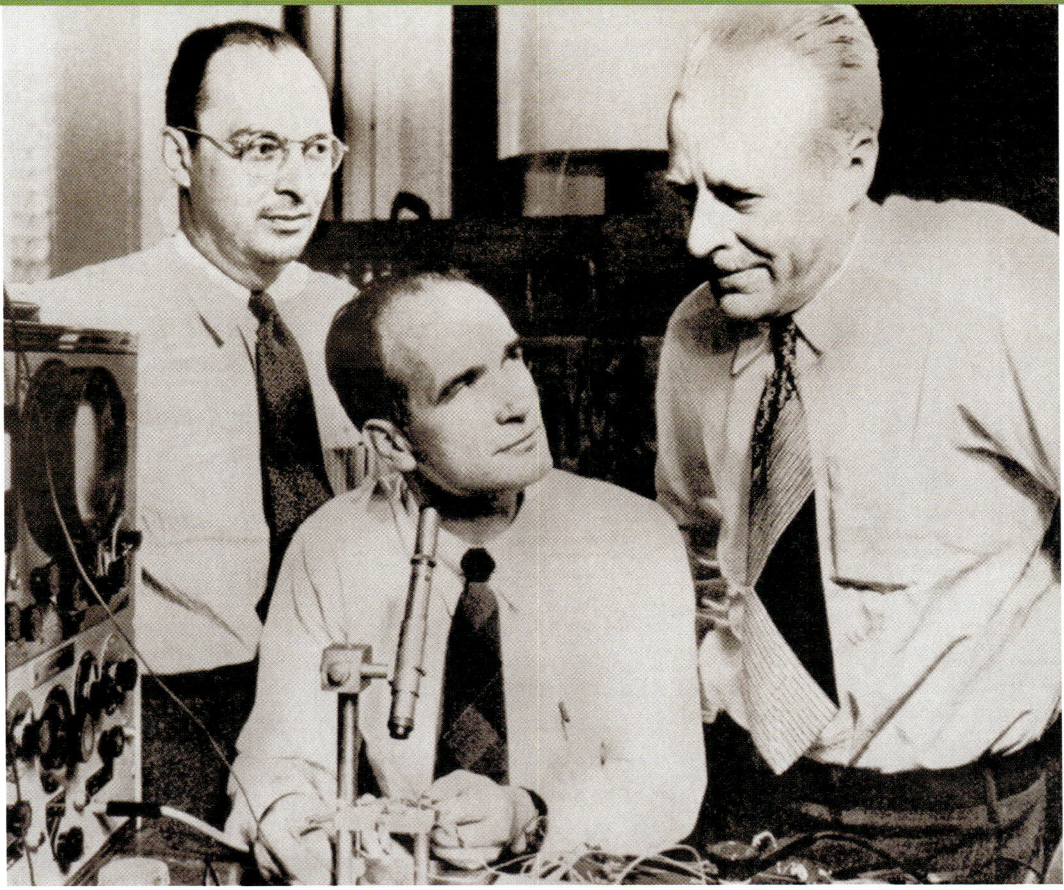

den und werden wir mit Produkten überschwemmt, die technische »Intelligenz« in die Welt gebracht haben. Das Herzstück all dieser Produkte ist der Mikroprozessor.

Selbst wer niemals die Tastatur eines Computers anfasst, hat dennoch im Alltag mit Tausenden von Mikroprozessoren zu tun. Schon der Radiowecker – um tageschronologisch zu beginnen – enthält einige, ebenso der Heizungsthermostat oder der Mikrowellenofen und der Toaster. Selbst die Deckenbeleuchtung funktioniert oft nicht ohne, und im beliebtesten Transportmittel unserer Zeit, dem Automobil, stecken ganze Hundertschaften kleiner Chips, die von den Scheibenwischern über die Kontrollanzeigen im Armaturenbrett, den CD-Player und die Benzineinspritzung bis zu den Bremsen alles steuern. Wie ein Pilzmyzel hat die Technologie der Mikroprozessoren unser Leben unterwandert, sprießt in allen Nischen und Winkeln des Arbeitslebens, versprengt ihre Sporen mit jeder Funkausstellung, jeder Electronica, jeder C-Bit. Die Symbiose ist perfekt. Wir brauchen die Chips, und sie vermehren sich durch uns.

■ Die Physiker und späteren Nobelpreisträger John Bardeen, William Shockley und Walter Brattain führen am 23. Dezember 1947 in den Bell-Laboratorien des US-amerikanischen Telephongiganten AT&T in Murray Hill, New Jersey, ihren Punktkontakttransistor vor. Mit dieser Neuentwicklung konnte erstmals eine menschliche Stimme durch einen Transistor verstärkt werden.

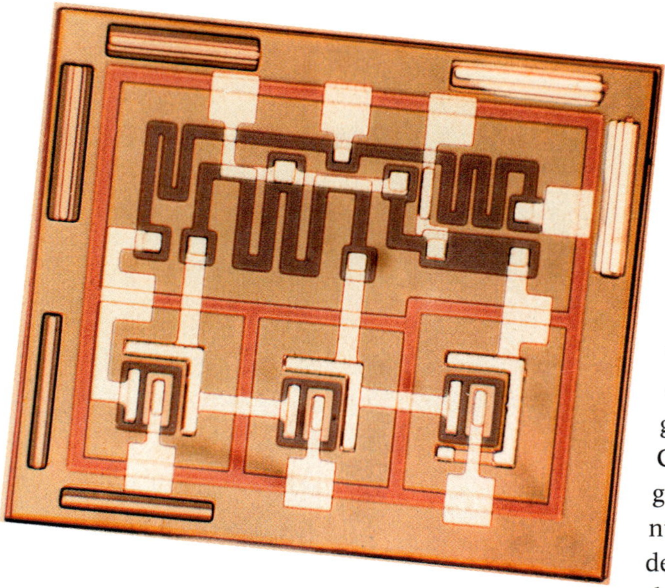

■ Der Integrierte Schaltkreis (IC) wurde bei Siemens erstmals in Europa serienmäßig hergestellt: Verstärker mit drei Transistoren und fünf Widerständen, Kristallfläche etwa 1,5 mm², 1965

Doch was ist eigentlich ein Mikroprozessor? Die technische Antwort lautet: Der Mikroprozessor ist ein miniaturisierter Computer, ein »Rechner«, ein Gerät also, das alles zu Zahlen macht, es in Nullen und Einsen, in »ja« und »nein« verschlüsselt. Computer bestehen im Grunde aus sehr vielen Schaltern, die »an« oder »aus« sind. Mit der Evolutionsgeschichte des Schalters ist auch der Computer gewachsen, oder besser gesagt: geschrumpft. Zunächst gab es nur mechanische Schalter, diese wurden, noch im 19. Jahrhundert, durch elektromechanische Relais ersetzt. Diese wiederum mussten der schnelleren Vakuumröhre weichen, die um die Wende zum 20. Jahrhundert erfunden wurde, und sie schließlich machte dem Transistor Platz, einer Entwicklung aus den Forschungslabors der Industrie, für die 1956 John Bardeen, Walter Brattain und William Shockley mit dem Physik-Nobelpreis ausgezeichnet wurden. Dem vorangegangen waren fünfzig Jahre, in denen bestimmte Materialien, die sich von außen steuern lassen, daraufhin erforscht wurden, ob sie sich wie ein elektrisch leitendes Metall oder wie ein elektrisch nicht leitender Isolator verhalten. Solche Bauelemente aus Halbleitern wurden zur Grundlage der Transistortechnik.

Auch der Transistor ist noch ein Schalter, aber er ist so winzig, dass er sich auf kleinstem Raum zu vielen verschalten lässt, woraus der integrierte Schaltkreis (»integrated circuit«, IC) entsteht, ein beliebig modellierbares Netz von winzigen Schaltern, das sich extrem flach fabrizieren und in einem photochemischen Prozess vervielfältigen lässt. Der Mikroprozessor schließlich besteht aus vielen ICs, er ist – rein technisch gesehen – nicht mehr als ein gigantischer Schaltkreis aus einigen Millionen Schaltern auf einem kleinen Stück Silizium. Philosophisch gesehen, ist er ein sinniges Beispiel dafür, dass das Ganze mehr ist als die Summe seiner Teile. Der integrierte Schaltkreis übt eindeutige Funktionen aus –

■ Logo der Elektronikfirma Intel, die sich in der Chipherstellung einen Namen machte

intel®

entweder ist er Datenspeicher, führt Ja-Nein-Entscheidungen aus, oder er ist für Ein- und Ausgabe zuständig, dient also jeweils nur einem einzigen Zweck. Der Mikroprozessor dagegen ist ein Multifunktionstalent, das viele verschiedene Rollen spielen kann, je nach Programmierung. Zwar sind auch die Programme nichts anderes als in Zahlen verschlüsselte Anweisungen, die sagen, welche Operationen der Chip ausführen soll, sodass man den nackten Mikroprozessor als ebenso »dumm« wie seine Bestandteile, die Schalter, bezeichnen kann. Doch gefüttert mit den richtigen Programmen, kann er eben – fast – alles. Die Lernfähigkeit macht das Innovative dieser Erfindung aus.

POETISCHE EINFACHHEIT?

Zur Herstellung von Siliziumchips braucht man Silizium und Sauerstoff, also Sand und Luft. Dazu kommt die Hitze der Brennöfen und das Wasser zum Reinigen. Es sind also die vier Elemente der Antike, die letztlich den Grundbaustein modernster Technologie ausmachen: Erde, Luft, Feuer und Wasser. Soweit die schöngeistige Abstraktion. In Wirklichkeit gehört die Chipherstellung mit ihrem hohen Material-, Wasser- und Energieverbrauch und dem Einsatz hochgiftiger Reinigungsmittel zu den Techniken, die die Umwelt am stärksten schädigen.

Freilich brauchte es seine Zeit, bis diese Vielseitigkeit und der damit verbundene Qualitätssprung entdeckt wurden. Als im April 1971 eine zwölf Mann kleine Elektronikfirma namens Intel in einer Werbekampagne »eine neue Ära der Elektronik« ankündigte, blieb die Kundschaft zunächst skeptisch. Erst nach und nach, mit Fachseminaren und Unterstützung der Fachpresse, konnte die Neuerung Fuß fassen. Bald überstiegen die Kundenerwartungen die Möglichkeiten der neuen Technologie, und Intel begann an einer Verbesserung des ursprünglichen Entwurfs zu arbeiten. So entstand 1978, acht Jahre nachdem die ersten Ideen für einen Mikroprozessor aufgekommen waren, der legendäre Intel 8086, der Urahn jener Abkömmlinge, die heute in achtzig Prozent aller PCs (Personal Computer) stecken. Grundstein für den damals ungeahnten Siegeszug des PCs wurde der zweieiige Zwilling dieses ersten Intel-Chips, der 8088, denn genau den wählte IBM 1981 zum Einbau in seinen ersten PC und öffnete damit diesem Mikroprozessor einen

■ Der Intel 4004 war der erste Mikroprozessor überhaupt.

**FORTSCHRITT IM DOPPELSCHRITT**

Die industrielle Revolution war eine Schnecke im Vergleich zu dem Tempo, mit dem die Miniaturisierung in der Mikroelektronik fortschreitet. Gordon Moore, einer der Gründer von Intel, entdeckte noch in den 1970er Jahren das quantitative Maß dieses Entwicklungstempos: Die Leistung von Speicherchips – gemessen zum Beispiel in der Taktfrequenz der Prozessoren oder ihrer Speicherkapazität – verdoppelt sich etwa alle zwei Jahre.

Massenmarkt. Eine Unzahl von Anwendungsprogrammen entstand – Spiele, Bürosoftware, Datenverwaltung –, um die schlummernden Möglichkeiten der Chiptechnologie auszunutzen. So belegen die bewegten ersten Jahre der frühen Mikroprozessoren eine weitere Erkenntnis, die nach der kritischen Auseinandersetzung mit Atombombe und Gentechnik geradezu banal erscheint: Gemacht wird das Machbare und nicht das Gewünschte. Technologische Umwälzungen gehen vor, die Anwendungen kommen nach. Meist ist gerade die technologische Entwicklung ebenso wenig konsequent wie die Menschen, die sie betreiben.

■ Der Blick auf den Prozessorkern des Intel 4004 zeigt, mit welch komplexer Technik auf kleinstem Raum eine maximale Menge an Information gespeichert werden kann.

Heute ist es nicht mehr die Speerspitze der Entwicklung, sind es nicht die neusten Prozessoren, die schnellsten Maschinen, die größten Speicher, welche neue Märkte öffnen und technologischen Fortschritt mit wirtschaftlichem einen; es sind im Gegenteil die vergessenen, die ausrangierten, die langsamen und kleinen Chips, die – dank Massenproduktion – als Centware neue Märkte öffnen, zum Beispiel als Soundchips in Geburtstagskarten oder Kuscheltieren, als Steuereinheit für Blinklichter in Turnschuhen und dergleichen mehr. So widerlegt die Geschichte des Mikroprozessors ganz nebenbei auch dieses Marketingmärchen: das vom unaufhaltsamen Sieg der Qualität, dem Primat der Innovation im Lebenskampf der Technikprodukte und Technologieunternehmen.

# MIKROPROZESSOR

## TECHNOLOGIE

**Transistor:** An der Grenze zwischen den beiden Halbleitertypen p und n (p-n-Übergang, s. S. 247) bildet sich ein elektrisches Gleichgewicht. Durch Anlegen von Spannung kann es so gesteuert werden, dass entweder kein Strom fließt oder ein fließender Strom verstärkt wird. Ein Transistor besteht im Prinzip aus drei Schichten von Halbleitern (pnp oder npn); die Anordnung der Schichten und die Art der Spannung, die an den mindestens drei Elektroden des Transistors anliegt, bestimmt seine Eigenschaften als Verstärker, Schalter, Sensor und anderes. Transistoren werden in integrierten Schaltungen für Speicher und Mikroprozessoren verwendet. Als Thyristor (mit vier Halbleiterschichten) steuern sie große Leistungen mit kleinen Steuerleistungen, etwa von Drehzahlen und Strömen. Die Erfinder des Transistors (Bardeen, Brattain und Shockley) gehörten einer Forschungsgruppe an, die ab 1945 die Möglichkeiten der Halbleitertechnik untersuchte. Das Kunstwort »Transistor« leitet sich aus »transfer«, Übertragung, und »resistor«, elektrischer Widerstand, ab.

**Chip:** Der Mikroprozessor ist in einem Plastikgehäuse eingeschweißt, das mit Kontaktfüßchen versehen ist. Er besteht aus einer höchstintegrierten Schaltung in Halbleiterblocktechnik: Im Halbleitermaterial selbst werden Transistoren und andere Bauteile durch gezielte Veränderung der Leitfähigkeit erzeugt. Wurden die Strukturarbeiten anfangs (nach 1962) noch mit photolithographischen Verfahren vorgenommen, so werden heute Röntgen-, Ionen- und Elektronenstrahlen eingesetzt; im Bereich unter 1 μm ist selbst UV-Licht nicht mehr geeignet. Mithilfe zusätzlicher chemischer Verfahren können bei Leiterbahnen bereits 40 nm Breite erzielt werden. Versuche mit Bakterien und Quantentechnologie sollen zu noch kleineren und schnelleren Elementen führen. Chips wurden erstmals 1958 von Jack St. Clair Kilby (Nobelpreis 2000) und Robert Noyce erprobt und kamen 1962 auf den Markt; in erster Linie sollten sie digitale Signale verarbeiten. Ihre Leistungsfähigkeit richtet sich nach den Funktionen der enthaltenen Bauelemente und deren Dichte.

**PC:** Neben den Großrechnern entstand bald ein Markt für kleinere Computer. Interessant wurden diese für Privatpersonen erst, als 1974 das erschwingliche Modell Altair 8080 als Bausatz erhältlich war. Eines der erfolgreichsten PC-Modelle wurde der Apple von Steven Jobs und Stephan Wozniak ab 1976, der auch für elektronische Laien geeignet war. Heute teilt sich der PC-Markt im wesentlichen zwischen den IBM-kompatiblen Geräten für Büro und Geschäft und dem Apple MacIntosh für Desktop Publishing und Multimedia auf, andere Typen wie Amiga oder Atari dienen als Spielcomputer, ebenso die Spielkonsolen.

## KULTURGESCHICHTE

**Rechnen:** Elektrische Rechenmaschinen verkleinerten sich Mitte der 1960er Jahre zu Tischrechnern mit zahlreichen Funktionen. Die ersten Taschenrechner gab es um 1970; dank der neuen Chip-Technologie konnten sie preiswerter produziert werden. 1974 kam der erste programmierbare Taschenrechner auf den Markt. Im Auftrag, ein Chip-Set für einen japanischen Hersteller von Taschenrechnern zu entwerfen, wurde bei der Firma Intel 1969 der programmierbare Mikroprozessor entwickelt.

## AUF DEN PUNKT GEBRACHT

Nicht der Aufbruch in die Weiten des Alls mit den Mondlandungen waren das bahnbrechende Ereignis der 1970er Jahre, sondern die Erfindung des Kleinsten im Kleinen: des Mikrochips. Seitdem durchdringt die »Intelligenz« der Nullen und Einsen Alltag und Wissenschaft.

## EMPFEHLUNGEN

**Lesenswert:**
Michael S. Malone: *Der Mikroprozessor. Eine ungewöhnliche Biographie*, Berlin 1996

David A. Kaplan: *Silicon Valley. Die digitale Traumfabrik und ihre Helden*, München 2000

**Sehenswert:**
*Die Silicon Valley Story.* Regie: Martin Burke; mit Noah Wyle, Anthony Michael Hall. USA 1999

**Anklickenswert:**
http://www.intel.com/intel/intelis/museum/index.htm
Virtuelles Mikroprozessormuseum der Firma Intel

# Gentechnik
## *Stochern im Wortsalat*

Am letzten Februartag des Jahres 1953 rennen ein junger und ein nicht mehr ganz so junger Mann aus dem Tor des Cavendish-Labors im englischen Forschungsmekka Cambridge. Sie weichen den abgestellten Fahrrädern in der schmalen Free School Lane aus und stürzen in den »Eagle«, ein nahegelegenes Pub. »Wir haben es geschafft!«, jubeln sie völlig außer Atem und trinken erst mal einen Whisky.

Neun Jahre später bekommen Jim Watson und Francis Crick den Medizin-Nobelpreis für das, was sie »geschafft haben«. In ihrem Büro hatten sie aus Pappe und Metallstäbchen das Modell eines chemischen Moleküls gebastelt. Es sah aus wie eine Wendeltreppe ohne Rückgrat, dafür mit zwei spiralig verdrillten Handläufen – die Metallstäbchen sind die Stufen, die Pappstreifen die Läufe. Damit war nicht nur das Geheimnis des Lebens gefunden; die Entdeckung der Doppelhelix, wie die besondere Molekülstruktur der DNS genannt wurde, hatte auch eine Pandora-Büchse geöffnet, die Wissenschaft und Öffentlichkeit polarisierte, endlose Diskussionen und Streitereien um Ethik, Moral und Machbarkeit hervorrief, aber auch ungeahnte Einnahmequellen für geschäftstüchtige Wissenschaftsgewinnler auftat.

■ Die amerikanischen Biochemiker und Medizin-Nobelpreisträger James Dewey Watson (links) und Francis Crick (rechts), die 1953 die Doppelhelix entdeckten

Rückblende: Fast genau hundert Jahre zuvor hatte alles in einem kleinen Klostergarten in Brünn begonnen. Dort setzte und kreuzte der Augustinermönch Gregor Johann Mendel Erbsen, um herauszubekommen, wie die Pflanzen es schafften, Merkmale wie zum Beispiel rote oder weiße Blüten auszubilden und weiterzuvererben. Seine Ergebnisse waren verblüffend und seine Theorie dazu genial einfach. Mendel stellte fest, dass den äußeren Merkmalen innere

»Elemente« entsprechen mussten, und zwar mindestens zwei Exemplare für jedes Merkmal, eines mütterlicherseits vererbt, eines vom Vater. Mendel hatte damit die Gene entdeckt, auch wenn er sie noch nicht so nannte; das geschah erst (oder schon?) 1909 durch den dänischen Botaniker Wilhelm Johannsen.

In den folgenden Jahrzehnten tasteten sich Chemiker und Biologen in detektivischer Kleinarbeit weiter an diese Grundeinheiten der Vererbung heran. Dass die vererbbaren Merkmale bestimmten Bestandteilen des Zellkerns zugeordnet werden konnten, den Chromosomen, entdeckte man bald. Bereits 1913 gelang dem Amerikaner Alfred Sturtevant der Nachweis, dass die Gene auch immer auf bestimmten Bereichen im Chromosom liegen, und er stellte eine erste rudimentäre Genkarte für die Taufliege auf.

Bis 1950 wusste man fast alles über die chemische Natur der Chromosomen. Sie bestehen

■ Beängstigende Vision des reproduzierbaren Menschen: Der Angriff der Klonkrieger in dem Fantasyfilm *Star Wars Episode II* von George Lucas, 2001

■ Doppelhelix des menschlichen DNS-Codes: Die beiden spiralförmig gewundenen Einzelstränge werden durch chemische Bindungen, die Basenpaarungen, zusammengehalten.

LITERARISCHER SCHROTTPLATZ

Ein typisches Stück menschlicher DNS, ein Chromosom, als Reißverschluss veranschaulicht, würde von Köln nach Frankfurt reichen. Er hätte etwa einhundert Millionen Zähne. Insgesamt bringt es das menschliche Genom auf fast drei Milliarden Buchstaben aus dem genetischen Alphabet A, T, G, C. Das ist etwa zehnmal soviel wie die gesamte *Encyclopedia Britannica*, der Inbegriff aller Lexika, Buchstaben hat. Doch nur etwa fünf Prozent ergeben bei der DNS sinnvolle »Wörter«. Während das Studium der *Britannica* ein Genuss sein kann, verströmt die genetische Enzyklopädie den trockenen Charme einer Betriebsanleitung mit unzähligen Druckfehlern.

■ Der Biochemiker Paul Berg erhielt zusammen mit Walter Gilbert und Frederick Sanger 1980 den Chemie-Nobelpreis.

aus Desoxyribonukleinsäure (DNS, auch DNA nach »desoxyribonucleic acid«). Auffällige Strukturelemente dieses riesigen Biomoleküls sind relativ kleine chemische Einheiten, die Basen Adenin, Cytosin, Guanin und Thymin. Ihre Anfangsbuchstaben, A, C, G, T, wurden bald darauf zum Alphabet der Vererbung – dank Crick und Watson.

Was die beiden 1953 mit einem Schuss Genialität, etwas Glück und vielen Anleihen bei den Arbeiten anderer Forscher schafften, war ein großer Wurf, weil er zu verstehen erlaubte, wie die DNS es fertig brachte, ihre Information weiterzugeben und damit den Zyklus des Lebens am Kreisen zu halten. Nach Watson und Crick bestehen die Chromosomen aus den Doppelsträngen der DNS, die sich spiralig umeinander winden; die Stufen in ihrem Wendeltreppenmodell stellen je ein Basenpaar dar, dessen Partner wie die Zähne eines Reißverschlusses ineinander verhakt sind; die Handläufe sind das Rückgrat des jeweiligen DNS-Strangs. Zwei Paarungsregeln stellten Crick und Watson für die Basen auf: A hakt sich nur an T und C nur an G. Diese Hypothese erklärte auch die wenige Jahre zuvor von Erwin Chargaff entdeckten Mengenverhältnisse zwischen den vier Basen.

Mit diesem einfachen Modell für die räumliche Struktur der Erbinformation konnte man sich den Vorgang der »Vererbung« bei der Zellteilung wie das Ziehen einer Kopie vorstellen: Der Doppelstrang der DNS entzwirbelt sich, der Reißverschluss geht auf, jede der nun frei liegenden Basen holt sich aus der umgebenden Zellsuppe einen neuen Partner, nebst Rückgrat oder »Handlauf«. So entstehen zwei Kopien des ursprünglichen Reißverschlusses, die exakt mit dem alten übereinstimmen, genau das garantieren die Paarungsregeln.

Damit war die Grundlage gelegt, den Code zu knacken, nach dem die Abfolge von Basen in einem DNS-Strang in Merkmale und Eigenschaften, in Krankheit und Wohlergehen übersetzt wird. Diese Umsetzung besorgen winzige Eiweißfabriken in jeder Zelle. Je drei der vier Basen A, C, G und T stehen für genau eines von zwanzig Grundeiweißen, aus denen alle Proteine aufgebaut sind. Gleitet ein Erbstrang durch die Fabrik, werden der Abfolge der Basen entsprechend Proteine »montiert«. Und erst diese entscheiden über Wohl und Wehe der Zelle. »Gute« Proteine sind nützliche Helfer, »schlechte« Eiweiße können wie Gifte wirken, Krankheiten auslösen und Zellen töten. Sie entstehen nur dann, wenn die Matrize, von der die Bösewichte gezogen werden, also das Gen auf der DNS, defekt ist. Eine falsche oder fehlende Base, schon wird auch das falsche Protein montiert. Defekte Gene sind mithin Abschnitte in der DNS, in denen die Abfolge der Basen nicht stimmt, also durch Mutationen verändert ist. Diese simple Erkenntnis ist die Wurzel aller heutigen Ansätze zu Gentherapien, aber auch die Ur-Überlegung für Genmanipulationen jedweder Art.

Um mit einzelnen Genen, also in der Regel längeren Abfolgen einer Basensequenz, überhaupt arbeiten zu können, mussten zunächst »Werkzeuge« entwickelt werden:

■ Wider die Natur: Diese Chimäre, eine Schafziege, kam mithilfe embryonaler Manipulation auf die Welt.

FALSCHER FEIND

»Klonen« gehört zu den Reizwörtern der Gentechnikgegner, die dabei an maßgeschneiderte Lebewesen oder Monster aus der Retorte denken. Um einen identischen Organismus zu erzeugen (wie das Klon-Schaf Dolly 1997–2003), muss die DNS eines Lebewesens in eine »entkernte« Eizelle übertragen und mit sich selbst befruchtet werden; anschließend gilt es, das Ei zum Reifen und Wachsen zu bringen. Bei diesem Prozess wird, streng genommen, nicht an den Genen selbst manipuliert, der Begriff »Klon« gehört also eigentlich in das Feld der Fortpflanzungsmedizin. Man kann die Techniken natürlich nutzen, um aus genmanipulierter DNS viele Kopien desselben neu kombinierten Lebewesens entstehen zu lassen.

■ Eine Anpflanzung von gentechnisch verändertem Raps wird auf Geheiß der belgischen Regierung bei Chimay vernichtet. Das Unternehmen Aventis hatte bei einem Freilandversuch den nötigen Sicherheitsabstand zu einem konventionellen Rapsfeld um 120 m unterschritten. Als Vorsichtsmaßnahme wurde auch die Produktion des Ackers mit konventionellem Raps vernichtet.

»Scheren« zum Zerschneiden der DNS, »Kleber«, um sie wieder zusammenzufügen. In der Realität sind das Enzyme mit bestimmten chemischen Eigenschaften. All dieses Wissen um die Gene stand ab Anfang der 1970er Jahre zur Verfügung.

Den ersten gentechnisch veränderten Organismus entwarfen 1972/73 Paul Berg, Stanley Cohen und Herbert Boyer, indem sie DNS-Stücke aus verschiedenen Bakterien miteinander kombinierten – die Geburtsstunde der Genmanipulation. Fortan konnte man fremde oder künstlich veränderte Gene in die DNS eines Wirtsorganismus »einschmuggeln« und damit quasi Gott ins Handwerk pfuschen. Möglicherweise schreckte dieser Gedanke so manchen Genforscher, sodass er sich Paul Bergs Aufruf zu einem freiwilligen weltweiten Moratorium für bestimmte Experimente mit neu kombinierter DNS anschloss. Geblieben sind von dieser Selbstbeschränkung Sicherheitsschleusen und Quarantäne, Gesichtsmaske und Schutzanzug, die seit den 1980er Jahren auch zum Outfit von Gegnern gehören, wenn sie zum Beispiel gegen Freilandexperimente protestieren. Ihre Auftritte in Ehren, aber genmanipulierte Produkte kamen trotzdem in die Regale.

Die jüngste bedeutende Innovation in der Gentechnik ist die Erfindung der PCR-Technik (»polymerase chain reaction«, polymerase Kettenreaktion), für die der Chemiker Kary Mullis 1993 den Nobelpreis erhielt. Die PCR erlaubt es, beliebige DNS-Stücke in großer Geschwindigkeit zu vervielfältigen. Sie beruht ganz wesentlich auf dem Paarungszwang der Basen. Die PCR erleichtert Tests wie die Überprüfung des genetischen Fingerabdrucks und hat es möglich gemacht, alle der Milliarden Basenpaare der menschlichen DNS in viel kürzerer Zeit zu »lesen« als geplant. Als im Jahr 2002 die Ergebnisse dieser als Human-Genom-Projekt in die Wissenschaftsgeschichte eingegangenen Milliardenforschung veröffentlicht wurden, stand Applaus neben Ratlosigkeit: was nun mit der gigantischen Buchstabenkette in den Datenbanken? Das Buch des (menschlichen) Lebens ist zwar entziffert, aber niemand kennt bislang die Bedeutung aller seiner Wörter.

# GENTECHNIK

## TECHNOLOGIE

**Gene:** Der Mensch hat rund 32 000 Gene, die zusammen mit Abschnitten, die die Aktivität der DNS steuern, das Genom bilden. Das Humangenom unterscheidet sich nur um wenige Hundert Gene vom Bakteriengenom; zu mehr als 98 Prozent gleicht es dem von Schimpansen, und untereinander unterscheiden sich Menschen genetisch nur um etwa 0,1 Prozent. Mehr als drei Milliarden Informationseinheiten (die Basen Adenin, Cytosin, Guanin, Thymin) verteilen sich auf 23 DNS-Moleküle (Chromosomenpaare). Als Gen bezeichnet man jeweils einen bestimmten Abschnitt auf diesen Molekülen; von jedem Gen werden verschiedene Proteine gebildet, die die Körperfunktionen steuern. Je drei Basen (Basentriplett, Codon) kodieren eine Aminosäure (Grundeiweiß), die die Proteine bilden. Enzyme lesen die Information vom Gen ab und steuern im Ribosom, der »Eiweißfabrik« der Zelle, die Zusammensetzung der Proteine.
**Werkzeuge:** Zum Abtrennen kurzer DNS-Stücke dienen Restriktionsenzyme, die jeweils bestimmte Sequenzen erkennen; diese »Gen-Schere« wurde 1970 gefunden. Mithilfe der 1985 entdeckten Polymerase-Kettenreaktion (PCR) können die Bruchstücke vervielfältigt werden. Als »Kleber« werden Ligasen verwendet, die wie Polymerasen ebenfalls Enzyme sind. Der Transport von DNS-Teilen in die Zielzelle erfolgt durch »Gen-Taxis« oder Vektoren: Viele Bakterien können zu ihrem eigenen Zellkern noch Plasmide, also fremde Genringe, aufnehmen und auch wieder abgeben, und Viren vermehren sich dadurch, dass sie ihre Erbinformationen in den Kern fremder Zellen einschleusen. Organismen, deren DNS mit Teilen von anderen Lebewesen verändert wurde, nennt man transgen.

## KULTURGESCHICHTE

**Forschung:** 1944 entdeckten Oswald Avery, Colin MacLeod und Mac-Lyn McCarty, dass die DNS die Erbinformationen trägt. Die Röntgenaufnahmen von Rosalind Franklin ab 1947 führten 1953 zur Entdeckung der Doppelhelixstruktur. 1956 fanden Hin Tjio und Albert Levan die genaue Zahl der Chromosomen. 1990 begann die Kartierung des menschlichen Genoms; mehr als tausend Wissenschaftler in 40 Ländern arbeiten im Human Genome Project mit. Nach der fast vollständigen Entschlüsselung der DNS im April 2003 sollen die Gesamtheit der 10 bis 20 Millionen Proteine (Proteom) und ihre Funktionen dokumentiert werden.
**Einsatz:** In der Kriminologie hat sich der genetische Fingerabdruck aus Tatortspuren wie Blut, Sperma, Hautresten oder Haaren zur Tätersuche bereits bewährt. Auch prähistorische Funde oder ausgestorbene Arten können damit eingeordnet und erforscht werden. Für die Therapie von Krankheiten untersucht man die Möglichkeiten der Genkorrektur, bei der Erbinformationen für Krankheiten oder beschädigte Gene ausgetauscht werden, und des »Genangriffs«, wobei etwa Tumorzellen zum »Selbstmord« gebracht werden sollen. Bakterien stellen seit etwa 1980 Humaninsulin her, an weiteren Produkten wird gearbeitet. Lebensmittel aus transgenen Pflanzen und Tieren, die so widerstandsfähiger und ertragreicher gemacht werden sollen, sind zwar bereits auf dem Markt, doch im Grunde ist die Wirkung der Genveränderung weder gänzlich verstanden noch erforscht und auch noch nicht kontrollierbar.

## AUF DEN PUNKT GEBRACHT

Die Gene sind Texte, geschrieben im biochemischen Alphabet des Lebens. Sie zu entziffern ist der Molekularbiologie weitgehend gelungen, die Bedeutung der Texte zu verstehen, noch lange nicht.

## EMPFEHLUNGEN

**Lesenswert:**

Horst Löb: *Die zweite Schöpfung. Gefahren und Chancen der Gen-Revolution*, München 2001

Jens Reich: *Es wird ein Mensch gemacht*, Berlin 2003

David M. Rorvik: *Nach seinem Ebenbild. Der Genetik-Mensch*, Franfurt/M. 1978

Erwin Chargaff: *Das Feuer des Heraklit*, Stuttgart 1979

C. J. Cherryh: *Geklont*. Roman, München 1998

**Besuchenswert:**

Deutsches Museum in München, Besucherlabor für Genforschung, Info unter http://www.deutsches-museum.de/ausstell/dauer/znt/znt01.htm

# DER NOBELPREIS

## Die Nobelstiftung

In seinem Testament verfügte der schwedische Chemiker und Industrielle Alfred Nobel (1833–1896) die Gründung der Nobelstiftung, die seit 1901 jährlich die Nobelpreise an Personen verleiht, »die im verflossenen Jahr der Menschheit den größten Nutzen gebracht haben: je ein Teil dem, der auf dem Gebiet der Physik die wichtigste Entdeckung oder Verbesserung gemacht hat, der die wichtigste chemische Entdeckung oder Verbesserung gemacht hat, die wichtigste Entdeckung auf dem Gebiet der Physiologie oder Medizin gemacht hat, der in der Literatur das Ausgezeichnetste in idealistischer Richtung hervor gebracht hat, der am meisten oder besten für die Verbrüderung der Völker gewirkt hat und für die Abschaffung oder Verminderung der stehenden Heere sowie für die Bildung und Verbreitung von Friedenskongressen.«
Nach dem Wunsch Nobels werden die Preisträger auf den Gebieten der Physik und Chemie von der Königlich Schwedischen Akademie der Wissenschaften ausgewählt. Die Vergabe eines Nobelpreises ist an maximal drei Personen möglich. Wenn keine preiswürdige Leistung gefunden wird, kann ein Nobelpreis für ein Jahr zurückgehalten werden oder ganz entfallen. Alle Preisträger erhalten eine Urkunde, eine Goldmedaille und einen Geldbetrag. Dieser ist vom Jahreszinsertrag der Nobelstiftung abhängig. Er steigerte sich seit 1970 von umgerechnet rund 140 000 Euro auf zirka 900 000 Euro im Jahr 1999.

Folgende in diesem Band erwähnte Personen wurden mit dem Nobelpreis ausgezeichnet:

### Physik

**1901**
Wilhelm Conrad Röntgen
S. 118, 189 f.

**1903**
Antoine Henri Becquerel
S. 242 f.

**1909**
Guglielmo Marconi, Ferdinand Braun
S. 211 ff., 219

**1915**
William Lawrence Bragg
S. 190

**1921**
Albert Einstein
S. 233, 235, 238 f., 244

**1922**
Niels Bohr
S. 97

**1932**
Werner Heisenberg
S. 233

**1938**
Enrico Fermi
S. 43, 234 ff.

**1952**
Felix Bloch, Edward Mills Purcell
S. 75

**1956**
William Shockley, John Bardeen
S. 230, 256, 259

**1963**
Eugene Wigner
S. 235

**1964**
Charles Townes, Nikolaj Bassow, Alexander Prochorow
S. 239

**1971**
Dennis Gabor
S. 241

**1972**
John Bardeen
S. 256, 259

**1981**
Arthur Schawlow
S. 239

**2000**
Jack St. Clair Kilby (mit Schores L. Alferow und Herbert Kroemer)
S. 259

### Chemie

**1908**
Ernest Rutherford
S. 232 f.

**1909**
Wilhelm Ostwald
S. 207 ff.

**1919**
Fritz Haber
S. 208

**1920**
Walther Hermann Nernst
S. 145

**1944**
Otto Hahn
S. 234

**1953**
Hermann Staudinger
S. 204

**1980**
Paul Berg (mit Walter Gilbert und Frederick Sanger)
S. 264

**1993**
Kary Mullis
S. 264

# PERSONENREGISTER


Abbe, Ernst 97
Aiken, Howard 231
Alhazen 93, 97, 136
Ampère, André M. 165
Andreessen, Marc 253
Anhalt-Bernburg, Alexander-Carl von 130
Anklitzen, Konstantin (Berthold der Schwarze) 82
Arago, Dominique François 103
Archimedes 59, 76, 81, 193
Ardenne, Manfred von 217
Aristoteles 17, 76, 136
Arkwright, Richard 39
Arup, Ove 69
Atanasoff, John 230, 231
Auer von Welsbach, Carl 145
Avery, Oswald 265
Babbage, Charles 115, 117, 118, 227, 231
Bacon, Roger 82, 84, 95, 134
Baekeland, Leo H. 204
Bain, Alexander 214
Baird, John Logie 217
Baran, Paul 250
Bardeen, John 256, 259
Bassow, Nikolaj 239
Beau de Rochas, Alphonse 153, 154
Becquerel, Alexandre Edmond 242
Becquerel, Henri 242, 243
Bell, Alexander Graham 157, 158, 159
Benz, Berta 154
Benz, Carl 154, 155
Berg, Paul 264
Bergerac, Cyrano de 220
Berliner, Emil 166, 167, 168, 169
Berners-Lee, Tim 252
Berry, Clifford 231
Berzelius, Jöns J. 209
Bi Sheng 88
Blériot, Louis 178
Bloch, Felix 75
Bohr, Niels 97
Boole, George 227
Borromini, Francesco 69
Bosch, Carl 207, 208
Böttger, Johann F. 22
Böttger, Rudolf Christian 84
Bouchon, Basile 119
Boulton, Matthew 112
Bourseul, Charles 156
Boyer, Herbert 264
Bragg, William L. 190
Branca, Giovanni 113
Brattain, Walter 256, 259
Braun, Karl Ferdinand 212, 213, 219
Braun, Wernher von 223, 224
Bredow, Hans 212
Brunelleschi, Filippo 66, 69, 103
Bush, Vannevar 226
Büttner, Otto 109
Caesar, Julius 98
Capek, Josef 119
Capek, Karel 119
Carnot, Nicolas Léonard Sadi 183, 187
Carrier, Willis 175
Caselli, Giovanni 214
Chadwick, James 232
Champollion, Jean François 65
Chapin, Daryl 244
Chappe, Claude 121, 122
Chappe, René 121, 122
Chargaff, Erwin 262
Charles, César 176
Claude, Georges 175
Clausius, Rudolph 170
Cohen, Stanley 264
Coignet, François 149
Colt, Samuel 85
Cooke, William F. 123, 125
Coolidge, William 190
Cormack, Allan M. 75
Crick, Francis 260, 262
Cuff, John 97
Daguerre, Louis Jacques Mandé 136, 139
Daimler, Gottlieb 153, 154
Darwin, Charles 16
Demikow, Wladimir 72
Descartes, René 97, 115
Diesel, Rudolf 152, 182–187
Disney, Walt 142, 174
Döbler, Ludwig 196
Dolby, Ray M. 201
Drais von Sauerbronn, Karl Friedrich Freiherr 126
Dunlop, John Boyd 129
Eastman, George 140, 141, 194
Eckert, Presper 229, 230
Edison, Thomas Alva 141, 142, 143, 144, 145, 163, 166, 167, 168, 193, 198, 214
Einstein, Albert 233, 235, 238, 239, 244
Engels, Friedrich 16, 112
Euklid 93
Falcon, Jean Baptiste 116
Faraday, Michael 162, 165
Farmer, Moses 142
Felt, Dorr E. 109
Fermat, Pierre de 97
Fermi, Enrico 43, 234, 235, 236
Fischer, Philip M. 126
Flechsig, Werner 219
Fleming, John A. 213
Ford, Henry 154, 155
Forest, Lee de 212, 213
Fowler, John 135
Franklin, Rosalind 265
Franz Joseph I. 157, 198
Freyssinet, Eugène 150
Friese-Greene, William 193
Frisch, Otto 234
Fuller, Calvin 244
Fulton, Robert 47
Fussell, Jacob 175
Gabor, Dennis 241
Galen 75
Galilei, Galileo 93, 95, 96
Ghiberti, Lorenzo 66
Goddard, Robert 222, 223
Godwin, Francis 220
Goebbels, Joseph 210
Goebel, Heinrich 144
Goethe, Johann Wolfgang von 86
Goodwin, Hannibal 141
Gramme, Theophile 162
Gray, Elisha 158, 159
Grotefend, Georg F. 65
Gutenberg, Johannes 86, 87, 89, 90, 91
Haber, Fritz 208
Hahn, Otto 234
Hamann, Christel 109
Hammurabi 51, 54
Hargraves, James 39
Harrison, James 172
Harrison, John 103
Heartfield, John 141
Heisenberg, Werner 233
Henlein, Peter 102, 103
Henschel, Karl Anton 111
Heraklit 17
Herodot 57
Heron von Alexandria 76, 81, 113
Hertz, Heinrich Rudolf 165, 211
Herzstark, Curt 109
Hin Tijo 265
Hippokrates 71
Hoffmann, E. T. A. 117
Hollerith, Herman 115
Homer 39, 98
Hornschuch, Hieronymus 91
Hounsfeld, Godfrey N. 75
Hughes, David Edward 125, 169
Huygens, Christiaan 97, 103, 152
Jacquard, Joseph-Marie 116
Jansen, Hans 95
Jansen, Zacharias 95
Jaquet-Droz, Henri-Louis 119
Jaquet-Droz, Pierre 119
Jessop, William 133
Jobs, Steven 259
Johannsen, Wilhelm 261
Karl der Große 80
Kemmler, William 164
Kempelen, Wolfgang von 117, 119
Kircher, Athanasius 73
Kleopatra 65
Koch, Robert 97
Kopernikus, Nikolaus 95
La Mettrie, Julien Offray de 115
Labrouste, Henri 69
Lambot, Joseph-Louis 148
Lang, Fritz 223
Laplace, Simon 105

Laval, Carl Gustav de 113, 163
Lavoisier, Antoine 17
le Prince, Louis Aimé Augustin 192
LeBlanc, Maurice 215
Leeuwenhoek, Antoni van 96
Leibniz, Gottfried W. 108, 109, 112
Lenoir, Jean Joseph Étienne 153, 182, 187
Leonardo da Vinci 109, 110, 113
Leschot, Jean F. 119
Levan, Albert 265
Licklider, Joseph 249
Lieben, Robert von 212, 213
Liebig, Justus von 27, 209
Lilienthal, Gustav 177
Lilienthal, Otto 177, 180
Lindbergh, Charles 179, 180
Linde, Carl von 170, 172, 173, 174, 175, 184
Linder, Max 196
Lippershey, Jan 95, 96
Lodge, Oliver 213
Lodygin, Alexander 144
Lovelace, Ada 118, 231
Ludwig XIV. 79
Ludwig XVI. 176
Lumière, Auguste 196, 197
Lumière, Louis 196, 197
Luther, Martin 87
Macaulay, Thomas Babington 134
Mach, Ernst 28
MacLeod, Colin 265
Maddox, Richard L. 141
Magnus, Albertus 82
Maiman, Theodor 239
Mallet, Anatole 135
Man Ray 141
Marconi, Guglielmo 211, 212, 213
Marco Polo 22
Martin, Benjamin 97
Martin, Thomas 112
Mauchly, John 229, 230
Maybach, Wilhelm 153, 154
McCarty, Mac-Lyn 265
Meitner, Lise 234
Méliès, Georges 197
Mendel, Johann Gregor 260, 261
Meßter, Oskar 197
Meucci, Antonio 161
Michaux, Pierre 127
Michelangelo 69
Michelin, Edouard 129
Mittasch, Alwin 209
Moholy-Nagy, László, 141
Monier, Joseph 148, 149, 150
Montgolfier, Étienne 176
Montgolfier, Joseph 176
Moore, Gordon 258
Morland, Samuel 109
Morrison, James B. 73
Morse, Samuel 123, 125
Mouton, Claude 72
Mullis, Kary 264
Mumford, Lewis 80
Muybridge, Eadweard 195
Nadar 179
Napier, John 106, 109
Napoleon 84
Nernst, Walther H. 145
Nero 92
Neumann, John von 227, 230
Newcomen, Thomas 111, 112, 113
Newton, Isaac 97, 108, 115
Niépce, Joseph Nicéphore 138, 139
Nipkow, Paul 215, 216
Nobel, Alfred 84
Nollet, Jean-Antoine 120
Noyce, Robert 259
Oberth, Hermann 220, 221, 222
Odhner, Willgodt T. 109
Offenbach, Jacques 117
Ohm, Georg Simon 165
Oppenheimer, Robert 233, 235, 236
Orléans, Cherubin d' 97
Ørsted, Hans Chr. 123
Ortega y Gasset, José 126
Ostwald, Wilhelm 207, 208, 209
Otto, Nikolaus August 152, 153, 154, 182, 184
Page, Charles G. 156
Papin, Denis 112, 113
Parsons, Charles A. 113, 163
Pascal, Blaise 107, 109, 231
Pearson, Gerald 244
Perkins, Jacob 171
Pfleumer, Fritz 200
Philippe, Adrien 103
Platon 96
Plautus 98
Plinius 20
Poleni, Giovanni 109
Popow, Alexander Stepanowitsch 211
Poulsen, Valdemar 198, 199
Priestley, Joseph 205, 207
Prochorow, Alexander 239
Ptolemäus 65, 93
Purcell, Mills 75
Rawlinson, Henry 65
Redier, Antoine 103
Regnart, Louis 73
Reis, Philipp 156, 157, 158, 159
Ries, Adam 109
Röntgen, Conrad 118, 189, 190
Rozing, Boris 218, 219
Rutherford, Ernest 232, 233
Sachs, Ernst 128
Sandwich, Earl of 53
Santorio, Santorio 71
Schawlow, Arthur 239
Scheele, Carl W. 138
Scheiner, Christoph 93
Schickard, Wilhelm 107, 109
Schilling von Canstadt, Paul 125
Schmidt, Wilhelm 135
Schönbein, Christian Friedrich 84, 203
Schulze, Johann H. 137
Seneca 92, 94
Senefelder, Alois 91
Shannon, Claude 227, 228
Shockley, William 230, 256, 259
Siemens, Werner 125, 135, 144, 162, 163
Skladanowsky, Emil 196
Skladanowsky, Max 196, 197
Smeaton, John 147
Smith, Horace 85
Smith, Oberlin 199
Smith, Willoughby 243
Snellius 93, 94, 97
Sobrero, Ascenio 84
Sprengel, Philipp C. 206
St. Clair Kilby, Jack 259
Stahl, Georg Ernst 17
Stalin 43
Stanford, Leland 195
Staudinger, Hermann 204
Stein, Sir Aurel 88
Stephan, Heinrich 159, 160
Stephenson, George 130, 133, 135
Stephenson, Robert 133
Stibitz, George 231
Stirling, Robert 187
Straßmann, Fritz 234
Strowger, Almon B. 161
Sturtevant, Alfred 261
Sualem, Rennequin 79
Swan, Joseph Wilson 144, 145
Szilard, Leo 232, 233, 234, 235, 236
Talbot, William Henry Fox 140, 141
Tesla, Nicola 213
Thomas, Charles Xavier 109
Thomson, Robert 129
Tomlinson, Ray 253
Townes, Charles 239
Trevithick, Richard 132, 135
Turing, Alan 231
Uchatius, Franz Freiherr von 196
Utzon, Jørn 69
Vaucanson, Jacques de 114, 116
Ventris, Michael 65
Verne, Jules 220, 221
Vesalius, Andreas 75
Vespasian 56
Vitruv 80
Vogt, Johannes 197
Völliker, Albert von 189
Volta, Alessandro 165, 242
Voltaire 64
Wallace, William 142
Wang Dschen 88
Wankel, Felix 155
Watkins, Carleton E. 141
Watson, Jim 260, 262
Watt, James 110, 111, 112, 113, 135, 165
Wehnelt, Arthur 219
Weisskopf, Gustav 181
Wells, Herbert George 178, 233, 236
Wenzel 82

Wesson Daniel Baird 85
Westinghouse, George 164
Wheatstone, Charles 123, 125
Wigner, Eugene 235
Wilkes, Maurice 230
Wilson, William 133
Wozniak, Stephan 259
Wren, Christopher 69
Wright, Orville 177, 178, 181
Wright, Wilbur 177, 178, 181
Zenneck, Jonathan 219
Zeppelin, F. Graf 181
Ziolkowski, Konstantin 223
Zuse, Konrad 228, 231
Zworykin, Wladimir 219

## SACHREGISTER

Einträge, denen ein eigenes Kapitel gewidmet ist, sind **fett** hervorgehoben.
Ebenfalls hervorgehoben sind die Zahlen der Seiten, auf denen Begriffe ausführlicher erklärt sind.

Achse 31
**Ackerbau 24–27**
Aerostat 178
Alphabet 64, 65, 134
Ammoniaksynthese 208, **209**
Antenne 213
Apollo-Kapsel 224
Aquädukt 59, 151
Arithmetik 105, 106
Armbrust 34, 35
Astrolabium 76, 99
Atlantikkabel 125
Atombombe 233, 235, 236
**Atomenergie 232–237**
Atomtest 237
Audion 212
**Automaten 114–119**
– Musikautomat 114
– Rechenautomat 115, 118
– Schachautomat 117, 119
– Tabelliermaschine 115
Automobil 152, 153, 154, 155
Axt 12
**Backen 48–53**
Bakelit 204
Bakteriologie 97
Ballonfahrt 17
Batterie 165
Beil 12
Bergbau 40, 84, 111
**Beton** 67, **146–151**
– Spannbeton 150, **151**
– Stahlbeton 146, **147**, 148, 149, 151
**Bewässerung** 42, **54–59**
– Beckenbewässerung 55
– Terrassenbewässerung 56
Bier 50, 51, 52, 53, 174
Bildröhre 219, 229
Binärsystem 227, 228
Blei 43
**Bogen 32–35**
– Compoundbogen 35
– japanischer Bogen 35
– Kompositbogen 34
– Langbogen 35
– Reflex-/Recurve bogen 35
– Sportbogen 35
– Stabbogen **33**, 35
**Bogen (Architektur) 66–69**
– Rundbogen 69
– Spitzbogen 68, 69
Bohrer 12
Bohrer (dent.) 73
Boolesche Algebra 227, 228
**Brauen 48–53**
Braunsche Röhre 217
Brille 94, 95
– Beryll 73, 94, 95
– Lesestein 73, 94
**Bronze 40–43**
Brot 48, 49, 50, 53
**Buchdruck 86–91**, 134
– Druckerballen 89
– Druckerfarbe 86, 89
– Druckerpresse 90
– Druckplatten 87
– Drucktiegel 90
– Lettern 89
– Lithographie 91, 138
– Offsetdruck 91
– Zeilensetzmaschine 91
Camera obscura 136, 137, 138
Carnot-Prozess 187
CD-Player 240
Chip 255
– Siliziumchip 257
Chirurgie 70, 241
Compact Disc (CD) 169, 238, 240, 241
**Computer** 218, **226–231**, 249, 251, 256
– ENIAC 228, 229
– EDVAC 227, 229, 230
Computerfestplatten 199
Computerprogramm 231, 257
Computer-Tomographie (CT) **75**, 190, 191
Daguerreotypie 140, 141
Damm 58
Dampfeisenbahn 52
Dampfkochtopf 113
Dampflokomotive 112, 132, 133, 135
**Dampfmaschine** 47, **110–113**, 131, 153, 163, 182, 254
Dampfturbine 113, 163
Datentransfer 251
Deich 54
Desoxyribonukleinsäure (DNS) 260, 261, 262, 263, 264, 265
Diagnostik 73
**Dieselmotor 182–187**
– Dieselaggregat 186
– Dieselgenerator 186, 184, 186, 187
Differential-Analysator 226, 227
Differentialgetriebe 155
Digital Versatile Disk (DVD) 241
Digitalrechner 231
Diktiergerät 201
Diode 213
Diorama 136
Doppelhelix 260, 265
Dynamit 84
Dynamo 144, 162, 163, 165
Egge 27
**Eisen 40–43**, 147, 148
**Eisenbahn 130–135**
Eisfabrik 172
Eisschrank 170, 171
Electronic Mail (E-Mail) 251, 252, 253
Elektrizität 164, **165**
Elektrofahrzeuge 154
Elektromotor 165
Elektronenröhre 213, 219, 229
**Fahrrad 126–129**, 152
– Hochrad 127
Faustkeil 12, 70
**Fernrohr 92–97**
Fernschreiber 125
**Fernsehen 214–219**
– Farbfernsehen 215
**Feuer 14–17**, 19, 40, 41
– Feuerbohren 17
– Feuerpumpe 17
– Feuerzeug 17, 183
**Feuerwaffen 82–85**
– Artillerie 84
– Griechisches Feuer 83
– Handfeuerwaffen 85
– Kanone 83, 220
– Muskete 34
**Film 192–197**
– Tonfilm 197
Flachs 37
**Fluggeräte 176–181**
– Düsenflugzeug 181
– Ganzmetallflugzeug 181
– Gleiter 180
– Großflugzeug 178
– Militärflugzeug 178
– Motorflugzeug 177
– Passagierflugzeug 181
Flüssiggase 175
Frequenz 213
Funk 212
Gasturbine 181

GAU (größter anzunehmender Unfall) 237
Generator 162, 163
Genom 261, 265
**Gentechnik 260–265**
– Genmanipulation 263, 264
Geschirr (für Tiere) 27
Getreide 25, 26, 48, 50, 53
Getriebe 81
– Zahnradgetriebe 76
Gewölbe 67, **69**
– Tonnengewölbe 68
– Kreuzgratgewölbe 69
– Kreuzrippengewölbe 69
– Stichkappengewölbe 69
**Glas 18–23**, 92, 93, 94, 95
– Glasblasen 21
– Glasmacherpfeife 23
– Obsidian 21
**Glühlampe 142–145**, 163
– Glühfaden 143
– Glühgas 145
– Glühstrumpf 145
– Leuchtstofflampe (Neonröhre) 145
– Quecksilberdampflampe 145
Gold 40, 43
Grammophon 168, 197
Guckkästenautomat 194
Gummi 205
Haber-Bosch-Verfahren 207, 208
Hacke 27
Halbleiter 246, 247, 256
Heliographie 138
High-Fidelity (Hi-Fi) 201
Holographie 241
Holzspeer 11
Hörhilfe 73, 74
– elektrische 73
– Hörrohr 73
– Cochlea-Implantat 73
Hubschrauber 181
Human-Genom-Projekt 264, 265
Ikonoskop 219
Integrated Services Digital Network (ISDN) 161, 253
Integrierter Schaltkreis 256
**Internet 248–253**, 254
– ARPANET 250
– MILNET 251
– NSFNET 251
– USENET 251
IP-Adresse 253
Joch 27, 29
Kältemittel 173, 174, **175**
Kamera 141, 192, 193, 194, 197
**Kanalisation 54–59**
– Wasserspülung 56
Kardanwelle 155
Kassettenrekorder 201
Katalysator 207, 208, 209
Katalyse 209
Kathodenstrahlröhre 188, 216
**Keramik 18–23**
– Fayence 23
– Majolika 23
– Steingut 23
– Steinzeug 23
– Terrakotta 23
Kernfusion 237
Kernkraftwerk 235, 237
Kernspin-Tomographie (s. Magnet-Resonanz-Tomographie)
Kettenreaktion 232, 235, 236, 237, 239
Kinematograph 196, 214
Kinetograph 194
Kinetoskop 194
**Kino 192–197**, 214
Klimaanlage 175
Klon 263
Kompass 47
Konservierung 51
Kopiertelegraph, automatischer 214
Kristalldetektor 212
Krücke 71
Kühlraum 172
Kühlschrank 170, 173
– Absorptionskühlschrank 171, 175
– Kompressionskältemaschine 172, 173, 174, 175
**Kühltechnik** 52, **170–175**
**Kunstdünger 206–209**
Kunstharz 202
Kunstherz 72
Kunstschnee 175
**Kunststoff 202–205**
**Kupfer 40–43**
Kuppel 66, 67, 68, **69**
Kurbelwelle 155
Landwirtschaft 24, 54
**Laser 238–241**
– Maser 239
– Laserdrucker 238
– Laserphysik 238
– Laserskalpell 238
Latex 205
Laufmaschine 126
Laufrad 113
Lautsprecher 169
Lichtbogen 207
Lichtbrechung 94, 96
Lichtquantenhypothese 238
**Linse 92–97**
– Konvex- oder Sammellinse 97
– Konkav- oder Zerstreuungslinse 97
Lochkarte 115,116, 117, 119
Lupe 93
Magnetophon 200
Magnet-Resonanz-Tomographie (MRT) 75
**Magnetspeicher 198–201**
Magnettongerät 200
Mailbox 253
Manhatten-Projekt 233, 235
Mast 44, 45
**Medizintechnik 70–75**
Mehl 49
Metallurgie 40, 41
– hydrometallurgisches Verfahren 43
– pyrometallurgisches Verfahren 43
– Schmelzflusselektrolyse 43
Mikrophon **169**, 199
– elektrodynamisches Mikrophon 169
– Kohlemikrophon 169
– Kondensatormikrophon 169
– Kristallmikrophon 169
**Mikroprozessor 254–259**
**Mikroskop 92–97**
Mikrowellengerät 213
Mikrowellenverstärker 239
Modem 253
Morsealphabet 124, 125
Mörser 49
Morsetechnologie 124, 125
Mörtel 67, 151
Motorwagen 154
Mühlstein 49, 78
Munitionsherstellung 208
Münzgeld 46
Musikkassette (MC) 200
Mutation 263
Nabe 31, 128
Nadeltelegraph 125
Navigation 47
Netzserver 248
Newcomen-Maschine 111
Nipkow-Scheibe 217
Nitroglyzerin 84
Nockenwelle 81, 155
Nylon 203, 205
Ofen 19, 40
– Backofen 49
– Meilerofen 19
– Zweikammerofen 19
Optik 93, 136
– optische Theorie 96, **97**
Orgel, pneumatische 76
Pantelegraph 214
**Papier 60–65**, 90
– Papyrus 62, 65
– Pergament 63, 65
PCR-Technik 264, 265
Personal Computer (PC) 252, 257
**Pfeil 32–35**
Pflug 12, 25, 26, 27
Phonograph 167, 198
Photoautomat 140
Photochemie 136, **141**
Photoeffekt 247
**Photographie 136–141**, 178, 179
– Serienphotographie 195
Photovoltaik 242, 243
Photozelle 243, 244
Plombe 70 73
Polyamid 205
Polyäthylen (PE) 203
Polyester 205
Polymere 204, **205**
Polystyrol 203

**Porzellan 18–23**
Programmspeicher 230
Projektor 192, 193, 197
Prothetik 70
Pumpanlage 79
Pumpe 59
Pupinspule 161
PVC 203
Querbalken 67
**Rad 28–31**, 77
– Scheibenrad 29, 30, 31
– Speichenrad 31
Räderschöpfwerk 59
Radiergummi 205
Radio 210
Radioaktivität 237
Radiosender 211
Radiostation 212
**Rakete** 82, **220–225**
Raketenantrieb 222
Raumsonde 225
Rauschfilter 201
Reaktor 237
**Rechenhilfen 104–109**
– Abakus 106
– Addiermaschine (Pascaline) 107, 108, 109
Leibnizscher Rechenautomat 108, 109
– Rechenbrett 106
– Rechenschieber 106
Reifen 129
Relais 228, 256
**Roboter 114–119**
Rollfilm 140, 141
Rollfilmboxkamera 140
Röntgenbrille 191
**Röntgenstrahlen 188–191**, 237
– Hochvakuum-Röntgengerät 190
– Röntgenbild 191
– Röntgenstrukturanalyse 190
Ruder 45
**Rundfunk 210–213**, 216
Satellit 224, 225, 245, 246
Sauerteig 50
**Schallplatte 166–169**
– Schellack 168, 169
– Vinyl 168, 169
Schalter 228, 256
Schaltung (Fahrrad) 129
– Kettenschaltung 129
– Nabenschaltung 129
Schiene (med.) 70, 71
Schienenweg 131, 132, 133, 134
Schießbaumwolle (Nitrozellulose) 84, 203
**Schießpulver 82–85**, 152
**Schiffe 44–47**
– Betonboote 149
– Dreimastsegler 45
– Einbaum 44
– Kanu 46
– Kielschiff 44
– Klipper 45, 47
– Motorschiff 47
– Segelschiff 44, 47
– Seitenraddampfer 47
– U-Boot 47
**Schleife 28–31**
Schleuse 55, 58
**Schlitten 28–31**
Schmiede 40, 41, 42
Schneidewerkzeug 12
**Schrift 60–65**, 86
– Bilderschrift 60, 64
– Buchstabenschrift 64
– Hieroglyphen 62, 63, 65
– Keilschrift 61, 65
– Lautschrift 63
– Silbenschrift 61
– Wort-Silben-Schrift (Linear-A und -B) 65
Segel 44, 45, 77
Sektion 75
Sense 27
Sichel 27
solarthermische Anlage 243
**Solarzelle 242–247**
– Siliziumzellen 244
Sonnenkraftwerk 245, 247
Space Shuttle 225
Spiegelreflexsystem 137
**Spinnen 36–39**
– Spindel 36, **37**, 38, 39
– Spinnrad 39
– Spinnmaschine 39
Stahl 43, 146
Staudamm 55, 57
Steigbügel 27
Stempel 87
Stereo 201
Stift 65
– Bleistift 65
Strahltriebwerk 181
Straßenbahn 135
Straßenbeleuchtung 144, 145
**Strom 162–165**, 242, 246, 247
– Gleichstrom 164, **165**
– Wechselstrom 164, **165**
Teflon 204, 224
Telefax 125
**Telegraphie 120–125**, 160, 212, 214, 248
– elektrische Telegraphie 122, 123, 124
– Multiplex-telegraphie 158
– optische Telegraphie **121**, 122
Telegraphon 198, 200
**Telephon 156–161**, 214, 248
– Gebühren 160
– Hebdrehwähler 161
– Leitung 161
– Verbindung 161
– Wählscheibe 161
Teleskop, elektrisches 215
Television 214
Textilien 36, 37
– Textilindustrie 38
Tinte 65
Tonband 199
Tonbandgerät 199
Tontafeln 60, 62
Töpferscheibe 19
Transformator 165
Transistor 230, 256
Transportmittel 29
Tretkurbelantrieb 126
Turbine 59
U-Bahn 135
**Uhr 98–103**, 121
– Atomuhr 103
– Quarzuhr 103
– Räderuhr 101
– Sanduhr 100
– Schnecke (Uhr) 102, **103**
– Sonnenuhr 98, 99
– Taschenuhr 102
– Turmuhr 101, 103
– Wasseruhr 99
Ultraschall (Sonographie) 75
**Ur-Innovationen 10–13**
Verband 70, 71
**Verbrennungsmotor 152–155**, 181, 182, 183
– Gasmotor 153, 187
– Viertakter 152, **153**, 154, 184
– Wankelmotor 112, 155
– Zweitakter **152**, 154
Verhüttung 43
Verkehrsnetz 30
Verstärkerröhre 212
Verstärkertechnik 200
Video 219
Vidicon 219
**Viehzucht 24–27**
Volksempfänger 211
Waage 71
Walkman 201
Wärmekraftmaschine 173
Wasserkraftwerk 59
**Wassermühle 76–81**
Wasserrad 59, 79
Wasserstoffbombe 237
Wasserturbine 111
**Weben 36–39**
– automatischer Webstuhl (Jacquard-Webstuhl) 39, **116**
– Webmaschine 39
– Webstuhl 38, 39
Websites 253
**Weltraumfahrt 220–225**
Windkraftwerk 81
**Windmühle 76–81**
– Bockwindmühle 78
– Getreidemühle 78
Windrad 76, 81
World Wide Web (WWW) 252
Wurfgeschoss 11
Wurfspieß 33
Zahlensystem 104, 105
– Dezimalsystem 105
Zahnersatz 70, 71, 72, 73
Zahnrad 81, 101, 109
Zelluloid 203
Zelluloidfilm 195
Zement 67, 146, 147, **151**
Zeppelin 181

## BILDNACHWEIS

Der Verlag dankt allen, die Bilder zur Verfügung gestellt haben, für die freundliche Genehmigung zum Abdruck.

AKG Berlin: S. 1, 7, 9 oben, 10 oben, S. 11 und 4, 12 oben, 15, 16, 19 unten, 20, 21 oben und 5, 22, 28, 29, 30, 32, 33 oben und unten, 36 und U4, 41 oben, 42, 46, 50 unten, 51, 52 oben und 5 und unten, 54, 58, 62, 63, 64, 70, 73 unten, 74 und U1, 76 oben, 77 und 5, 79, 80, 82, 83 unten, 84, 86, 87 oben, 88 oben und U1, 90, 92 oben und unten, 93, 94, 95, 101 unten, 102 unten, 104, 105 oben und unten, 106, 107, 108 oben und unten, 110, 111 unten, 112, 114 und U1, 115, 116, 117, 118, 120, 121, 122, 123 unten, 124, 126 unten, 127 oben und U1, 131 oben und unten, 132, 133, 134, 136, 137 oben und unten, 148, 149, 150, 153 unten, 154, 156, 157, 158 oben, 162 unten, 170, 171 oben und unten, 172, 173 oben und U4 und unten, 174 oben und unten, 176 oben, 177, 179, 186 und U4, 192, 193 oben und unten, 196, 198 oben, 202 oben, 210 oben und unten, 211, 215, 216, 217, 218, 220 oben, 221, 222 und 5, 223, 224, 234 unten, 242, 243, 260 unten rechts, 272 · AKG Berlin/British Library: S. 72, 76 unten, 89, 96, 98 · AKG Berlin/Cameraphoto: S. 38 oben · AKG Berlin/Peter Connolly: S. 45 oben, 57 · AKG Berlin/Dodenhoff: S. 200 · AKG Berlin/Werner Forman: S. 37 unten, 100, 102 oben, 147 · AKG Berlin/François Guénet: S. 44 · AKG Berlin/John Hios: S. 99, 101 oben · AKG Berlin/Erich Lessing: S. 18, 19 oben, 21 unten, 24, 25 oben, 34, 37 oben, 40, 41 unten, 49 unten, 50 oben, 55, 61, 71, 73 oben, 83 oben, 87 unten, 111 oben · AKG Berlin/Horst Maack: S. 68 · AKG Berlin/Rabatti-Domingie: S. 48 · AKG Berlin/Schütze/Rodemann: S. 56 und U4, 146 · Comune di Blera: S. 66 · DaimlerChrysler Konzernarchiv: S. 152, 153 oben · © 2003 Deutsche Grammophon Gesellschaft mbH: S. 166 · Deutsches Schiffahrtsmuseum/Photo: Egbert Laska: S. 45 unten · dpa Hamburg: S. 9 unten, 10 unten, 14, 123 oben, 130, 167 und U1, 168, 176 unten, 180, 188 oben, 195 und 5, 203, 204, 212, 220 unten, 227, 228, 232, 233, 234 oben, 235, 236, 238 unten, 239, 240 oben rechts, 245 und U4, 248, 250 und U1, 251, 255, 260 unten links, 261 unten, 262, 263, 264 · DUNLOP GmbH & Co. KG: S. 3, 128 · Galerie Sintetica, Köln: S. 202 unten · General Electric: Buchrücken, S. 8, 142, 143 · Getreidezüchtungsforschung Darzau: S. 25 unten · Historisches Archiv der MAN AG: S. 6 oben, 182, 183, 184 oben und unten · Intel GmbH: S. 256 unten, 257, 258 und 4 · Jauch und Scheikowski, Porep: S. 78, 178, 185, 189, 229, 252, 261 oben · Kodak GmbH, Stuttgart: S. 138 und 4, 139 · NASA: S. 244 · NASA/Dryden: S. 246 · Nichia: S. 238 oben · © Niedersächsisches Landesamt für Denkmalpflege, Hannover/Photo: Christa S. Fuchs: S. 12 unten · OSRAM GmbH: S. 144 · Philips GmbH: S. 214 · Siemens-Forum, München: S. 6 unten, 158 unten, 159 und U4, 160, 162 oben, 163, 164 und 4, 226, 230, 254, 256 oben · Siemens-Pressebild: S. 190 und 4 · Unternehmensarchiv der BASF, Ludwigshafen/Rh.: S. 206, 207, 208 · Dr. Max Währen, Bern: S. 49 oben

## IMPRESSUM

*Bibliografische Information Der Deutschen Bibliothek*
Die Deutsche Bibliothek verzeichnet diese Publikation in der Deutschen Nationalbibliografie; detaillierte bibliografische Daten sind im Internet über http://dnb.ddb.de abrufbar.


Gestaltung und Satz: typocepta, Wilhelm Schäfer, Köln
Satz aus der Berthold Concorde und der DTL Caspari
Druck und Bindung: Westermann Druck, Zwickau
Printed in Germany
ISBN 3-8067-2540-3